准噶尔盆地勘探理论与实践系列丛书

准噶尔盆地碎屑岩岩性油气藏地震识别技术及应用

Seismic Identification of Clastic Lithologic Hydrocarbon Reservoir: The Method and Application in Junggar Basin

娄　兵　罗　勇　毛海波　唐建华　李生杰　程志国等　著

科学出版社

北　京

内 容 简 介

本书对准噶尔盆地岩性油气藏勘探中的地震识别技术进行了系统介绍，特别对地震目标处理技术的方法原理、实现步骤及应用效果进行了详细描述，全面论述了利用储层岩石物理技术、地震反演及烃类检测技术进行岩性油气藏识别的方法，并介绍了独具特色的储层岩石物理分析系统与叠前地震反演系统；并翔实地展示了三个典型岩性油气藏地震识别研究实例，以便读者在了解技术应用的同时对准噶尔盆地的岩性油气藏有更直观的认识。

本书可供从事石油勘探，特别是石油物探应用研究和关注我国西部油气勘探的科研人员，以及大专院校师生参考使用。

图书在版编目(CIP)数据

准噶尔盆地碎屑岩岩性油气藏地震识别技术及应用＝Seismic Identification of Clastic Lithologic Hydrocarbon Reservoir：The Method and Application in Junggar Basin/娄兵等著. —北京：科学出版社，2016

（准噶尔盆地勘探理论与实践系列丛书）

ISBN 978-7-03-049152-7

Ⅰ.①准… Ⅱ.①娄… Ⅲ.①准噶尔盆地-碎屑岩-岩性油气藏-地震识别 Ⅳ.①P618.130.2

中国版本图书馆 CIP 数据核字(2016)第 143549 号

责任编辑：万群霞 张立群 / 责任校对：郭瑞芝
责任印制：张 倩 / 封面设计：无极书装

科学出版社 出版
北京东黄城根北街 16 号
邮政编码：100717
http://www.sciencep.com

中国科学院印刷厂 印刷
科学出版社发行 各地新华书店经销

＊

2016 年 7 月第 一 版 开本：787×1092 1/16
2016 年 7 月第一次印刷 印张：18 1/4
字数：428 000

定价：188.00 元
（如有印装质量问题，我社负责调换）

本书作者名单

娄　兵　　罗　勇　　毛海波

唐建华　　李生杰　　程志国

朱　明　　蒋　立　　郑鸿明

宋　永

序

　　准噶尔盆地位于我国西部,行政区划属新疆维吾尔自治区(简称新疆)。盆地西北为准噶尔界山,东北为阿尔泰山,南部为北天山,是一个略呈三角形的封闭式内陆盆地,东西长 700km,南北宽 370km,面积为 13 万 km²。盆地腹部为古尔班通古特沙漠,面积占盆地总面积的 36.9%。

　　1955 年 10 月 29 日,克拉玛依黑油山 1 号井喷出高产油气流,宣告了克拉玛依油田的诞生,从此揭开了新疆石油工业发展的序幕。1958 年 7 月 25 日,世界上唯一一座以油田命名的城市——克拉玛依市诞生了。1960 年,克拉玛依油田原油产量达到 166 万 t,占当年全国原油产量的 40%,成为新中国成立后发现的第一个大油田。2002 年原油年产量突破 1000 万 t,成为中国西部第一个千万吨级大油田。

　　准噶尔盆地蕴藏丰富的油气资源。油气总资源量为 107 亿 t,是我国陆上油气资源超过 100 亿 t 的四大含油气盆地之一。虽然经过半个多世纪的勘探开发,但截至 2012 年年底,石油探明程度仅为 26.26%,天然气探明程度仅为 8.51%,均处于含油气盆地油气勘探阶段的早中期,预示着准噶尔盆地具有巨大的油气资源和勘探开发潜力。

　　准噶尔盆地是一个具有复合叠加特征的大型含油气盆地。盆地自晚古生代至第四纪经历了海西、印支、燕山、喜马拉雅等构造运动。其中,晚海西期是盆地拗隆构造格局形成、演化的时期,印支-燕山运动进一步叠加和改造,喜马拉雅运动重点作用于盆地南缘。多旋回的构造发展在盆地中造成多期活动、类型多样的构造组合。

　　准噶尔盆地沉积总厚度可达 15000m。石炭系—二叠系被认为是由海相到陆相的过渡地层,中、新生界则属于纯陆相沉积。盆地发育了石炭系、二叠系、三叠系、侏罗系、白垩系和古近系六套烃源岩,分布于盆地不同的凹陷,它们为准噶尔盆地奠定了丰富的油气资源物质基础。

　　纵观准噶尔盆地整个勘探历程,储量增长的高峰大致可分为准噶尔西北缘深化勘探阶段(20 世纪 70～80 年代)、准噶尔东部快速发现阶段(20 世纪 80～90 年代)、准噶尔腹部高效勘探阶段(20 世纪 90 年代至 21 世纪初期)、准噶尔西北缘滚动勘探阶段(21 世纪初期至今)。不难看出,勘探方向和目标的转移反映了地质认识的不断深化和勘探技术的日臻成熟。

　　正是由于几代石油地质工作者的不懈努力和执着追求,使准噶尔盆地在经历了半个多世纪的勘探开发后,仍显示出勃勃生机,油气储量和产量连续 29 年稳中有升,为我国石油工业发展做出了积极贡献。

　　在充分肯定和乐观评价准噶尔盆地油气资源和勘探开发前景的同时,必须清醒地看到,由于准噶尔盆地石油地质条件的复杂性和特殊性,随着勘探程度的不断提高,勘探目标多呈"低、深、隐、难"特点,勘探难度不断加大,勘探效益逐年下降。巨大的剩余油气资源分布和赋存于何处,是目前盆地油气勘探研究的热点和焦点。

由中国石油新疆油田分公司(以下简称新疆油田分公司)组织编写的《准噶尔盆地勘探理论与实践系列丛书》在历经近两年时间的努力终于面世。这是由油田自己的科技人员编写出版的第一套专著类丛书,这充分表明我们不仅在半个多世纪的勘探开发实践中取得了一系列重大的成果,积累了丰富的经验,而且在准噶尔盆地油气勘探开发理论和技术总结方面有了长足的进步,理论和实践的结合必将更好地推动准噶尔盆地勘探开发事业的进步。

该系列专著汇集了几代石油勘探开发科技工作者的成果和智慧,也彰显了当代年轻地质工作者的厚积薄发和聪明才智。希望今后能有更多高水平的、反映准噶尔盆地特色的地质理论专著出版。

"路漫漫其修远兮,吾将上下而求索"。希望从事准噶尔盆地油气勘探开发的科技工作者勤于耕耘、勇于创新、精于钻研、甘于奉献,为"十二五"新疆油田的加快发展和"新疆大庆"的战略实施做出新的更大的贡献。

新疆油田分公司总经理

2012 年 11 月

前　言

准噶尔盆地位于我国新疆北部,面积为 13 万 km²,油气总资源量为 107 亿 t,是我国陆上油气资源当量超过 100 亿 t 的四大含油气盆地之一。自 1936 年独山子油田发现以来,准噶尔盆地经过七十余年的油气勘探,共计发现 28 个油气田、400 多个油气藏,截至 2015 年油、气的探明程度仅为 28% 和 8%,预示着巨大的资源潜力。经过盆地早期寻找大型显形构造圈闭阶段之后,从 20 世纪 90 年代至今,勘探重点转入岩性勘探阶段。

20 世纪 90 年代,随着准噶尔盆地油气勘探研究的逐渐深入,人们逐步认识到西北缘克拉玛依油田二叠系油藏的分布受扇体控制,岩性对油气藏起着重要的控制作用,从而开始了针对隐蔽扇体岩性油气藏的勘探,勘探重点由断裂带转入主断裂下盘的斜坡区。在此阶段的勘探地区主要为西北缘玛湖西斜坡区和阜东斜坡区,勘探的目的层主要为二叠系—三叠系。岩性圈闭的主要沉积相类型为陡坡沉积环境下的扇三角洲、冲积扇和水下扇。

进入 21 世纪,随着准噶尔盆地腹部沙漠区和东、西两大斜坡区勘探程度的不断提高,沙漠区高分辨率三维地震的应用和资料分辨率、保真度的攻关,以及岩性油气藏地震勘探技术取得重大进展,缓坡型三角洲前缘水下分流河道砂体和辫状河、曲流河河道砂体及滨浅湖滩坝砂体形成的岩性圈闭日益成为重要的勘探目标,准噶尔盆地缓坡型岩性油气藏勘探连续取得了一系列重大突破和重大进展。2002～2003 年,准噶尔盆地腹部沙漠区陆梁隆起夏盐凸起斜坡区发现和探明了石南 21 井区中侏罗统头屯河组岩性油气藏,探明油气地质储量 3623 万 t;2004～2005 年,夏盐凸起斜坡区又发现和探明了石南 31 井区白垩系清水河组岩性油气藏探明油气地质储量 1781 万 t;2009 年,车 89 井、车 95 井在新近系沙湾组滨浅湖滩坝砂体岩性油气藏获得高产工业油流,取得了岩性油气藏勘探新的突破;2010 年,阜康凹陷东斜坡(阜东斜坡)侏罗统头屯河组河道砂岩性油气藏勘探取得重大突破,阜东 2 井、阜东 5 井等多口井获得高产工业油气流,提交控制储量 9108 万 t。"十二五"中后期,在西北缘玛湖斜坡区进一步打开了三叠系百口泉组百里油气的新局面。

这些成就的取得无不与岩性油气藏地震识别技术的进步息息相关。新疆油田物探研究人员针对准噶尔盆地独特的地表和地质条件,坚持不懈地开展物探技术方法的应用创新与攻关。准噶尔盆地地表大部分被沙漠、戈壁砾石覆盖,地震资料信噪比、分辨率较低。地震资料普遍存在道集剩余时差大、渐变的表层结构产生的散射面波严重影响 AVO (amplitude variation with offset)特征、叠前偏移道集信噪比低、表层高频吸收严重导致原始资料分辨率低等问题。这些问题严重制约着岩性目标的地震识别。面对这些难题,研究人员迎难而上,研究开发了模型道时变校正、三维迭代叠加、振幅随偏移距变化校正、井控振幅恢复、改进矢量法分解压噪、同态子波反褶积、Gabor 变换谱均衡、时频域有色谱校正等一系列技术方法,部分解决了准噶尔盆地地震资料信噪比、分辨率普遍较低、相对振幅保持不佳的问题,为叠前地震识别岩性油气藏奠定了资料基础。在近十年的勘探实践中,形成了碎屑储层岩石物理建模系列技术、测井岩石物理分析技术、储层岩石物理参数模拟及岩石物理量板分析等特色技术。针对准噶尔盆地地震资料的特点,建立了相对保幅的分角度数据体处理流程;对子波提取、初始模型建立的各个环节进行了深入研究,明确了影响这些环节的关键因素,在反演的各个环节采用多种手段进行质量监控,研制了叠前地震反演处理系统。这些技术为准噶尔盆地岩性油气藏勘探发挥了重要作用。

全书展示了新疆油田分公司物探工作者这些年来地球物理技术方法创新和应用的部分成果,该书对岩性地层油气藏勘探所涉及的重要技术的理论基础、应用方法及实例进行了详细介绍,所述方法丰富了岩性地层油气藏地震勘探技术。

本书第1章由娄兵、罗勇主笔;第2章由毛海波、蒋立、罗勇、郑鸿明主笔;第3章由李生杰主笔;第4章由李生杰、唐建华主笔;第5章由程志国、唐建华主笔;第6章由毛海波、朱明、娄兵、唐建华、宋勇、程志国主笔;第7章由娄兵、罗勇主笔。此外,王在民、赖仲康、陈俊湘、邹玉萍、王贤、谭佳对重点技术的研究应用发挥了重要作用,陈扬、夏惠平、罗兴平、欧阳敏、丁艺、周清华等做了部分文字与资料收集工作。李生杰、毛海波、程志国、唐建华对全书进行了统稿和审核,毛海波对全书进行了最终统稿和审定。

本书是集体研究成果的总结,是一大批科研人员多年辛勤工作的结晶,编写过程中参考了大量文献资料,在此深表谢意!相关科研人员给予了大量的帮助,不能一一列举,特此致歉!

限于准噶尔盆地岩性油气藏勘探的复杂性和研究总结的局限性,书中认识难免存在不足,敬请读者批评指正。

作 者

2016 年 1 月

目　录

第 1 章

准噶尔盆地碎屑岩岩性油气藏地震识别技术概论

1.1 准噶尔盆地碎屑岩岩性油气藏勘探现状

1.1.1 准噶尔盆地基本油气地质特征

准噶尔盆地位于新疆北部,夹持于天山、阿尔泰山之间,东、西为准噶尔界山,平面形态呈南宽北窄的三角形,总面积约 13 万 km²。它是在准噶尔地块基础上发育起来的大型叠合盆地,经历了晚石炭世-中三叠世前陆盆地阶段、晚三叠世-白垩纪拗陷盆地阶段与新生代再生前陆盆地阶段的演化历史,最大沉积厚度达 15000m。由于多旋回、多期次构造运动,准噶尔盆地在长期的地质历史时期,发育多套烃源岩、多套含油气系统、多套生储盖组合和多个油气富集带,具有满盆含油、全层系多层组含油的特征,是油气资源非常丰富的大型沉积盆地。

盆地发育有 5 套烃源岩层系,即二叠系(下二叠统风城组、中二叠统下乌尔禾组、平地泉组、红雁池组与芦草沟组)、三叠系(上三叠统白碱滩组)、侏罗系(中下侏罗统八道湾组、三工河组、西山窑组)、白垩系(下白垩统吐谷鲁群)、古近系和新近系(古近系安集海河组)。其中二叠系与侏罗系为盆地最重要的烃源岩,其生排烃量与聚集量占全盆地的 90%以上。

盆地古近系和新近系-基底石炭系均能成为有效储层,具有全层系多层组含油气特点。储层岩石类型包括:火山岩(玄武岩、安山岩、流纹岩、凝灰岩、火山角砾岩)、碳酸盐岩(泥质白云岩、白云质泥岩)、碎屑岩(砾岩、砂砾岩、粗砂岩、中砂岩、细砂岩、粉砂岩),储层孔隙类型有:孔隙型、裂缝型、孔隙-裂缝双重介质型。准噶尔盆地多期构造震荡运动,多套烃源岩发育,多期生烃,多期成藏,形成多套生储盖组合,以上三叠统白碱滩组泥岩与下白垩统吐谷鲁群泥岩区域盖层为界,可以划分出下(下二叠统风城组、中二叠统下乌尔禾组生烃,石炭系、二叠系、三叠系储集,上三叠统白碱滩组泥岩封盖)、中(中下侏罗统八道湾组、三工河组、西山窑组含煤岩系生烃,侏罗系、白垩系储集,下白垩统吐谷鲁群泥岩封盖)、上(古近系安集海河组生烃,上白垩统、古近系、新近系中新统储集,中新统塔西河组泥岩封盖)3 大套生储盖组合。

以二叠系烃源岩沉积时构造格局为基础,盆地构造单元可以划分为 6 个一级构造构造单元、44 个二级构造单元(图 1.1)。

1.1.2 准噶尔盆地碎屑岩岩性油气藏勘探概况

准噶尔盆地是中国最富集的含油气盆地之一,这有赖于其得天独厚的优越的油气地质条件。自 1936 年独山子油田发现以来,准噶尔盆地经过七十余年的油气勘探,共计发

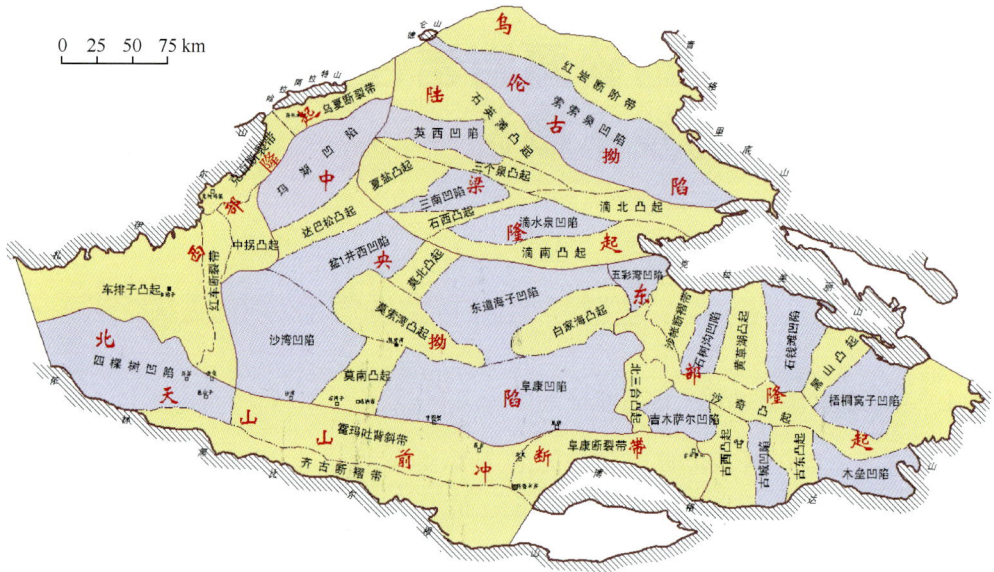

图 1.1　准噶尔盆地构造单元划分图

现 28 个油气田 400 多个油气藏,截至 2012 年年底,准噶尔盆地累计探明石油地质储量 22.80 亿 t,探明天然气地质储量 1972.71 亿 m^3。准噶尔盆地已探明油气田包括克拉玛依、齐古、百口泉、乌尔禾、风城、夏子街、红山嘴、车排子、火烧山、北三台、三台、甘河、彩南、玛北、石西、小拐、五彩湾、石南、沙南、呼图壁、莫北、陆梁、莫索湾、克拉美丽、滴水泉、玛河、昌吉等油气田(图 1.2)。

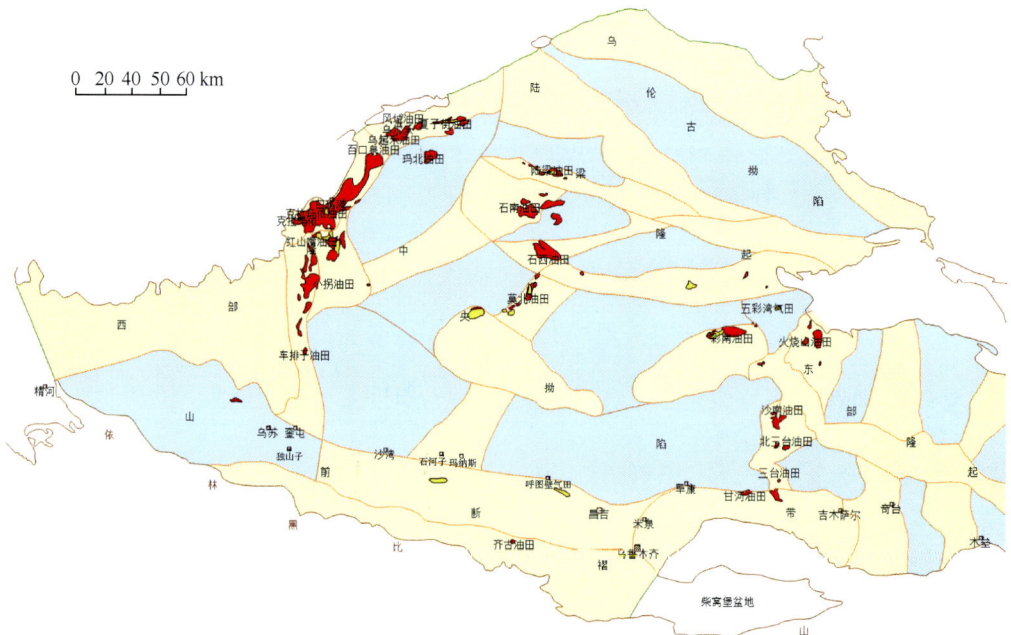

图 1.2　准噶尔盆地油气勘探成果图

准噶尔盆地已发现并探明的 28 个油气田中,玛北油田、石南油气田、沙南油田、沙北油田以典型的碎屑岩岩性油气藏为主,克拉美丽气田以石炭系火山岩岩性油气藏为主,均为典型的岩性油气田,其余 23 个油气田则以构造油气藏或构造-岩性复合油气藏为主,岩性因素对于油气成藏也具有非常重要的控制作用。准噶尔盆地探明石油地质储量主要分布在西北缘(占 70%)和腹部(占 21%),控制石油地质储量主要分布在西北缘、腹部和准东。

20 世纪 50～80 年代末,是准噶尔盆地油气勘探的早期阶段,勘探目标主要为大型显形构造圈闭,油气勘探区也主要集中在盆地西北缘逆掩断裂带、帐北断褶带、陆梁隆起、南缘等地区,发现了克拉玛依、百口泉、红山嘴、夏子街、车排子、三台、火烧山等一批构造控油的油气田,逐步查明克-乌(克拉玛依-乌尔禾)和帐北(沙帐北部)两个大型油气聚集带。

20 世纪 90 年代,随着准噶尔盆地油气勘探研究的逐渐深入,人们逐步认识到岩性对油气藏起着重要的控制作用,油气勘探目标从早期寻找大型显形构造圈闭为主开始转向岩性地层与构造油气藏并重,油气勘探理论取得发展。在此期间,新疆油田分公司启动了岩性地层油气藏勘探系统工程,准噶尔盆地岩性地层油气藏勘探迈出了实质性步伐。在"摸清家底、坚定信心、明确方向、转变观念"的指导思想下,进行了岩性地层油气藏勘探基础研究和技术储备攻关,岩性地层油气藏勘探理论和成果取得重要进展。

进入 21 世纪,随着准噶尔盆地腹部沙漠区和东、西两大斜坡区勘探程度的不断提高和沙漠区高分辨率三维地震应用和资料分辨率、保真度的攻关及岩性油气藏地震勘探技术取得重大进展,缓坡型三角洲前缘水下分流河道砂体和辫状河、曲流河河道砂体及滨浅湖滩坝砂体形成的岩性圈闭日益成为重要的勘探目标,准噶尔盆地缓坡型岩性油气藏勘探连续取得一系列重大突破和重大进展。在准噶尔盆地腹部沙漠区陆梁隆起夏盐凸起斜坡区先后发现石南 21 井区和石南 31 井区岩性油气藏;2010 年在阜康凹陷东斜坡(阜东斜坡)侏罗统头屯河组发现阜东 2 井、阜东 5 井河道砂岩性油气藏。在"立足富拗陷、构造配岩性"的勘探思路下,相继发现陆南侏罗系构造-岩性油气藏及滴西 12 井白垩系呼图壁河组构造-岩性油气藏等一批岩性地层油气藏。近年来,玛湖凹陷岩性地层油气藏勘探获得突破,准噶尔盆地岩性地层油气勘探成效显著。

1.1.3　准噶尔盆地碎屑岩岩性油气藏地质特点

1. 平面分布广,主要分布于大型隆起、凹陷的斜坡带和大型断裂(带)下盘区

现有勘探成果表明,准噶尔盆地碎屑岩岩性油气藏具有平面分布广的特点,这与盆地多源、多灶、多期成藏和盆地长期沉降、多物源、多沉积体系、岩性圈闭发育的大型叠合盆地油气地质特征密切相关(庞雄奇,2010)。盆地西北缘、腹部、东部均发现有不同成因类型的碎屑岩岩性油气藏,并有局部集中发育的特征。西北缘以断阶带和斜坡区陡坡型扇体岩性油气藏为主(邵雨等,2011),盆地腹部沙漠区和东、西两大斜坡区以缓坡型水道岩性圈闭和油气藏发育为主。从区域构造背景分析,准噶尔盆地碎屑岩岩性油气藏发育主要分布在盆地演化各个时期大型隆起和凹陷的斜坡带、大型断裂(带)下盘区,后者是陡坡型扇体岩性圈闭发育和岩性油气藏形成的有利区域。

2. 时代分布广,碎屑岩岩性油气藏全层系、多层组发育

准噶尔盆地碎屑岩岩性油气藏具有全层系、多层组发育,时代分布广的特点,盆地二叠系、三叠系、侏罗系、白垩系、古近系及新近系六套盖层系列及 13 个层组均发现有岩性油气藏(表 1.1),其中,二叠系、三叠系、侏罗系和白垩系是岩性油气藏发育的主要层段。盆地演化早期阶段沉积的二叠系、三叠系地层中,以陡坡型扇体岩性油气藏为主;盆地演化中期阶段及后期,以缓坡型三角洲水道、河流和滨湖滩坝砂体岩性油气藏为主。

表 1.1 准噶尔盆地碎屑岩岩性油气藏发育层段及成因相类型

地层系统			沉积相	岩性圈闭成因	典型岩性油气藏
系	统	组			
新近系		独山子组 N_2d	冲积扇		
		塔西河组 N_1t	半深湖		
		沙湾组	滨浅湖	滨浅湖滩坝砂体	车 89 井、车 95 井区 N_1s 油藏
古近系		安集海河组 $E_{2-3}a$	滨浅湖-半深湖	滨浅湖滩坝砂体	卡 6 井—卡 003 井区油藏
		紫泥泉子组 $E_{1-2}z$	冲积扇、三角洲		卡 001—卡 003 井区油藏
白垩系	上统	东沟组	河流		
	下统	连木沁组 K_1l	滨浅湖		
		胜金口组 K_1s	滨浅湖		
		呼图壁河组 K_1h	滨浅湖-三角洲	三角洲前缘水下分流河道砂体	石南 24 井 K_1h 油藏
		清水河组 K_1q	湖泊、三角洲	三角洲前缘水下分流河道砂体	石南 31 井区
侏罗系	中统	头屯河组	河流、三角洲	水下分流河道、曲流河河道砂体	石南 21 井区、阜东 5 井区 J_2t 油藏
	下统	西山窑组 J_2x	河流、三角洲		彩 43 井区 J_2x 油气藏
		三工河组 J_1s	湖泊、三角洲	三角洲前缘水下分流河道砂体	拐 19 井、拐 20 井区 J_1s 油藏
		八道湾组	河流、三角洲		
三叠系	中统	白碱滩组 T_3b	深湖、半深湖		
	中统	克拉玛依组	冲积扇、扇三角洲	分流水道	
	中统	百口泉组 T_1b	冲积扇、扇三角洲	分流水道	玛 2 井区 T_1b 油藏
二叠系	上统	上乌尔禾组 P_3w	扇三角洲	分流水道	克 75、克 79、克 82 井区 P_3w 油气藏、沙丘 5 井区 P_3w 油气藏
	中统	下乌尔禾组 P_2w	水下扇	分流水道	玛 2 井区 P_2w 油藏
		夏子街组 P_2x	扇三角洲	分流水道	530 井区 P_2x 油藏
	下统	风城组	半深湖		
		佳木河组 P_1j	火山岩、冲积扇	冲积扇分流水道	拐 3、新光 1 井区 P_1j 气藏

3. 岩性油气藏及储层成因类型多样

准噶尔盆地已发现的碎屑岩岩性油气藏及储层成因类型多样,可大致划分为两大类:一类是陡坡型岩性油气藏;一类是缓坡型岩性油气藏。陡坡型岩性油气藏发育于近物源和各类扇体有关的储层和岩性圈闭中,包括冲积扇、水下扇、扇三角洲、浊积扇等扇面水道成因的各类岩性圈闭和岩性油气藏。缓坡型岩性油气藏发育于缓坡型三角洲、河流、滨浅湖滩坝砂体有关的储层和岩性圈闭中。两类岩性油气藏在储层成因、储层岩性、物性、含油性及储层非均质性等方面差别显著。前者以砂砾岩储层为主,储层厚度较大,低孔低渗,物性较差,非均质性较强,后者储层以中细砂岩为主,物性较好,储层厚度以中—薄层为主。

4. 储层砂体展布变化大,储层性能与光相密切相关

准噶尔盆地碎屑岩岩性油气藏中,不论是何种储层成因类型,砂体展布均受沉积体系和沉积相控制,储层分布及厚度变化很大,储层物性及含油气性与沉积相带密切相关。特别是缓坡型岩性油气藏,储层分布及厚度变化大的特征更为突出,给岩性油气藏勘探带来极大的困难和挑战(图1.3、图1.4)。

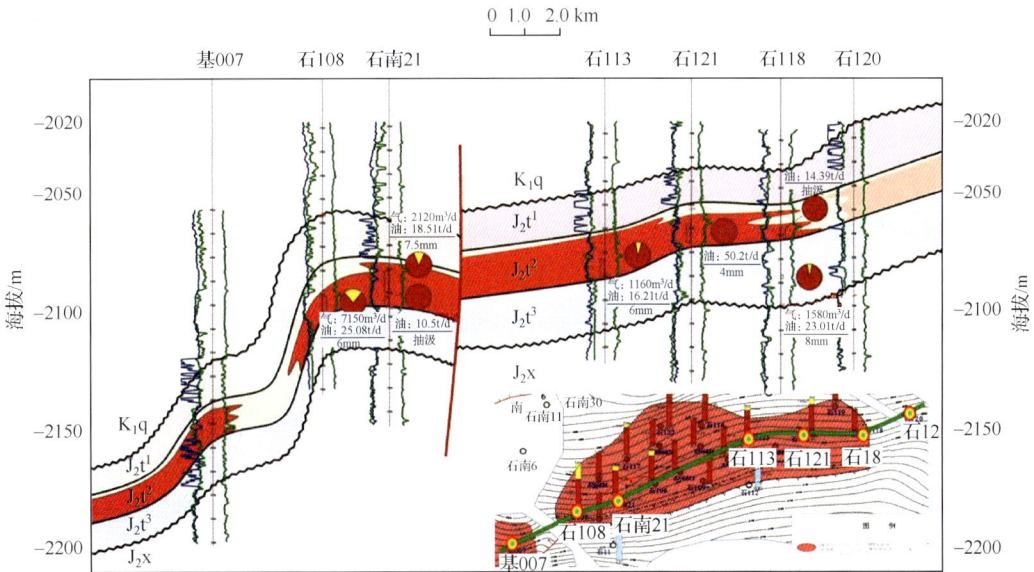

图 1.3　石南 21 井区基 007—石 120 井侏罗系头屯河组储层结构及油藏剖面图

石南 21 井区侏罗系头屯河组是典型的岩性油气藏,该油气藏主力油层是头屯河组头二段,砂体成因类型为三角洲前缘水下分支河道,主体呈北东向展布,上倾方向受分流间湾泥质岩遮挡,构成岩性圈闭。油气藏储层岩性为中细砂岩,厚度为 3~25m,储层分布及厚度变化非常大(图1.3),石 108 井和基 007 井均发育头屯河组头二段油层,油层厚度约 10m,二井平面距离为 3km。但油气勘探开发资料表明,石 108 井、基 007 井油气层段分属于石南 21 井区和石南 4 井区两个油气藏,砂体分隔明显,井间砂体岩性及厚度变化大。

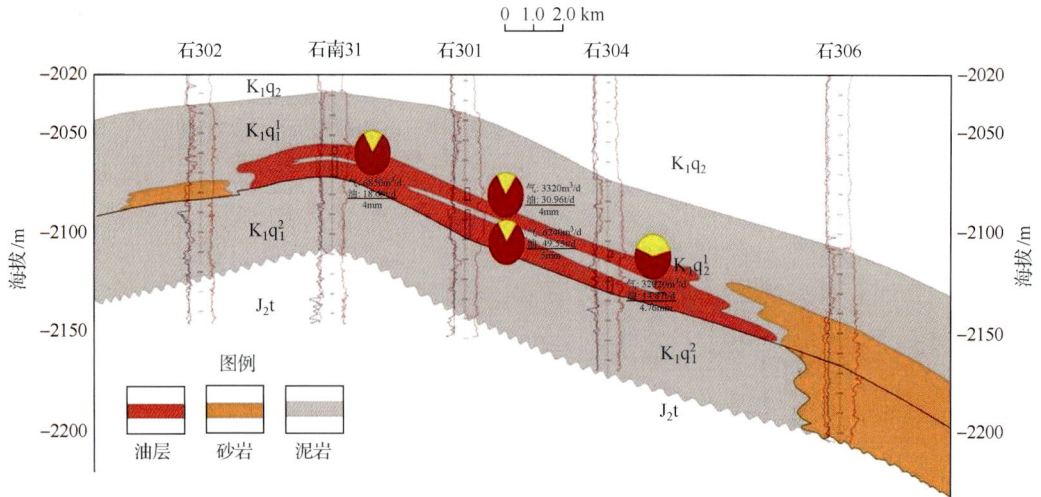

图 1.4　石南 31 井区石 302—石南 31—石 306 井白垩系清水河组油层剖面图

5. 准噶尔盆地碎屑岩岩性油气藏明显受断裂输导体系控制

准噶尔盆地侏罗系、白垩系与二叠系、三叠系分别发育了拗陷湖盆稳定边缘缓坡型沉积和前陆断陷(具逆断层边界)湖盆不稳定边缘陡坡型沉积两种典型的沉积模式。在二叠系、三叠系陡坡型相模式中,成带的冲积扇、扇三角洲、水下扇等沉积相及其叠置成为主要的油气储集体,岩石类型以粗碎屑的砾岩和砂砾岩为主,油气以垂向运聚为主要特征。西北缘克拉玛依、百口泉、小拐、玛北、乌尔禾油田,准东沙南油田等油气田的形成均与断层密切相关。

盆地侏罗系和白垩系具有由北向南缓倾的沉积背景,发育缓坡型沉积。河湖相和三角洲相(如侏罗系三角洲前缘)砂体是良好的储集单元,岩石类型以相对细粒的砂岩为主。盆地腹部莫索湾、莫北、石西浅层、石南、陆梁等油田都发育这类储集体。其油气主要来源于深层二叠系,古生新储(深源浅聚)的特点决定了断裂在岩性油气藏成藏中扮演着重要的角色,断裂是浅层目的层油气运移的最重要通道。

1.2　准噶尔盆地碎屑岩岩性油气藏主要勘探方法和技术

1.2.1　岩性油气藏勘探思路

岩性油气藏具有隐蔽性强、识别困难、勘探难度大等特点,以构造为目标的勘探技术不适宜于岩性油气藏勘探(贾承造等,2008)。随着高精度三维地震技术、层序地层学方法与地震反演技术的发展,岩性油气藏的勘探具备了精确预测和描述的工作基础。

在世界范围内,岩性油气藏勘探历程经历了以地面地质和偶然因素发现油气藏、井孔地层评价发现油气藏,到层序地层研究与地震储层预测技术相结合发现岩性油气藏(邹才能等,2009)。地质和地球物理理论与技术创新发展是推动岩性油气藏勘探的主要动力,岩性油气藏勘探研究的核心是高精度三维地震、地震层序学与地震沉积学及地震储层预测等技术的应用。

岩性油气藏地震勘探方法与技术的基本思路是：首先得到一个高精度三维数据体，它是岩性油气藏预测的基础；然后应用三维地震数据体及区域构造和沉积背景等地层信息，开展目标区构造、沉积及层序地层等研究；再在此基础上结合岩心、钻测井资料开展储层岩石物理特征分析、地震反演处理、地震属性分析等研究，进行圈闭识别与评价；最后综合应用地质、井孔资料、地震研究成果进行岩性油气藏部署研究。

岩性油气藏相对构造油气藏而言，油气储层的分布非常复杂。为实现三维空间油气储层的高精度成像，一般需要一个三维数据体。获取高精度三维数据体涉及地震数据采集和地震数据处理技术。采集是基础，处理是关键。获取三维数据体的过程充分体现在地震采集、处理的每一个环节上。根据地质目标的需求，把数据采集和处理的系统方法融合于一体，进行统一的技术设计和实施，是获得一个好的三维数据体的基本保证（吕焕通等，2012）。

在常规地震数据处理成果基础上，针对不同地质目标，开展地震目标处理是岩性油气藏勘探的必要环节。为了提高三维数据体的精度与信息利用水平，解释性处理技术已应用于工业化岩性油气藏勘探之中，解释性处理技术包括 AVO 保幅处理、频率域属性提取、井数据驱动高分辨率处理及地震反演等。

地震反射数据的定量分析基础之一是储层岩石物理研究。岩石物理学是一门不断发展的综合性边缘学科，主要研究在特定的沉积环境下，岩石所表现出的各种不同物理性质及其相互关系。近年来，储层岩石物理研究有了长足的发展，对弹性波在多孔介质中传播特性的研究，不仅为油气勘探提供了有力工具，发现了大量岩性油气藏，而且还推动了孔隙弹性力学的发展。岩石运输特性的研究，建立了地下流体在多孔岩石中的运输特性，已经成为研究环境、油气开采等问题的重要基础。储层岩石物理研究是地震岩性识别、有效储层预测和地震流体检测的物理基础，也是降低地震预测多解性的最有效途径。现代岩石物理技术已成为油气地球物理勘探的重要基础之一。地震岩石物理技术通过实验测试、理论分析和大量实际数据，建立地震资料与油藏属性之间的内在联系，在地震岩性预测、流体检测和油藏监测领域发挥着重要作用。近年来地震勘探技术的进步，尤其是在地震解释技术向叠前和定量化发展过程中，地震岩石物理起了非常关键的作用。岩石物理相关理论在油气藏勘探与开发中的应用主要集中在测井解释模型建立、测井曲线重构、岩性识别、流体置换及其波场响应参数分析等方面，其中岩石声学与黏弹参数变化是波阻抗反演、AVO 分析、地震波衰减分析、四维地震及多波资料解释的基本依据。

地震反演处理是综合利用地震反射数据、井孔弹性参数及地下岩层构造等信息，采用数学物理方法，进行目的层段地层弹性参数空间分布等信息计算或模拟过程。储层岩石物理分析为地震反演结果的解释奠定了基础。

1.2.2　岩性油气藏主要勘探方法

世界范围内岩性油气藏勘探技术大体可分为三个阶段。第一阶段：20 世纪 20 年代之前，以地表地质调查为主，油苗是发现油气藏的主要线索。第二阶段：30～70 年代，主要依靠井筒资料地质解释和老油田、老井复查,相当一部分岩性油气藏的发现具有一定的偶然性。第三阶段:80年代以来,高精度三维地震技术在岩性油气藏勘探中发挥主要作用。总体而言,由于受到勘探技术手段的限制,长期以来岩性油气藏勘探主要依靠地质评价分析,按构造圈闭思路去勘探,由于岩性圈闭复杂多样,岩性油气藏勘探成功率普遍比较低。

近年来,由于高分辨率三维地震和层序地层学等技术的迅速发展和广泛应用,采用地震沉积相、层序地层分析及地震储层预测等方法,进行钻前岩性目标识别和描述,实现了对岩性油气藏的大规模勘探部署,提高了岩性油气藏勘探成功率。自"十五"以来,中国石油天然气股份有限公司在岩性油气藏勘探过程中建立了一整套勘探方法和技术,主要包括高分辨率三维地震采集技术、高分辨率层序地层学分析技术、地震储层预测技术、岩性圈闭综合评价技术、特殊的钻井、测井、压裂改造技术等。其中,层序地层学和地震储层预测技术是岩性油气藏勘探研究的两项核心技术(贾承造等,2004)。

1. 层序地层学研究方法

层序地层学是20世纪80年代在地震地层学基础上发展起来的,是识别和预测岩性圈闭的有效方法之一。层序演化特征揭示了纵向上生、储、盖组合特征及有利生油相带和储集相带的横向演变规律,而层序分布特征则反映了有利生油区和储集区的平面展布特点,两者结合可以准确判断和预测一个含油气盆地生、储、盖组合在三维空间的分布规律。因此,在一些成熟探区和新区中经过层序地层学研究,可以重新对其油气藏类型和分布进行评价。

目前,世界上对已开发30~40年的老油气田,通过以高分辨率层序地层学为基础的精细沉积体系分析,并辅之以三维地震成像和三维储层建模与表征技术,有效地识别了井间地层非均质性的平面分布及空间变化,并不断发现新的储量。例如,美国墨西哥湾古新世威尔康科群的莱克气田是一个以三角洲砂岩为储层的气田,在该气田中利用层序地层学原理识别储集性能最好的沉积相带,运用毛细管压力曲线测算气田内增加的资源,使得这个已二次开发的单个三角洲凝析气藏中,大幅增加了天然气资源。美国近年来陆上石油可采储量增长的绝大部分来自老油田的挖潜。

由于层序地层学在研究岩性油气藏方面具有举足轻重的作用,国内从20世纪80年代初期开始,逐步引入层序地层的相关理论、方法和技术,并应用到勘探实践中。但层序地层学最早源于海相的被动大陆边缘盆地,而国内的含油气盆地大多以陆相湖盆为主,所以其应用受到了局限乃至质疑。

为此,国内许多学者和专家通过深入研究,提出了适合于陆相盆地地层分析的陆相层序地层学(邹才能等,2004)。学者们从控制层序形成的因素、层序发育充填过程到层序等时对比等方面着手,对陆相层序地层学不断进行完善和补充,相关理论方法和模式建立研究一直持续到20世纪90年代中后期,涉及断陷、拗陷、克拉通、前陆等多种类型的盆地。通过对不同盆地类型层序模式的建立,宏观上了解岩性油气藏可能发育的有利区带,确定最有利于岩性油气藏发育的生、储、盖组合。

但不同勘探阶段和不同勘探对象对层序地层的工业化应用要求不同,可以将其划分为三个阶段。第一阶段是勘探初期盆地层面上的层序地层研究和应用,主要以一级层序和二级层序为研究单元,通过区域构造和沉积背景的分析,定物源、定岸线、定坡折带,最后定出平面沉积体系的分布,通过这个阶段的工作可以确定区域上的预探区带。第二阶段是勘探中后期区带层面上的应用,在区域层序地层格架的基础上,以三级和四级层序为研究单元,通过对砂体形态和展布范围的刻画,定出有利圈闭目标。第三阶段是开发期间的滚动勘探区块上的应用,以四级和五级层序为研究单元,最后定出新的开发方案。

由于岩性圈闭涉及岩性尖灭和岩相变化等多个方面,所以储层预测、储层形态及展布的描述显得尤其重要。如何建立起地质与地球物理的紧密联系,如何将地质概念和模式融合到地球物理方法和技术中去,这对于地震储层预测的精度及结果的准确性来说是基础。近年来,国内的部分专家和学者在这方面已经取得了比较重要的突破,其中最主要的是储层特征重构技术,该技术充分将地质、测井和地震相结合,并且使反演后得到的数据体在纵向上具有较高的分辨率,从而提高储层预测的精度。

基于地质概念和定量模型的储层预测步骤为:①通过沉积背景分析、沉积体系研究建立地质概念模型;②重构储层特征曲线,建立测井与地震的联系;③在地质概念模型的指导下,通过层位标定,进行相干、可视化和分频解释,并建立定量层序格架模型;④层序约束,进行地震属性分析和地震反演;⑤测井油气评价和地震烃类检测。

2. 地震储层预测技术

由于地震技术的发展和进步,储层地震预测的精度得到提高,储层地震预测技术已成为岩性圈闭识别的必不可少的技术。根据统计,所有的已发现的岩性圈闭中,用地震技术发现的岩性圈闭占 33%,而在海上,这个比例则高达 90%。利用地震数据进行岩性油气藏勘探的实例很多,如印度尼西亚的威得利油田,岩性圈闭主要以侧向沉积尖灭为主,通过应用地震振幅属性成功识别了该区三角洲平原河道的展布和侧向尖灭特征,发现了侧向沉积尖灭圈闭。英国北海的艾薇瑞斯特油田是利用 AVO 亮点技术发现的,也是一个侧向沉积尖灭圈闭,被盆底浊积扇尖灭所圈闭的凝析气,气体充填的储层显示 AVO 极性反转和振幅随偏移距增大。

目前用于岩性油气藏地震预测的代表性技术有:高精度三维地震解释与可视化技术、地震反演技术、地震属性分析技术及多波联合勘探技术等。其中,地震反演技术已成为岩性油气藏识别和预测的核心技术。

地震反演技术通常分为叠前和叠后反演两大类。叠前反演可以获得全部的岩性参数,如岩石密度、纵波速度、横波速度、泊松比等。叠前反演和叠后反演的根本区别在于叠前反演使用了未经叠加的地震资料。地震反演是利用地表观测地震资料,结合地层变化规律和钻井、测井资料,反演地层弹性参数在地下空间的分布特征。地震反演的结果之一是地层波阻抗,与地震其他地震属性相比,波阻抗反演具有明确的物理意义,是储层岩性预测、油藏特征描述的确定性方法,在实际应用中取得了显著的地质效果。

1.3 准噶尔盆地岩性油气勘探成果与难点

准噶尔盆地的形成经历了多期构造运动,在晚海西褶皱基底之上沉积有二叠系-第四系地层,构造运动形成多个沉积中心,并不断迁移,造成多个生烃中心,多套含油气系统,多套生储盖组合及多个油气富集带。盆地由东向西、从南到北均已发现工业油气流,表现出满盆含油,多层系成藏的特点(赵文智等,2013)。盆地内石炭系—新近系各地层都能够形成有效储层,具有全层系、多层组含油气,储集岩类型众多等特点,为岩性油气藏的形成提供了良好的物质和资源基础。

1.3.1 准噶尔盆地岩性油气藏勘探成果

准噶尔盆地油气勘探始于20世纪初,大规模的油气勘探与开发是50年代开始,准噶尔盆地油气勘探大致可划分为4个阶段:①80年代以前,以大型显形构造圈闭为目标,发现了克拉玛依油田、夏子街油田和百口泉油田等;②80~90年代初,以斜坡区陡坡扇为勘探目标,主要发现包括五八区油气富集区、玛北油田,小拐油田和沙南油气富集区;③90年代,以低幅度构造圈闭为勘探目标,发现了莫北油田、陆梁油田及莫索湾油田等;④2001年至今,以大型三角洲前缘岩性圈闭为目标,发现了石南31井油气聚集区、阜东河道砂岩性油气藏、车排子构造-岩性油气藏、玛湖斜坡区构造-岩性油气富集区。

自20世纪80年代起,新疆油田在准噶尔盆地开展了岩性圈闭识别研究,在西北缘发现了许多二叠系和三叠系陡坡型扇控岩性油气藏。21世纪初以来,针对准噶尔盆地腹部缓坡型三角洲前缘储集体开展了大规模岩性油气藏研究,取得了显著的勘探效果(侯连华等,2009)。准噶尔盆地岩性油气藏勘探经过"十五"、"十一五"10余年的攻关,在勘探理论和技术方面积累丰富成果。通过大比例尺沉积体系研究,建立了准噶尔盆地重点目的层沉积体系格架,为岩性油气藏勘探奠定了坚实的地质基础;通过对侏罗系储层的地质特征描述及主控因素分析,建立了孔隙演化模式及孔隙定量预测模型;应用测井地质学与储层地质学理论,建立了侏罗系与白垩系砂岩储层渗透率地质模型及测井评价模型(雷德文等,2013);通过对不同级别的成因砂体结构及砂体类型与储集性质关系研究,建立了储层地质预测模式和骨架模型,搞清了相对优质储层分布;通过岩性圈闭发育与沉积体系关系的分析,建立了不同沉积式样与岩性圈闭发育的地质模式,归纳了岩性圈闭形成的地质条件,确定了盆地岩性圈闭发育的有利层位和地区;根据已知岩性油气藏的解剖和成藏条件分析,建立了准噶尔盆地陡坡近源扇控、断控岩性油气藏成藏模式和缓坡远源相控-断控岩性油气藏成藏模式;形成了以地质、测井和三维地震技术为核心的准噶尔盆地岩性圈闭预测的技术。

在此研究工作基础上,应用岩性圈闭预测技术,对准噶尔盆地主要岩性圈闭目标进行勘探方法攻关,分别在车排子地区、阜东地区、腹部及玛湖凹陷斜坡区岩性油气藏勘探取得明显效果(匡立春等,2013),特别是在玛湖凹陷斜坡区岩性油气藏勘探取得重大突破。玛北斜坡区具有良好的储集条件、油源条件及输导条件;百口泉组储层构造平缓、四周封堵条件好、油质轻边底水不活跃,具备大面积成藏的良好条件(赵文智等,2015);玛北油田的勘探突破为玛湖凹陷斜坡区岩性油气藏勘探提供了新勘探思路.玛湖凹陷百口泉组油气分布具有"整体含油、局部富集"的特点,通过对区域构造、沉积演化等研究认为玛北斜坡区百口泉组主要为缓坡环境下的扇三角洲沉积,扇三角洲前缘有利相带覆盖玛湖中-下斜坡区,该区岩性油气藏模式为扇控三角洲前缘远源大面积连续型油气藏.玛湖凹陷斜坡区正逐步呈现大面积成藏的特征,油气高产有利面积近 2800km²,预测总资源量 14.7 亿 t,是新疆油田实现油气储层和产量的新基地.

目前,准噶尔盆地油气勘探仍处于构造油气藏与岩性油气藏并举的勘探阶段.准噶尔盆地多旋回构造运动和多期湖平面升降造就了多种类型的沉积体系与岩性圈闭,岩性圈闭广泛发育,是准噶尔盆地油气勘探的重要目标,也是未来油气资源所在;准噶尔盆地现今构造格局形成了多源、多灶的特点,油气资源丰富,为岩性油气藏的形成提供了资源基础;盆地内区域不整合面发育、断裂活动频繁,为岩性油气藏构筑了良好的油气输导系统.准噶尔盆地现已发现多种类型的岩性油气藏、地层油气藏及构造-岩性油气藏等,岩性油气资源非常丰富,勘探潜力巨大.岩性油气藏是新疆油田未来油气勘探的主要目标之一.

随着准噶尔盆地岩性油气藏勘探目标的日益复杂,勘探理论的不断创新,对岩性油气藏勘探方法和技术提出了更高的要求.近年来,在准噶尔盆地层序地层构架约束下,以高精度三维地震为基础,开发及应用了多种地震储层预测和解释技术,如以地震沉积学为核心的三维地质体识别与解释技术,以地震地貌学为目标的地震属性与三维可视化解释技术及以有利岩相预测的储层岩石物理和地震反演技术.这些技术的发展推动了准噶尔盆地岩性油气藏勘探进展,为实现准噶尔盆地岩性油气藏勘探提供了技术支撑.

1.3.2　准噶尔盆地岩性油气藏地震勘探难点与对策

根据准噶尔盆地岩性圈闭的地质特点,岩性油气藏勘探的难点问题有:①优质储层识别和预测困难;②岩性圈闭有效识别困难;③岩性油气藏成藏分析困难等问题(邵雨,2013).准噶尔盆地岩性油气藏受控于低幅度构造、小断层、薄层、储层非均质性等因素,相对于构造油气藏,地震识别难度大.此外,由于准噶尔盆地地震信号频带窄及资料信噪比低等因素,使得岩性油气藏地震勘探工作极具挑战.为此开展了岩性油气藏地震技术攻关,关键技术包括高分辨率三维地震采集与处理技术、储层岩石物理分析技术、地震反演与定量解释技术、地震沉积与成藏解释技术及地震流体识别技术等.

1. 优质储层识别与解释

准噶尔盆地岩性油气藏及储层成因类型多样,大致可分为陡坡扇形岩性油气藏与缓坡三角洲前缘岩性油气藏.陡坡扇型岩性油气藏主要发育于近物源的各类扇体相关的储层中,岩性主要以砂砾岩为主,储层厚度大,低孔低渗,物性差,非均质性强.优质储层主要为与各类扇体有关的水道成因砂砾岩或各类砂岩.缓坡型岩性油气藏主要发育于侏罗系—白垩系各类储层.侏罗系沉积时期,准噶尔盆地具有"盆大水浅"、构造稳定、坡度平缓以及物源充足等条件,盆地发育了多个大型浅水三角洲沉积体系,在此沉积环境下,砂体大面积分布、宏观叠合连片,单一砂体厚度薄,水下分流河道发育,延伸较远;腹部地区砂体埋深大,隆起及斜坡区薄砂体非均质强,横向预测较困难。

一般认为,要满足薄储层勘探的要求,储层的厚度要大于 1/4 的地震波长。结合地震资料分辨能力,如埋深为 3000m 左右,速度为 4000m/s,地震主频 30Hz,四分之一波长为 33m。优质砂体厚度往往小于地震垂向分辨率,使仅使用地震资料进行优质储层识别非常困难。此外,准噶尔盆地目的层埋深较大、不同岩性的弹性参数差别小。由于大部分目的层段埋深过大,导致沉积地层成岩程度一般较高,砂泥岩的密度和速度值相差都不大,在地球物理参数方面区别也不太明显。据统计,在埋深 3500m 左右,砂岩密度为 2.38～2.69g/cm³,速度为 4000～5100m/s,波阻抗为 10000～13000m/s·g/cm³,而泥岩的密度为 2.42～2.72g/cm³,速度为 3000～4400m/s,波阻抗为 7000～12000m/s·g/cm³,两者的差别非常小。即使在埋深相对较浅的层位,两者的各种地球物理参数也有很大范围是重叠在一起的。砂泥岩地震参数差别小也是利用地震资料识别优质储层困难的一个重要原因。正是由于这种不同岩性的地球物理参数存在重叠性,使得目的层段地震反射结构不清楚,储层即使充注不同流体,其地震反射异常差异也很小,使用波阻抗参数直接区分岩性较困难。

采用高分辨率三维地震数据、测井及岩心化验分析资料,在区域层序地层格架下建立高分辨率准层序格架,以储层地质学、岩石物理学、测井地质学、地震沉积学及地震反演等理论为指导,进行成因砂体类型、储集性质以及岩石特征分析,确定优质储层岩相、测井相及地震相定量关系,应用地震反演技术预测优质储层岩相分布,能够提高地震优质储层识别和预测的精度。

2. 岩性圈闭有效识别

准噶尔盆地内不同构造带中岩性圈闭的发育层位和类型存在差异。如陡坡带在二叠系—三叠系中下统发育扇体型岩性圈闭,腹部缓坡带在侏罗系—白垩系发育水道型岩性圈闭等。按圈闭成因类型,准噶尔盆地岩性圈闭类型可分为 4 大类:岩性圈闭、地层圈闭、复合圈闭和(准)连续型圈闭。岩性圈闭类型包括:①砂岩上倾尖灭圈闭;②岩性透镜体圈闭;③古河道岩性圈闭;④深切沟谷朝天圈闭;⑤致密砂岩圈闭等。地层圈闭类型包括:①地层超覆圈闭;②地层削蚀(不整合遮挡)圈闭;③沥青侧向封堵圈闭等。复合类型圈闭包括:①岩性-地层圈闭;②断层-岩性圈闭;③断层-不整合地层圈闭;④断层-裂缝圈闭等。

准噶尔盆地为大型拗陷盆地,侏罗系以来构造活动比较弱,发育大型三角洲沉积,沉积体系类型单一、规模大、分布广。大范围的水进超覆、水退与退覆剥蚀作用是形成岩性圈闭的主要沉积背景。准噶尔盆地腹部构造平缓,岩性圈闭比较隐蔽,常规地震资料识别岩性圈闭非常困难。由于地震资料解释具有多解性,且地震资料分辨率有限,仅使用地震资料进行岩性圈闭识别存在较大风险。

国内外岩性圈闭勘探的实践经验表明,综合地质、地球物理研究是有效识别岩性圈闭的重要途径。通过区域地层沉积特点、储层结构类型分析,明确岩性圈闭性质及边界条件。深入开展储层岩石物理特征分析和层序地层框架约束下地震随机反演确定圈闭形态、岩性与孔隙度等变化规律,落实岩性圈闭要素。

3. 岩性圈闭储层流体地震检测

准噶尔盆地岩性油气藏具有多源、多层系含油气、多期次充注、多期成藏及多成藏组合的特点,岩性油气藏成藏过程较复杂,岩性圈闭中流体性质地震检测困难。

不同级别的层序地层格架研究能够预测岩性圈闭在层序中分布、生油岩、输导系统及储集体的展布,确定岩性圈闭形成的有利位置,但难以确定岩性圈闭中流体性质。油气储层是多孔介质,利用地震波在油气储层中传播变化特征,分析地震波振幅、频率、相位、衰减及波阻抗变化大小可以检测地下储层孔隙流体的类型,识别油气圈闭。AVO 分析技术是一项利用地震反射振幅与炮检距变化的关系来识别岩性及检测含油气性的一种地震技术。它主要利用不同岩性泊松比差异所形成的 AVO 特征响应,来区分波阻抗相近的储层与非储层,根据反射振幅随偏移变化特征识别储层孔隙流体类型。实际应用中,利用地震叠前道集资料,分析储层界面上的反射波振幅随炮检距的变化规律,估算界面上的 AVO 属性参数和泊松比差,从而进一步推断储层岩性和含油气性质。目前,AVO 分析技术是国际上地震流体检测的主流方法之一。

利用地震资料识别储层孔隙流体类型的方法有很多。例如,使用地震波衰减信息预测油气层、利用地震反演波阻抗进行流体检测及使用地震属性进行流体识别等。地震资料识别储层流体类型的基础是含流体储层岩石物理性质变化对地震波影响比较大,这种影响足以改变地震属性参数(波阻抗、系数吸收、振幅、频率及相位等)。因此,有效的地震储层流体检测方法应该是建立在精细的储层岩石物理分析基础上的。使用叠前地震数据进行储层流体检测常用的地震属性参数之一是流体因子,该属性参数是一类指标性的无量纲参数,表示了油气储层性质与饱水地层之间差异。地震波衰减信息是检测油气储层的重要属性参数,当地震波在含油气储层中传播时,孔隙流体将引起地震波衰减,在特定情况下,地震波衰减大小随波动频率而变化。一般而言,含气储层地震衰减最严重,干燥地层地震衰减最小。部分储层中孔隙流体性质不同将引起地震波频率和相位变化,因此可利用地震波频率计相位信息,如谱分解数据,进行岩性圈闭流体性质检测。

利用地震数据进行储层流体性质检测是一项较为精细、系统的研究工作,需要精确掌握储层物理性质及其地震响应特征。对于准噶尔盆地岩性油气藏勘探,储层非均质、物性及岩性横向变化都会降低地震流体检测的可靠性,地震储层流体类型检测仍是国际性地震勘探前沿难题。

岩性油气藏地震目标处理技术 第2章

岩性油气藏地震勘探已逐步成为准噶尔油气勘探重点领域之一，为了满足油气勘探领域的需要，仅依据常规地震资料处理和解释难以奏效，地震叠前反演与油气检测已成为重要的物探技术手段，岩性识别和油气检测成功的基础之一是具备符合三高要求的地震道集数据，它直接关系着叠前反演及油气检测的可靠性，关系着油气预测的准确性。

准噶尔盆地地震资料信噪比、分辨率普遍较低、难以满足叠前反演对叠前偏移道集"高信噪比、高分辨率、高保真度"的三高要求。油气勘探领域与勘探目标的转变要求发展和完善具有针对性的地震资料处理技术，特别是提升叠前道集的品质，充分挖掘地震资料的潜力，以便提供准确的地层岩性信息，确定储层厚度、孔隙度及孔隙流体性质等参数，使解释人员能够利用这些信息开展精细的岩性与流体变化研究，圈定有利地层岩性目标。因此，研究开发岩性油气藏叠前目标处理技术和方法势在必行。

准噶尔盆地地表大部分被沙漠、戈壁砾石覆盖，地震资料信噪比、分辨率普遍较低。叠前反演所使用的叠前偏移道集普遍存在以下四方面的问题：①叠前偏移道集存在剩余时差、远炮检距动校正误差、道集各向异性引起的时差等，同相轴的同相性难以保证；②叠前偏移道集的近、远偏移距能量弱，标志层 AVO 响应失真；③地表条件复杂，叠前偏移道集信噪比低；④勘探目的层埋藏深，高频吸收严重，叠前偏移道集分辨率低。以上问题使用于叠前反演的地震道集品质降低，难以满足叠前解释研究的需要。

针对上述叠前道集问题，需要系统地开展叠前道集优化处理，具体处理工作包括高精度时差校正、测井约束振幅恢复、叠前保幅去噪处理和叠前高分辨率处理。

2.1 高精度时差校正

针对叠前道集普遍存在剩余时差、中远炮检距动校正误差、道集各向异性引起的时差等问题，研发了模型道时变校正消除剩余时差、高精度三维迭代叠加方法，针对中远炮检距动校正误差采用高精度动校正技术，针对道集各向异性采用各向异性叠前时间偏移，通过这些技术的研究与应用，很好地解决了叠前道集中剩余时差问题。

2.1.1 模型道时变校正

地震波在低降速带的旅行为垂直入射、垂直反射，这是静校正方法的基本假设。对于地表同一位置，静校正量只与低降速带厚度、速度和充填速度有关，与地震波传播路径无关，空间位置的任意一点，基准面静校正量是唯一的。在这种假设下，基准面静校正量计算的函数关系式为

$$ST = f(H_i, V_i, V_c) \tag{2.1}$$

式中，ST 为基准面静校正量；H_i 为表层每一层厚度；V_i 为每一层速度；V_c 为替换速度。

按照几何地震学观点，地震波在层状介质的传播中，入射角和反射角大小与偏移距和反射点深度及地层倾角有关。不同的观测方式其炮检距和反射位置都时时发生变化。由于同一点的静校正量地震射线路径不同，故静校正量是在地表一致性前提下的近似值。实际上静校正量也是入射角 α 和地层倾角 β 的函数，即

$$ST = f(H_i, V_i, V_c, \alpha, \beta) \tag{2.2}$$

静校正是一个多元函数，低降速带对地震道的延迟对同一位置点并非常量，仅通过静校正不能消除地表差异带来的时差。由于这部分时差的存在，降低了道集反射相位的同相性，非相同叠加导致高频成分的损失，降低地震信息的分辨率和保真度。动校正是校正偏移距产生的时差，静校正是校正非均匀地表产生的延迟，目的都是使来自同一深度位置的反射相位校正到同相。叠后反演主要依靠振幅信息和波形特征的变化。由于多次叠加相当于线形滤波器，叠加滤波器特性是叠加次数、频率和剩余时差函数，反射波振幅特性最理想的情况是剩余时差为零。为了得到有利于岩性反演及叠前地震属性分析的高品质地震剖面，需特别研究振幅随炮检距变化关系 AVO，它是在叠前道集等时面上进行，剩余时差决定分析结果的可靠性。时变校正技术的目的在于消除各种异常因素引起的时差，力求反射相位剩余时差控制在一个采样点内，最大限度地保护高频信息。

1. 方法原理

道集内剩余时差产生的原因很多，如不均匀表层结构、动校正（normal moveout，NMO）速度误差及共中心点与共反射点差异造成的时差等。假设在很小时窗内剩余时差不变，利用与叠加模型道相关获取这个时差，进行逐时窗校正。时变校正方法原理是依据道集内各道与模型道的互相关联求取相对时差，校正只在给定窗口内进行，按照半时窗滑动方法完成整道校正。假设 T_{mod} 为模型道，T_k 为 CMP 道集的任意一道，s_i 为采样间隔，那么校正量为

$$\Delta T_i = \left[\max\tau \sum_{j=1}^{n} T_{mod}(j) T_k(j - \tau) \right] s_i \tag{2.3}$$

式中，ΔT_i 为由相关函数极值确定的时间偏移量；$\max\tau$ 为最大相关系数对应的 τ 值；i 为一道内窗口个数；j 为样点序号；n 为窗口内样点数；τ 为最大校正量。

窗口长度通常取 $200 \sim 500 \text{ms}$，最大校正量 τ 依据残存的剩余时差而定，最大不超过 1/2 波形周期。输入的 CDP 道集应做好基准面静校正、剩余静校正及 NMO 速度分析，尽可能减小剩余时差。时变校正模型道可采用叠加道，校正量不宜过大，否则易在叠加剖面上出现抖动，最好采用外部模型道，这样可对外部模型道做一些修饰性处理。

2. 应用效果

时变校正是校正量随时间而变的校正过程，它虽属地表非一致性校正范畴，但与通常

应用的地表非一致性校正有本质区别。因为时变校正是在叠加模型道约束下完成剩余时差校正,既不改变振幅谱也不改变相位谱,保持原有的能量关系和振幅信息。时变校正后反射同相轴的时间一致性得到改善,有利于同相叠加,以减少高频成分的损失,更有利于在叠前地震属性分析中,自动识别振幅随炮检距变化的关系 AVO。地震数据采集处理中,高频地震信号衰减最快,也是处理中极易损失的有效成分,提高分辨率是我们追求的目标。当 CDP(common depth point,CDP)道集存在剩余时差时,叠加起低通滤波作用。

图 2.1 是不同剩余时差的 CDP 道集。(1)~(10)分别为随机给定不同剩余时差校正的结果,剩余时差最大取值分别为 2ms、4ms、6ms、8ms、10ms、12ms、14ms、16ms、18ms、20ms。

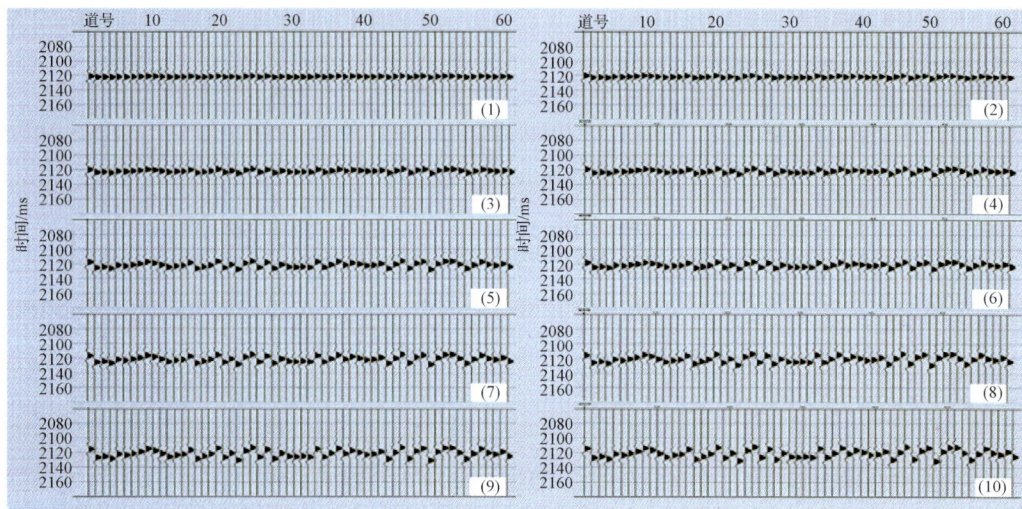

图 2.1　不同剩余时差的 CDP 道集

图 2.2 为 CDP 叠加道对应的频谱。可以看出,各种频率成分随剩余时差的变化关系,频率越高衰减越快。

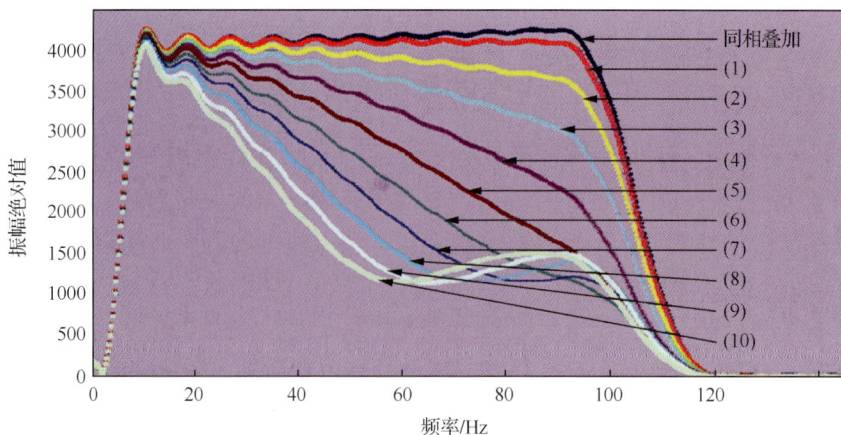

图 2.2　剩余时差与叠加频率的关系

图2.3为实际地震数据时变校正前后的CDP道集,反射同相轴的时间一致性得到明显改善,一些反射较弱的相位若不进行时变校正,在剖面中很难成像。AVO是以振幅随炮检距变化的关系来判断储层含流体的性质,当储层含油、含气、含水时振幅强弱变化、极性转换点都不同,剩余时差的存在引起等时振幅信息失真,不利于地震属性的自动识别。

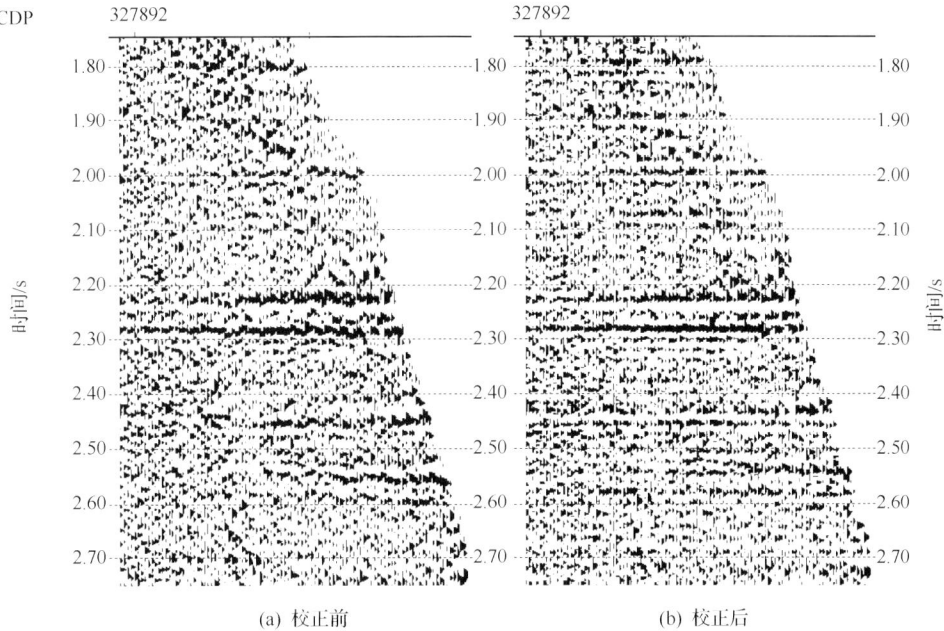

(a) 校正前　　　　　　　　　　　　　(b) 校正后

图2.3　时差校正前后的CDP道集

图2.4为时变校正前后纵波拟合剖面,纵波拟合剖面就是根据CDP道集中偏移距与等时振幅能量关系拟合曲线,在零偏移距坐标轴截距振幅值的输出。可以看出,经处理后的成像质量大幅度提高,反射波的连续性明显增强,尤其是2.2s以上弱反射的分辨率和信噪比都有很大改善。由于有效克服了剩余时差引起的叠后波形畸变和形态的异常变化,为弱反射的层位追踪和地震属性反演打下了良好的基础。

3. 小结

岩性油气藏勘探对地震数据的保真处理提出了更高要求,不但要做好保相对振幅保持处理,且在处理过程中保护好反映岩性变化、不同地质层位组合的地震响应波形特征,保真处理是地震岩性反演和岩性解释的基础。地震反演和解释是依据具地质特征地震响应来识别储层性质,叠加过程是处理各环节中对振幅和频率改变最大的一个环节。由于各种因素的影响,虽然剩余静校正的量级可以做到一个采样间隔内(2ms),但仅依此不可能解决地表非一致性引起的时差。现有地表非一致性静校正软件,通过改变振幅与相位来达到同相的目的,很容易产生假像。时变校正方法克服了地表非一致性静校正方法的缺点,它是对不同时间段单纯时移,使叠前反射相位达到同相目的,不但避免了高频成分

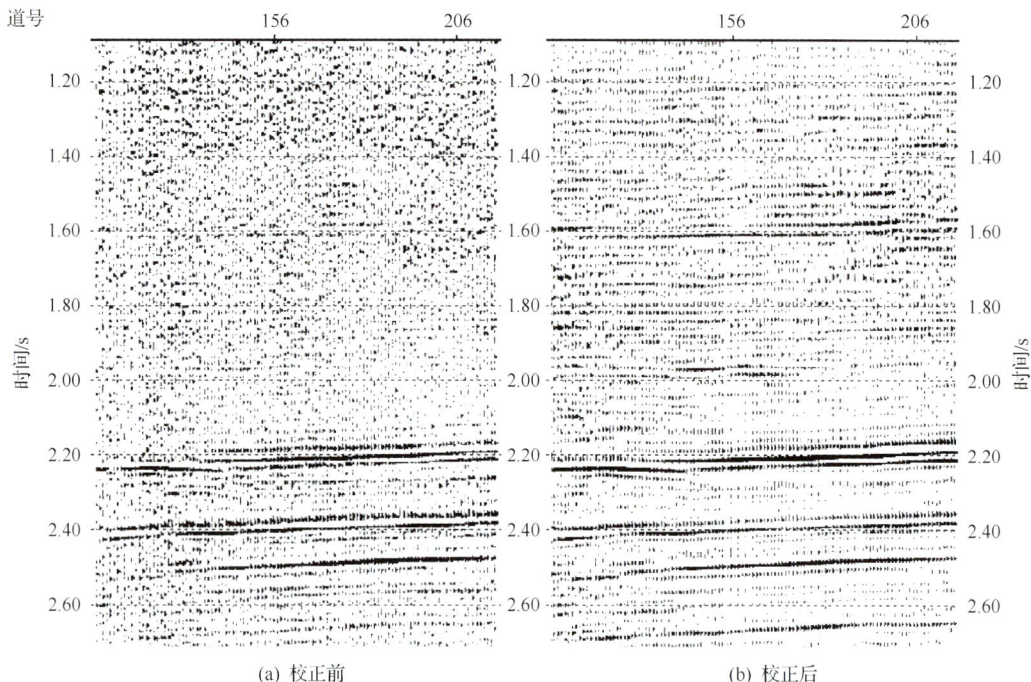

(a) 校正前　　　　　　　　　　　　　(b) 校正后

图 2.4　时变校正前后的纵波拟合剖面对比

的损失，而且提高了弱反射信噪比和分辨率，更有利于纵波剖面拟合与 AVO 等时振幅随炮检距变化的识别。

2.1.2　高精度三维地震迭代叠加方法

地震数据叠加前需要进行反射波旅行时的正常时差校正，正常时差校正依赖于偏移距、与反射波同相轴有关的双程零偏移距时间、反射层的倾角、炮点检波点方向与真倾角方向的夹角、近地表的复杂程度和反射层以上的速度。常规速度分析是建立在反射时距关系呈双曲线假设的基础上，而实际上只有在上覆地层是单个水平层状介质的前提下才满足该假设条件。因此，常规速度分析得到的叠加速度是建立在整个排列长度的最佳拟合双曲线基础上，它是一种近似，利用常规速度分析得到的叠加速度进行正常时差校正存在误差。

另外，当地表高程变化剧烈或风化层横向变化时，由此产生的静态时差会造成反射波双曲线形态畸变，为了消除它的影响，必须进行基准面静校正。即对炮点和接收点的高程差进行校正、对近地表风化层进行校正、并将旅行时校正到基准面上。常规的方法是通过沿地表到风化层底界面再到基准面的垂直路线进行校正，而实际地震波在表层的传播路径不仅与偏移距有关，而且与表层结构、表层速度、反射点深度都有关。因此，静校正的校正路径与实际表层地震波的传播路径存在偏差，造成静校正误差。

为了消除上述误差,笔者研发了基于三维模型道的剩余时差计算和消除方法。

1. 方法原理

1）模型道的产生

利用反射波速度函数对 CDP 或者 CRP(common reflection point,CRP)道集进行正常时差校正,然后对地震数据进行振幅归一化处理,构建出叠加数据道。对叠加数据道进行倾角扫描,设参加倾角扫描的地震道数为 $2k+1$ 道,扫描倾角增量为 grade,grade 的单位为样点数,为了提高扫描精度,grade 应该小于一个样点。倾角扫描次数 $n=$(最大倾角时差－最小倾角时差)/扫描倾角增量,对第 $k+1$ 道某时刻 t 作第 j 次扫描,地震道序号用 m 表示,得 $2k+1$ 个地震振幅值:

$$f'_m\big[t+(m-k)j\,\text{grade}\big]\big|_{m=0,2k} \tag{2.4}$$

由于地震数据是离散的,上述公式计算出的地震时刻大部分在非整样点位置,需要使用插值公式算出非整样点振幅值。

如果扫描倾角次数 j 从 1 变到 n,可求得 n 个相关系数,最大相关系数对应的倾角就是信号倾角方向。求出第 $k+1$ 道各时刻 t 对应的信号倾角方向 $j(t)$,沿该倾角方向对地震数据进行叠加,得到高信噪比的模型道:

$$S(t)=\sum_{m=0}^{2k} f'_m\big[t+(m-k)j(t)\,\text{grade}\big] \tag{2.5}$$

三维地震数据需要在 INLINE 和 CROSSLINE 两个方向进行倾角扫描和叠加。由于地震数据是离散的,为了提高倾角扫描的精度,必须使用高精度样点插值公式计算非整样点振幅值,根据信号处理抽样定理(程乾生,1993),离散信号 $x(n\Delta)$ 可以按如下公式恢复成连续信号:

$$x(t)=\sum_{n=1}^{k} x(n\Delta)g(t-n\Delta)\Delta \tag{2.6}$$

式中,Δ 为采样间隔;$g(t-n\Delta)$ 可以取三角波褶积镶边滤波器;n 指数据采样间隔的序号;k 为滤波因子点数。

根据上式可以算出高精度的样点插值算子。图 2.5 为准噶尔盆地莫 10 井区三维 INLINE510 线叠前时间偏移剖面,图 2.6 为利用叠前时间偏移数据得到的模型道剖面,对比发现图 2.6 的信噪比更高,有效波更加连续,图 2.5 中的随机噪声和倾斜干扰被压制。

2）剩余时差校正

利用模型道进行剩余时差校正的过程如式(2.3)描述。

图 2.7 为叠前时间偏移道集,图 2.8 展示了对该道集进行剩余时差校正结果,对比发现,图 2.8 有效波同相轴的同相性更好,更加平直。

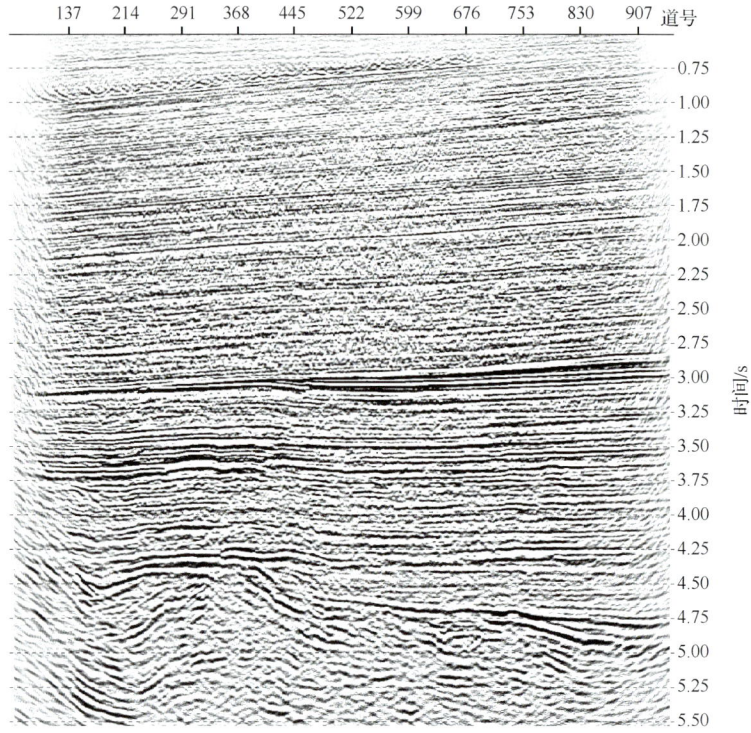

图 2.5　叠前时间偏移剖面

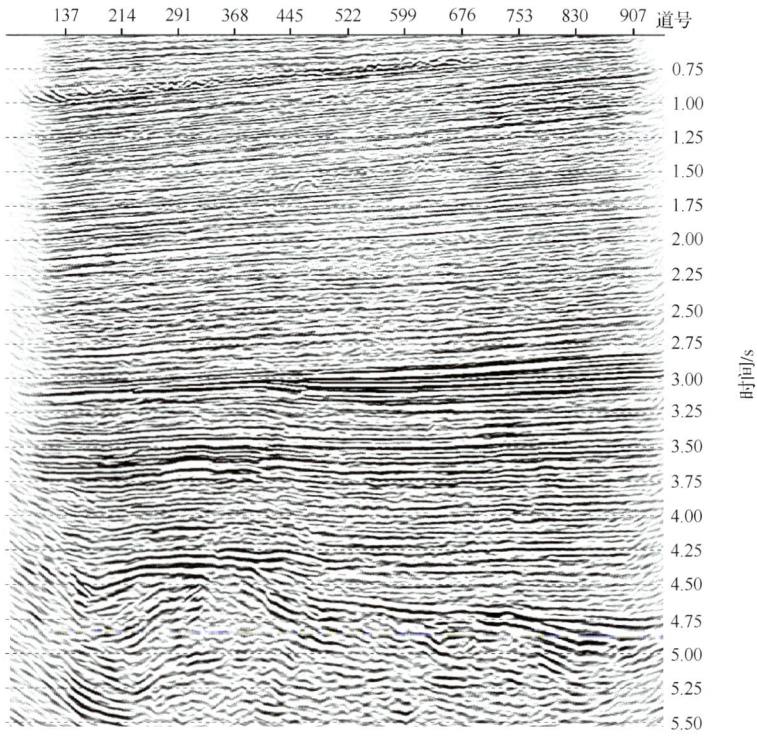

图 2.6　模型道剖面

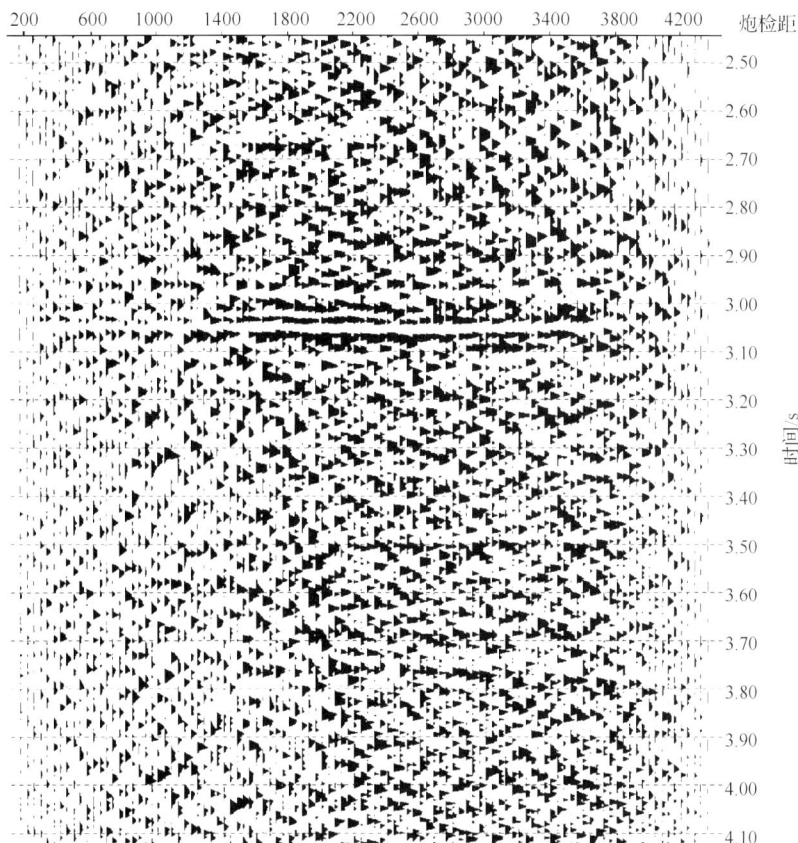

图 2.7 剩余时差校正前的叠前时间偏移道集

3）保振幅叠加

叠加是将不同接收点收到的来自地下同一反射点的不同激发点信号,经动校正后叠加起来(马永军和王季,2010),常规叠加公式如下:

$$F(t) = \frac{1}{n} \sum_{i=1}^{n} f_i(t - \delta t_i) \tag{2.7}$$

式中,$F(t)$ 为最终叠加信号;$f_i(t - \delta t_i)$ 为经过时差校正的叠前信号;n 为参与叠加的道数;δt_i 为校正的时差,其中包含正常时差和剩余时差(陆基孟,1996)。

但在实际处理过程中由于受切除因素的影响,各时刻参与叠加的非零样点个数不一致,浅层少,深层多,它是一个随时间变化的函数,如果按式(2.7)进行叠加必然会产生振幅能量浅层弱、深层强的现象。假设非零样点个数函数为 $n(t)$,上述的叠加公式应修改为

$$F(t) = \frac{1}{n(t)} \sum_{i=1}^{n} f_i(t - \delta t_i) \tag{2.8}$$

考虑多次覆盖叠加对随机干扰波有压制作用,经过 n 次叠加后,随机干扰只增加 $\sqrt{n}$

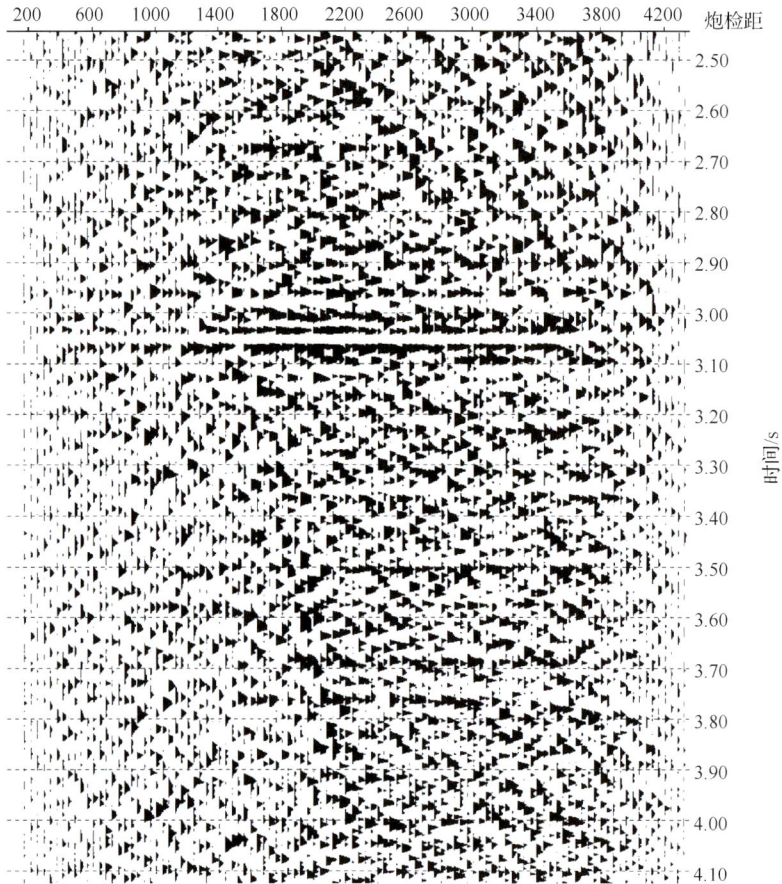

图 2.8　剩余时差校正叠后道集

倍,而叠后有效波的能量增强了 n 倍,则叠后信噪比增加 $\sqrt{n}$ 倍。因为浅层参与叠加的样点数少,所以浅层的随机干扰强,为了减弱随机干扰的影响,对式(2.8)进行修改,形成最终的保振幅叠加算法(夏洪瑞等,1997):

$$F(t) = E \frac{1}{\sqrt{n(t)}} \sum_{i=1}^{n} f_i(t - \delta t_i) + (1 - E) \frac{1}{n(t)} \sum_{i=1}^{n} f_i(t - \delta t_i) \qquad (2.9)$$

式中,$0 \leqslant E \leqslant 1$,$E$ 为加权因子,由用户根据叠加后随机噪声的强弱定义其大小,随机噪声越强,E 越大。

2. 应用效果

本方法在准噶尔盆地莫 10 井区三维叠前时间偏移数据体上进行了试验,先用叠前时间偏移道集进行叠加,在叠加后数据体进行 INLINE 和 CROSSLINE 两个方向倾角扫产模型道,利用模型道与道集数据相关计算剩余时差,在剩余时差校正后的道集数据上进行保振幅叠加,最终产生三维迭代叠加结果(图 2.9)。

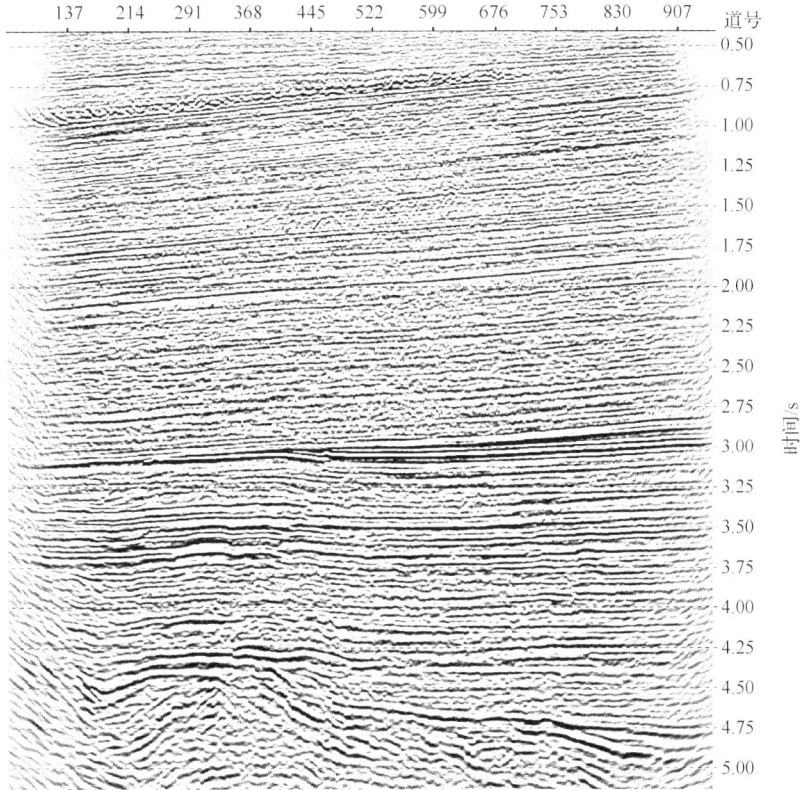

图 2.9　三维迭代叠加结果

对比图 2.9 与图 2.5,图 2.9 的浅层能量与深层能量更加均衡,振幅保持效果更好,经过剩余时差校正后有效信号的成像精度更高,信噪比也得到提升。

3. 小结

三维迭代叠加方法是一种基于模型道的剩余时差校正方法,模型道信噪比和成像精度的高低直接影响该方法的处理效果。因此在进行三维迭代叠加处理前,需要对 CDP(或 CRP)道集进行准确的正常时差校正,并且消除静校正的影响,从而提高模型道的成像精度和信噪比。

由于使用了双方向高精度倾角扫描方法预测有效信号方向,并沿信号方向叠加提高模型道信噪比,所以该方法适用于低信噪比地区地震资料。另外该方法利用模型道与 CDP(或 CRP)道集相关的方法求取剩余时差,求取的剩余时差量一般小于二分之一地震波长。

该方法在进行时差校正时,只校正地震道集的剩余时差,没有对地震道振幅进行处理,因此它是一种保振幅的处理方法。另外,在叠加的同时消除了切除因素对地震振幅的影响,使地震数据振幅能量在时间方向上保持一致。

三维迭代叠加方法利用高精度倾角扫描方法产生的模型道,消除道集内剩余时差,提高了三维地震资料的叠加精度,同时使用保振幅叠加手段提高了振幅保真度,在实际资料处理过程中取得明显效果。

2.1.3 高精度动校正

动校正是地震资料处理过程中的关键步骤之一,其精确性直接影响到水平叠加能否对干扰波进行有效压制,精确叠加成像。同时它也是一种用于速度分析的手段。常规动校正处理是利用反射波时距方程拉平同相轴,由于动校方程的高阶近似,随着炮检距的增加,时距关系的误差增大。由于实际炮检距达到8583.8m,远偏移距由于误差的原因而不能校平。这时对大炮检距地震记录应用均方根公式进行校正就会带来大的误差影响叠加成像,所以必须采用多项式高阶拟合的方法。

1. 方法原理

常规双曲线动校正公式:

$$t_x^2 = t_0^2 + \frac{x^2}{v^2} \tag{2.10}$$

式中,x为任一点的炮检距;t_x为x炮检距对应的t_0时间;v为时间t_0时对应的速度。它基于水平层状、各向同性、小偏移距的假设。常规双曲动校正公式实际上忽略了时距函数泰勒展开式的高阶项,仅保留了前两项,双曲动校正公式在$x \to 0$时能精确描述各向同性介质地震同相轴的时距关系,当$x \to 2000$m以上时已不能进行精确描述各向同性介质地震同相轴的时距关系。所以进行长偏移地震同相轴动校正时必须考虑高于二阶的项。常规动校正和长偏移距动校正其关系如图2.10。

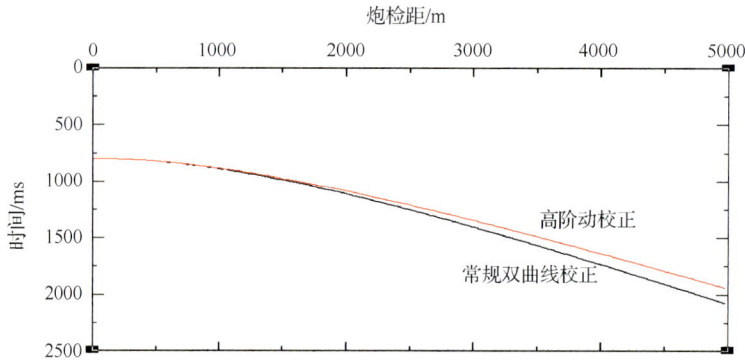

图 2.10　常规双曲线校正和高阶动校正关系对比图

从关系图中得知,随着偏移距的增大,远道非双曲线现象也加大,呈抛物线形式,影响动校正的精度。高阶动校正公式为

$$t_x^2 = t_0^2 + \frac{x^2}{v^2} - \frac{2\eta x^4}{v^2[v^2 t_0^2 + (1+2\eta)x^2]} \tag{2.11}$$

式中,η为水平各向同性介质参数。

运用高阶项动校正公式进行长偏移距地震资料动校正时,要从地震同向轴上确定两个或两个以上的系数,这与常规的DIX公式进行动校正是不同的,用一维相似扫描方法不能同时确定两个或两个以上的参数,所以要采用多维相似扫描法确定这些系数。

2. 应用效果

首先求取 ETA(指水平各向同性介质参数 η)长炮检距或具有垂直对称轴的横向各向异性参数(vertical transverse isotropy,VTI)值。实际处理中可以通过运用高阶动校正模块在交互窗口产生 ETA 道集(图 2.11),然后沿层视动校道集远道拉平情况,拾取 ETA 值。分析加 ETA 值后效果,在图 2.11(a)未加 ETA 值时,CDP 道集远道有明显拉伸现象。加 ETA 值后图 2.11(b),CDP 道集远道拉伸现象得到改善,层位平整。

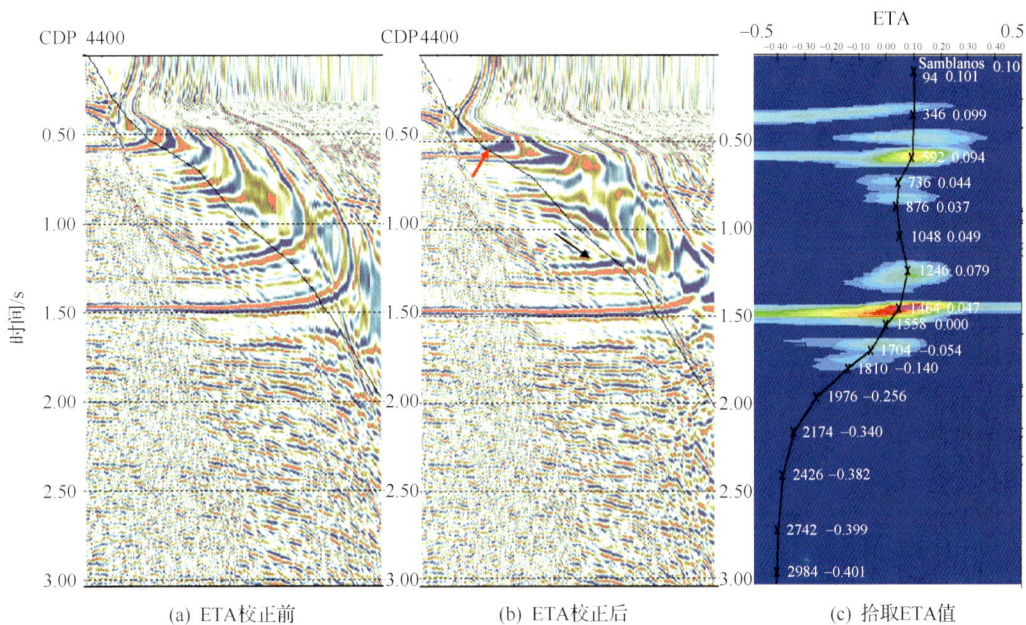

(a) ETA校正前　　　　　　(b) ETA校正后　　　　　　(c) 拾取ETA值

图 2.11　ETA 校正前后道集与拾取后 ETA 值

后续处理时,在 NMO 动校正模块中运用 ETA 值。进行水平叠加处理,叠加效果(图 2.12)。

从图 2.12 叠加效果上对比,可以看出 ETA NMO 校正后叠加剖面成像明显好于常规叠加剖面。而且,运用 ETA NMO 校正后叠加剖面分辨率也好于常规剖面。

3. 小结

最大偏移距与目标层深度比大于 1 时,常规动校正方法会产生远道动校拉伸,均匀各向同性介质长偏移距地震同相轴必须采用非双曲线动校正方法进行动校正处理,才能保证动校正的精度,精确叠加成像,提高资料的品质。

2.1.4　各向异性叠前时间偏移方法

目前地震勘探中所涉及的各向异性,主要指地层速度的各向异性。各向异性可能会严重影响处理和解释结果,如 NMO 动校正、速度分析和偏移成像等。以往由于受认知水

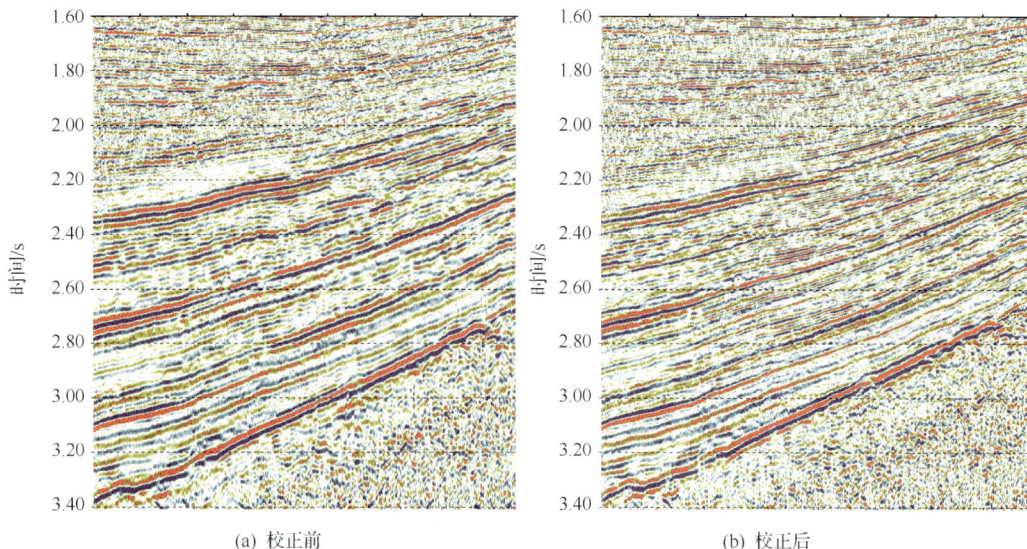

(a) 校正前　　　　　　　　　　　　　　　(b) 校正后

图 2.12　ETA 校正前后叠加效果对比

平、观测手段与方法技术的限制,传统的地震资料处理方法基本上都是建立在各向同性假设基础上。近年来人们在实际应用中发现,即使在水平介质条件下,仍存在比 NMO 动校正高阶项影响更大的剩余动校正量,基于双曲线方程时距曲线的各向同性 NMO 速度分析,越来越难以取得满意的地质效果。在地震资料成像处理中,如果忽视各向异性,可能导致地质体垂向深度与横向位置的偏差,也会引起陡倾地层信息的丢失。事实上,大多数介质并非各向同性介质,对于准噶尔沉积盆地而言,地层多为砂泥岩薄互层,倾角一般不大,其速度传播特征更接近于具垂直对称轴的各向异性——横向各向同性(VTI)介质。如果在各向异性地区仅仅用各向同性速度场进行偏移成像处理,则不仅会在深度—空间方向上产生成像位置误差,也会导致较差的成像质量;因此,在地震资料处理中,特别是在速度分析和偏移成像两个步骤中需要考虑速度的各向异性。通过双谱法速度分析,同时获得小偏移距条件下的均方根速度场和等效各向异性参数。把等效各向异性参数与均方根速度场配合使用,通过各向异性 Kirchhoff 叠前时间偏移,在呼图壁及卡东构造的实际地震资料处理中取得了良好的效果。

1. VIT 介质中的各向异性参数

在 VTI 介质中,需要用垂直速度和两个各向异性参数 ε 和 δ(ε 和 δ 也称为 Thomsen 各向异性参数)进行精确的深度偏移成像。各向异性成像的主要困难在于如何确定这些参数。1995 年,Alkhalifah 等研究发现,在纵波的时间域处理中,并不需要知道上述每个各向异性参数的值和相应的垂直速度,所有的时间域处理步骤(包括 NMO 和时间偏移等)都完全由对应于反射旅行时的两个参数—— NMO 速度 v_{nmo}(时间偏移速度为 v_{rms})和等效各向异性参数 η。v_{nmo} 或 v_{rms} 反映短排列旅行时,等效各向异性参数 η 决定旅行时曲线的非双曲线部分,其表达式为

$$\eta = \frac{1}{2}\left(\frac{v_h^2}{v_{nmo}^2} - 1\right) = \frac{\varepsilon - \delta}{1 + 2\delta} \tag{2.12}$$

其中，水平速度 v_h 为

$$v_h = v_{nmo}\sqrt{1 + 2\eta} \tag{2.13}$$

VTI 介质的非双曲线时距方程为

$$t^2(x) = t_0^2 + \frac{x^2}{v_{nmo}^2} - \frac{2\eta x^4}{v_{nmo}^2\left[t_0^2 v_{nmo}^2 + (1 + 2\eta)x^2\right]} \tag{2.14}$$

式(2.15)表明，η 只存在于四次方项中。当 $\eta=0$ 时，此非双曲线方程就回到标准的双曲线方程。常规的速度分析方法分两步完成(以 NMO 速度分析为例)：第一步，对 CDP 道集中的近偏移距数据(炮检距/深度比小于 1 的道)进行常规速度分析，得到双曲线意义上的 NMO 速度 v_{nmo}；第二步，对于每一个 v_{nmo}，基于道集中全部地震道进行 η 扫描，η 分析的结果又可以用来对 v_{nmo} 再次扫描，通过多次迭代直到满足收敛标准为止。最终可以得到准确的 v_{nmo} 和 η，从而使动校正、叠加和时间偏移速度更为精确。

v 和 η 对时差的影响沿偏移距不是规则分布的，速度影响整个偏移距。在各向异性明显的远偏移距处，必须求得各向异性参数 η，二者结合起来，才能解决远偏移距情况下的各向异性问题。上述方法求取 v 和 η 对远近偏移距大小的定义很敏感，求取的 v 更接近于叠加速度，而 η 可能与 Alkhalifah 等(1955)定义的有效各向异性参数相差很远。

2. 双谱法速度分析与各向异性叠前时间偏移

基于双谱的高密度速度分析方法通过双曲线顶点时间 τ_0(即时差曲线在双曲线坐标系中的零偏移距旅行时间)和最大偏移距时差 d_{tn} 双参数扫描，可以同时获得速度和各向异性参数 η。双谱法速度分析基于对非双曲线时差的参数化，把常规的速度谱扩展成 3D 数据体(t_0、d_{tn}、τ_0)进行分析。用参数 τ_0 和 d_{tn} 来描述各向异性时移校正。反射时距曲线的形状受两个参数控制：最大偏移距处时差 d_{tn} 和双曲线顶点时间 τ_0。双谱法高密度速度分析的方法原理是拾取两个正交的属性参数。在时间域，d_{tn}(与速度、等效各向异性参数 η 和 t_0 有关)和 τ_0(与 η 和 t_0 有关)是正交的。拾取了这两个参数之后，计算相关的速度和 η 就近似为一个简单的代数问题。双谱分析中，分别对 τ_0 和 d_{tn} 进行扫描，然后根据得到的 τ_0 和 d_{tn}，由公式转换获得 v 和 η 两参数。

2.2 井控叠前道集振幅恢复

准噶尔盆地地震资料受以下几个因素影响，叠前道集无法保证 AVO 特征的准确性：首先，准噶尔盆地具有特殊的近地表地震地质特征，地表厚度在 5～380m，除了腹部厚沙漠区表面存在几米厚度的干沙层外，成岩地层之上主要为速度渐变的未成岩含水疏松层覆盖，导致面波从 400m/s 的低速到 1500m/s 甚至更高的速度广泛分布，对地震反射数据的影响范围广，近-中炮检距自浅到深面波影响区域逐步增大。这些面波频率成分与反射波有大量叠置,能量远远大于深层的弱反射,导致近-中炮检距面波无法有效压制,面波覆盖区反射波能量无法有效恢复,直接导致 AVO 特征畸变。

其次,受观测系统的固有因素影响。一般来说,三维道集近、远偏移距覆盖次数低,中等偏移距覆盖次数高。这种覆盖次数随偏移距的变化,导致叠前偏移道集的振幅在偏移距方向随之变化,称之为偏移距引起的 AVO 系统误差。

另外,叠前处理的每一步都会对振幅产生影响,或多或少对 AVO 关系有所改变。然而地层反射的 AVO 理论上取决于地震子波和地层本身。因此有必要按照测井资料所反映的地层特征与地震子波相结合,得出具有较准确中-低频趋势的 AVO 关系,以此为标准,校正由于上述因素引起的 AVO 响应的畸变。

2.2.1 振幅随偏移距变化校正处理

在对造成 AVO 响应畸变因素分析之后,首先应该消除的是系统误差,即由于炮检距覆盖次数不均匀造成的叠前偏移道集 AVO 误差。

在实际叠前时间偏移处理中,生成的 CRP 道集近、远偏移距能量明显比中偏移距能量弱。这使得叠前道集真实的 AVO 关系被破坏,无法顺利开展后续叠前道集反演工作。现有模块自动增益控制(automatic gain control,AGC)是单道处理模块,它将每一道不同时间窗口的振幅值校正到同一振幅级别,因此破坏了振幅的相对能量关系,在消除不同偏移距能量不均时,不能恢复真正的 AVO 关系,无法实现保幅处理。为此开发了炮检距增幅加权(offset amplitude weight,OAW)模块,来消除振幅随偏移距变化系统误差,该方法计算所选取标志层附近窗口范围的各道的平均绝对振幅,并根据该结果统计出各偏移距的平均绝对值振幅和整体数据的平均绝对值振幅,用整体数据的平均绝对值除各偏移距平均绝对值振幅作为校正因子,对相同偏移距道乘相同的校正因子进行加权校正。在对实际资料进行了试验后,取得了预期的效果。

1. 方法原理

方法基于工区内某一时窗地震资料绝对平均振幅随偏移距变化关系一致的假设,工区中目标层时窗内的平均绝对振幅对整个地震道进行校正,消除振幅随偏移距变化引起的系统误差。由于三维地震数据远、中、近偏移距的道数不均匀,一般远道和近道覆盖次数少,中间覆盖次数多,而叠前时间偏移处理本质上是在偏移孔径范围内进行绕射叠加,因此目标层的能量经过叠前时间偏移处理后,近、中、远偏移距振幅发生变化,出现近弱、中、强远弱的现象,通过振幅统计方法可以统计出这种振幅随偏移距变化的规律,从而计算出振幅校正因子用来消除振幅随偏移距变化引起的系统误差,其具体过程如图 2.13 所示。

平均绝对值振幅 A 计算公式如下:

$$A = \frac{1}{n} \sum_{i=1}^{n} |T_i| \tag{2.15}$$

式中,n 为窗口样点个数;T_i 为目标层附近地震数据。统计出各偏移距平均绝对值振幅

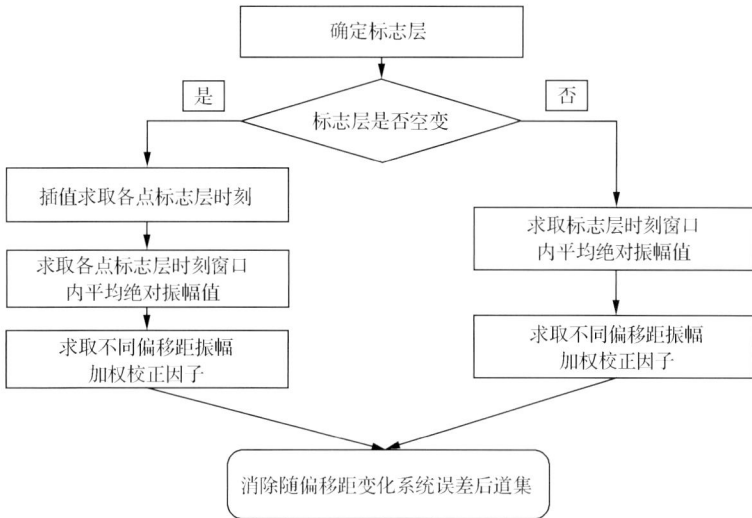

图 2.13　叠前振幅校正模块流程图

A_{off} 和整体数据平均绝对值振幅 A_{avg}，计算出各偏移距校正因子 W_{off}：

$$W_{off} = \frac{A_{avg}}{A_{off}} \tag{2.16}$$

2. 应用效果

现有处理软件模块 AGC，其计算校正因子公式为

$$SC(t) = \frac{SFACTOR}{A_{vg}(t)} \tag{2.17}$$

式中，$A_{vg}(t)$ 为以 t 时刻为中心，用户指定窗口内地震道平均绝对振幅；SFACTOR 为用户给定的参数，用以控制输出振幅，是一常数。用此模块来校正振幅随偏移距变化系统误差，由于每一个时刻校正因子是随着以该时刻为中心点，用户提供时窗内平均绝对振幅而变化的。AGC 模块校正后的结果，使不同空间和不同窗口时间平均绝对值振幅都为同一个值 SDACTOR，叠前道集 AVO 相对关系完全破坏。图 2.14 是 AGC 与 OAW 模块效果对比。AGC 校正后，道集近、中、远能量趋于一致。而用标志层校正的 OAW 模块，在补偿近偏移距能量同时，其近中远偏移距的能量关系更加合理。

图 2.15 为 AGC 与 OAW 模块保幅效果对比。AGC 模块完全破坏了标志层的 AVO 关系，而 OAW 模块较好的保持了中、远偏移距的振幅关系，并增强了近偏移的振幅能量。

3. 小结

叠前时间偏移道集近偏移距能量较弱，影响了叠前反演工作的开展，OAW 模块利用标准层平均绝对能量振幅加权校正，初步恢复了道集偏移距方向能量不均。在运用本模

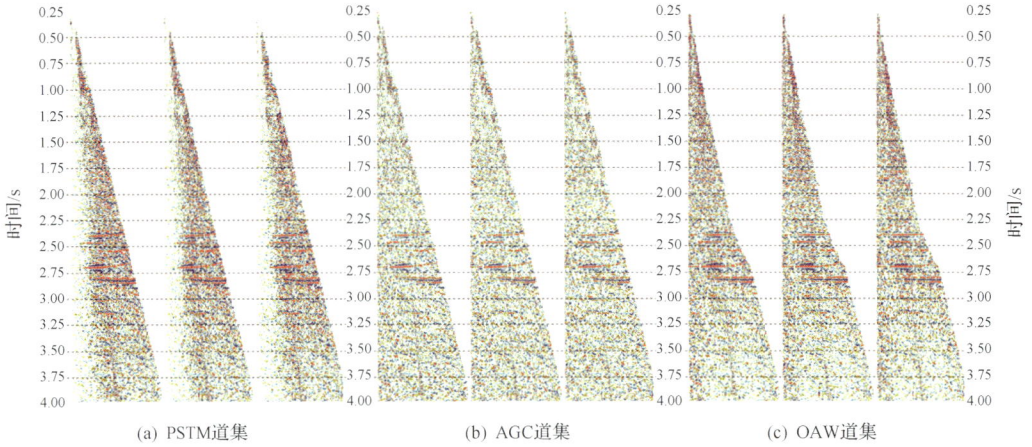

图 2.14　叠前时间偏移（PSTM）道集与 AGC、OAW 处理后结果比较

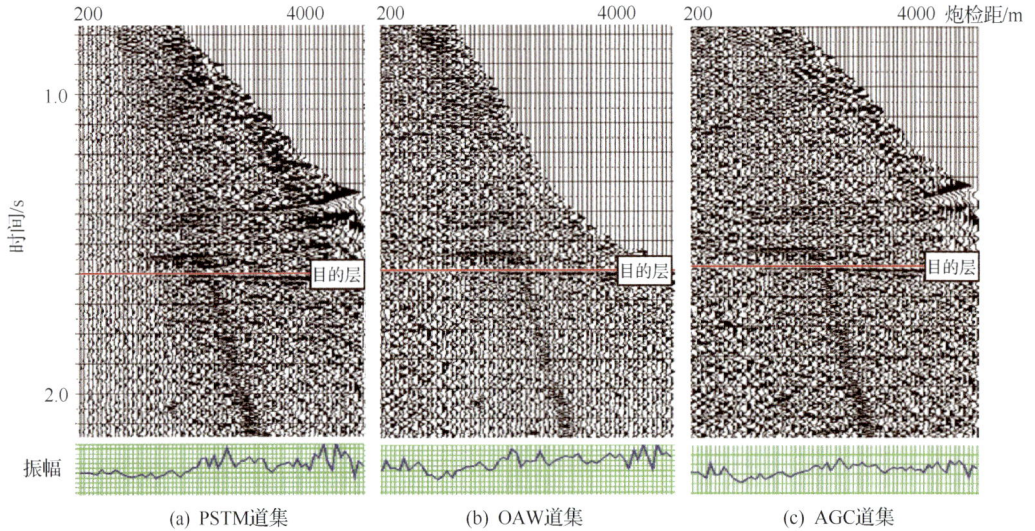

图 2.15　AGC 模块与 OAW 模块的 AVO 响应对比

块时应注意以下几点：①工区目标层横向变化较大时，应用插值选项，使校正因子成为空变因子，这样保证各段数据的校正因子都是根据标志层来确定；②OAW 模块对振幅的恢复只是初步的，仅是消除了由于近偏移距覆盖次数低引起的系统误差。接下来对低信噪比道集还要继续进行井控振幅恢复与保幅去噪，才能完全发挥该模块作用。

2.2.2　井控振幅恢复技术

消除道集上偏移距分布不均造成的 AVO 系统误差后，再进行井控振幅校正技术，对地震道集进行真振幅恢复校正，消除由于地表激发及接受、地震异常干扰等因素造成的地震资料振幅异常。

1. 方法原理

利用模型正演模拟标准层的 AVO 特性,建立相应的 AVO 检测标准,指导实际地震道 AVO 响应的恢复,具体流程如图 2.16 所示。

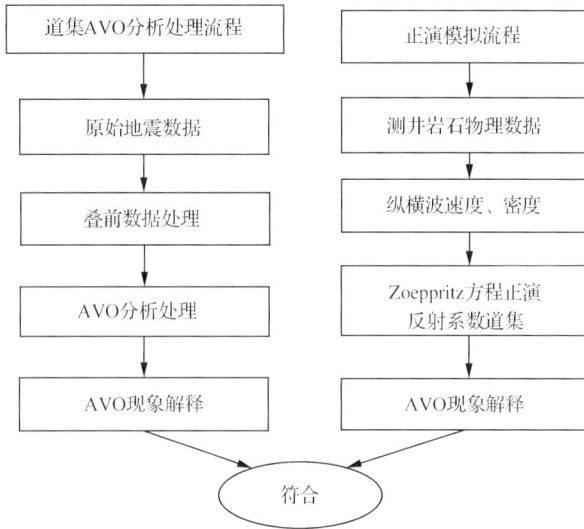

图 2.16　AVO 正演分析流程图

正演方法是利用模型正演模拟 AVO 特性,结合研究区的油藏特征,分析不同的地质条件下油、气、水及特殊岩性体的 AVO 特征,建立相应的 AVO 检测标志,在实际地震记录中直接识别岩性及油气。AVO 正演模拟首先要构造一个地质模型。从钻井、测井及岩石物理实验分析得到纵波速度、横波速度、密度和地层厚度等参数。计算各炮检距对应的入射角和透射角,再通过佐普利兹方程或它近似式求出各道的反射系数,形成 CDP 道集。该道集是针对给定的地层模型,由实测参数(纵波速度、横波速度和密度)正演计算合成的理论道集。

正演模型是用射线追踪方法计算每一层的佐普利兹方程的解。这里选用 Aki-Richards (1980)近似公式来计算每层的反射系数:

$$R(\theta) = \frac{1}{2}\left(1 - 4\frac{V_S^2}{V_P^2}\sin^2\theta\right)\frac{\Delta\rho}{\rho} + \frac{\sec^2\theta}{2}\frac{\Delta V_P}{V_P} - 4\frac{V_S^2}{V_P^2}\sin^2\theta\frac{\Delta V_S}{V_S} \tag{2.18}$$

式中,θ 为入射角,V_S、V_P 分别为纵、横波速度。

得到正演模型后利用多项式拟合技术对正演模型与实际道集的标准层振幅随偏移距变化趋势进行拟合,公式如式(2.20),其实现方法如图 2.17。

$$f(x) = a_0 + a_1 x + a_2 x^2 + \cdots + a_n x^n = \sum_{k=0}^{n} a_k x^k \quad |\delta_i| = |f(x_i) - y_i| \tag{2.19}$$

$$\sum_{i=1}^{m}(\delta_i)^2 = \sum_{i=1}^{m}\left[f(x_i) - y_i\right]^2 = \min \tag{2.20}$$

式中，$f(x)$ 是拟合的振幅；x 是炮检距；a 为多项式系数；δ_i 为误差；x_i 为实际样点数据炮检距；y_i 是实际数据实的振幅值。

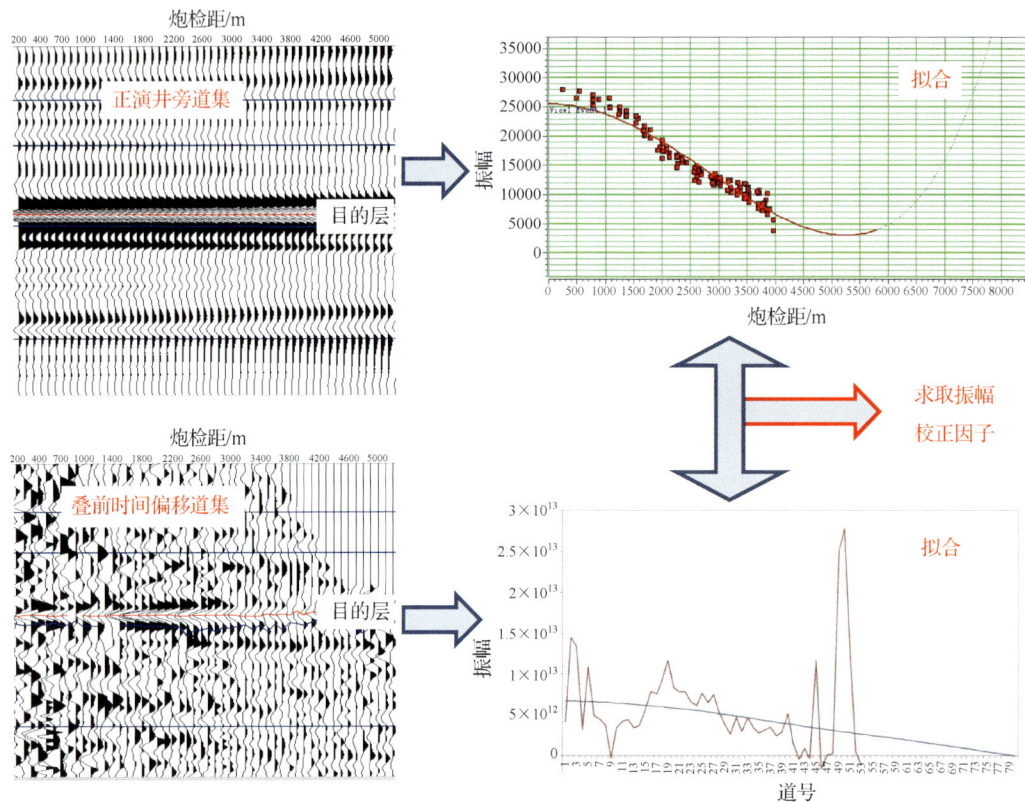

图 2.17　求取振幅校正因子流程图

2. 效果

图 2.18 是振幅校正前后，CRP 道集在标准层煤层的 AVO 响应对比。通过正演模型 AVO 响应趋势恢复，校正后道集标准层 AVO 响应得以校正。

3. 小结

井控振幅恢复方法是利用测井资料得到的基础数据进行正演模拟，得到理论计算的振幅能量与偏移距的关系，从而对地震道集进行校正达到真振幅恢复的目的，为岩性油气藏勘探提供高保真的地震资料。

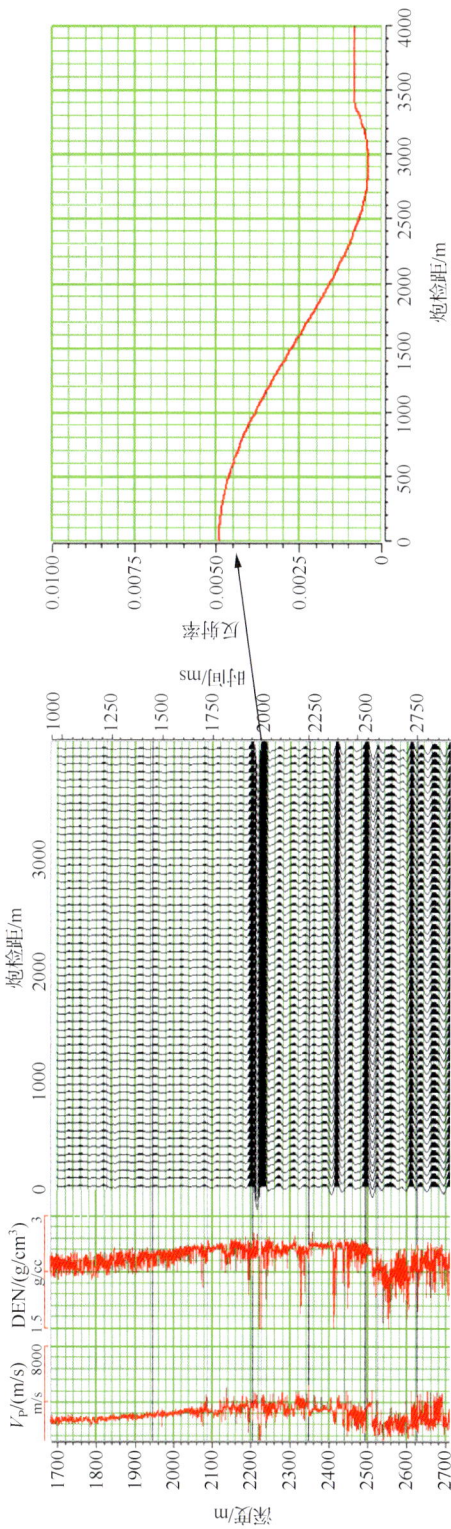

(a) 滴西8井侏罗系煤系层振幅道集模型正演

(b) 与(a)对应的煤层振幅斜率性

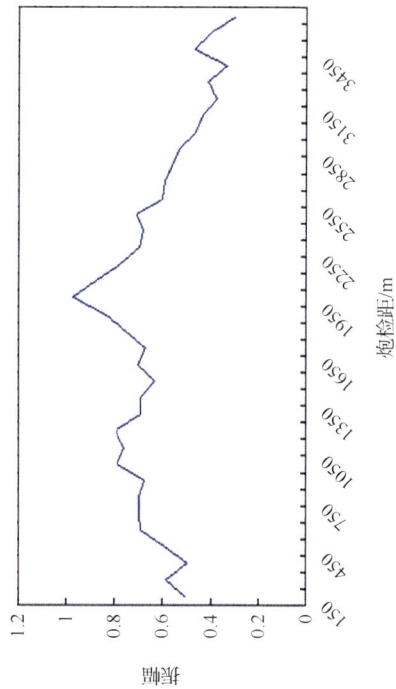

(c) CRP道集的侏罗系煤系层振幅斜率性

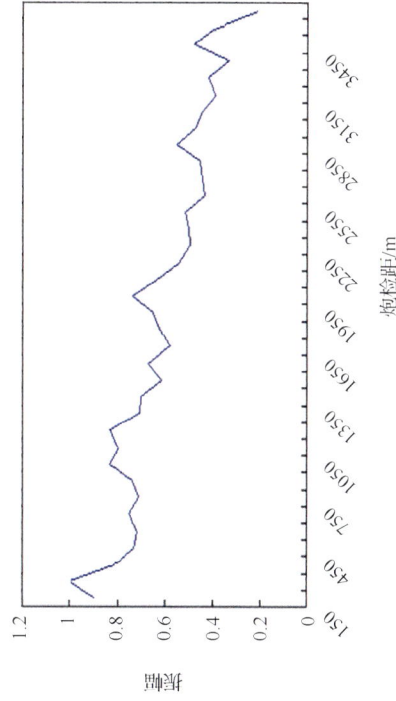

(d) CRP道集振幅校正后侏罗系煤系层振幅斜率性

图 2.18 振幅恢复前后标准层上、下顶界 AVO 趋势对比

2.3 叠前道集提高信噪比处理

岩性油气藏叠前反演需要高保真的叠前地震数据,不仅要求叠前道集具备良好的 AVO 响应特征,还需要数据具有相当高的信噪比。如果叠前资料的信噪比不足,也难以求取准确的弹性参数进行岩性、物性与流体特征的预测。在准噶尔盆地叠前道集提高信噪比研究中,主要研制了 AVO 拟合提高信噪比处理和改进矢量分解压噪方法两种技术:前者对信噪与振幅关系都比较好的道集较为适宜;后者对信噪比较低的资料更适用,这类资料的 AVO 振幅恢复采用所述技术来实现。

2.3.1 AVO 拟合提高信噪比处理

在地震数据采集过程中,由于激发、接收及地表等因素的影响,采集到的地震数据通常存在噪声,资料品质一般较差,难以准确地拾取叠前地震数据中的 AVO 属性。而在叠前 AVO 属性提取时既能保持叠前振幅随炮检距变化的关系,又能提高叠前地震数据的信噪比和分辨率,一直是人们追求的目标。

目前在实际工作中提高信噪比处理的方法主要有:①动校正叠加这是常规资料处理中提高地震数据信噪比的有效手段,但叠后数据不能用于叠前 AVO 属性反演;②F-X 预测去噪根据复数向前一步预测的方法,提取可预测的线性同相轴,达到分离有效信号和随机噪声的目的,但该方法对所有相干信号进行加强,无论是有效反射信号还是相干噪声,也就是说,去噪效果依赖于地震数据本身的信噪比;③KL 变换该法在实际资料处理时主要利用相邻道信号的相干性进行噪声压制。对于水平同相轴,由于相邻道相干性好,去噪效果较好,对于倾斜同相轴,去噪效果有待改善。尽管上述三种方法都能在一定程度上提高地震数据的信噪比和分辨率,但在去噪的同时并没有考虑振幅随炮检距变化的关系。而叠前地震数据属性反演要求在提高信噪比的同时,尽可能地保持振幅随炮检距变化的关系,从而为叠前 AVO 属性反演提供良好的基础资料。保持叠前 AVO 属性的噪声衰减方法以佐普里兹弹性波动力学理论为基础,根据 Shuey(1985)提出的佐普里兹方程的近似表达式,利用严密的数学物理理论,以保持叠前振幅随炮检距变化的关系为目标。通过 Shuey 方程对地震数据进行拟合去噪处理,获得较精确的有效信号,既满足了叠前数据提高信噪比的要求,又保持了原有数据振幅随炮检距变化的关系,为后续的叠前 AVO 属性提取奠定了良好的基础。

1. 方法原理

地震勘探的水平叠加得到的是不同偏移距振幅的平均值。不利于利用地震波动力学信息检测油气及岩性。叠前 AVO 属性提取以弹性波动力学理论为基础,运用反射振幅随入射角(或炮检距)变化的规律,通过各种叠前 AVO 属性反演预测岩性及油气,并做出合理解释。但是由于叠前数据的信噪比不高,噪声干扰严重,对有效信号的识别和拾取很困难,因此,要开展叠前 AVO 属性拾取,就要提高地震数据的信噪比,同时也要考虑在去噪的同时尽力保持原有数据振幅随炮检距的变化关系。Focus 软件中保持叠前 AVO 属性的噪声衰减方法,把以弹性波理论为基础的佐普里兹方程进行合理转换和改造,同时认为反射系数是入射角和地层参数的函数,利用佐普里兹方程所表达的反射系数随入射角的变化规律进行叠前数据去噪处理,既能提高叠前数据的信噪比,又保持了原有数据振幅随炮检距变化的关系。但是佐普里兹方程组表达式极其复杂,很难从中直接分析介质参数对振幅系数的影响。为了明确地表达反射系数与弹性参数的关系,利用了 Shuey (1985)提出的佐普里兹方程的近似式。假设 P 波入射角和透射角的平均角度不为临界角或者 $90°$,则佐普里兹方程可以简化为

$$R_{PP} = R_0 + \left[A_0 R_0 + \frac{\Delta\sigma}{(1-\sigma)^2} \right] \sin^2\theta + \frac{1}{2}\frac{\Delta V_P}{V_P}(\tan^2\theta - \sin^2\theta) \qquad (2.21)$$

式中,R_{PP} 为纵波反射系数;θ 为入射角;第一项 $R_0 = A_0^R$,为法向入射时的纵波反射系数;第二项系数 $A_0 R_0 + \frac{\Delta\sigma}{(1-\sigma)^2} = A_2^R$,是中角度入射时的纵波反射系数;$V_P$ 和 σ 分别为透射介质与入射介质纵波速度和泊松比的平均值;ΔV_P 和 $\Delta\sigma$ 分别为两介质纵波速度和泊松比的差值。Shuey 公式的意义在于将反射系数分为小角度项(第一项)、中角度项(第二项)和大角度项(第三项)之和。在实际应用中经常忽略大角度项,因而 Shuey 公式可以进一步简化为

$$R_{PP} = A_0^R + A_2^R \sin^2\theta = P + G\sin^2\theta \qquad (2.22)$$

式中,P 为截距项;G 为梯度项。

综上所述,文中方法的本质是假设叠前地震数据有效信号在各个地震道上满足简化的佐普里兹三项式方程,不满足该方程的地震信号被认为是噪声而被衰减。简化的佐普里兹三项式方程严格遵循了振幅随炮检距变化的关系,因此,去噪后数据信噪比有明显提高,同时保持了原叠前数据各地震道的相对振幅关系,具有较高的保真度,可为叠前 AVO 属性的提取提供了良好的条件。

2. 应用效果

保持叠前 AVO 属性的噪声衰减方法,把以弹性波理论为基础的佐普里兹方程进行合理转换和改造,同时认为反射系数是入射角和地层参数的函数,利用佐普里兹方程所表达的反射系数随入射角的变化规律进行叠前数据去噪处理,既能提高叠前数据的信噪比,同时保持了原有数据振幅随炮检距变化的关系。图 2.19 是 CRP 道集 AVO 拟合去噪效果图,用本方法去噪后,同相轴更连续,振幅随炮检距变化的关系没有发生改变。

3. 小结

本方法的去噪效果取决于三个主要因素:①去噪前地震数据的信噪比;②地震数据的速度要准确,以保证动校正后的 CDP 道集拉平;③去噪前需要解决静校正问题。AVO 拟合去噪方法对多次波具有一定的衰减作用,因为多次波速度低于有效信号,动校正后 CDP 道集不能被拉平(尤其是大炮检距),因此,部分多次波会被当成噪声而衰减。此外,文中方法对 CDP 道集上的规则干扰具有很强的压制作用,这是由于规则干扰同相轴不具

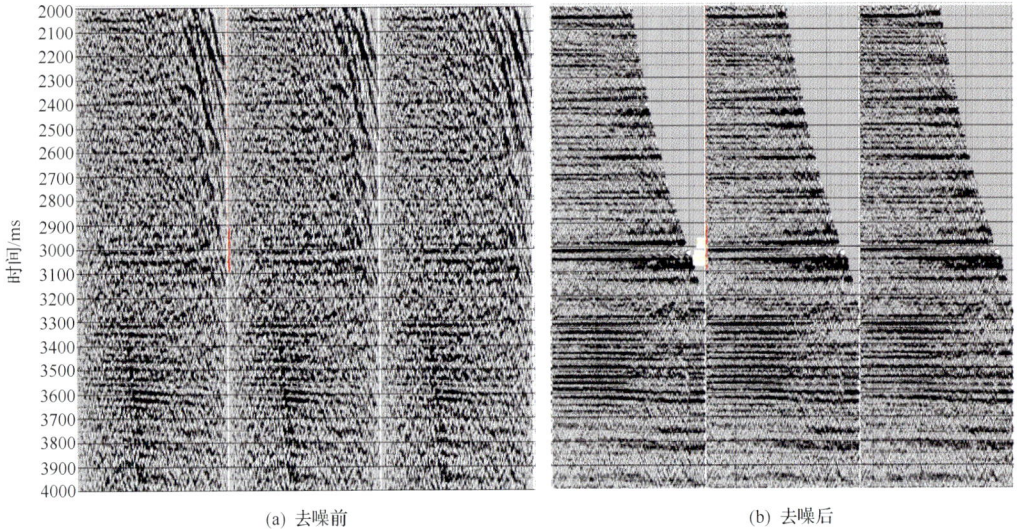

(a) 去噪前   (b) 去噪后

图 2.19 AVO 拟合去噪效果对比图

备振幅随炮检距变化的关系,用有效信号的速度对规则干扰同相轴进行动校正,动校正后 CDP 道集不能被拉平,因此规则干扰会在很大程度上被衰减。

目前在实际资料处理中提高信噪比的方法主要有动校正叠加、F-X 预测去噪和 KL 变换,尽管上述三种方法都能够在一定程度上提高地震数据的信噪比和分辨率,但在去噪的同时都会不同程度削弱或者破坏振幅随炮检距变化的关系,而叠前地震数据属性反演要求在提高信噪比的同时,尽可能地保持振幅随炮检距变化的关系,为此研发了保持叠前 AVO 属性的噪声衰减方法,既能提高叠前数据的信噪比,又能保持原有数据振幅随炮检距变化的关系。需要指出的是,该方法的去噪效果取决于去噪前地震数据的信噪比、地震波速度合理性及静校正问题是否解决的彻底,这就要求在应用本次研发的方法去噪前进行叠前地震资料预处理,包括叠前能量补偿、噪声衰减、准确的速度分析,尤其是必须剔除地震数据中的异常值,以免影响 AVO 属性分析结果。

2.3.2 改进矢量分解压噪方法

在道集噪声较为严重的情况下,采用改进矢量分解压噪方法可以取得较好效果。矢量分解法是利用噪声偏离信号的夹角来实现随机噪声的压制,属于角度滤波。该方法适用于叠前和叠后资料,且不受地层倾角限制,但仍存在信噪分离不彻底的难题。改进的矢量分解法通过提出高维矢量函数、样条函数来提高矢量夹角的计算精度,并针对常规压噪后相邻道夹角不连续的缺陷,提出进一步的夹角平滑处理的改进方法,信噪分离更为有效、准确,也能更好地滤除随机噪声、部分多次波和斜干扰等。实际资料处理结果表明,该方法具有较好的压噪效果。

1. 方法原理

1) 常规矢量分解法

在地震资料处理方法中,一般都是基于"相邻道信号之间具有相关性"的假设展开,它在科研和生产中发挥着广泛的重要作用。矢量分解法也是基于这一假设条件展开,当两个信号在任意时刻的振幅之间的比值稳定时,两个信号的相关性最好。

假设一 N 维数据体(含 $M \times N$ 个样点),以列向量表示

$$\begin{pmatrix} A_1 \\ A_2 \\ \vdots \\ A_i \\ \vdots \\ A_M \end{pmatrix} = \begin{pmatrix} x_{11} & x_{12} & \cdots & x_{1j} & \cdots & x_{1N} \\ x_{21} & x_{22} & \cdots & x_{2j} & \cdots & x_{2N} \\ \vdots & \vdots & \vdots & \vdots & \vdots & \vdots \\ x_{i1} & x_{i2} & \cdots & x_{ij} & \cdots & x_{iN} \\ \vdots & \vdots & \vdots & \vdots & \vdots & \vdots \\ x_{M1} & x_{M2} & \cdots & x_{Mj} & \cdots & x_{MN} \end{pmatrix} \begin{pmatrix} \boldsymbol{I}_1 \\ \boldsymbol{I}_2 \\ \vdots \\ \boldsymbol{I}_j \\ \vdots \\ \boldsymbol{I}_N \end{pmatrix} \tag{2.23}$$

式中,$\boldsymbol{I}_j (j = 1, 2, 3, \cdots, N)$ 为第 j 道的单位方向矢量;x_{ij} 为第 j 道 i 个样点的振幅值;$\boldsymbol{A}_i$ 为第 i 个样点的振幅矢量。将某一振幅矢量 $\boldsymbol{A}_t$ 和单位相关矢量 $\boldsymbol{d}_t$ 放到二维平面分析,如图 2.20 所示。根据分析,$\boldsymbol{d}_t$ 代表了有效信号的主要方向,对 $\boldsymbol{A}_t$ 进行矢量分解,一个分量 $\boldsymbol{A}_{rt}$ 平行于 $\boldsymbol{d}_t$,另一个分量 $\boldsymbol{A}_{nrt}$ 垂直于 d_t。

$$\boldsymbol{A}_{rt} = (\boldsymbol{A}_t \cdot \boldsymbol{d}_t) \boldsymbol{d}_t \tag{2.24}$$

$$\boldsymbol{A}_{nrt} = \boldsymbol{A}_t - A_{rt} \tag{2.25}$$

式中,$\boldsymbol{A}_{rt}$ 中信号占主要成分,应予以保留;$\boldsymbol{A}_{nrt}$ 中噪声占主要部分,可用参数 $c (0 \leqslant c \leqslant 1)$ 进行压制,并与 $\boldsymbol{A}_{rt}$ 相加得压噪后的信号 $\boldsymbol{A}'_t$。

$$\boldsymbol{A}'_t = \boldsymbol{A}_{rt} + c \boldsymbol{A}_{nrt} \tag{2.26}$$

$\boldsymbol{A}'_t$ 作为压噪后的振幅矢量输出,各分量分别为 t 时刻各道的新振幅值,相邻道的相关性得到增强。

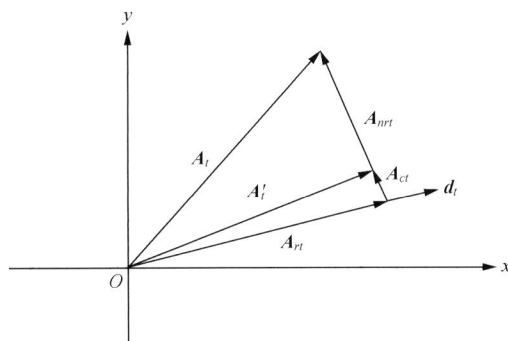

图 2.20　矢量分解及重构示意图

2) 改进的矢量分解法

高精度夹角的求取:矢量分解法是一种角度滤波压噪法,单位相关矢量的求取直接影响信噪分离效果,提高矢量夹角的计算精度,对于提高最终去噪效果的重要性不言而喻。下面拟通过高维矢量函数及样条函数来提高矢量夹角的计算精度。

首先,根据地震数据 $\boldsymbol{A}$ 的目的层信噪比、分辨率及横向连续性等品质,选取合适的高

维矢量函数 Λ，从原始道集 A 中抽取待压噪的数据体 B。一般道间距较大，相邻道间数据存在一定的差异，假设数据体 B 为 N 维，选取适当的样条函数 Φ，将数据体 B 映射为 kN 维的数据体 C。由于数据体 C 的维数较高，道间有效信号的差异较小，有效信号偏离"单位相关矢量"的夹角较小（差异程度小于数据体 A），而噪声的夹角变换基本不变，因此在压噪过程中可选取相对较小的压噪参数，即高维矢量函数和样条函数的参与，更好地实现信噪分离。对数据体 C 进行去噪后（假设去噪算子为 Z）得数据体 D，再将高维的数据体 D 通过逆变换 Φ^{-1} 映射回低维 E。

改进的矢量分解法处理步骤如下。

（1）地震资料频谱分析，确定有效信号分布频带，了解资料品质。

（2）选取合适的高维矢量函数从地震数据中提取待去噪的数据体 B。

（3）选取合适的样条函数 Φ，将数据体 B 映射为高维数据体 C。

（4）对数据体 C 求取高精度的矢量夹角，并进行常规的矢量分解法压噪处理，得到数据体 D。

（5）对高维数据提 D 进行降维处理（降维函数为 Φ^{-1}），得数据体 E。

（6）分析数据体 E 的相邻道矢量夹角变化趋势，根据实际需要，决定是否需要进行夹角的平滑约束。

2. 应用效果

应用改进的矢量分解法开展实际地震数据压噪试验分析。图 2.21 是改进的矢量分解法去噪道集效果对比，分析来看压噪前[图 2.21(a)]由于受干扰的影响，道集资料信噪比低，并且多次反射与有效反射交织在一起，经过改进的矢量分解法压噪后，从浅到深层信噪比显著改善[图 2.21(b)]，振幅横向变化特征清晰，有利于提高反演就 AVO 分析精度。从滤除的噪声道集来看[图 2.21(b)]，去除部分大部分为随机噪声，对有效信号的损伤较小。

3. 小结

矢量夹角计算精度的提高和去噪后相邻道夹角的平滑处理是改进的矢量分解压噪方法的关键，与常规的矢量分解法相比，信噪分离更有效、准确，能更好地滤除随机噪声、部分多次波和斜干扰等。其中高维矢量函数、样条函数的选取及相邻道地震矢量夹角的变化规律统计，是影响方法改进效果的主要因素。但该方法涉及数据体拓维处理，计算量偏大，尤其是叠前资料的去噪处理，运算成本较高。

2.4 叠前道集高分辨率处理

准噶尔盆地岩性油气藏目标普遍单层厚度较小，一般在几米到数十米之间，埋深随位置不同从上千米到四五千米。地震波受疏松表层（沙漠、戈壁、农田等）及深层吸收衰减影响，地震分辨率较低。盆地普遍分布的标志层侏罗系西山窑组煤系反射附近的地震波主频在 $20 \sim 35\mathrm{Hz}$，频宽为 $6 \sim 60\mathrm{Hz}$，薄储层的分辨十分困难，也因此成为制约岩性油气藏叠

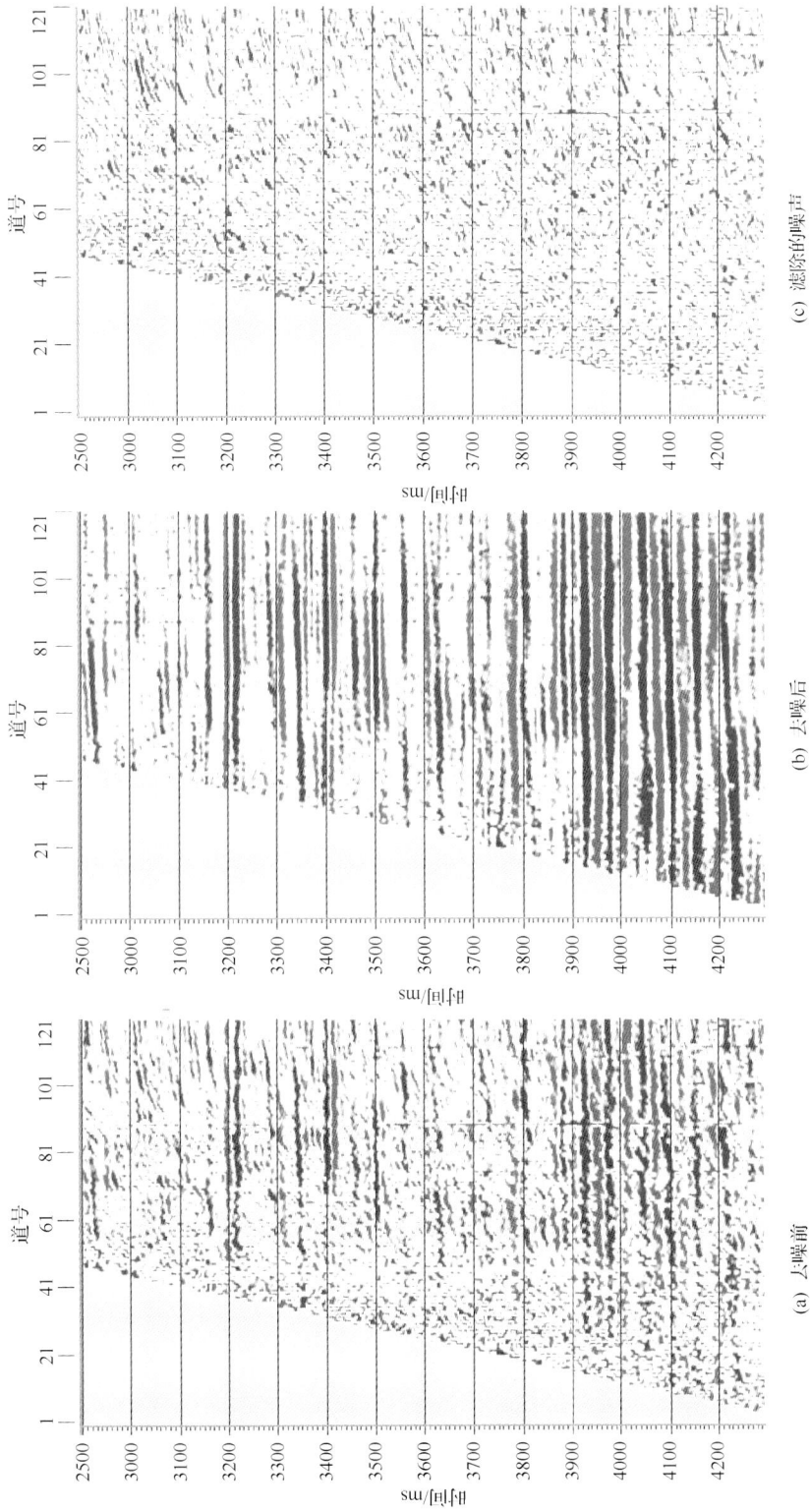

图 2.21 叠前 CRP 道集改进矢量法去噪效果

(a) 去噪前 (b) 去噪后 (c) 滤除的噪声

前反演预测精度的瓶颈之一。为此,研发同态子波反褶积、时频域有色谱校正方法,应用了 Gabor 变换谱均衡方法。这些技术方法的应用,有效提高了叠前道集的分辨率。

2.4.1 同态子波反褶积方法

传统反褶积方法假设地震子波为最小相位,反射系数序列为高斯噪声,以地震记录的自相关代替子波的自相关,用基于二阶统计量的方法实现子波估计与反褶积。这些假设往往并不符合实际情况,而且基于二阶统计量的反褶积方法不包含子波的相位信息(吴常玉等,2009)。长期以来,人们一直尝试研究对地震子波不做最小相位假设的反褶积方法,从而推出了一些混合相位地震子波反褶积方法,如同态反褶积、最小熵反褶积、L1 反褶积、常相位校正及子波相位校正等(曹孟起和周兴元,2003)。

Oppenheim(1965)首先提出同态反褶积这种非线性滤波方法来分离地震子波和反射系数序列,对地震子波不作最小相位假设。该方法利用平均复赛谱求取混合相位的地震子波,从而得到反射系数序列。在实际应用中,由于受到噪声、反射系数非随机等因素的影响,利用同态法求取的子波稳定性较差。为此,周兴元(1983)提出了在较小的范围内,用不同时窗段的复赛谱取算数平均的方法求取子波,因为在较小的范围内,褶积模型所要求的子波稳定性条件容易满足,取不同的时窗段,增强了反射系数的随机性,经算数平均,使得反射系数受到了很强的压制,从而得到子波的较好估计值。

通过从上述理论出发,提出利用小时窗平均自相关函数复赛谱和平均地震数据复赛谱联合求取混合相位地震子波的方法,进一步增加子波相位稳定性。同时在实际处理环节中增加了对地震数据进行指数衰减,并对求出的子波进行能量定位,选择能量集中地部分,对求取子波乘窗函数,从而减少子波旁瓣的影响,调整地震子波和期望输出子波峰值时间等方法减少了子波相位差异造成的地震数据抖动现象。针对三维叠后数据,为了提高子波稳定性,用相邻线方向和 CDP 点方向多道进行统计平均,将计算出的反褶积算子应用于中央道。

1. 方法原理

1)利用复赛谱求取混合相位子

设离散地震数据表示为 $x(n)$,其傅里叶变换为 $X(\omega)$,其复赛谱 $C_x(n)$ 可以表示为如下形式:

$$C_x(n) = \frac{1}{2\pi}\int_{-\infty}^{\infty} \ln|X(\omega)| + j\theta(\omega)e^{j\omega n}\,\mathrm{d}\omega \tag{2.27}$$

式中,θ 为相位角;式中的实数和虚数部分要求必须为 ω 的连续函数,所以在实际复赛谱的计算过程中,需要对输入地震数据傅里叶变换的相位曲线按 Tribolet(1979)方法展开。根据 Oppenheimer(1975)文章,复赛谱具有下面的特性:

如果 $x(n)$ 是最小相位,那么:

$$C_x(n) = 0, \qquad n < 0 \tag{2.28}$$

如果 $x(n)$ 是最大相位,那么:

$$C_x(n) = 0, \qquad n > 0 \tag{2.29}$$

将分析时窗中的地震数据分成许多小窗口,对各个小窗口数据求复赛谱,如果是多个地震道数据,那么求取各道的小窗口数据的复赛谱,对这些复赛谱函数进行平均得到 $C_x(n)_{\text{avg}}$。然后再对各个小窗口数据的自相关函数求平均,将平均自相关函数转换到复赛谱域得到 $C_r(n)_{\text{avg}}$。根据上述复赛谱特性,子波的最大相位成分从平均复赛谱函数 $C_x(n)_{\text{avg}}$ 的左边获得($n < 0$)。平均自相关函数的复赛谱 $C_r(n)_{\text{avg}}$ 在原点的两边同时含有子波的最小相位和最大相位成分,因为自相关函数等于子波与其反序子波在时间域的褶积,而在自相关函数的复赛谱域等于二者之和。那么子波的最小相位成分可以用平均自相关函数复赛谱 $C_r(n)_{\text{avg}}$ 的右边部分($n > 0$)减去平均复赛谱函数 $C_x(n)_{\text{avg}}$ 的左边部分($n < 0$) 来得到,组合最大相位和最小相位部分得到子波的复赛谱函数,然后进行反复赛谱变换得到混合相位子波函数 $W(n)$。

2)期望输出子波的选取

估算出地震子波后,可以通过选择合适的期望输出子波,解下述方程得到反褶积算子:

$$\phi_{\text{ww}}(t) \cdot f_t = \phi_{\text{dw}}(t) \tag{2.30}$$

式中,$\phi_{\text{ww}}(t)$ 为估算出的地震子波的自相关函数;$\phi_{\text{dw}}(t)$ 为地震子波与期望输出子波的互相关函数;f_t 为反褶积算子。

在模块设计过程中,选择三种类型期望输出子波:Butterworth 子波、带通子波和宽带里克子波。模块对期望输出子波相位提供了两个选项,零相位和最小相位,其中最小相位化方法采用实倒谱方法(姚逢昌,1988)。

3)增加子波相位稳定性的方法

在实际资料处理过程中,由于受噪声和反射系数非随机性的影响,相邻地震道估算出的子波会有较大的差异,因此,反褶积后地震记录的连续性会变差。为了消除这一影响,研究中采取了如下技术措施:

用指数衰减法将地震记录中的子波衰减为小相位(李英才等,1997),设地震记录为

$$x(t) = (X_0, X_1, \cdots, X_N) \tag{2.31}$$

对地震记录作指数加权:

$$\hat{x}(t) = (X_0, X_1 \cdot a, X_2 \cdot a^2, \cdots, X_N \cdot a^N) \tag{2.32}$$

实际上对地震记录作指数加权与对地震子波加权是等效的,可通过试验选取合适的 $a(a < 1)$,使子波接近小相位。由于在衰减子波的同时,反射系数也被衰减,所以不能用太小的因子去衰减。估算出子波后,可以用反指数加权得到实际子波。

为了提高子波的稳定性能,减少子波旁瓣的影响,在运算过程中选择子波能量集中地部位,将能量小的部分舍去,从而减少子波的长度。同时对子波进行窗口整形,选择 Butterworth 窗函数乘子波,从而衰减了子波的旁瓣能量,增加了子波相位稳定性。

由于估算出的子波与期望输出子波之间在强能量部位存在时差,在模块设计中,又对估算子波和期望输出子波的时差进行调整。

为了进一步增加统计效应，在对三维叠后数据进行处理时，选择了用相邻线方向和CDP点方向多道进行统计平均，将计算出的反褶积算子应用于中央道的方法，这一方法虽然增加了程序设计中对数据流控制的复杂性，但大大增加了统计子波的稳定性。

2. 应用效果

理论模型试验：设计了一个简单的反射系数序列[图2.22(a)]，用一个混合相位子波与反射系序列褶积产生合成记录[图2.22(b)]，用本书中的同态反褶积方法得到。

反褶积后结果[图2.22(c)]与常规12ms预测步长的预测反褶积结果[图2.22(d)]对比发现，混合相位子波经本方法处理后接近零相位，这一点可以从图2.22(c)中红圈部位可以看出。在处理过程中选择的期望输出子波为宽带里克子波，其主峰与旁瓣比值大，分辨率较高。而对比图2.22(c)和图2.22(d)中的蓝圈部位可以发现，相位稳定的同态反褶积方法更好地恢复了原始的正负相间的反射系数。从图2.22(d)中的绿圈部位可以发现常规预测反褶积方法多出一些假信号。

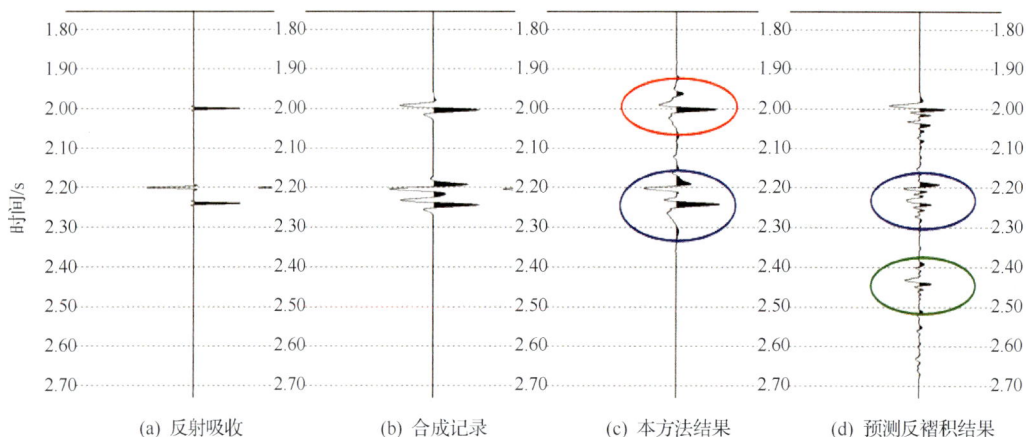

图 2.22　理论模型试验对比

实际资料处理中常规的同态反褶积方法由于受噪声和反射系数非随机等因素影响，求出的地震子波相位稳定性差，从而造成反褶积后地震数据同轴连续性差。图2.23(a)为常规同态反褶积处理后叠加剖面，地震反射连续性差，经过相位稳定的同态子波反褶积处理后，地震数据同相轴连续性明显增强[图2.23(b)]。

相位稳定的同态反褶积方法在原始单炮上应用效果明显(图2.24)，反褶积后低频面波被压制，分辨率提高，其频谱宽度[图2.24(d)与图2.24(c)相比]得到拓宽。

针对三维叠后数据，由于使用了 INLINE 和 CROSSLINE 双方向多道统计计算子波的方法，子波的稳定性大大增强，其反褶积的效果明显(图2.25)。图2.25 中的三维区块构造复杂，模块设计了灵活的时空变反褶积参数，可以满足复杂构造区块的处理需求。反褶积后地震资料分辨率大大提高，图2.25(a)红线内有一个较粗的有效波同相轴，经相位稳定的同态反褶积处理后[图2.25(b)红线内]同相轴变细，分辨出多套地层。其同态反褶积频谱[图2.25(d)]较原始频谱[图2.25(c)]得到明显展宽。

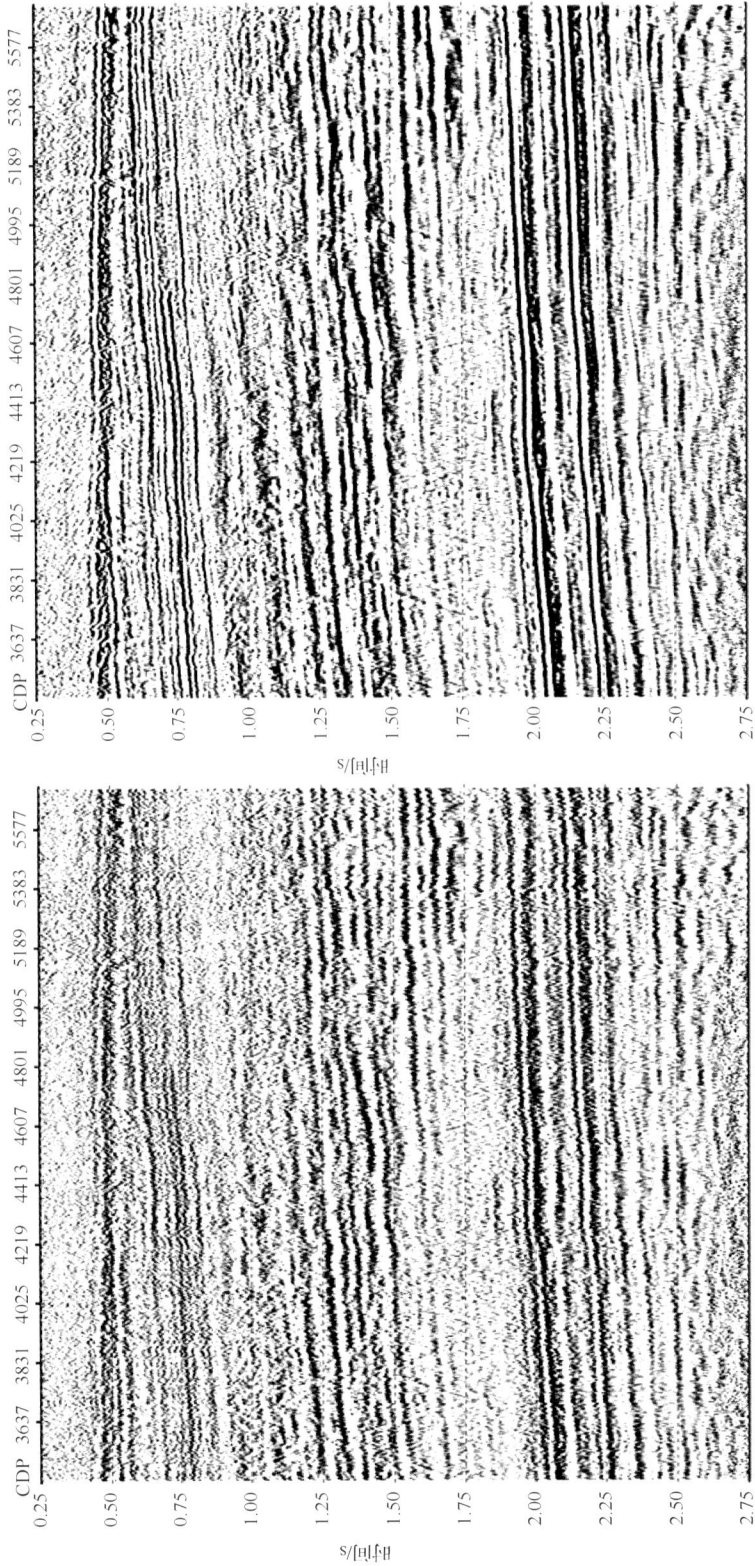

(a) 常规同态反褶积

(b) 相位稳定的同态反褶积

图 2.23　增加子波相位稳定性的同态反褶积效果

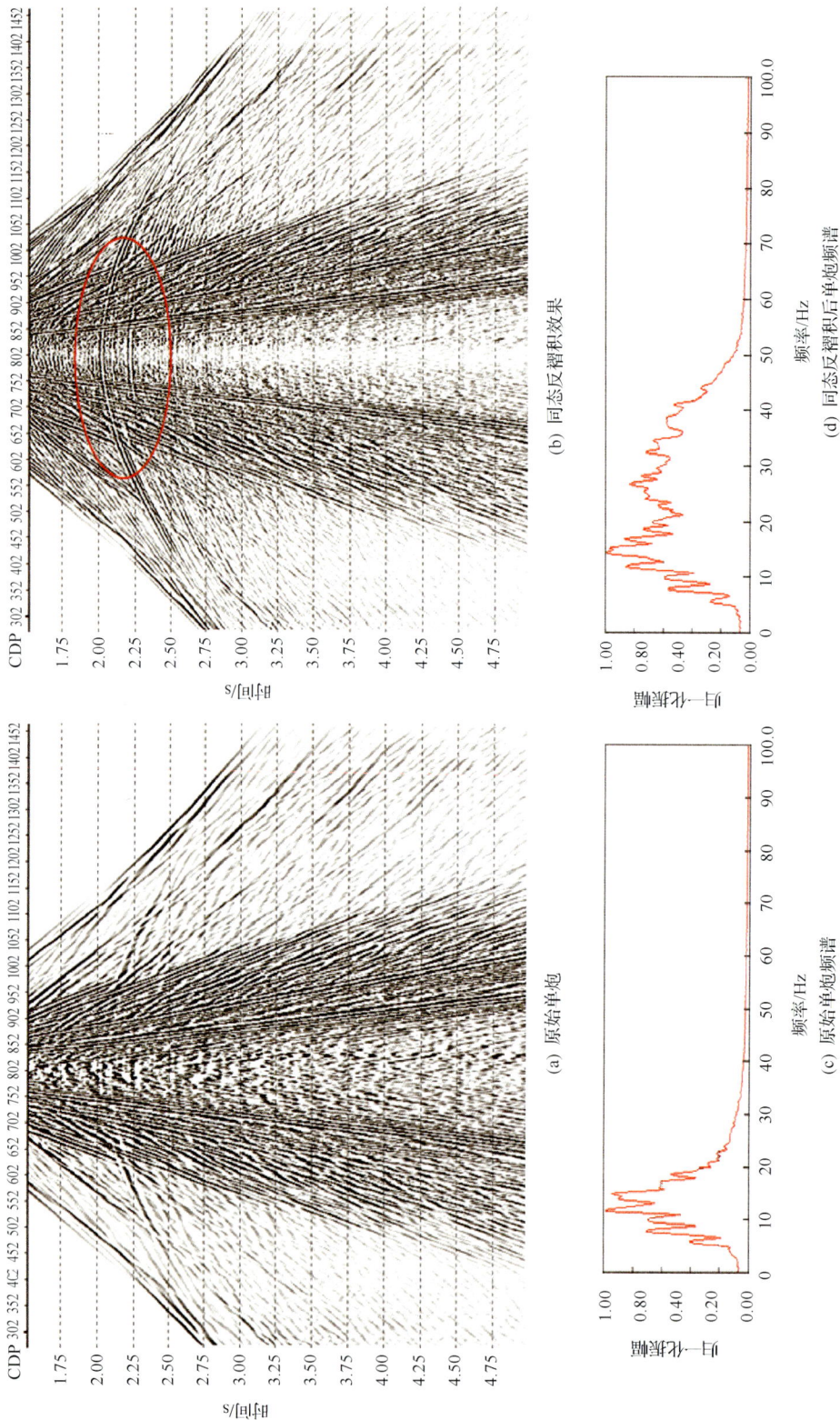

(a) 原始单炮

(b) 同态反褶积效果

(c) 原始单炮频谱

(d) 同态反褶积后单炮处理效果

图 2.24 增加子波相位稳定性的同态反褶积单炮处理效果

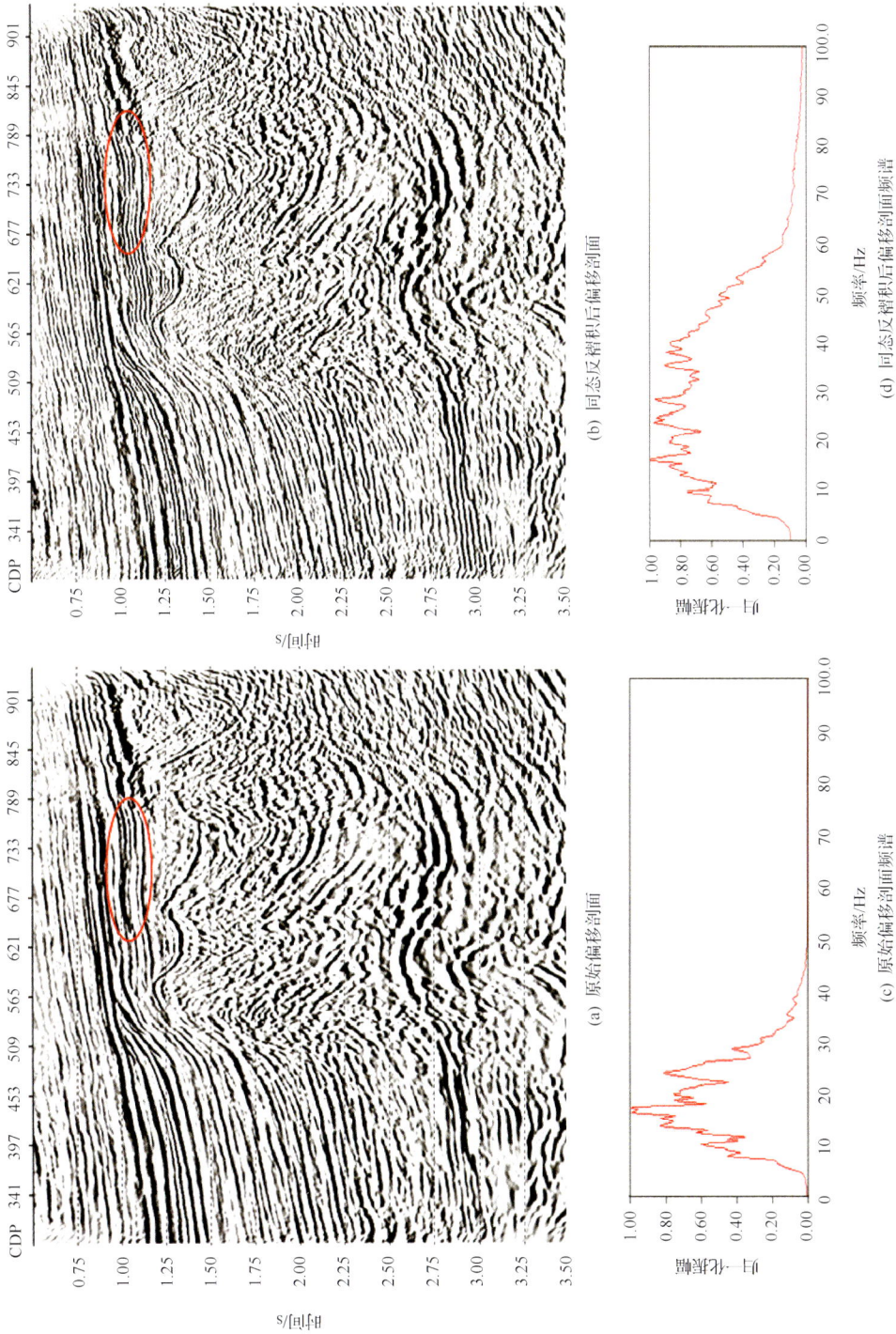

(a) 原始偏移剖面

(b) 同态反褶积后偏移剖面

(c) 原始偏移剖面频谱

(d) 同态反褶积后偏移剖面频谱

图 2.25　增加子波相位稳定性的同态反褶积三维叠后数据处理效果

3. 小结

同态反褶积方法由于受噪声及反射系数等非随机性因素影响，所提取子波的相位稳定性差，在实际生产中应用效果不好。本课题研究的增加子波相位稳定性的方法使同态反褶积的实用性大大增强。

理论模型试验结果表明该方法比常规预测反褶积方法能更好地适应混合相位子波褶积模型，其结果能更真实地反映地下反射系数。实际资料应用表明，该方法优于常规同态反褶积方法，在提高地震资料分辨率、拓宽地震数据频带方面具有较好的效果。

常规地表一致性反褶积方法主要使用预测或脉冲反褶积，目前的同态反褶积还没有实现地表一致性功能，因此同态反褶积还不能完全替代常规预测或脉冲反褶积。

2.4.2　Gabor 变换谱均衡方法

傅里叶分析方法提供了一种把时域信号转换到频域进行分析的途径，但它只考虑时域和频域之间的一对一映射关系，是一种时频完全分离的分析方法。这种方法用于分析平稳信号，在分析非平稳信号时就有些力不从心。针对傅里叶变换不能局部化分析，Gabor 于 1946 年引入了 Gabor 变换，又称短时傅里叶变换（short time Fourier tranform）；它在一定程度上解决了傅里叶变换的时频分离的不足。

1. 方法原理

1）Gabor 变换

傅里叶变换把信号分析的时域与频域联系起来，但同时又把它们割裂开来。如果一个信号 $f(t)$ 在 $(-\infty, +\infty)$ 上满足：① $f(t)$ 在任一区间上满足狄氏条件；② $f(t)$ 在 $(-\infty, +\infty)$ 上绝对值可积分，即 $\int_{-\infty}^{+\infty} |f(t)| dt < \infty$，就可以通过傅里叶变换 $f(\omega) = \int_{-\infty}^{+\infty} f(t)e^{-j\omega t} dt$ 把时间域信号 $f(t)$ 转换到频率域进行处理。很多在时域难以解决的问题，转换到频域便可以得到很好的解决，大大提高了信号处理的质量。傅里叶变换将信号的时域特征和频域特征联系起来，能分别从信号的时域和频域进行分析，但却不能把二者有机地结合起来，这是因为信号的时域波形中不包含任何频域信息而频域波形中又不包含任何时域信息。从傅里叶变换的定义式也可以看出，傅里叶变换是信号在整个时域内的积分，因此傅里叶频谱只是信号频率的统计特性，没有局部化分析信号的功能，即傅里叶变换是时域与频域完全分离的，对于傅里叶谱中的某一频率，无法知道这个频率是在什么时候产生的。傅里叶变换适合处理长时间内比较稳定的信号，而在实际的信号处理中，尤其是对非平稳信号（如语音信号、探地信号等）的处理中，这些信号的频域特性随时间变化，所以信号在任一时刻附近的频域特征都很重要，这种情况下时频两域便不能完全分离。这样，傅里叶变换在时域和频域局部化的问题上就显现出了它的局限性。这就促使人们去寻找一种新的分析方法，能将信号的时域和频域结合来构成信号的时频谱，也就是所谓的时频分析法。

Gabor 变换的基本思想是:把信号划分成许多小的时间间隔,用傅里叶变换分析每一个时间间隔,以便确定信号在该时间间隔存在的频率。其处理方法是对信号 $f(t)$ 施加一个滑动窗 $w(t-\tau)$ 后,再作傅里叶变换,即

$$SF_f(\omega,\tau) = \int f(t)w(t-\tau)\mathrm{e}^{-i\omega t}\mathrm{d}t \tag{2.33}$$

2) 希尔伯特-黄变换

希尔伯特-黄变换是由华裔科学家黄锷等(1996)对瞬时频率的概念进行深入研究后提出的一种主要用于非平稳信号分析的方法。1998 年,Huang 等创造性地提出了固有模态信号(intrinsic mode function,IMF)的概念及经验模态分解(empirical mode decomposition,EMD)算法,从而赋予了瞬时频率合理的定义和物理意义,初步建立了以固有模态函数为基本信号的新时频分析方法体系。2003 年,Huang 等又对 Hilbert 谱的求取与分布作了进一步说明。地震信号属于非线性、非平稳信号,信号的功率谱密度是时变的。地震波在地层介质的传播过程中,除了岩石固有的散射和吸收衰减作用对频率的影响外,还有储层中的流体对高端频率能量的吸收作用。时频分析是分析非线性、非平稳信号的有效方法,能让我们同时描述一个信号在时域和频域的能量密度。目前大部分时频分析方法,如短时傅里叶变换(short-time Fourier transform,STFT)、Gabor 变换、Cohen'class 分布、改良的韦格纳分布(modified Wigner distribution)、加伯-韦格纳分布(Gabor-Wigner distribution),以及小波变换等,都是以傅里叶变换为基础发展起来的,因此,同样表现出傅里叶变换的局限性。而 HHT(Hilbert-Huang transform)依据数据本身的时间尺度特征来分解,与傅里叶及小波等依赖于先验函数基的分解方法相比,有效地克服了傅里叶变换中测不准原理的限制,更适用于处理非线性、非平稳信号,从而可以获得信号任意时刻的频率分布,提供更高的时频域分辨能力。

HHT 由 EMD 分解及 Hilbert 变换两部分组成,其核心是 EMD 分解。首先将信号分解为固有模态函数(这样的分解过程称为 EMD 分解),然后将 IMF 作 Hilbert 变换,能正确地获得信号的瞬时频率及其他属性。

HTT 变换及 EMD 分解固有模态函数 IMF 满足下列两个条件:①局部极大值以及局部极小值的数目之和必须与零交点的数目相等或是最多差 1。②在任何时间点,局部最大值所定义的上包络线与局部极小值所定义的下包络线均值为 0。

因此,一个函数若属于 IMF,代表其波形局部对称于零平均值,可以直接使用 Hilbert 变换求得有意义的瞬时频率。建立 IMF 是为了满足 Hilbert 变换对于瞬时频率的限制条件,EMD 分解通过重复筛选逐步找出 IMF,将信号分解成数个 IMF 的组合。以信号 $s(t)$ 为例,筛选过程如下。

步骤 1:找出信号中的所有局部极大值及局部极小值,利用三次样条插值,分别将局部极大值串连成上包络线,将局部极小值串连成下包络线。

步骤 2:求出上下包络线之平均值,得到均值包络线。

步骤 3:将原始信号与均值包络线相减,得到第一个分量 $h_1(t)$。

步骤 4:检查 $h_1(t)$ 是否符合 IMF 的条件,如果不符合,则返回步骤 1,并且将 $h_1(t)$ 当作原始信号,进行第二次筛选。得到第二个分量 $h_2(t)$,重复筛选 k 次,直到 $h_k(t)$ 符合

IMF 的条件,即得到第一个 IMF 分量 $c_1(t)$。

步骤 5:将原始信号 $s(t)$ 减去 $c_1(t)$ 可得到剩余量 $r_1(t)$。

步骤 6:将 $r_1(t)$ 当作新的信号,重新执行步骤 1 至步骤 5,得到新的剩余量 $r_{21}(t)$。如此重复 n 次,当第 n 个剩余量 $r_n(t)$ 已成为单调函数或是常数,无法再分解 IMF 时,整个 EMD 分解过程结束。

原始信号 $s(t)$ 可以表示成 n 个 IMF 分量与一个平均趋势分量 $r_{1n}(t)$ 的和。

Hilbert 变换对于单频率信号有很高的时间分辨率和频率分辨率。并不是任何信号都可以通过 Hilbert 变换得到瞬时频率,严格意义上讲,只有满足窄带条件的一类信号,且信号在一个时间点只包含一个频率分量时,瞬时频率计算才有意义。对于多频率成分信号,由于失去了物理意义,瞬时频率属性没有任何意义。通过 EMD 分解得到 IMF,它属于窄带信号,正好满足 Hilbert 变换的要求。因此,可以对每一个 IMF 分量做 Hilbert 变换,得到瞬时频率和幅度。

对每个 IMF 分量做 Hilbert 变换并忽略分解余项,得到 Hilbert 谱,即包含时间、频率、振幅的三维离散骨架谱。

2. 应用效果

对地震数据采用 Gabor 变换谱均衡法提高分辨率后,地震数据同相轴变细,波形的相似性变好,相位连续性增强;图 2.26(b)比图 2.26(a)主频增加 10Hz,振幅展宽 30Hz,可见振幅幅值变宽且更加连续。

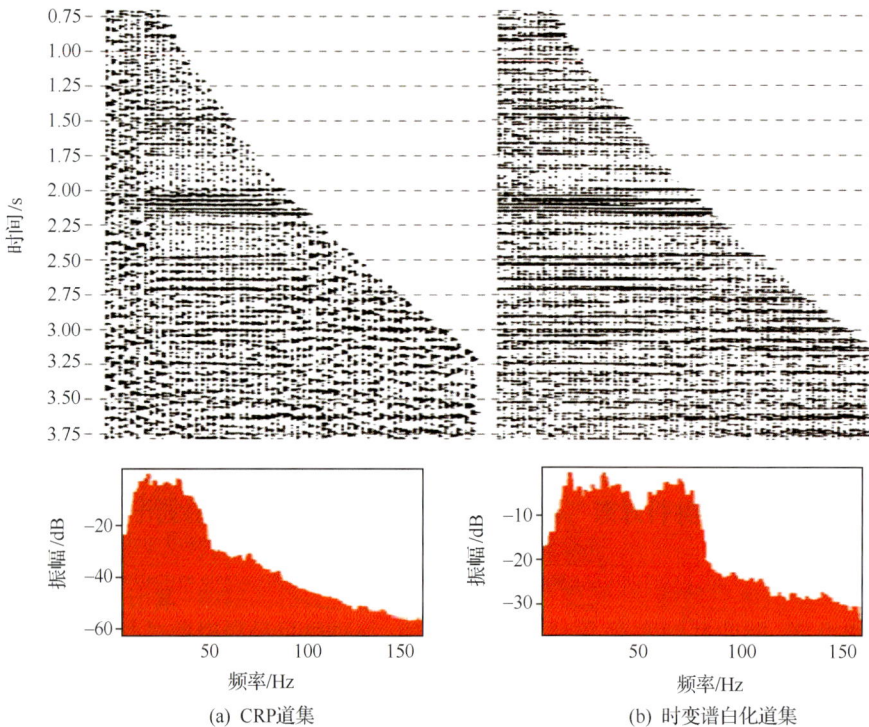

(a) CRP道集   (b) 时变谱白化道集

图 2.26 Gabor 变换谱均衡法前后效果对比

3. 小结

傅里叶变换是信号在整个时域内的积分；傅里叶频谱只是信号频率的统计特性，没有局部化分析信号的功能；它虽然能将信号的时域和频域特征联系起来，但却不能将它们有机地结合起来对信号进行分析。这样的方法只适合处理平稳信号，无法处理非平稳信号。Gabor 变换在一定程度上克服了傅里叶变换不具有局部化分析能力的问题，但也存在着一些缺陷：Gabor 变换的时频窗口的形状一旦选定就是不可改变的，即不能根据待分析信号频率的变化而改变分辨率。

2.4.3 时频域有色谱校正方法

盆地沙漠腹地采集的地震资料中，由于近地表沙层结构影响，噪声严重。经使用常规方法处理后，在同一 CDP 道集中较远偏移距道和较近偏移距道的波形差异仍然很大，致使其叠加剖面分辨率大大降低（笱拥军和石林光，2007）。为了提高叠前 CDP 道集的振幅、波形、频率的一致性，必须作振幅谱校正处理（夏洪瑞等，2003）。

有色谱校正的目的就是使叠前 CDP 道集记录的振幅谱与反射系数谱相一致。叠前 CDP 道集的期望振幅谱由其叠加道振幅谱产生。采用窄带通滤波实现地震道数据滤波分频。用叠加剖面的优势频带作为叠加道振幅谱能量的标准频带，将其归一化，并加工成反射系数谱，这种方法可防止低频噪声被放大。使期望振幅谱的高频端呈下滑的斜坡状等措施可防止高频噪声被放大。本方法使叠加剖面的信噪比和分辨率同时有明显提高。

1. 方法原理

时频域有色谱校正的目的就是使叠前 CDP 道集记录的振幅谱在有限带宽范围内与反射系数谱尽可能一致（李正文，1993）。计算期望振幅谱是其重要环节。众所周知，好的叠加道的信噪比较之该 CDP 点包含的任一道记录的信噪比要高得多（熊翥，1993；孙成禹，2000）。相比而言，叠加道和地层反射系数更加接近一些（刘企因，1994）。因此，叠前 CDP 道集记录的期望振幅谱理所当然由其叠加道振幅谱产生。

时频域有色谱校正方法具体步骤如下。

（1）应用时间域窄带通滤波实现时频分解。把输入的经过动、静校正处理的共深度点道集记录 $x_{ij}(t)$ 分别和 n 个窄带通滤波器褶积，将其分解成 n 个带宽相同的分频数据。即

$$X_{ijk}(t) = \sum_{k=1}^{n} X_{ij}(t, f_k) = \sum_{k=1}^{n} h(t, f_k) \cdot X_{ij}(t) \qquad (2.34)$$

式中，i 为 CDP 序号；j 为共深度道集内记录道的序号；k 为 $1, \cdots, n$ 频带序号；$x_{ij}(t, f_k)$ 为地震道第 k 频带分频数据；$h(t, f_k)$ 为第 k 频带带通滤波算子。要求每个带通滤波门都是一个等腰梯形，前一个梯形门的右边与后一个梯形门的左边在各自中点相交，选择滤波门的陡度，使其具有较小的吉布斯效应和频带间的频率泄漏。

（2）使用快速傅里叶变换（fft）计算叠加道的振幅谱。将已输入的 CDP 道集记录叠

加，得到 $x_{\sum i}(t)$。

对叠加道 $x_{\sum i}(t)$ 做快速傅里叶变换，并用 $a(f)$、$b(f)$ 分别表示 $X_{\sum i}(f)$ 的实部和虚部。

假设第 k 频带的中心频率是 f_k，带宽为 ℓ，则叠加道第 k 频带的振幅谱值为

$$A_{\sum i}(f_k) = \frac{1}{\ell} \sum_{p=-\ell/2}^{\ell/2} \sqrt{a^2(f_k+p) + b^2(f_k+p)} \qquad (2.35)$$

（3）把叠加道振幅谱加工成反射系数谱。在作振幅谱校正、提高分辨率的同时如何防止面波等低频噪声及高频端的高频随机噪声被放大。这是本方法成败的关键所在（王西文，2000）。设第 m 频带为整个叠加剖面的优势频带（即振幅谱能量最强频带），用 $A_{\sum i}(f_m)$ 作为参考标准对叠加道振幅谱进行归一化。然后采用数学方法使其他频带的振幅谱小于 1，并逐步向 1 靠拢，由此产生该 CDP 点有色谱校正的期望振幅谱。由于沙漠资料 20Hz 以下的面波等干扰特别强烈，常常把这些频率的反射信号淹没。在加工叠加道振幅谱时，突出叠加剖面的优势频带，把它的振幅谱能量作为参考标准 1，低频噪声就不会被放大。为了防止高频噪声被放大，可以由用户提供一逐步下倾的斜率。使加工后的振幅谱的高频部分沿着这个斜率下滑。于是把叠加道振幅谱 $A_{\sum i}(f_1)$、$A_{\sum i}(f_2)$、$\cdots$、$A_{\sum i}(f_n)$ 加工成反射系数谱 $A'_{\sum i}(f_1)$、$A'_{\sum i}(f_2)$、$\cdots$、$A'_{\sum i}(f_n)$。

（4）对分频数据 $x_{ij}(t,f_k)$ 做有色谱校正。

$$x_{ij}(t,f_k) \xrightarrow{\text{谱白化}} x'_{ij}(t,f_k) \qquad (2.36)$$

$x'_{ij}(t,f_k)$ 为对第 k 频带分频数据做轻微谱白化的结果，谱白化使分频数据的能量值向同一常数靠近，由于 $A'_{\sum i}(t,f_k)$ 已取为一常数，则其时域响应为一冲激函数，时频域校正可通过时域的乘法运算来实现，将其乘以 k 频带的有色谱系数，即

$$x''_{ij}(t,f_k) = x'_{ij}(t,f_k) A'_{\sum i}(f_k) \qquad (2.37)$$

（5）重构输出道，$x'_{ij}(t) = \sum_{k=1}^{n} x''_{ij}(t,f_k)$ 并相对原始输入道 $x_{ij}(t)$ 对输出道 $x'_{ij}(t)$ 作恢复性补偿，使其和原始道的振幅关系保持一致。

2. 应用效果

对莫 10 井沙漠区三维资料开展叠前时频域有色谱校正试验。该工区 3.1s 地震反射为勘探主要目的层。处理前 CDP 道集的远近道波形、频率、振幅差异较大。如图 2.27（a）所示，其近偏移距道的有效频带 9～78Hz[图 2.27（c）]，其远偏移距的有效频带为 9～17Hz[图 2.27（d）]，波形特征不一致，叠加时相互抵消，分辨率降低（李庆忠，1993）。经有色谱校正后[图 2.27（b）]，其远、近偏移距道有效频带分别为 8～67Hz[图 2.27（e）]和 9～68Hz[图 2.27（f）]，该 CDP 道集的频率、振幅趋于一致。

叠前有色谱校正使其叠加剖面分辨薄互层能力更强。图 2.28（a）表明：在 3.3s 附近，原叠加剖面的有效频带为 10～30Hz，带宽为 20Hz[图 2.28（c）]。图 2.28（b）表明：有

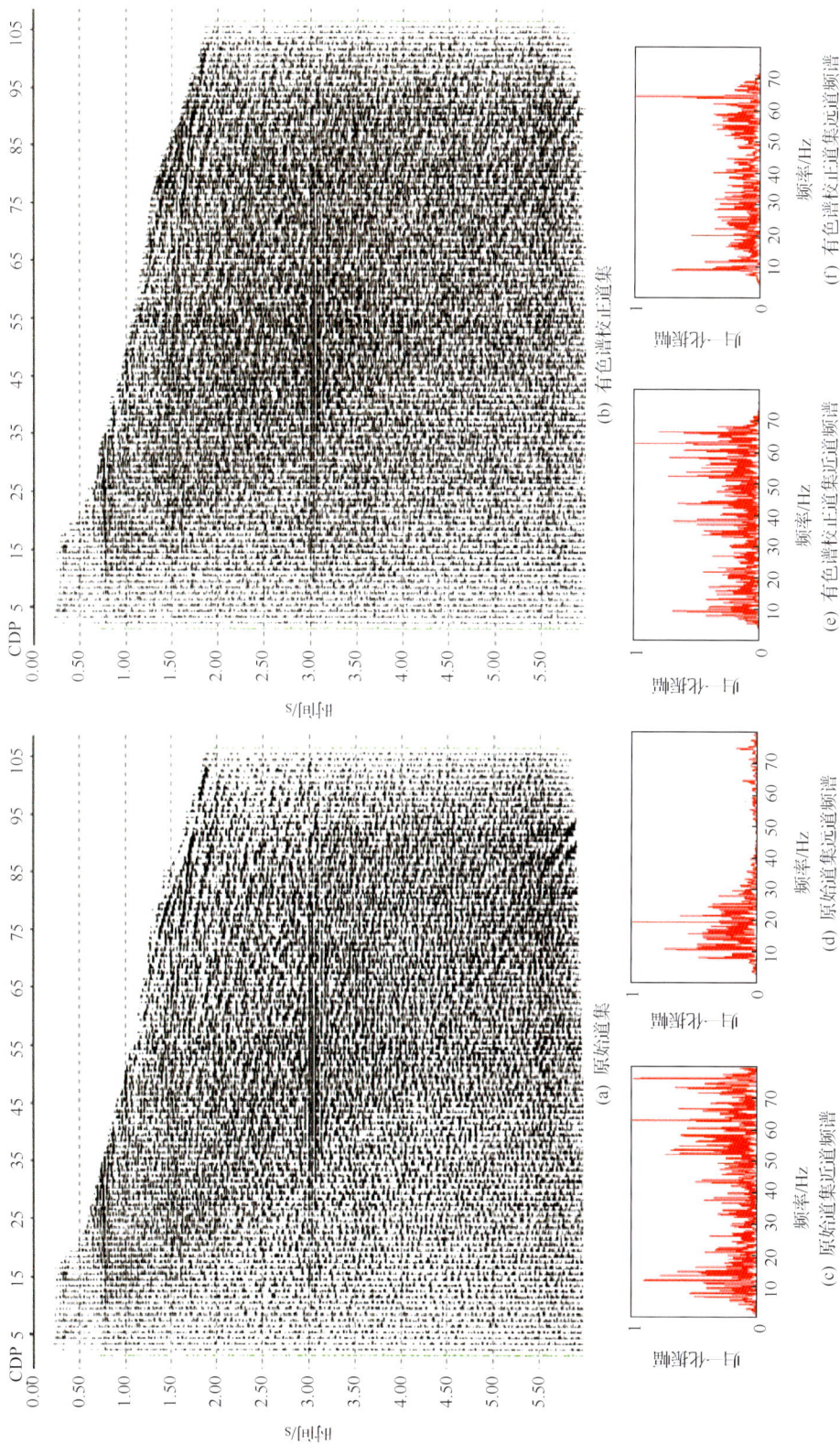

图 2.27　原始 CDP 道集与有色谱校正后道集效果对比

(a) 原始道集

(b) 有色谱校正道集

(c) 原始道集近道道频谱

(d) 原始道集近道道频谱

(e) 有色谱校正后道集近道道频谱

(f) 有色谱校正近道集近道道频谱

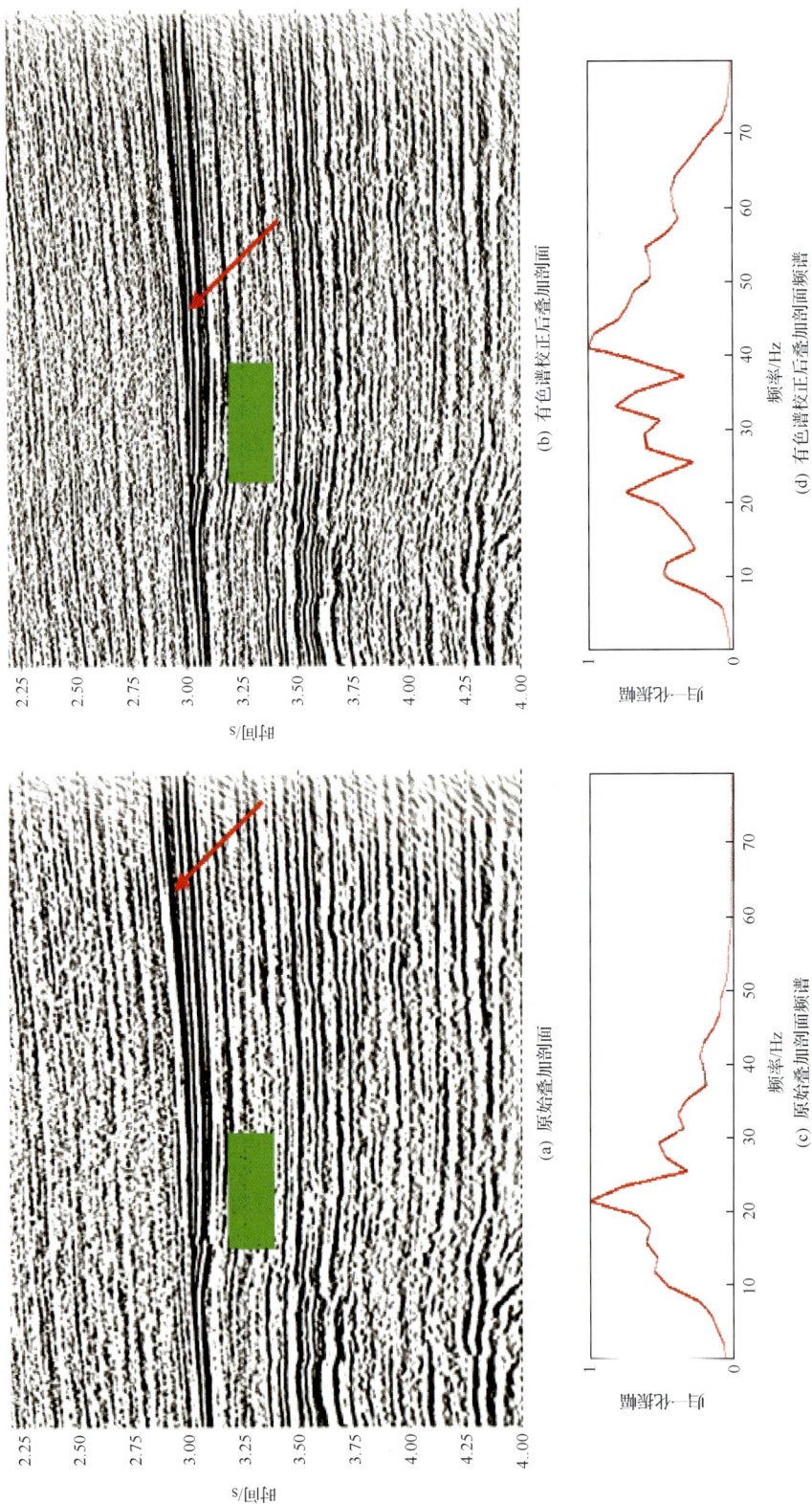

(a) 原始叠加剖面

(b) 有色谱校正后叠加剖面

(c) 原始叠加剖面频谱

(d) 有色谱校正后叠加剖面效果对比

图 2.28　莫 10 井区三维原始叠加剖面与有色谱校正后叠加剖面效果对比

色谱校正处理后叠加剖面的有效频带为 10～61Hz,带宽为 51Hz[图 2.28(d)]。主频拓宽 15Hz。

如图 2.28(a)、图 2.28(b)红箭头所示有色谱校正后叠加剖面在 3s 附近将原叠加剖面尖灭点左移了 150 个 CDP。说明叠前有色谱校正能使其叠加剖面的断层、尖灭、不整合面更加清晰。图 2.28 表明,叠前有色谱校正后其叠加剖面的信噪比和分辨率都有明显提高。

图 2.29(b)中红色虚点位置为经钻井验证的亮点显示区域,经有色谱校正后的叠加剖面的亮点同相轴连续性略有加强,说明本方法具有相对振幅保持能力。

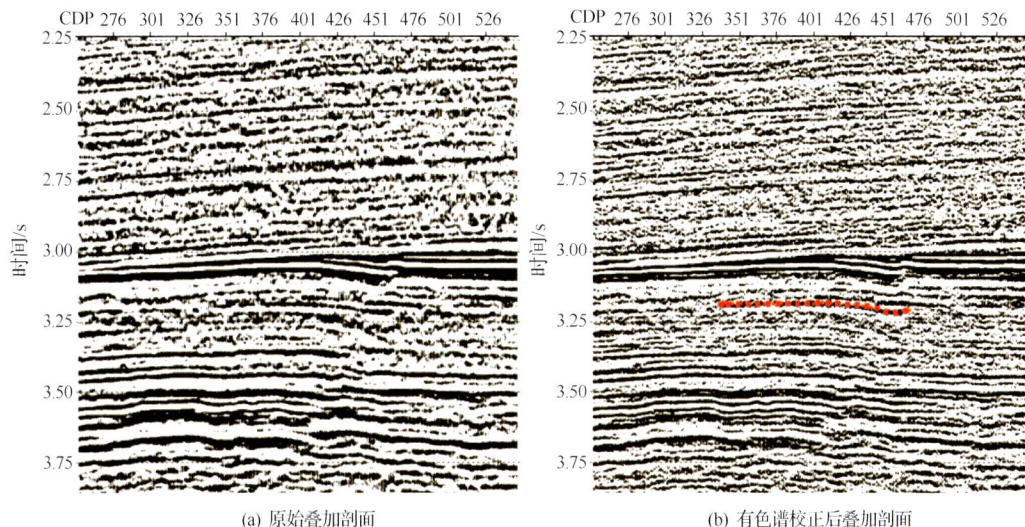

(a) 原始叠加剖面　　　　　　　　　　(b) 有色谱校正后叠加剖面

图 2.29　原始叠加剖面有色谱校正后叠加剖面亮点效果对比

3. 小结

叠前时频域有色谱校正能使沙漠资料的 CDP 道集的波形、频率、振幅趋于一致,提高地震反射对薄互层的分辨能力,能使各种地质结构更加清晰。使用叠加剖面优势频带作为叠加道振幅谱归一化的参考能量频带,可以防止低频噪声被放大的现象,可使处理后资料的振幅谱高频部分沿着某斜坡下滑,防止高频噪声被放大,叠加剖面的分辨率和信噪比同时有明显提高。时频域有色谱校正方法具有相对保持振幅能力(凌云,2001)。

2.5　岩性油气藏目标处理实例

2.5.1　莫 3 井区三维工区应用效果

莫 3 井区三维工区地表起伏较大,地表为沙漠覆盖,面波及各种次生干扰发育,地震信号吸收、衰减严重。工区目的层埋藏较深,地质任务要求高(要求能够识别出层间小断层,小厚度的砂层),提高资料分辨率,有效识别小断裂难度大。低信噪比道集经过道集优化后叠前道集信噪比、分辨率明显提高(图 2.30),振幅随偏移距变化更有规律(图 2.31)。

图 2.32 为莫索湾地区莫 21 井区三维针对侏罗系目的层开展的反演预测结果,莫 21 井钻试结果与钻前油气检测结果一致。

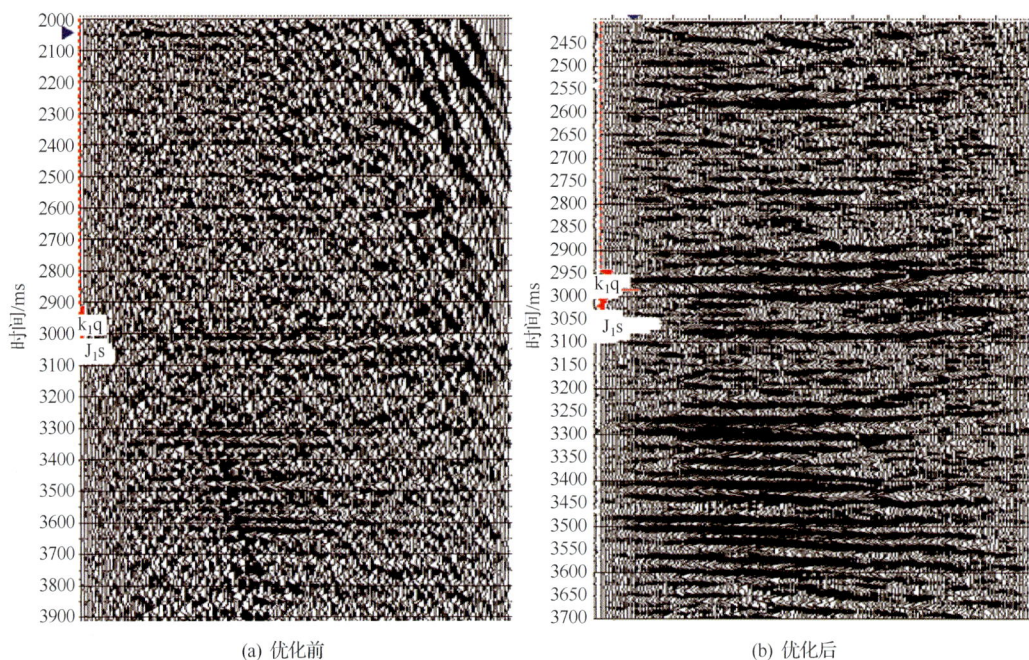

(a) 优化前   (b) 优化后

图 2.30   CRP 道集优化前、优化后对比

2.5.2   陆南 6 井东三维地区应用效果

地震剖面是否能真正反映地下岩性与含流体特征,处理中振幅的保真度起着关键的作用。实际资料处理中的提高信噪比与分辨率,以及叠加偏移成像都应为保幅处理,但绝对的保幅处理在地震资料处理中难以实现,因此,现行的实际资料处理都是相对保幅处理的概念。为了得到高保真,高分辨率的地震资料,井控振幅技术利用已有井的测井资料,将井点数据和地面地震数据进行匹配,从而生成一系列的匹配属性,然后用这些属性来检验地震资料与井资料的匹配程度,以达到最佳匹配,最终得到高保真的地震剖面。井控振幅校正技术将有效地实现地震道集振幅的校正,为后续的岩性反演打下基础。

本工区选取测井资料品质好,测井层位全,有效钻测八道湾煤层强反射的陆南 1 井作为振幅控制的依据,并选取八道湾煤层作为振幅校正的标志层(图 2.33)。由于目的层清水河至三工河时间上距离八道湾不大,约 200ms,偏移算法对目的层的振幅改变与八道湾煤层具有非常高的一致性,因此,可以将八道湾煤层的振幅变化作为目的层段振幅 AVO 变化的依据。图 2.33 中道集上的红蓝线分别是煤层顶底振幅的追踪。其幅值变化如图 2.34 所示。

可以看出,井控振幅及矢量法去噪后,AVO 关系与八道湾煤层非常接近,说明道集的 AVO 关系得以有效恢复,能够为叠前反演提供较可靠的保幅地震数据。这一点可以

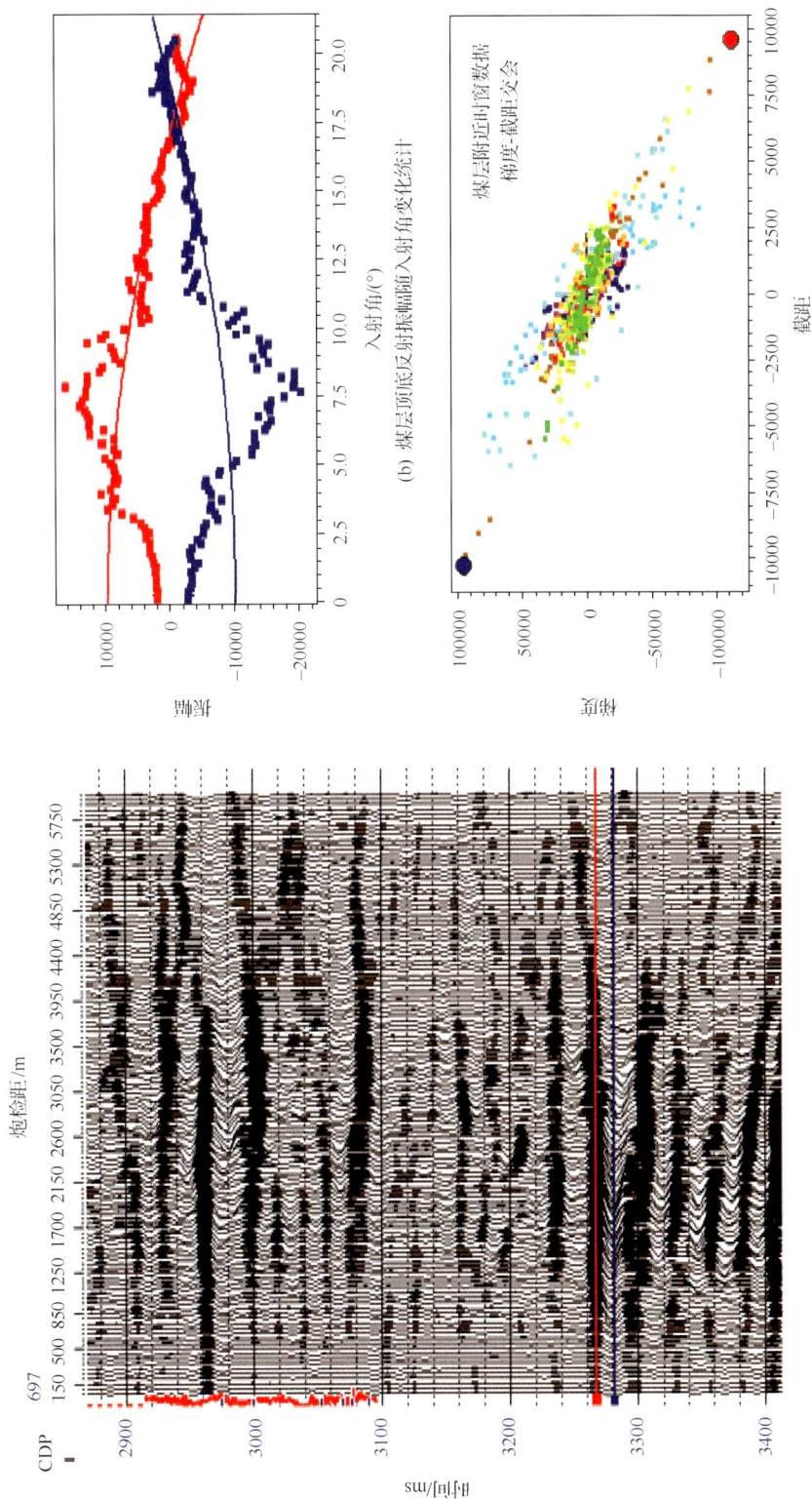

(a) 莫3井 共炮道集及煤层顶(纟)底(盖)反射振幅统计位置

(b) 煤层顶底反射振幅随入射角变化统计

(c) 煤层附近时窗(2500~4000ms)数据分析

图 2.31　过莫3井煤层地震反射 AVO 响应分析

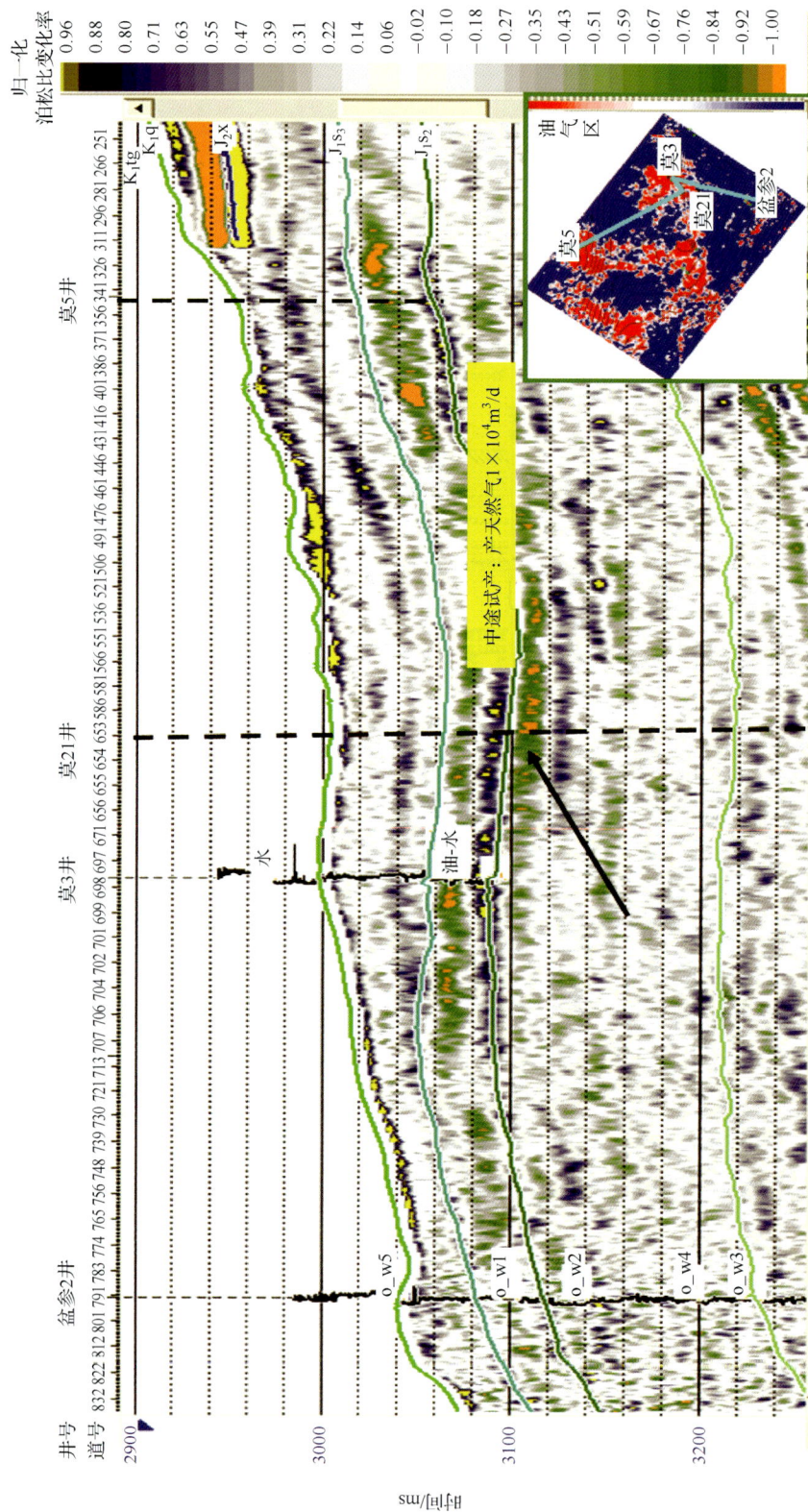

图 2.32　过盆参 2-莫 3-莫 21-莫 5 井泊松比变化率剖面图

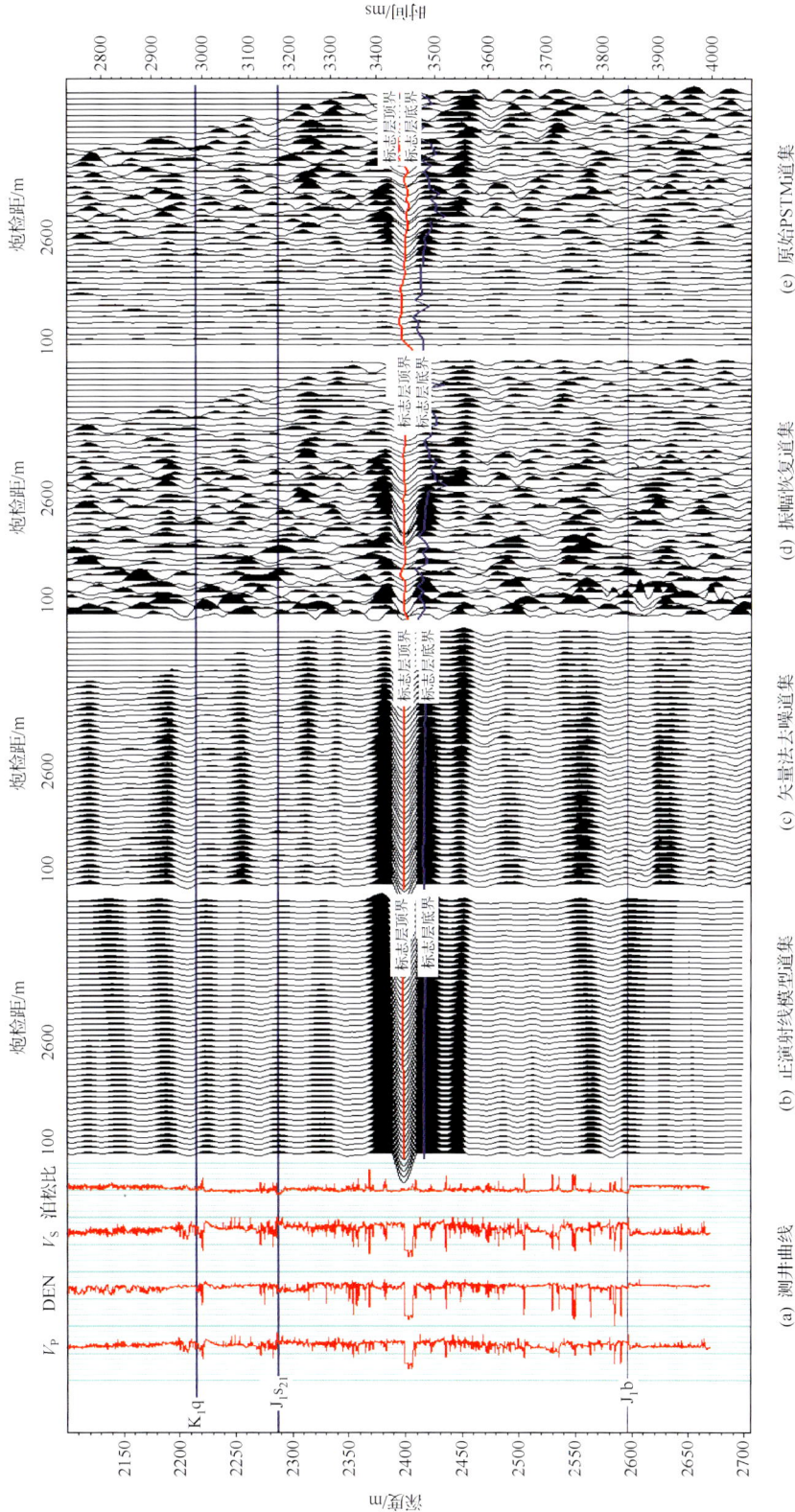

图 2.33　陆南 1 井原始叠前时间偏移道集井控振幅恢复效果（道集）

从分角度叠加剖面的叠合(图 2.35)比较看出:原始叠前时间偏移道集(CRP)与井控 AVO 恢复、噪声压制的不同角度道集叠加剖面叠合在一起,近中远叠加的一致性增强,但同时保持了应有的振幅差异。原始 CRP 叠加上表现得更多是信噪比与振幅无规律呈现。

陆南 6 井东三维工区地处准噶尔腹部沙漠区,地震资料面波发育,信噪比低。去除面波后,时间偏移道集面波带所在道能量明显减弱,标准层 AVO 响应失真。叠前时间偏移道集通过剩余时差校正、振幅统计法消除振幅随偏移距系统误差、矢量法噪声压制、井控振幅恢复等优化处理。叠前偏移道集标准煤层振幅特征与正演模型一致非常好。反演结果与井上岩性(伽马)吻合度高(图 2.36),为空间岩性预测提供了可靠依据。

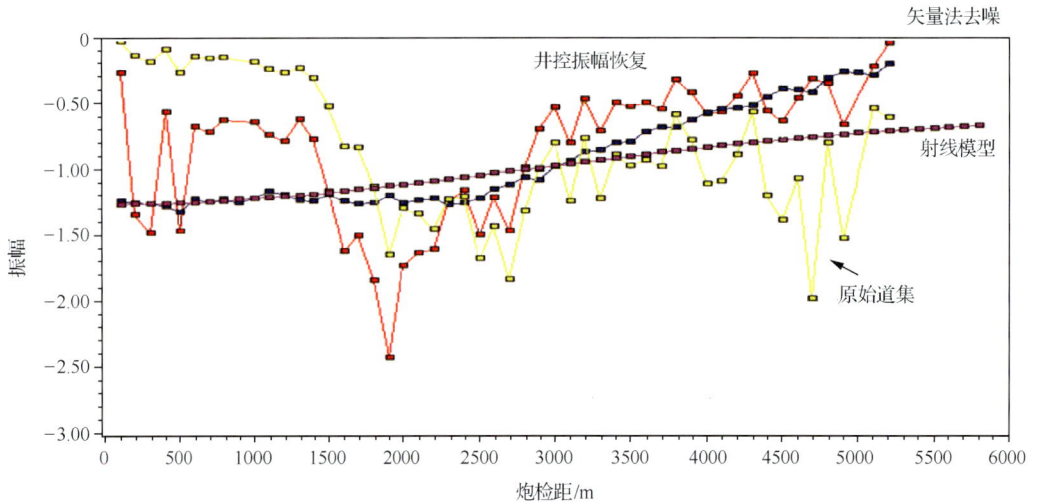

图 2.34 不同阶段陆南 1 井煤层顶界面 AVO 曲线变化

岩石物理分析及建模是叠前反演的物理基础。需精细评价测井资料,并进行必要的校正,然后进行归一化处理,再选用合理的方法(模型)求取或修正横波资料。从而能够分析、优选敏感弹性参数作为反演依据。

陆南 6 井东三维工区内有陆南 7 井、陆南 6 井、陆南 1 井、陆 001 井、陆南 4 井等 5 口探井。其中陆南 6 井有横波数据,需要对其他 4 口井进行岩石物理分析并计算横波数据。通常情况下,对测井曲线的分析校正总是针对砂岩储层井段,而往往忽略了非砂岩储层的泥岩井段,不能满足岩石物理分析的需要。在岩石地球物理分析测井、地震联合分析过程中,不仅仅是要考虑储层,对于非储层井段也要考虑,这样才能使井震分析更合理。

根据 Xu-White 模型(Xu and White,1995)横波预测模型预测陆南 6 井区各井横波、Castagna 方法校正后的密度资料以及测量的纵波速度资料,优选出弹性参数 V_P/V_S 与 AI(纵波阻抗)交会,能够较有效识别清水河组砂泥岩分布与含油气性(图 2.37)。叠前道集优化处理取得显著效果,优化前后的反演结果差异很大。优化后反演的纵横波速度比清水河沿层平面属性较清晰反映了含油气性的变化规律,与已钻井吻合良好(图 2.38),陆南 6 井最好,陆南 9 井、陆南 1 井、陆南 4 井、陆 001 井依次变差。而三工河组的岩性识别则相对困难。

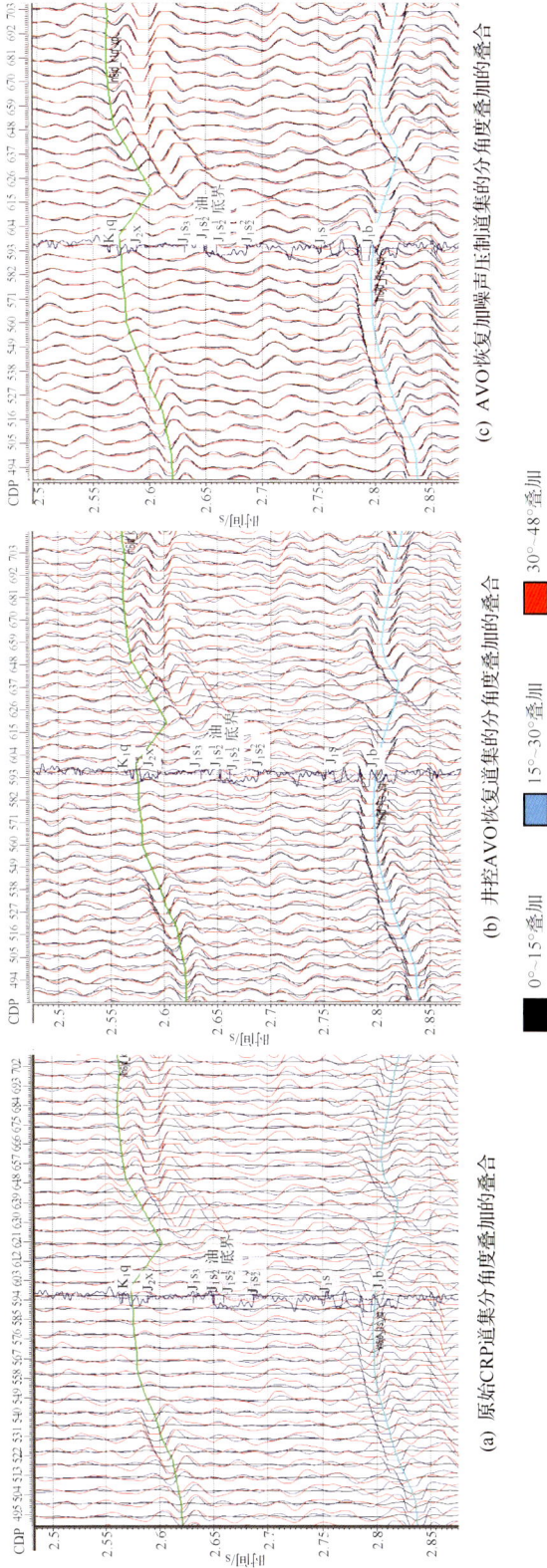

(a) 原始CRP道集分角度叠加的叠合

(b) 井控AVO恢复道集的分角度叠加的叠合

(c) AVO恢复加噪声压制道集的分角度叠加的叠合

■ 0°~15°叠加　■ 15°~30°叠加　■ 30°~48°叠加

图 2.35　经过 AVO 振幅恢复与噪声压制，分角度叠加剖面的相位能量关系显著改善

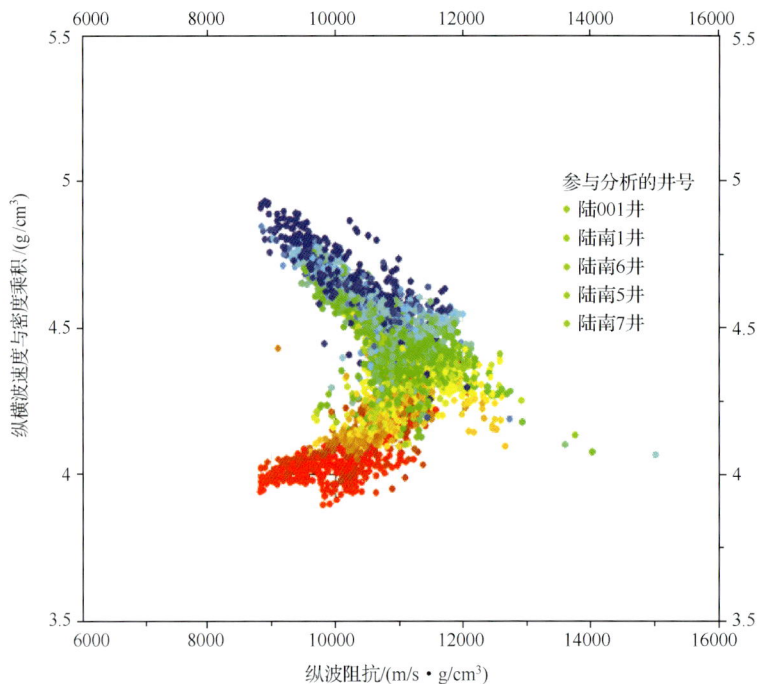

(a) 岩石物理分析量板

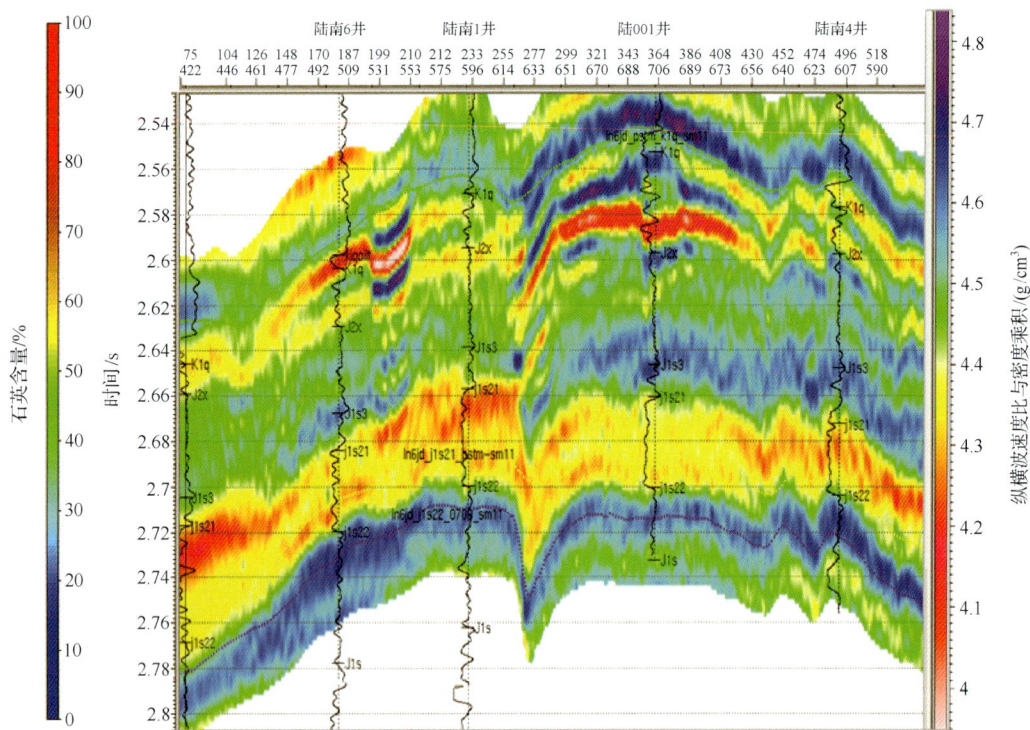

(b) 叠前反演结果

图 2.36　陆南 6 井东三维 K_2q 反演预测应用效果

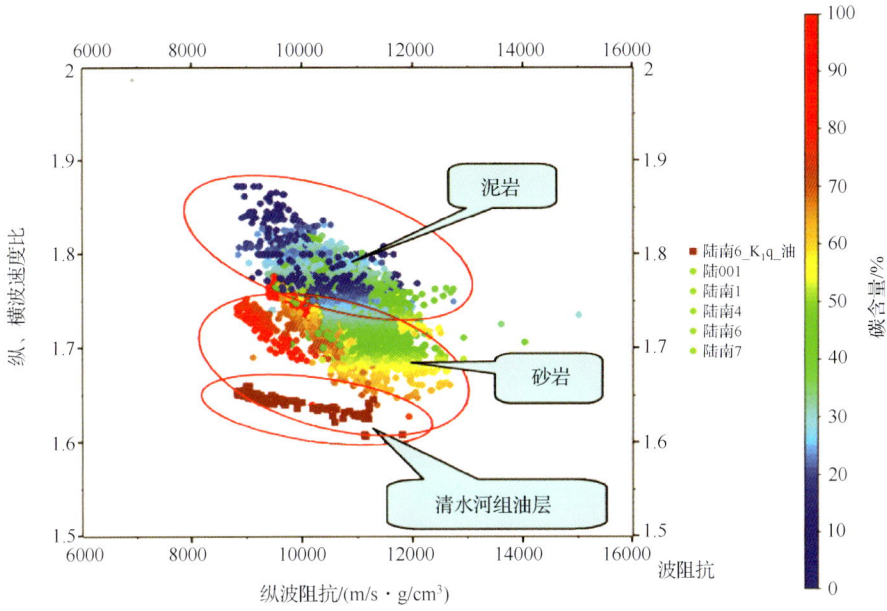

图 2.37　陆南 6 井东三维 5 口井 K_1q_1 纵、横波速度比与阻抗（Xu-White 方法）

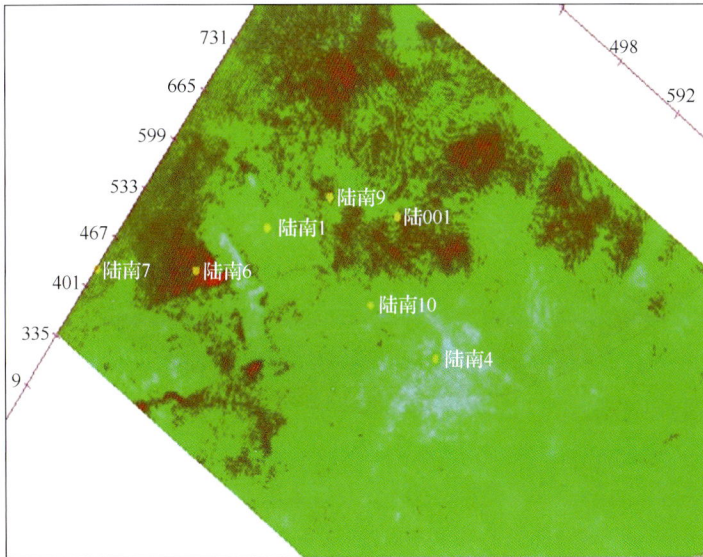

(a) 叠前时间偏移道集优化处理前反演的 V_P/V_S 沿层属性

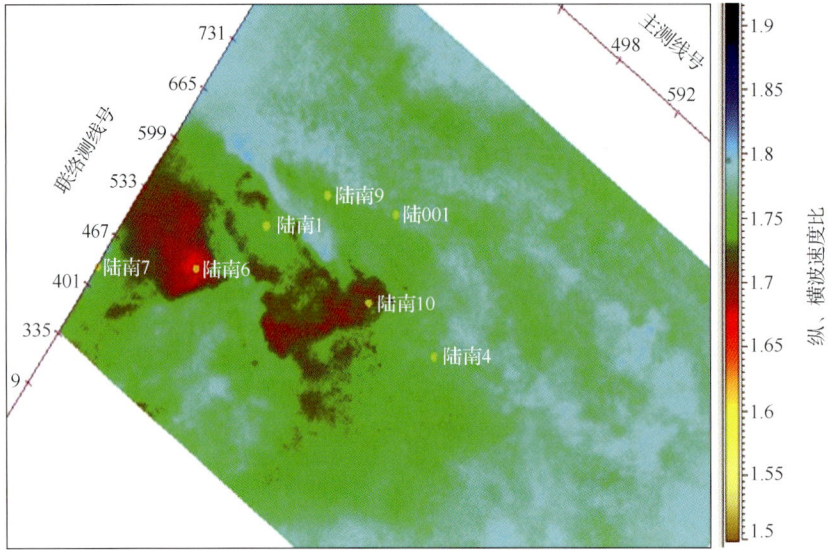

(b) 叠前时间偏移道集优化处理后反演的纵、横波速度比沿层属性

图 2.38　陆南 6 井东三维叠前反演 K_1q_1 横波速度比沿层属性

储层岩石物理分析技术 第3章

储层岩石物理分析提供了油气储层参数(如孔隙度、黏土含量、分选、岩性、饱和度)和储层弹性参数(如声阻抗、纵横波速度、体积模量和弹性模量)之间的联系。岩石物理模型可用于解释地震反演得到的波阻抗或速度信息,根据相应的储层参数,或由现有数据范围外推,检验某些特定的假设情况,如流体和岩性的变化。根据这样的思路,可以在假设储层和盖层弹性变化的情况下,使用岩石物理模型分析储层地震响应特征。许多岩石物理理论模型可用于储层弹性参数分析。每种模型有其固有的优点和局限性。大部分岩石物理模型是为了分析岩石弹性参数与物性及含流体性定量关系。岩石物理模型可以分为理论模型与经验模型等,是地震定量解释的基础。

3.1 岩石物理分析理论基础

3.1.1 岩石物理理论发展概述

油气储层是由岩石骨架和孔隙所组成的多孔介质,孔隙通常被水、气、油等流体所充填而构成双相孔隙介质。在双相介质中,由于孔隙流体的存在,波动引起的固相和孔隙流体相互作用将影响岩石的弹性性质,弹性波在这种双相介质中传播规律与理想弹性介质不同。早在 1856 年 Darcy 就研究了饱和多孔介质中各种不同流体成分之间的相互作用,建立了渗流问题的最基本方程——Darcy 定律。20 世纪初,土耳其土力学家 Terzaghi 研究了地应力、土壤中流体和边坡稳定性等问题,首次阐述了孔隙流体和孔隙压力等基本概念。50 年代以后,饱和岩石的弹性波传播理论研究快速发展,Gassmann(1951)建立了反映岩石弹性模量和孔隙度及孔隙流体性质的 Gassmann 方程(Berryman,1999);Biot(1956)根据流体饱和多孔介质中弹性波的位移与吸收特性,发展了 Gassmann 的流体饱和多孔隙介质理论,奠定了双相介质波动理论的基础;Wyllie 等(1956)的时间平均公式、White(1975)气体包裹体模型、O'connell 和 Budiansky(1974)"喷射"流模型和 Dvorkin 等(1995)的 BISQ 模型,从理论上极大地丰富了饱和流体介质的弹性波传播理论。Gurevich 和 Galvin(2007)给出了含裂缝介质各向异性流体替换理论,发展了各向异性介质孔弹性理论。

碎屑岩可以近似为不同粒径矿物颗粒的堆积体,Walton(1987)和 Mindlin(1949)建立了球形颗粒接触模型,用于分析疏松岩石受力变形及其弹性参数变化特征;Dvorkin 和 Nur(1996)提出了固结砂岩弹性模量计算模型,使用该模型可研究孔隙流体饱和度、孔隙度、孔隙流体类型及成岩作用等对岩石纵、横波速度的影响。Budiansky(1965)及 Wu

（1966）提出自相容近似理论，用于分析岩石基质、孔隙及其形状变化与弹性参数关系；Norris 等（1985）及 Zimmerman（1991）建立了差分等效介质理论，可用于模拟和研究岩石孔隙及其形状变化对多孔岩石弹性模量的作用；Xu 和 White（1995）根据 Kuster 和 Toksoz（1974）理论模型、差分等效介质理论及 Gassmnn 理论提出了泥质砂岩速度计算模型，Xu-White 模型能够模拟岩石孔隙度、泥质含量及基质性质变化与岩石波速关系。

使用上述岩石物理模型，可以将油气储层弹性参数与孔隙度、流体性质及饱和度等参数联系起来，为地震孔隙度反演、烃类检测及 AVO 分析提供了理论基础。Smith 和 Gidlow（1987）根据泥岩纵、横波速度关系提出了流体因子概念，使得直接利用叠前地震数据进行储层岩性和流体性质预测成为可能；Goodway（1997）提出了利用拉梅模量与密度积属性进行叠前反演流体检测方法；Hedlin（2000）提出了叠前反演的纵、横波阻抗计算孔隙模量的方法；Hilterman（2001）对上述流体检测方法进行全面总结，提出了泊松比属性检测流体方法。Russell（2003）根据 Biot-Gassmann 孔弹性理论提出流体因子识别流体的新方法；Gildlow 和 Smith（2003）使用叠前 AVO 分析，提出了流体因子角度和交会图角度旋转概念，进行流体因子计算和地震流体检测。所有上述地震流体检测的理论依据是基于双相介质中不同性质孔隙流体弹性模量存在差异这一基本特征而提出。因此，针对不同类型储层，开展岩石物理参数关系模型研究，优选那些与储层岩性、物性及孔隙流体性质敏感的弹性参数，是有效开展地震储层预测工作的重要前提。

地震波在含流体多孔介质传播过程中其波动力学特征将受到岩石性质、孔隙特征、孔隙流体类型及其分布及波动频率等因素的影响，地震波的传播速度、振幅、频率及相位随传播距离发生变化。使用地震反射数据进行地震储层预测的方法有很多，其中地震反演方法是一类使用广泛、稳定、有效的技术，其理论基础是岩石物理理论。下面介绍油气储层岩石物理分析中常用的部分岩石物理理论模型。

3.1.2 边界理论

1. Voigt-Reuss-Hill 公式

在已知组成岩石矿物成分的相对含量及弹性模量的情况下，可以利用 Voigt 和 Reuss 公式（Hill，1965）计算出岩石弹性模量的上、下限。其中上限 Voigt 公式代表等应变状态，组成岩石的各矿物成分在相同的应变下，复合介质应力与应变的比值［图 3.1（a）］；Reuss 下限代表等应力状态，组成岩石介质的各矿物成分在相同的应力下，复合介质应力与应变的比值［图 3.1（b）］。

Hill 公式是 Voigt 上限和 Reuss 下限的算术平均结果，可反映岩石的平均弹性模量变化趋势。

$$M_V = \sum_{i=1}^{N} f_i M_i; \frac{1}{M_R} = \sum_{i=1}^{N} \frac{f_i}{M_i}; M_{VRH} = \frac{M_V + M_R}{2} \tag{3.1}$$

式中，M_V 为 Voigt 上限计算的弹性模量；M_R 为 Reuss 下限计算的弹性模量；M_{VRH} 为用 Voigt-Reuss-Hill 求出的弹性模量，弹性模型可以是体积模量 K、剪切模量 μ 或杨氏模量 E；f_i 为组成岩石的第 i 个矿物组分的体积含量；M_i 为第 i 个组分的弹性模量。

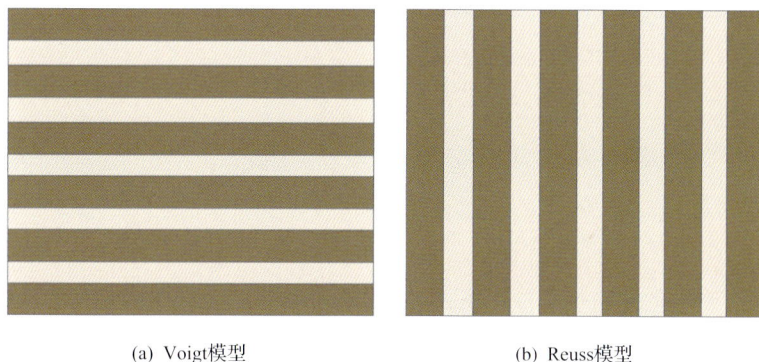

(a) Voigt模型　　　　　　　　　(b) Reuss模型

图 3.1　Voigt 与 Ruess 边界模型示意图

2. Hashin-Shtrikman 公式

Hashin 和 Shtrikman(1963)根据变分原理推导出岩石的弹性模量与孔隙及岩石骨架模量之间的关系。Berryman(1995)给出了岩石介质中含有超过两相时的表达式：

$$K^{HS+} = \Lambda(\mu_{max}), K^{HS-} = \Lambda(\mu_{min})$$
$$\mu^{HS+} = \Gamma[\xi(K_{max}, \mu_{max})], \mu^{HS-} = \Gamma[\xi(K_{min}, \mu_{min})] \tag{3.2}$$

$$\Lambda(z) = \left(\frac{1}{K(r) + 4z/3}\right)^{-1} - \frac{4}{3}z$$
$$\Gamma(z) = \left(\frac{1}{\mu(r) + z}\right)^{-1} - z \tag{3.3}$$

$$\xi(K, \mu) = \frac{\mu}{6}\left(\frac{9K + 8\mu}{K + 2\mu}\right) \tag{3.4}$$

式中，K^{HS+} 和 K^{HS-} 分别为体积模量 Hashin-Shtrikman(简称 HS)上、下边界；Λ 为算式记号；ξ 为算式记号；z 为自变量，式中表示最大或最小剪切模量；r_i 为不同的矿物；μ^{HS+} 和 μ^{HS-} 为剪切模量的 HS 上下边界。

Hashin-Shtrikman 公式比 Voigt-Reuss-Hill 公式的精确性更高，给出的上下界的距离更小(图 3.2)。在已知岩石矿物和孔隙流体的弹性模量和孔隙度的情况下，由 Hashin-Shtrikman 公式能计算出岩石模量的精确取值范围，在岩石介质中的孔隙纵横比分布不能确定的情况下，用该公式能给出最准确的上、下限弹性模量值。

3.1.3　等效介质理论模型

等效介质理论是岩石物理学的另一个重要分支。岩石是由固体骨架和孔隙流体组成的二相体，岩石的弹性则表现为这样的二相体的等效弹性。因此，岩石的弹性不仅决定于固体骨架(矿物)的弹性性质，岩石中孔隙的大小、孔隙的几何形状及孔隙中流体的性质等都将对岩石的弹性性质产生影响(陈颙等，2009)。等效介质理论就是根据各种物理模型，在已知岩石各矿物的相对含量及弹性模量、各固体相与孔隙在岩石中分布的几何特征来

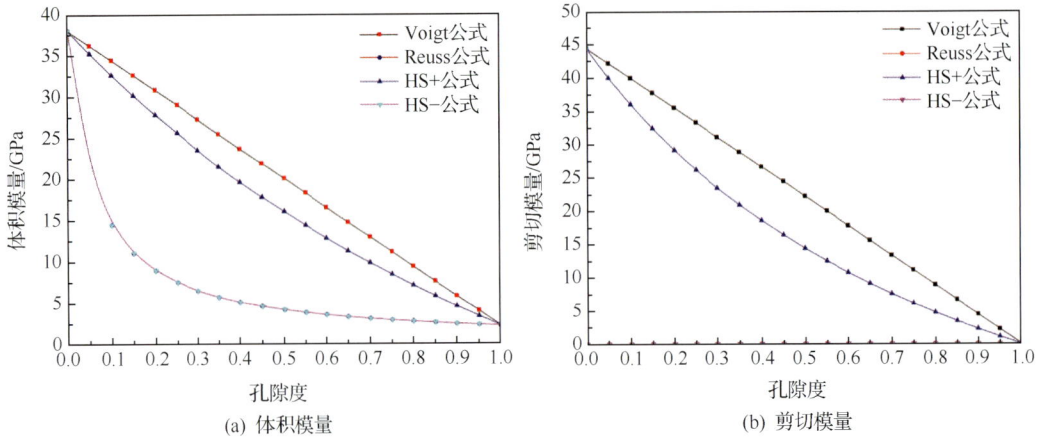

图 3.2 边界理论模型计算的弹性模量关系

定量确定岩石的等效弹性模量,从而进一步求出弹性波的速度和衰减。

1. 自相容等效模型

Eshelby(1957)给出了含有单个椭圆包裹体的基质的弹性模量表达式,Wu(1966)利用自相容理论给出了两相介质的有效弹性模量的计算方法。假定裂隙纵横比为零的条件下给出了介质弹性模量表达式,但该公式仅适用于干燥及含有少量流体的介质。在介质中的包裹体充满流体的情况下,因其体积不能近似看作为零,所给出的弹性模量表达式是失效的。O'connell 和 Budiansky(1974)根据自相容理论,估算出含裂隙介质中在加入一个单独裂隙后的势能变化。通过裂隙介质总的势能计算,给出介质中含有随机分布、无填充物的扁平裂隙($\alpha = 0$)时的弹性模量表达式,而扁平裂隙被流体充填时,弹性模量的计算须加上一个校正项。O'connell 和 Budiansk(1974)的自相容理论考虑了裂隙间的相互作用,但他们在计算过程中重复考虑了裂隙间的相互作用,计算出的弹性模量结果偏大。Berryman(1995)含 N 相复合介质的自相容近似表达式的形式:

$$\sum_{i=1}^{N} x_i (K_i - K_{SC}^*) P^{*i} = 0 ; \sum_{i=1}^{N} x_i (\mu_i - \mu_{SC}^*) Q^{*i} = 0 \qquad (3.5)$$

式中,x_i 为介质中第 i 种成分的体积含量;P^{*i}、Q^{*i} 分别为几何形状因子,对于不同形状的基质包体,它的具体表达式是不同的下角 SC 表示自相容。

Wu(1966)提出的两项组分自相容等效介质模型可表示为

$$K_{SC}^* = K_m + x_1 (K_1 - K_m) P^{*i}$$
$$\mu_{SC}^* = \mu_m + x_1 (\mu_1 - \mu_m) Q^{*i} \qquad (3.6)$$

式中,K 和 μ 分别为体积模量与剪切模量,下标 m、i 分别为基质和包裹体。K_{SC}^* 和 μ_{SC}^* 分别表示自相容等效后的体积模量与剪切模量。

Berryman(1995)根据微分自相容模型,进一步考虑孔隙裂隙的相互作用,给出了扩展的微分自相容模型(EDSC)。在较低的裂隙密度条件下,如果考虑多重散射作用的影响,Kuster 和 Toksöz(1974)所给出的结果与扩展的微分自相容模型一致。

在微分自相容模型和扩展的微分自相容模型中,流体填充包体在逐渐加入基质过程中,会逐步改变边界条件,因此在包体中的流体压力是不相同的,同时裂隙的排布方向的随机性也增加了流体压力不平衡的可能性,所以得到的弹性模量代表一种高频弹性模量。干燥介质的弹性模量是不受频率影响的,图 3.3 是根据 Berryman 给出的自相容方程计算得到干燥岩石体积模量与包裹体含量关系。King 等(2000)根据微分自相容模型成功地解释了砂岩实验超声波速度的频散结果。

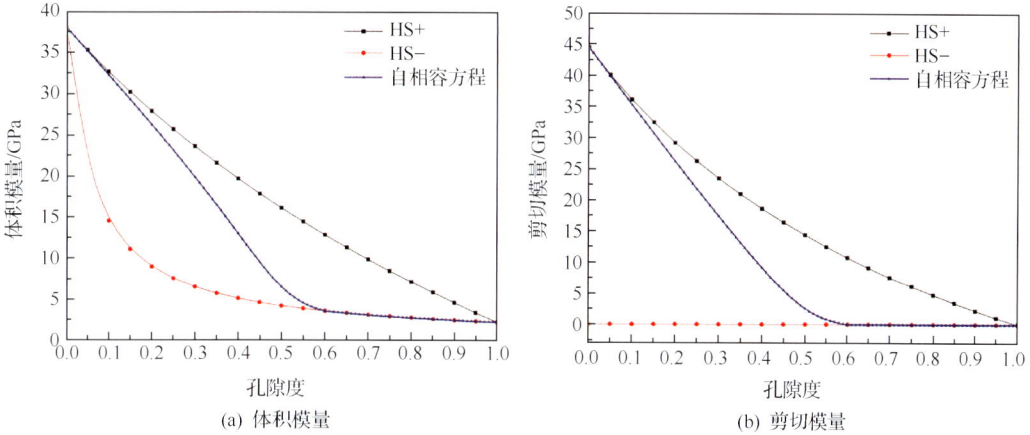

(a) 体积模量　　　　　(b) 剪切模量

图 3.3　自相容等效介质模型弹性模量与孔隙度

2. 差分等效介质模型

差分等效介质理论模型是往固体相上逐渐增加包裹体相来模拟双相混合物的模型,它是一种等效体积模量 K^* 和剪切模量 μ^* 的普通差分方程构成的耦合系统。

$$(1-y)\frac{\mathrm{d}}{\mathrm{d}y}[K^*(y)] = (K_2 - K^*)P^{*2}(y) \tag{3.7}$$

$$1(y)\frac{\mathrm{d}}{\mathrm{d}y}[\mu^*(y)] = (\mu_2 - \mu^*)Q^{*2}(y) \tag{3.8}$$

初始条件为

$$K^*(0) = K_1, \mu^* = \mu_1$$

式中,K_1、μ_1 分别为岩石第一相组分的体积模量和剪切模量;K_2、μ_2 分别为第二相组分的体积模量和剪切模量;y 为第二相组分体积含量。

使用差分等效介质模型可以处理不同形状包裹体及其含量与弹性模量关系,如图 3.4 所示。差分等效介质模型计算结果与计算过程密切相关。

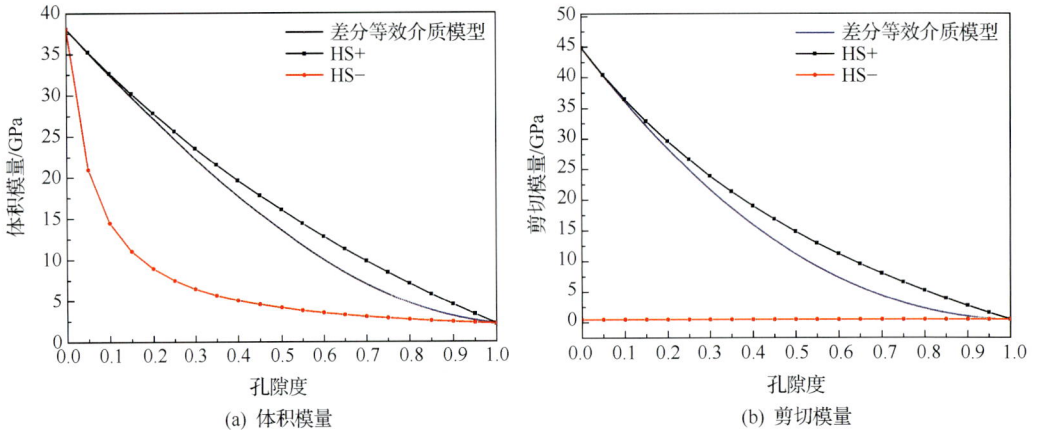

图 3.4 微分等效介质理论模型确定的弹性模量与孔隙度

3. Kuster-Toksoz 理论模型

Kuster 和 Toksöz(1974)提出了含不同孔隙形状复合介质弹性模量计算理论。假设连续介质中均匀地随机分布着沿不同方向排布的球形孔隙或者椭球形裂隙,孔隙中充满了弹性性质不同的另一种物质。这些椭球形孔隙的纵横比按某种方式分布 $\alpha_m, m = 1$, M。介质中总的孔隙度为 $\phi = \sum_{m=1}^{M} c(\alpha_m)$, c 表示不同形状的椭球形孔隙。假设介质的弹性波波长大于孔隙的长度,利用弹性波散射理论,可将这种双相介质等效为一种连续介质,根据入射波通过该等效介质产生的位移场和入射波经过每个孔隙散射引起的位移场相同,可推导出该等效介质的弹性模量计算表达式。

波的扰动形成的位移场可表示为

$$u(x) = u^0(x) + \sum_{m=1}^{N} u^m(x, x_m) \tag{3.9}$$

式中,$u^0(x)$ 为入射波引起的位移场;$u^m(x, x_m)$ 为位于 x_m 处的孔隙散射引起的位移场。假设质点 x 离表征体元足够远,从而有 $x_m \approx x_0$,并假定多次散射的影响可以忽略。等效介质的基质可以是矿物颗粒等固体物质,孔隙中充填各种流体。基质也可以是流体,而固体颗粒悬浮于其中。该理论所需要的参数为基质的体积模量和剪切模量 K_s 和 μ_s,孔隙充填物的体积模量和剪切模量为 K_f, μ_f,不同纵横比孔隙的相对含量 $c(\alpha_m)$,略去复杂的推导,等效介质的体积模量和剪切模量 K、μ 可表示为

$$\frac{K - K_s}{3K + 4\mu_s} = \frac{1}{3} \cdot \frac{K_f - K_s}{3K_s + 4\mu_s} \sum_{m=1}^{M} c(\alpha_m) \cdot T_1(\alpha_m)$$

$$\frac{\mu - \mu_s}{6\mu(K_s + 2\mu_s) + \mu_s(9K_s + 8\mu_s)} = \frac{\mu_f - \mu_s}{25\mu_s(3K_s + 4\mu_s)} \sum_{m=1}^{M} c(\alpha_m) \cdot \left[T_1 - \frac{1}{3} T_3 \right]$$

$$\tag{3.10}$$

式中，T_1、T_3 分别是与 K_s、μ_s 和孔隙纵横比 α_m 有关的常数。

Kuster-Toksöz 理论计算结果表明（图 3.5），纵横比较小的扁平裂隙对弹性模量的影响非常大，这种作用在低孔隙度范围尤其明显。随着孔隙纵横比增大，相同孔隙度岩石的弹性模量随之增大。Kuster-Toksöz 理论模型的限制之一是要求介质的孔隙稀疏、孔隙孤立的存在于介质之中，没有考虑孔隙间的相互作用。

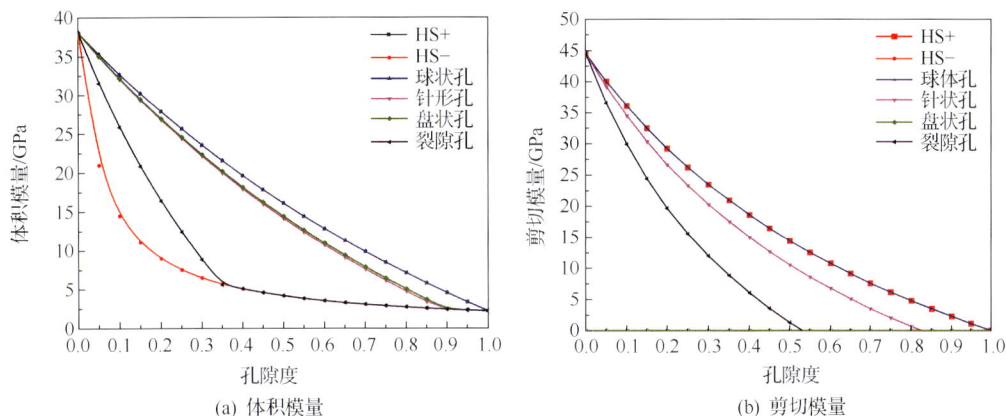

图 3.5　Kuster-Toksöz 理论模型确定的弹性模量与孔隙度

3.1.4　颗粒接触理论模型

1. 疏松孔隙介质模型

Dvorkin 和 Nur(1996)介绍了两种多孔砂岩的理论模型。疏松介质模型或未固结的岩石，描述分选变坏时，速度-孔隙度关系如何改变。分选良好的端元表示为分选良好的堆积起来的相似的颗粒，它们的弹性特征是由颗粒间接触的弹性决定的。分选良好的端元典型地含有 40％ 左右的临界孔隙度。疏松介质模型提出，分选差的砂岩是当分选好的端元添加了额外更小的颗粒储存到孔隙空间中得到的。这些额外的颗粒使分选变坏，降低孔隙度，稍微提高了岩石刚度（图 3.6）。

在临界孔隙度时，干的、分选良好的端元的弹性模量被模拟为一个受限于围压的弹性球体堆积。这些模量在 HM 理论中表示为

$$K_{\text{HM}} = \left[\frac{n^2(1-\phi_c)^2\mu^2}{18\pi^2(1-\nu)^2}P\right]^{1/3} \tag{3.11}$$

$$\mu_{\text{HM}} = \frac{5-4\nu}{5(2-\nu)}\left[\frac{3n^2(1-\phi_c)^2\mu^2}{2\pi^2(1-\nu)^2}P\right]^{1/3} \tag{3.12}$$

式中，K_{HM} 和 μ_{HM} 分别为干岩石在 ϕ_c（沉积孔隙度）时的体积模量和剪切模量；P 为有效压力（围压和孔隙压力的差）；μ 和 ν 为固体相的剪切模量和泊松比；n 为配位数（每个颗粒接触的平均数）。

泊松比可以由体积模量 K 和剪切模量 μ 表示如下：

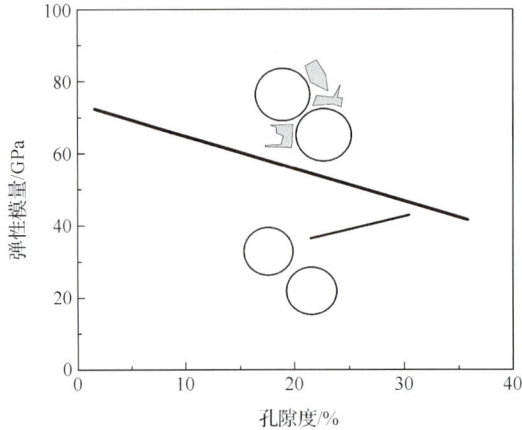

图 3.6　疏松介质模型和相关沉积变化的原理图(Avseth et al.,2005)

$$\nu = \frac{3K - 2\mu}{2(3K + \mu)} \tag{3.13}$$

假设静水压力是有效压力对深度的积分,可由式(3.14)得到:

$$P = g \int_0^Z (\rho_b - \rho_{fl}) \mathrm{d}z \tag{3.14}$$

式中,g 为重力常数;ρ_b 和 ρ_{fl} 分别为深度 z 处的体积密度和流体密度。

Murphy(1985)研究表明:配位数 n 依赖于孔隙度。配位数和孔隙度的关系可以近似为以下经验方程:

$$n = 20 - 34\phi + 14\phi^2 \tag{3.15}$$

因此,对于 0.4 的孔隙度,$n=8.6$。

疏松介质模型中其他的端点是在零孔隙度、且有矿物的体积模量 K 和剪切模量 μ、孔隙度在 0 到 ϕ_c 之间的分选不好的砂岩的模量,通过 HS 下边界插入矿物点和分选良好的端元。一个启发式的支持言论说,被动附加一些小颗粒到孔隙空间是添加矿物到分选良好的砂岩里最温和的方式;下边界方程总是混合两相物质最温和的方式。另一种言论是根据图 3.7 得出的,在这里我们假想分选差的砂岩是一些大的颗粒被封装在柔软的有细密纹理的沙"壳"里。这就是 HS 下边界的实现。

在孔隙度 ϕ,岩石中的纯固体相(附加到球体堆积以降低孔隙度)的浓度是 $1 - \phi/\phi_c$,原始的球体堆积相是 ϕ/ϕ_c。干易碎砂岩混合物的体积模量是 K_{dry},剪切模量是 μ_{dry} 为

$$K_{dry} = \left[\frac{\dfrac{\phi}{\phi_c}}{K_{HM} + \dfrac{4}{3}\mu_{HM}} + \frac{1 - \dfrac{\phi}{\phi_c}}{K + \dfrac{4}{3}\mu_{HM}} \right]^{-1} - \frac{4}{3}\mu_{HM} \tag{3.16}$$

$$\mu_{dry} = \left[\frac{\dfrac{\phi}{\phi_c}}{\mu_{HM} + z} + \frac{1 - \dfrac{\phi}{\phi_c}}{\mu + z} \right]^{-1} - z \tag{3.17}$$

其中

$$z = \frac{\mu_{HM}}{6}\left(\frac{9K_{HM} + 8\mu_{HM}}{K_{HM} + 2\mu_{HM}}\right) \tag{3.18}$$

饱和弹性模量 K_{sat} 和 μ_{sat} 可以通过 Gassmann 方程计算，密度表示为

$$\rho_b = \phi\rho_{fl} + (1-\phi)\rho_{min} \tag{3.19}$$

式中，ρ_{min} 是矿物密度，石英为 $2.65\mathrm{g/cm^3}$；ρ_{fl} 是流体密度，盐水通常在 $1\sim1.5\mathrm{g/cm^3}$，对于干岩石，流体密度为 0。

疏松介质模型最大的不确定性与不均匀的颗粒接触、切向滑动及配位数的变化有关。前人研究证明多孔骨架端元是如何通过调整滑动系数或通过改变配位数 n 校正到给定的数据集。Florez(1994)发现，由于 n 的不确定和使用理想化的堆积模型的局限性，改进的 HS 下边界(疏松介质模型)可能过度预测由于分选变差引起的速度增加。颗粒堆积，构造上看起来与分选的影响十分相似，但它是由于快速沉积的机械压实引起的，在速度-孔隙交会图中常常跟随着沉积分选的趋势。然而，Florez(1994)发现，那种堆积与通过疏松介质模型预测的结果相比，常常产生些微陡峭的斜率。他提出，堆积和分选的整合可以解释常常在实际实地钻井剖面测量值中观察到的，疏松介质模型和孔隙填充物增加的砂岩数据匹配良好的现象。

2. 胶结砂岩模型

在沉积过程中，砂岩逐渐变为胶结砂岩。这种胶结可能是化学胶结作用的结果。胶结有较强的刚性作用，因为颗粒接触方式是被"粘"在一起的。接触胶结模型假设孔隙度从砂岩最初孔隙度降低，是由于颗粒表面黏质层均匀沉积物的存在减少了孔隙空间(图 3.7)。接触胶结通过加强颗粒接触显著提高了砂岩的刚度。特别是最初的胶结影响可能仅仅由一个很小的孔隙度减小引起很大的速度增加。

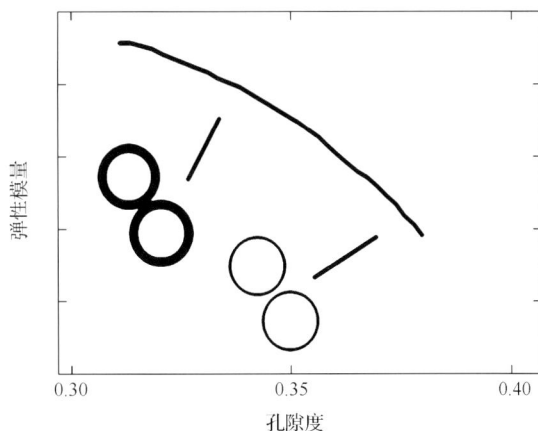

图 3.7　接触胶结模型及相关的成岩作用转化的原理图(Avseth et al.，2010)

Dvorkin 和 Nur(1996)提出了固结砂岩理论模型，在这个模型中，干岩石的 K_{dry} 和

μ_{dry} 由下面方程给出：

$$K_{dry} = \frac{n(1-\phi_c)M_c S_n}{6} \tag{3.20}$$

$$\mu_{dry} = \frac{3K_{dry}}{5} + \frac{3n(1-\phi_c)\mu_c S_t}{20} \tag{3.21}$$

式中，ϕ_c 是临界孔隙度；K_s 和 μ_s 分别是颗粒物的体积模量和剪切模量；K_c 和 μ_c 分别是胶结物的体积模量和剪切模量；$M_c = K_c + 4\mu_c/3$ 是胶结物的纵波模量；n 是配位数，定义为每个颗粒接触的平均数。参数 S_n 和 S_t 分别是与标准和切向成一定比例的刚度，它的大小与胶结物含量及性质、颗粒弹性性质存在如下关系：

$$S_n = A_n(\Lambda_n)\alpha^2 + B_n(\Lambda_n)\alpha + C_n(\Lambda_n) \tag{3.22}$$

式中，

$$
\begin{aligned}
A_n(\Lambda_n) &= -0.024153\Lambda_n^{-1.3646}\\
B_n(\Lambda_n) &= 0.20405\Lambda_n^{-0.89008}\\
C_n(\Lambda_n) &= 0.00024649\Lambda_n^{-1.9864}\\
S_t &= A_t(\Lambda_t\nu_s)\alpha^2 + B_t(\Lambda_t,\nu_s)\alpha + C_t(\Lambda_t,\nu_s)
\end{aligned} \tag{3.23}
$$

其中，

$$
\begin{aligned}
A_t(\Lambda_t,\nu_s) &= 10^{-2}(2.26\nu_s^2 + 2.07\nu_s + 2.3)\Lambda_t^{0.079\nu_s^2 + 0.1754\nu_s - 1.342}\\
B_t(\Lambda_t,\nu_s) &= (0.0573\nu_s^2 + 0.0937\nu_s + 0.202)\Lambda_t^{0.0274\nu_s^2 + 0.0529\nu_s - 0.8765}\\
C_t(\Lambda_t,\nu_s) &= 10^{-4}(9.654\nu_s^2 + 4.945\nu_s + 3.1)\Lambda_t^{0.01867\nu_s^2 + 0.4011\nu_s - 1.8186}\\
\Lambda_n &= \frac{2\mu_c(1-\nu_s)(1-\nu_c)}{\pi\mu_s(1-2\nu_c)}\\
\Lambda_t &= \frac{\mu_c}{\pi\mu_s}\\
\alpha &= \left[\frac{\frac{2}{3}(\phi_c-\phi)}{1-\phi_c}\right]^{1/2}
\end{aligned} \tag{3.24}
$$

其中，K_s 和 μ_s 分别是颗粒物的体积模量和剪切模量；ν_s 与 ν_c 分别为颗粒和胶结物的泊松比；ϕ 与 ϕ_c 分别为胶结砂岩的孔隙度和胶结物孔隙度。

3.1.5 孔弹性模型

1. Biot 理论框架

Biot(1956)理论是研究饱和多孔介质中固体和流体之间变形关系的基本理论，采用连续介质力学的方法导出了流体饱和多孔隙介质中的声波方程，建立了多孔介质中声速、衰减与频率和多孔介质参数之间的关系。式(3.25)反映了流体和岩石骨架中黏性和惯性相互作用机制，既包含了岩石骨架和孔隙流体的单独作用，也包含了它们之间的耦合作用。作用在流体饱和多孔隙介质的总应力包括固体骨架所受应力 σ 与作用于流体部分的应力 $s = -\phi p$，式中 ϕ 为孔隙度，p 为孔隙流体压力。假设多孔岩石介质是各向同性的，充填在岩石骨架中的是可压缩的黏性流体，孔隙流体相对于岩石骨架可以自由流动，流动过程中岩石骨架和孔隙流体之间存在摩擦作用后，Biot 理论给出了用位移表示的流体饱和双相介质的动力学方程：

$$(H - \mu)\,\text{grad div}\, u + \mu \nabla^2 u + \alpha M \text{grad div}\, W + \omega^2 (\rho u + \rho_{\mathrm{f}} W) = 0$$
$$\alpha M \text{grad div}\, u + M \text{grad div}\, W + \omega^2 (\rho_{\mathrm{f}} u + q W) = 0 \tag{3.25}$$

式中，$W = \varphi(U - u)$ 表示流体相对于固体的平均位移；其中 u、U 分别为固体与流体的位移；H、μ、M 分别为饱和流体体积模量、剪切模量及流体相关模量；$\rho = (1-\phi)\rho_{\mathrm{o}} + \phi\rho_{\mathrm{f}}$ 为体积密度；ρ_{o}、ρ_{f} 分别为组成岩石基质的密度和孔隙流体的密度；$\alpha = 1 - K_{\mathrm{d}}/K_{\mathrm{g}}$ 为结构因子，它与岩石基质及干燥岩石的模量有关；ϕ 为孔隙度；q 表示与流体黏滞性及流-固耦合有关的频率相关系数。

Berryman(1980)给出上述方程的纵、横波速度解为

纵波满足：$\begin{vmatrix} H/V_{\mathrm{P}}^2 - \rho & \rho_{\mathrm{fl}} - C/V_{\mathrm{P}}^2 \\ -\rho_{\mathrm{fl}} + C/V_{\mathrm{P}}^2 & q - M/V_{\mathrm{P}}^2 \end{vmatrix} = 0;$

横波满足：$\begin{vmatrix} \rho - \mu_{\mathrm{fr}}/V_{\mathrm{S}}^2 & \rho_{\mathrm{fl}} \\ \rho_{\mathrm{fl}} & q \end{vmatrix} = 0$

纵波解为：$\dfrac{1}{V_{\mathrm{P}}^2} = \dfrac{-(Hq + M\rho - 2C\rho_{\mathrm{fl}}) \pm \sqrt{(Hq + M\rho - 2C\rho_{\mathrm{fl}})^2 - 4(C^2 - MH)(\rho_{\mathrm{fl}}^2 - \rho q)}}{2(C^2 - MH)}$

横波解为：$\dfrac{1}{V_{\mathrm{S}}^2} = \dfrac{-\rho_{\mathrm{fl}}^2 + \rho q}{q\mu_{\mathrm{fr}}}$

$$\tag{3.26}$$

$$H = K_{\mathrm{fr}} + \frac{4}{3}\mu_{\mathrm{fr}} + \frac{(K_0 - K_{\mathrm{fr}})^2}{(D - K_{\mathrm{fr}})}$$

$$C = \frac{(K_0 - K_{\mathrm{fr}})K_0}{(D - K_{\mathrm{fr}})}$$

$$M = \frac{K_0}{(D - K_{\mathrm{fr}})}$$

$$D = K_0[1 + \phi(K_0/K_{\mathrm{fl}} - 1)]$$

$$q = \frac{\alpha\rho_{\mathrm{fl}}}{\varphi} - \frac{i\eta F(\zeta)}{\omega k}$$

$$\rho = (1-\phi)\rho_0 + \phi\rho_{\mathrm{fl}}$$

式中，η 为孔隙流体黏度；k 为岩石的绝对渗透率；ϖ 为面波角频率。

其中，

$$F(\zeta) = \frac{1}{4} \frac{\zeta T(\zeta)}{1 + 2iT(\zeta)/\zeta}$$

$$T(\zeta) = \frac{\text{ber}'(\zeta) + i\,\text{bei}'(\zeta)}{\text{ber}(\zeta) + i\,\text{bei}(\zeta)}$$

$$\zeta = (\omega/\omega_r)^{\frac{1}{2}} = \left(\frac{\omega a^2 \rho_{\text{fl}}}{\eta}\right)^{\frac{1}{2}}$$

(3.27)

ber( ),bei( )分别为零阶开尔文函数的实部与虚部；a 为孔隙形状参数

由上述纵、横波解的形式可看出，在流体饱和多孔介质的固体骨架和孔隙流体中存在三种体声波：第一类纵波(或称快纵波,P1 波,其行为类似于固体中的纵波),第二类纵波(或称慢纵波,P2 波)和横波(S 波,其行为类似于固体中的横波);由于惯性和黏性作用,骨架和孔隙流体中的这三种波总是相互耦合的。三种体波均为频散波,慢纵波比快纵波和横波的衰减大得多。

Plona(1980)首先通过实验在水饱和的熔结玻璃珠样品中验证了 Biot 慢波的存在。随后,Johnson 等(1982)从理论上分析了 Plona(1980)的实验结果并进行了其他人工多孔材料中 Biot 慢纵波波速的测量,均取得满意结果。Nagy 等(1990)等设计了测量孔隙中充满空气的多孔介质样品的实验,在 10~150kHz 频段内不仅测得了人工多孔材料中的慢波,而且在天然岩石中测得了慢波的速度与衰减、发现在低频(100kHz 以下)时,频散很严重,在高频时频散很小。

Geertsma 和 Smit(1961)给出了纵、横波速度高低、频极限值的计算公式,其中低频速度与 Gassmann 方程一致。中、低频流体饱和岩石 Biot 理论公式的近似计算式为

$$V_{\text{P}}^2 = \frac{V_{\text{P}\infty}^4 + V_{\text{P}0}^4 \left(\frac{f_c}{f}\right)^2}{V_{\text{P}\infty}^2 + V_{\text{P}0}^2 \left(\frac{f_c}{f}\right)^2}, \quad f_c = \frac{\phi\eta}{2\pi\rho_{\text{fl}}k}$$

(3.27)

式中，$V_{\text{P}0}$ 为 Biot-Gassmann 低频极限纵波速度；$V_{\text{P}\infty}$ 为 Biot 高频极限纵波速度。

Biot 理论给出了与频率相关的纵、横波速度和衰减计算公式,根据 Biot 理论,引起弹性波速度频散和衰减的主要作用是孔隙流体和固体骨架间的黏性差异运动,在低频时,黏滞耦合力较大,孔隙流体和岩石骨架一起运动,这时波的衰减很小;高频时,孔隙流体的惯性使其本身的运动落后于骨架的运动,造成速度的衰减和频散。由于 Biot 理论中,弹性波能量的损失仅由岩石骨架与孔隙流体的相对运动产生,而且孔隙流体的相对运动方向与弹性波的传播方向一致,因此,Biot 理论过低的估计了弹性波能量在岩石中的损耗及速度的频散结果。Biot 理论未考虑孔隙内流体的弛豫性质,难以解释低频条件下地震频散现象。地震勘探频带范围地震波诱发孔隙流体流动将引起地震波衰减和速度频散。有关速度频散和衰减应用分析方法本文未进行探讨。

2. Gassmann 理论

利用理想的双相介质模型,由 Bettie 功能互易定理可以得到流体饱和多孔岩石介质在不排水条件下的体积模量和剪切模量表达式(Berryman,1999):

$$\frac{K_{\mathrm{sat}}}{K_0 - K_{\mathrm{sat}}} = \frac{K_{\mathrm{dry}}}{K_0 - K_{\mathrm{dry}}} + \frac{K_{\mathrm{fl}}}{\varphi(K_0 - K_{\mathrm{fl}})} \cdot \mu_{\mathrm{sat}} = \mu_{\mathrm{dry}} \qquad (3.28)$$

式中，K_{sat}、K_0、K_{dry}、K_{fl} 分别是饱和流体岩石、岩石基质、干燥岩石及孔隙流体体积模量；φ 为孔隙度；μ_{sat} 和 μ_{dry} 分别是饱和流体及干燥岩石剪切模量。

可以用代数方法去掉式(3.28)中的干岩石模量，并由下式用两种流体的体积模量 K_{fl1} 和 K_{fl2} 来表达饱和岩石体积模量 K_{sat1} 和 K_{sat2}：

$$\frac{K_{\mathrm{sat1}}}{K_0 - K_{\mathrm{sat1}}} - \frac{K_{\mathrm{fl1}}}{\phi(K_0 - K_{\mathrm{fl1}})} = \frac{K_{\mathrm{sat2}}}{K_0 - K_{\mathrm{sat2}}} - \frac{K_{\mathrm{fl2}}}{\phi(K_0 - K_{\mathrm{fl2}})} \qquad (3.29)$$

Gassmann 方程是利用骨架特性来计算流体置换对地震特性的影响。它利用固体基质、骨架和孔隙流体的已知体积模量来计算孔隙流体饱和介质的体积模量。对于岩石来说，固体基质是由形成岩石的矿物组成的，骨架涉及构架岩石的取样，而孔隙流体可能是气体、原油、水或三者的混合物。

式(3.29)中的物理量可以分别进行计算。

（1）饱和流体岩石的密度为

$$\rho_{\mathrm{sat}} = (1 - \phi)\rho_{\mathrm{m}} + \phi\rho_{\mathrm{fl}} \qquad (3.30)$$

式中，ρ_{fl} 为孔隙流体的密度；ρ_{m} 为基质（颗粒）密度；且 $\rho_{\mathrm{dry}} = (1 - \phi)\rho_{\mathrm{m}}$ 为干燥岩石的密度。

（2）利用测量到的骨架岩石的速度和弹性参数之间的关系式，可以计算出骨架部分的体积模量和剪切模量：

$$K_{\mathrm{dry}} = \rho_{\mathrm{dry}}\left(V_{\mathrm{P}} - \frac{4}{3}V_{\mathrm{S}}\right) \qquad (3.31)$$

$$\mu_{\mathrm{dry}} = \rho_{\mathrm{dry}}\beta^2 \qquad (3.32)$$

（3）利用 Wood 方程(Wood，1941)可以计算出混合流体的体积模量 K_{fl}：

$$\frac{1}{K_{\mathrm{fl}}} = \frac{S_{\mathrm{w}}}{K_{\mathrm{w}}} + \frac{S_{\mathrm{o}}}{K_{\mathrm{o}}} + \frac{S_{\mathrm{g}}}{K_{\mathrm{g}}} \qquad (3.33)$$

式中，K_{w}、K_{o} 和 K_{g} 分别为水、原油和气体的体积模量；S_{w}、S_{o} 和 S_{g} 分别为水、原油和气体的饱和度，表示为孔隙空间的容积组成部分，即 $S_{\mathrm{w}} + S_{\mathrm{o}} + S_{\mathrm{g}} = 1$。上述方程意味着孔隙流体在孔隙中是均匀分布的。

（4）混合流体的体积密度由下式计算：

$$\rho_{\mathrm{fl}} = S_{\mathrm{w}}\rho_{\mathrm{w}} + S_{\mathrm{o}}\rho_{\mathrm{o}} + S_{\mathrm{g}}\rho_{\mathrm{g}} \qquad (3.34)$$

式中，ρ_{w}、ρ_{o} 和 ρ_{g} 分别为水、原油和气体的体积密度。

上述理论模型主要针对均质各向同性多孔岩石，这些理论方法加以改进可用于岩石各向异性储层弹性参数分析问题。

3.2 储层岩石物理参数模型建立

3.2.1 岩石基本特征与本构关系

地震反射振幅的变化与岩石孔隙结构及组分性质相关。反射系数的大小依赖于岩石基质弹性性质、孔隙中流体性质及岩石所处温压环境等因素。碎屑岩储层其岩石物理结构由岩石骨架、孔隙和孔隙内的流体组成,如图 3.8 所示:

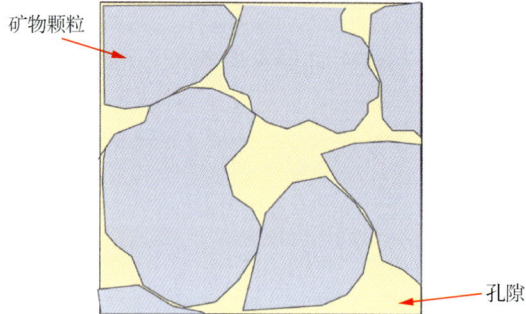

矿物颗粒

孔隙

图 3.8　碎屑岩岩石骨架示意图

岩石受到应力而发生应变较小时(线性情况),应力与应变关系满足 Hooke 定律:

$$p = ce \tag{3.35}$$

式中,$p=$应力=单位面积上的力;c 为弹性常数;e 为应变。对于纯压缩或拉张情况下的应变,弹性常数称为体积模量,常用 K 表示。对于纯剪切情况下的应变,弹性常数称为剪切模量,常用 μ 表示。

在完全各向异性弹性情况下,应力与应变关系通常用下面弹性模量矩阵方式表示,矩阵中包含 21 个分量:

$$
\begin{bmatrix} p_{xx} \\ p_{yy} \\ p_{zz} \\ p_{yz} \\ p_{xz} \\ p_{xy} \end{bmatrix}
\begin{bmatrix}
C_{11} & C_{12} & C_{13} & C_{14} & C_{15} & C_{16} \\
0 & C_{22} & C_{23} & C_{24} & C_{25} & C_{26} \\
0 & 0 & C_{33} & C_{34} & C_{35} & C_{36} \\
0 & 0 & 0 & C_{44} & C_{45} & C_{46} \\
0 & 0 & 0 & 0 & C_{55} & C_{56} \\
0 & 0 & 0 & 0 & 0 & C_{66}
\end{bmatrix}
\begin{bmatrix} e_{xx} \\ e_{yy} \\ e_{zz} \\ e_{yz} \\ e_{xz} \\ e_{xy} \end{bmatrix}
\tag{3.36}
$$

对于各向同性介质,根据应力、应变的对称性质,独立的弹性参数只有两个分量。根据任意两个弹性分量,可以计算得到其他弹性参数。

3.2.2　碎屑岩储层弹性参数影响分析

储层弹性参数受到许多因素的复杂影响,诸如压力、温度、饱和度、流体类型、孔隙度、孔隙类型等,这些因素常常是内在关联的,当一个因素变化时许多因素也同时变化。这些变化对地震数据产生正面或负面的影响。因此,在将岩石物理信息应用于地震解释中时,有必要进行储层弹性参数的单一参数变化(其他固定不变)影响的研究。

1. 储层弹性参数变化规律

总结前人(Wang,2001)的实验研究结果可知,储层弹性波速度变化存在以下一般规律。

(1)速度随围限压力和有效压力的增加而增大;颗粒接触方式及岩石中的微裂隙随压力增加逐渐闭合,造成速度增大。孔隙压力增加,引起地震弹性参数降低,对于脆性岩石,地应力增加可产生微裂缝,引起地震速度降低。

(2)部分饱和岩石,速度随孔隙度的变化方式与孔隙流体分布形式有关。部分饱和流体中存在气相时,岩石体积模量与剪切模量减小,当含气饱和度为 5%~95%,地震速度几乎无变化。

(3)饱和流体的黏度对地震波速度有一定的影响,影响程度与波动的频率有关。流体黏滞性越大,地震速度越高;流体密度越大,地震纵波速度增高,横波速度降低;原油中碳氢化合物越多,地震纵波速度增高,横波速度降低;气油比越大,地震速度越低。

(4)温度对流体饱和岩石弹性波速度影响明显,通过改变岩石骨架的弹性模量与孔隙流体的黏度来影响速度。温度增加,地震速度略微减小。

(5)岩石压实程度越高、固结程度越好、年代越老,地震速度越高;矿物颗粒大、分选差及胶结程度好的岩石速度高;砂岩中泥质含量增加降低地震速度,孔隙度增加降低地震速度,相对于球形孔隙,扁平孔隙岩石的速度比较低,孔隙形状差异引起地震速度-孔隙度散乱,岩石中增加裂缝将减小岩石速度。

(6)油气储层中孔隙流体引起地震波衰减,地震波衰减大小与孔隙流体性质、分布尺度、饱和度及地震波频率等因素有关。

2. 影响储层弹性参数的因素分析

单一因素关系简要总结如下

1)速度-孔隙度模型:临界孔隙度模型

对于绝大多数孔隙介质,存在临界孔隙度 ϕ_c 将其力学特征分为两个明显区域,当孔隙度大于 ϕ_c 时,矿物颗粒被分开而成为悬浮体,流体承载应力作用;而小于 ϕ_c 时,矿物颗粒承载应力作用。

在悬浮范围内,$\phi > \phi_c$ 可用 Reuss 平均关系较准确地估计体积模量和剪切模量:

$$\frac{1}{K} = \frac{1-\phi}{K_0} + \frac{\phi}{K_{fl}}, \mu = 0 \tag{3.37}$$

式中,K_0 与 K_{fl} 分别是组成岩石骨架的矿物与孔隙流体的体积模量。

当岩石介质孔隙度 $\phi < \phi_c$ 时,弹性模量随孔隙度的增加而表现出线性减小趋势,Nur(1991)发现 ρV^2 与孔隙度 ϕ 的关系可以近似为直线关系

Geertsman 和 Smit(1961)的研究结果指出对于干燥岩石其孔隙度范围在 $0 < \phi < 0.3$

时,体积模量可用下式估算:

$$\frac{1}{K_{dry}} = \frac{1}{K_0}(1+50\phi) \tag{3.38}$$

式中,K_{dry} 为干燥岩石的体积模量。

Wyllie 时间平均方程(Wyllie et al.,1956)较好地反映了液体速度、颗粒速度与孔隙率之间的关系,假定:①岩石具有相对均一的矿物;②水饱和;③在高有效压力下,在砂岩中近似为

$$V_P^{-1} = \phi V_{P-fl}^{-1} + (1-\phi)V_{P-0}^{-1} \tag{3.39}$$

流体压力变化引起的改变可用一压差调节系数 C 加以修正:

$$1/V = C\phi/V_F + (1-C\phi)/V_R \tag{3.40}$$

式中,V_P、V_{P-0}、V_{P-fl} 分别是饱水岩石、构成岩石的矿物、孔隙流体的纵波速度;V 为含流体岩石的速度;V_F 为流体速度;V_R 为固体的速度。适用条件:岩层孔隙中只有油、气或水一种流体,并且流体压力与岩石压力相等。对固结的低-中孔隙度岩石及高孔隙度黏结岩石,其速度预测值偏低。

Raymer 等(1980)改进 Wyllie 时间平均方程:

$$V = \phi V_{fl} + (1-\phi)^2 V_0 \quad \phi < 37\% \tag{3.41}$$

式中,V、V_{fl}、V_0 分别是岩石、孔隙流体、矿物的速度。

$$V^{-1} = 10(0.47-\phi)V_{37}^{-1} + 10(\phi-0.37)V_{47}^{-1} \quad 37\% < \phi < 47\% \tag{3.42}$$

式中,V_{37} 用 $\phi=0.37$ 低孔隙度公式计算;V_{47} 用 $\phi=0.47$ 高孔隙度公式计算。

1986 年,Raiga 等人又提出了一个有一定物理意义的计算公式:

$$\phi = 1 - (\Delta t_m/\Delta t)^{1/x} \tag{3.43}$$

式中,X 为岩性指数,Δt_m、Δt 分别为岩石骨架和岩层的声波时差。对孔隙度小于 50% 的砂岩、石灰岩和白云岩适用的。

这些经验公式是建立在一定条件下的,如岩石各向同性,组成岩石的矿物具有同样的速度值,超过 30MPa 的有效围岩压力等,所以不能用于非固结岩石。

2)速度-孔隙度-黏土模型

岩石弹性波速度及波阻抗通常随孔隙度的增高而减小,但这种变化关系仅仅是在统计意义上有效,因为与孔隙度相比,岩石的地震特性受孔隙形状的影响更大(Kuster and Toksöz,1974)。与具有高纵横比球形孔隙的岩石相比,低纵横比扁平孔隙的岩石表现出更低的地震波速度,因为扁平孔隙比球形孔隙的可压缩率高得多。这从另一方面说明,速度或波阻抗相对孔隙度关系所表现出的发散性,可以部分地归因于岩石样品中孔隙形状的差别。然而,沉积岩石中的孔隙形状变化多端,且难以量化衡量。实际上对于具体储层中的每一种地震岩相,必须建立针对该地震相的孔隙度和地震属性之间的统计关系,包括其标准偏差。

储集砂岩中通常会含有黏土。黏土对地震属性的影响取决于黏土颗粒在岩石骨架中的位置及黏土类型(Tosaya and Nur,1982)。如果黏土作为岩石基质的一部分,由于黏土的模量远小于石英的模量,则砂岩在含有黏土后其速度和波阻抗将随着黏土含量的增加而减小。通常要针对具体储层建立纵横波速度与孔隙度及黏土含量的实验关系(Han et al.,1986):

$$V_P = V_{P_0} - a_1\phi - a_2 C, V_S = V_{S_0} - b_1\phi - b_2 C \tag{3.44}$$

式中,ϕ 和 C 分别为以体积百分数表示的孔隙度和黏土含量,%;V_P 和 V_S 分别是纵波和横波速度,km/s。回归常数是上覆岩层净压力的函数。式(3.44)清楚地显示出 V_P 和 V_S 随着孔隙度和黏土含量的增加而统计性地降低。这些关系式没有考虑黏土颗粒在岩石中的具体位置,它们仅仅是经验性的,并没有特定的物理意义。

3) 纵波、横波速度关系

Castagna 等(1985)曾发表了描述水饱和硅质碎屑岩 V_P 与 V_S 的经验关系式,这种相互关系就是所谓的泥岩线:

$$V_P = 1.36 + 1.16 V_S \tag{3.45}$$

虽然泥岩线在其他关系式难以适用时可用于横波速度求取,但它存在一些明显的弊端:①它对未固结砂岩用已知的 V_P 估算出的 V_S 值过高,而对纯砂岩用已知的 V_P 估算出的 V_S 值过低;②仅适用于水饱和硅质碎屑岩。

对于流体饱和岩石,利用 Gassmann(1951)方程可给出了岩石基质速度、流体速度、流体饱和岩石纵波和横波速度的关系式:

$$\frac{V_{P,sat}^2 - V_f^2}{V_{S,sat}^2} = \frac{V_{P,m}^2 - V_f^2}{V_{S,m}^2} \tag{3.46}$$

式中,$V_{P,sat}$ 和 $V_{S,sat}$ 分别为流体饱和岩石的纵波速度和横波速度;$V_{P,m}$ 和 $V_{S,m}$ 分别是岩石固体基质(矿物)的纵波速度和横波速度;而 V_f 是孔隙流体的纵波速度。该模型假定骨架的 V_P/V_S 等于固体基质的 V_P/V_S。仅对砂岩来说是近似真实的,一般不能用于除砂岩之外的其他岩石。

Greenberg 和 Castagna(1992)提出了一个估算多孔岩石横波速度的迭代模型,该模型结合 Gassmann 方程与 Voigt-Reuss-Hill 速度平均以求得横波速度。这个模型要求输入的参数是岩性、饱和度、孔隙度及纵波速度。

Murphy 等(1993)观测了石英砂层的骨架剪切模量与体积模量之比接近等于 0.9 的常数值,由此得到常数为 1.55 的 V_P/V_S 比值。Murphy 等(1993)也给出一组骨架体积模量和剪切模量与孔隙度之间的关系式。对于孔隙度小于或等于 0.35 时,骨架体积模量和剪切模量是孔隙度的二阶多项式函数:

$$K_d = 38.18(1 - 3.39\phi + 1.95\phi^2) \tag{3.47}$$

$$\mu_d = 42.65(1 - 3.48\phi + 2.19\phi^2) \tag{3.48}$$

对于大于 0.35 的孔隙度,关系式成为指数型:

$$K_d = \exp(-62.6\phi + 22.58\phi^2) \qquad (3.49)$$

$$\mu_d = \exp(-62.69\phi + 22.73\phi^2) \qquad (3.50)$$

式中，K_d 和 μ_d 分别为骨架岩石(带有空孔隙的岩石)的体积模量和剪切模量，Gpa；ϕ 是孔隙度，%。Wang(2001)的研究结果表明：对于粒状物质、砂层及砂岩，骨架剪切模量与体积模量之比的平均值为 0.9639。这对应于约 1.54 的骨架 V_P/V_S 比(泊松比为 0.135)。

图 3.9 说明了在碎屑粒状岩石骨架的体积模量和剪切模量之间存在着线性关系。该结果与 Castagna 等(1985)的结论吻合，他们发现碎屑岩的骨架体积模量和剪切模量相互近似相等。

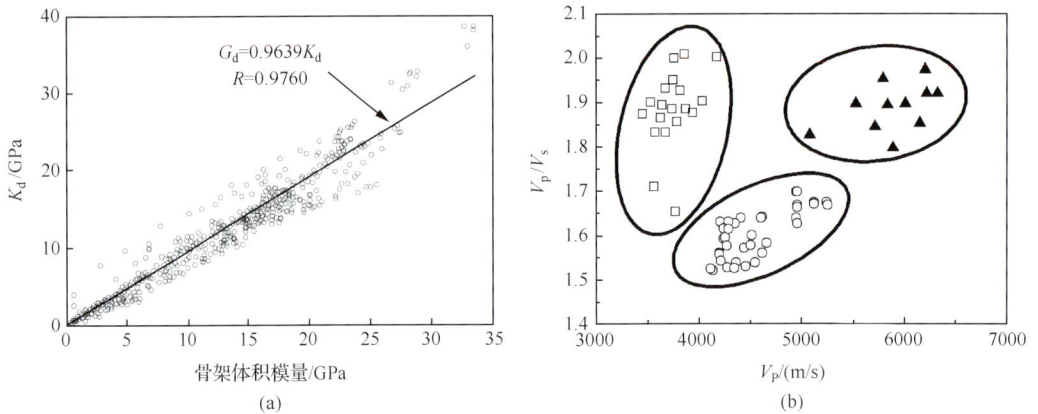

图 3.9 碎屑岩弹性参数之间关系(Wang，2001)

大量的实验结果表明 V_P/V_S 能用作为岩性的指示标记；泥、页岩通常具有比储层砂层高的 V_P/V_S。在碳酸盐岩中，同样能用 V_P/V_S 比值来区分白云岩和灰岩。V_P/V_S 或波阻抗比也已成功地用于直接油气检测，尤其是 AVO 技术。因为横波对流体的变化不敏感，而纵波有明显反映，所以在流体类型和饱和度变化时将导致 V_P/V_S 的改变。

4) 速度-密度关系

从理论上讲地震速度与体积密度之间并无确定性单调关系，如白云岩相比硬石膏具有更高的体积密度但却有更低的速度。但大量的实验结果表明确实存在地震速度随体积密度增加的经验关系式，其中较为重要的是 Gardner 等(1974)给出的经验关系：

$$\rho = 0.23V_P^{0.25} \qquad (3.51)$$

式中，V_P 为纵波速度，m/s；ρ 为体积密度，g/cm³。然而，Gardner 等的关系式仅考虑从水饱和沉积岩石的体积密度来估算纵波速度，同时该经验公式的建立并没有区分不同的岩性。基于上述不足，Wang(2001)利用大量的实验数据结果给出不同岩性条件下，纵波速度与密度的关系(图 3.10)，该结果类似于 Castagna 等(1985)的研究结果。

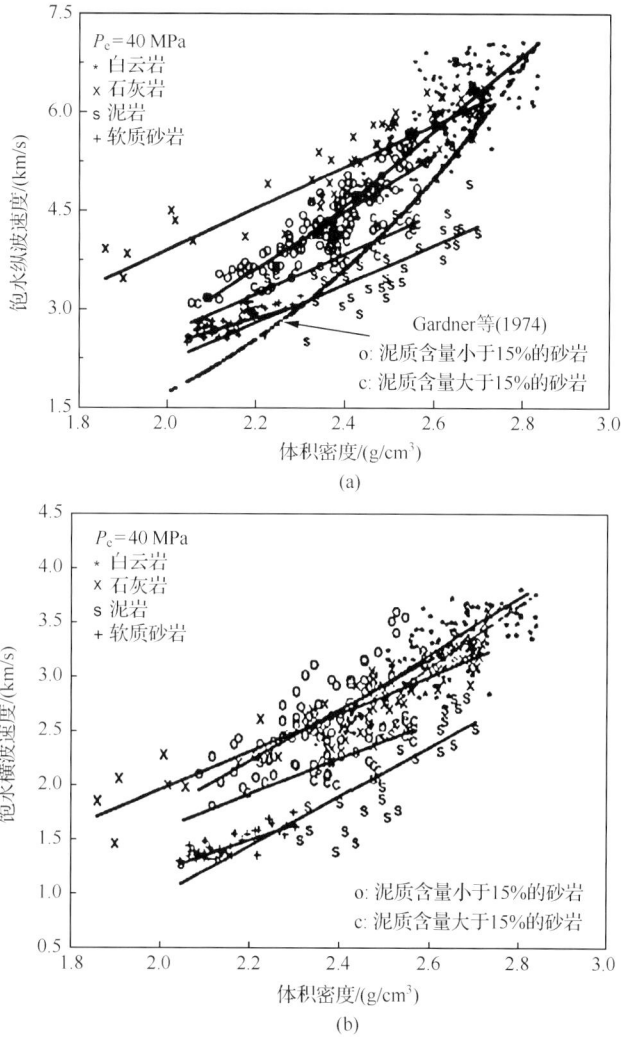

图 3.10　不同岩性密度与速度关系(Wang,2001)

P_e. 有效压力

5. 弹性参数与压力及温度的关系

1) 弹性参数与压力的关系

对于埋藏在一定深度的储层存在两种不同的压力:上覆岩层压力和静水压力。上覆岩层压力(P_o)也称为围限压力,是整个上覆岩石地层所施加的压力;而静水压力(P_p)也称为流体压力或孔隙压力,是流体质量所施加的力。上覆岩层压力和静水压力之差称为差压力(P_d)或有效压力(P_e)。严格地说 $P_e \neq P_d$。事实上 $P_d = P_o - P_p$,而 $P_e = P_o - nP_p$,式中 $n \leqslant 1$。控制储层岩石地震特性的是有效压力(P_e)。这是因为孔隙流体压力抵消了一部分上覆岩层的围限压力,进而减少了整个岩石地层的有效负载。

纵、横波速度及波阻抗随上覆岩层有效压力的增加而增加,如图 3.11 所示。但地震属性和有效压力的关系通常是非线性的：当有效压力较低的时，速度等地震属性增加更快（高斜率）。因此，在诸如 4D、AVO 等地震技术应用中知道储层压力状态就显得十分重要。如在图 3.11 中给出了砂岩中 V_P 相对于上覆岩层有效压力的关系曲线。上覆岩层净压力从 1650psi 增加至 2650psi，引起 V_P 速度值增加近 5.2%；而当上覆有效压力以相同的增量从 4500psi 增至 5500psi 时，纵波速度仅增加 0.5%。

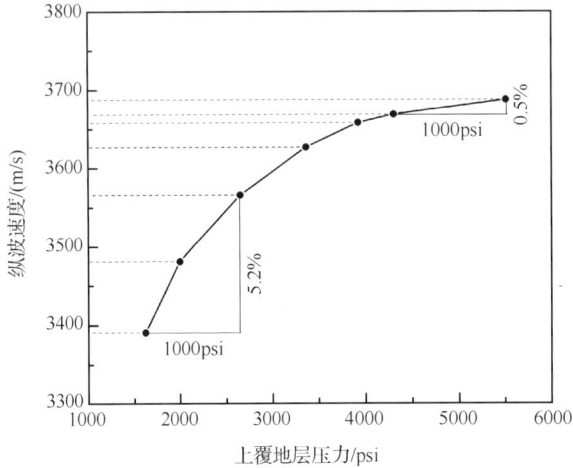

图 3.11　砂岩中 V_P 相对于上覆岩层净压力

在常规生产和强化开采（Enhanced oil recovery，EOR）过程中，孔压和流体饱和度都发生变化。压力和饱和度对弹性参数的影响可以表现为彼此加强或彼此消长，所造成地震属性（速度和波阻抗）的变化取决于压力和饱和度变化对地震属性的综合影响。

2）弹性参数与温度的关系

通常的实验结果表明当温度升高时，干燥或水饱和岩石的地震速度和波阻抗仅稍有减小。当岩石为高黏度油饱和时，波速可以随着温度的增加而明显降低，油饱和岩石速度对温度的这种依赖关系，为热 EOR 的地震监测提供一定的岩石物理基础。Wang 和 Nur（1990）测量了多种重油砂岩和油气饱和岩石，他们的结果说明 V_P 和 V_S 随着温度的增加而降低。根据实验结果当温度从 20° 增至 125℃ 时，V_P 降低了 40% 以上。

6. 地震波速度的各向异性特征

岩石中存在两种类型的各向异性：内在各向异性和诱发各向异性。内在各向异性由颗粒或孔隙（裂隙）的定向排布或层理所引起。沉积岩石中的固有的内在各向异性通常表现为横向各向同性的形式，需要五个独立的弹性常量来描述岩石整体的弹性特性。大多数页岩具有这种各向异性形式。现有的实验测量结果表明页岩都显示出一定程度的地震各向异性，其范围从百分之几到高达 50%。诱发各向异性是应力各向异性和地层裂缝所造成。在应力的作用下，颗粒、孔隙（裂隙）在一定方向上形成优选排列，诱发地震波各向异性传播。

从许多泥岩各向异性的实验室测量结果来看，纵波和横波的速度各向异性可高达

50%。很明显,这样高量级的各向异性在地震处理和解释中是不应被忽略的。

3.2.3 碎屑岩岩石物理模型建立

对于泥质砂岩地层,Xu 和 White(1995)基于 Kuster-Toksöz 理论、Gassmann 方程和有效差分介质(DEM)提出砂泥岩岩石物理模型,该模型将纵波速度随着黏土含量变化归因于泥岩和砂岩孔隙几何形状和孔隙扁率的区别,能够较好地体现纵波速度随着黏土含量增加的变化。

在 Xu-White 砂泥岩混合模型中,总的孔隙空间看作是由砂岩颗粒间孔隙和黏土颗粒(包含束缚水)间孔隙两部分组成。首先进行砂岩和泥岩孔隙体积估计。总孔隙度 $\phi = \phi_s + \phi_c$,式中,ϕ_s 为刚度较好的砂岩所占的百分比;ϕ_c 为泥质孔隙所占的百分比。ϕ_s 和 ϕ_c 的分配比例与砂泥岩各自体积所占得百分比 V_s 和 V_c 相关,即

$$\phi_s = (1 - \phi - V_c) \frac{\phi}{1 - \phi} = V_s \frac{\phi}{1 - \phi} \tag{3.52}$$

$$\phi_c = V_c \frac{\phi}{1 - \phi} \tag{3.53}$$

通过 Wyllie 时间平均方程可以计算出混合模型的岩石基质纵、横波时差:

$$T_m^P = (1 - V_c') T_s^P + V_s' T_c^P \tag{3.54}$$

$$T_m^S = (1 - V_c') T_s^S + V_s' T_c^S \tag{3.55}$$

$$V_c' = \frac{V_c}{1 - \phi} \tag{3.56}$$

式中,T_m^P 和 T_m^S 分别为岩石基质纵波时差和横波时差;V_c' 为固体基质体积校正后的泥岩体积分量;T_s^P、T_s^S 和 T_c^P、T_c^S 分别为砂泥岩纵波时差和横波时差(下脚标 s 表示砂岩,c 表示泥岩;上角标 P 表示纵波;S 表示横波)。

岩石基质的密度由式(3.57)得出:

$$\rho_m = (1 - V_c') \rho_s + V_c' \rho_c \tag{3.57}$$

式中,ρ_m 为岩石基质密度;ρ_s、ρ_c 分别为砂岩和泥岩的密度。

通过基质的纵、横波时差,可以计算出其弹性模量:

$$K_m = \rho_m \left(\frac{1}{(T_m^P)^2} - \frac{4}{3(T_m^S)^2} \right) \tag{3.58}$$

$$\mu_m = \rho_m \left(\frac{1}{(T_m^S)^2} \right) \tag{3.59}$$

利用 Kuster-Toksöz 方程可以计算出干岩石骨架的体积模量和剪切模量:

$$K_d - K_m = \frac{K' - K_m}{3} \frac{3K_d + 4\mu_m}{3K_m + 4\mu_m} \sum_{l=s,c} \phi_l T_{iijj}(\alpha_l) \tag{3.60}$$

$$\mu_d - \mu_m = \frac{\mu' - \mu_m}{5} \frac{6\mu_d(K_m + 2\mu_m) + \mu_m(9K_m + 8\mu_m)}{5\mu_m(3K_m + 4\mu_m)} \sum_{l=s,c} \phi_l F(\alpha_l) \tag{3.61}$$

$$F(\alpha) = T_{ijij}(\alpha) - \frac{T_{iijj}(\alpha)}{3} \tag{3.62}$$

式中，K_d、K_m 和 K' 分别为干岩石骨架、岩石基质和孔隙所含介质的体积模量；μ_d、μ_m 和 μ' 分别为相对应的剪切模量（若求干岩石模量，则令 K' 和 μ' 的值为零，即孔隙中不含有任何流体）；$\sum_{l=s,c} \phi_l T_{iijj}(\alpha_l)$ 中的 l 取 s 或者 c，其形成的角标分别对应砂岩和泥岩，即 α_s 和 α_c 分别为刚性（砂岩孔隙）和柔性（泥岩孔隙）孔隙的孔隙纵横比；$T_{iijj}(\alpha_l)$ 和 $F(\alpha)$ 是从 Eshelby张量 $\boldsymbol{T}_{ijkl}$ 中推导出的孔隙纵横比函数，张量 $\boldsymbol{T}_{ijkl}$ 将无限空间的均匀应变场合包含弹性椭圆体物质的应变场相关联系起来。

利用 Kuster-Toksöz 方程，在假设干岩石的泊松比近似看做是常量的情况下，可得出干岩石骨架的体积模量和剪切模量的近似简化式：

$$K(\phi) = K_m(1-\phi)^p \tag{3.63}$$

$$\mu(\phi) = \mu_m(1-\phi)^q \tag{3.64}$$

其中，

$$p = \frac{1}{3}\sum_{l=s,c}\phi_l \boldsymbol{T}_{iijj}(\alpha_l); q = \frac{1}{5}\sum_{l=s,c}\phi_l F(\alpha_l) \tag{3.65}$$

式中，$K(\phi)$ 和 $\mu(\phi)$ 分别为孔隙度为 ϕ 时的干岩石体积模量和剪切模量。

当计算出干岩石的弹性模量后，Xu 和 White（1995）利用 Gassmann 方程计算饱含流体岩石的体积模量和剪切模量，通过这些模量参数可以计算出得到纵波和横波速度。Gassmann's 方程用来获得低频饱含水速度，高频饱含水速度通过 Kuster-Toksöz 模型得到。

3.3 测井资料的岩石物理分析

3.3.1 测井数据分析与岩石物理诊断

测井环境如井径、泥浆密度与矿化度、泥饼、井壁粗糙度、泥浆侵入带、地层温度与压力、围岩及仪器外径、间隙等非地层因素对测井曲线会产生严重的影响，特别是在井眼和泥浆质量不好的情况下，这些影响将会更加明显，使得测井曲线发生严重的歪曲，这些因素都会严重影响到测井数据的质量和可靠性，进而影响测井曲线的解释和测井处理成果的应用。

测井资料具有较高的纵向分辨率，可以利用测井曲线来划分岩性及决定岩性变化的具体位置，计算出泥质含量、含水饱和度和岩石孔隙度，进而预测储层位置，判断油气层位置。测井资料的这一特点也可用来约束地震反演或者直接参与反演，但所有测井数据都不可避免地受到各种测量环境因素的影响，有的甚至由于时间跨度问题存在测量和刻度误差,如果直接采用这些受非地层因素严重影响和存在刻度误差的质量较差的测井数据来做反演和储层预测的话,就得不到较好的效果,甚至是错误的结论。比如声波、密度测井数据是地震岩性反演的重要数据,它们不仅是求取地层层速度、声波阻抗的数据来源,也是将测井数据和地震数据联系起来制作人工合成地震记录的必备资料,因此,对测井数据做环境校正和标准化就变得尤为重要。

目前,对测井曲线环境影响校正的主要方法是解释图版法和计算机自动校正法。解释图版法只能对少数储集层的个别测井曲线进行简单的环境校正,既不适用于计算机数据处理,也不能对井段的所有地层进行较全面的环境校正;用计算机对测井曲线环境影响进行自动校正的方法的优点是方法简单、迅速、有效。现在国外的斯伦贝谢、阿特拉斯和哈里伯顿等测井公司均制作了与他们所生产仪器相配套的解释图版,也有成套的测井曲线环境影响校正软件。

测井数据标准化最先由美国学者 Conelly 在 1968 年研究加拿大阿尔伯塔的瑞伯—扎马地区的 130 井的测井资料时提出的。后人在他的基础上探讨并发展了标准化的方法,目前测井数据资料标准化方法大致分为两类:定性分析和定量计算。定性分析主要包括直方图校正、重叠图校正、均值-方差校正、骨架分析技术;定量计算包括趋势分析法和变异函数分析法。这些方法的共同依据是:具有相同或相似沉积环境的沉积物,应该具有相似的岩性和电性,即在同一油田的不同井中,用同类测井曲线对同一标准层(段)所作的频率直方图或频率交会图,其测井响应特征值应该具有相似的频率分布。

测井资料质量控制的主要目的是识别出测井和钻井环境引起的测井曲线测量偏差,主要在以下几个方面进行检查。

(1) 数据质量检查。

(2) 不同测井序列之间曲线的拼接。

(3) 校深处理。

(4) 数据编辑,包括补充缺失段、尖峰消除等。

(5) 井壁垮塌,泥浆侵入等影响校正。

在质量控制过程中,需要对质量差的曲线进行编辑,特别是密度和声波,因为这些曲线是建立测井资料和地震资料关系的基础。通过对井眼环境进行分析,密度等曲线在井眼垮塌层段,存在着不合理的响应。这些层段的响应无法应用环境校正方法进行校正,为此,在井壁垮塌非普遍现象时,采用多元线性拟合的方法,在岩相、岩性和含流体性质类似且相距较近的层段,经过对质量较好的测井曲线进行多元线性拟合,建立基准曲线和计算曲线直接的函数响应关系,而后在井眼垮塌层段对密度测井响应进行校正,方程形式如下:

$$\mathrm{Lg}_{rec} = f(R_\mathrm{T}, \mathrm{DT}\cdots) \tag{3.66}$$

式中,Lg_{rec} 表示校正后密度值;R_T 表示电阻率测井值;DT 表示声波时差测井值。

如图 3.12 所示,吉 17 井密度曲线校正前和校正后的曲线对比图,第 4 道蓝色实线为原始密度,红色实线是校正后密度。

岩性		深	剖面	电阻率	孔隙度	密度
GR/API		度	(TVD)	$R_\mathrm{I}/(\Omega \cdot \mathrm{m})$	DEN/(g/cm³)	DEN/(g/cm³)
30	80	/m		0.2 200	1.65 2.65	1.5 3
SP/mV			LITHO	$R_\mathrm{XO}/(\Omega \cdot \mathrm{m})$	CNL	DENED/(g/cm³)
−50	0			0.2 200	0.56 −0.04	1.5 3
CALI/in				$R_\mathrm{T}/(\Omega \cdot \mathrm{m})$	AC/(μs/ft)	
5	20			0.2 200	136 56	

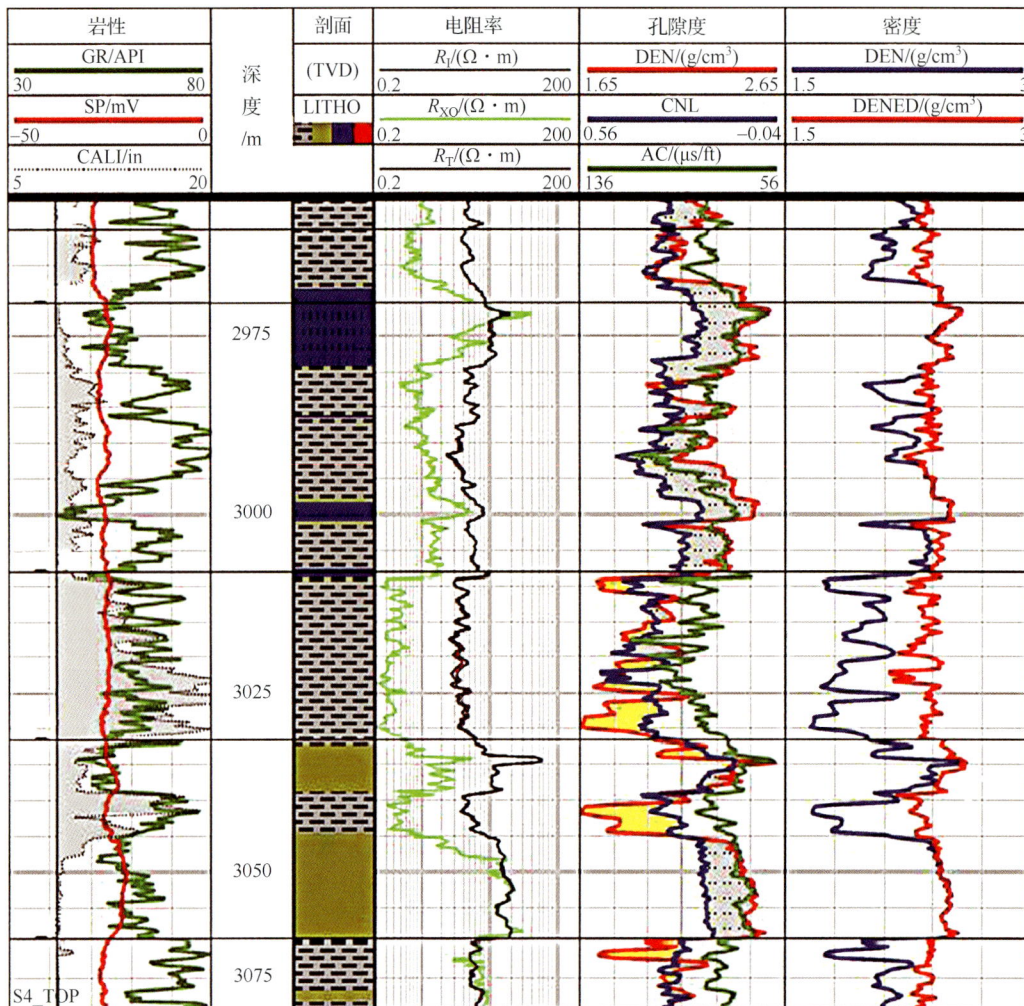

图 3.12　吉 17 井多元回归密度曲线校正成果图

在井壁垮塌普遍时,应用岩石物理模型正演方法,根据岩石组分体积模型正演密度,对密度进行局部校正,方程形式如下:

$$\underbrace{\rho_{体积密度} = \underbrace{\rho_{矿物1}V_{矿物1} + \rho_{矿物2}V_{矿物2} + \cdots}_{岩石基质} + \underbrace{\rho_{黏土}V_{黏土}}_{黏土} + \underbrace{\rho_{束缚水}V_{束缚水} + \rho_{地层水}V_{地层水} + \rho_{油气}V_{油气}}_{流体}}$$

(3.67)

式中,ρ 表示密度;V 表示体积。

如图 3.13 所示吉 17 井密度曲线校正前和校正后的曲线对比图,第 4 道蓝色实线为原始密度,红色实线是校正后密度。

滴西 18 井工区内石炭系储层受泥浆侵入影响较大,采用岩石物理流体置换计算方法对声波速度和密度曲线进行校正,恢复了原始油藏状态下地层真实的弹性响应特征。如

岩性		剖面	电阻率	孔隙度	体积占比	含水饱和度	密度
GR/API	深度 /m	TVD	$R_{\mathrm{t}}/(\Omega \cdot \mathrm{m})$	DEN/(g/cm³)	泥质含量/%	S_{W}(体积比)	DEN/(g/cm³)
30　　　80			0.2　　　200	1.65　　　2.65	0　　　100		1.5　　　3
SP/mV		LITH	$R_{\mathrm{XO}}/(\Omega \cdot \mathrm{m})$	CNL	孔隙度/%		RHOBC校正后密度/(g/cm³)
−50　　　0			0.2　　　200	0.56　　−0.04	100　　　0		1.5　　　3
CALI/in					灰色泥岩		

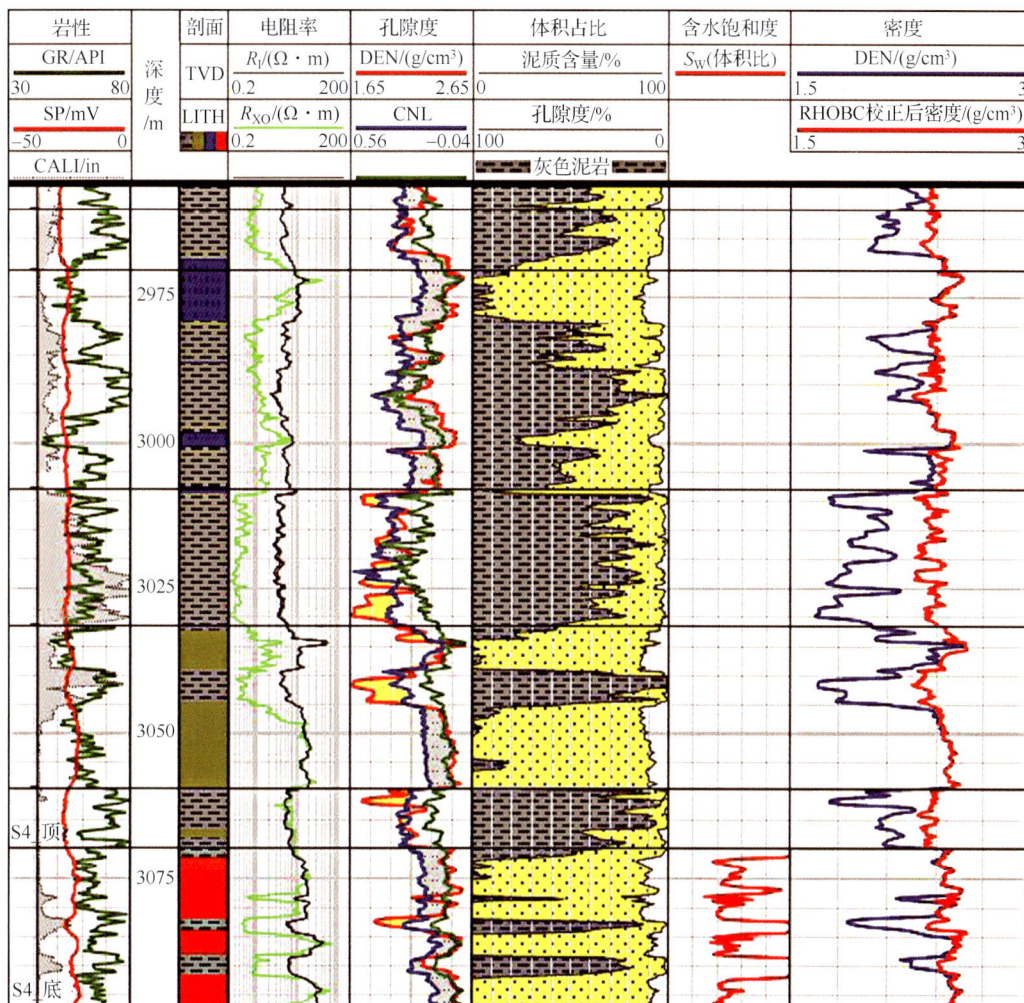

图 3.13　吉 17 井岩石物理正演密度曲线校正成果图

图 3.14 所示,滴西 18 井石炭系花岗斑岩储层泥浆滤液侵入校正前和校正后的曲线对比图,第 4 道蓝色实线为原始密度,红色实线是校正后密度,两条曲线之间的黄色充填是差异大小。

3.3.2　测井曲线标准化处理

一个研究工区在长期的勘探开发过程中,所使用的测井仪器很难保证是同一类型的、具有相同的标准刻度及使用统一的操作方式去测量,这种差异的存在,使得用井标定的地震合成记录和受批量井约束的地震岩性反演,可能存在很多不确定的因素。因此,此类测井曲线数据就不可避免地存在以刻度因素为主的误差。根据测井数据进行井-震标定及油藏描述研究中,需要在单井资料质量控制的基础上,多井资料标准化校正,是井、震资料结合的重要质控环节。

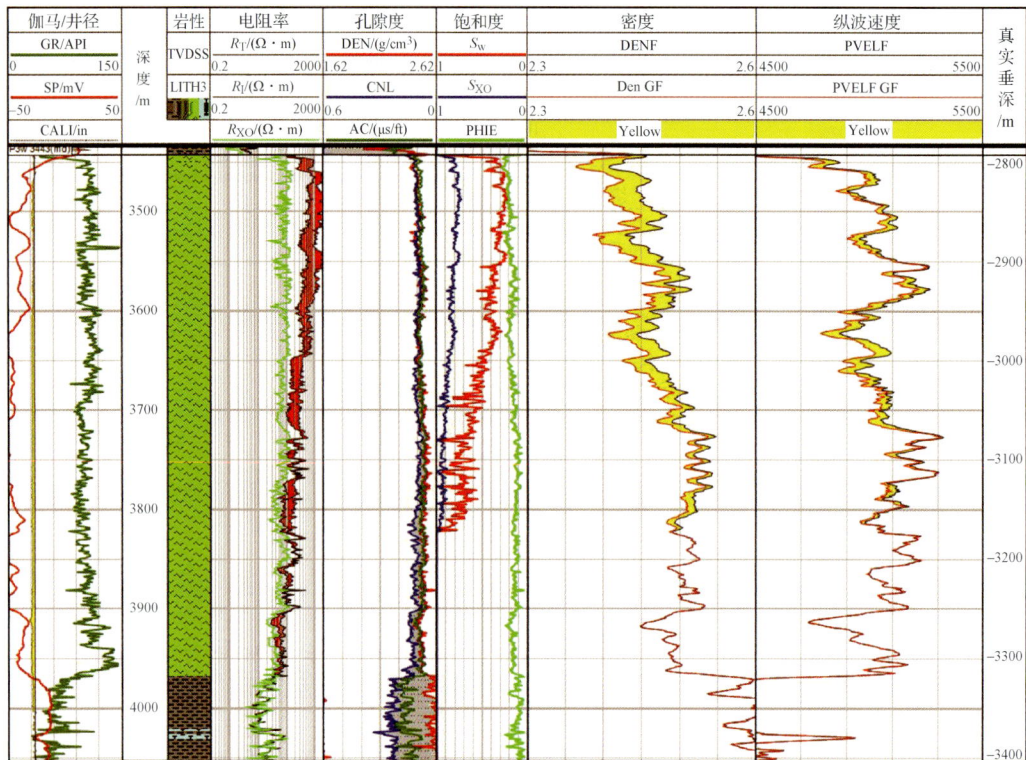

图 3.14　滴西 18 井石炭系储层泥浆滤液侵入校正成果图

1. 标准层

多井资料标准化的关键是选择标准层,标准层的选取要满足如下的条件。

（1）全区都有分布,厚度适中,一般在 200m 左右为宜。

（2）岩性、物性基本稳定,最好选择泥岩、膏岩等区域盖层。

（3）井眼条件好,测井资料真实可靠。

2. 标准井

标准化还要选取至少一口井作为标准井,标准井要满足如下的条件。

（1）位于构造的有利部位,钻井较深,代表性好,直井为宜。

（2）测井系列齐全,测井条件优越,油基泥浆最好有必要的成像测井项目。

（3）有系统的录井、取心、测试及实验室分析化验资料。

3. 标准化处理方法

下面介绍三种常用的标准化处理方法。

1）均值-方差法

该标准化方法有两个条件:一、要求至少有一个较为理想的标准层;二、需要标准化的测井数据的真实值与测量值之间的偏差是线性的。

基本思路：在这两个条件下，假设有两组或两组以上在同一工区（相同区域）测量得到的测井数据：$x_1,x_2,\cdots,x_n$ 和 $z_1,z_2,\cdots,z_n$，其中 z 是正确的测井值，即由关键井标准层经标准化以后得到测井值；x 为需要标准化的每个单井的标准层的测井值，x 值由于测量和刻度的误差与正确值 z 之间存在一定的偏差。设 x 值的真实值为 X，且 x 与 X 之间的偏差是线性的，即

$$x = aX + b \quad (1-7) \tag{3.68}$$

可以通过使 $X_1,X_2,\cdots,X_n$ 的平均值和方差与 $z_1,z_2,\cdots,z_n$ 的平均值和方差相等[即：$E(X)=E(z),V(X)=V(z)$]，来利用 $z_1,z_2,\cdots,z_n$ 计算出 $X_1,X_2,\cdots,X_n$。

实现步骤如下。

（1）通过井与井之间的对比分析，在全工区选出 1～2 个标准层。

（2）计算出关键井标准层的测井值的期望值（用平均值代替）$E(z)$ 和方差 $V(z)$。

（3）计算出需要标准化的每个单井标准层的测量值 x 的 $E(x)$ 和 $V(x)$。

（4）用公式 $X = \sqrt{\dfrac{V(z)}{V(x)}}x + \left[E(z) - \sqrt{\dfrac{V(z)}{V(x)}}E(x)\right]$ 计算出需要标准化的每个单井的标准化测井值 X（公式推导省略）。

2）直方图法

基本思路：利用关键井经过环境校正以后的标准层的测井数据作直方图，通过对各个关键井标准层的测井数据做频率分布分析，确定研究区标准层的总趋势图，然后用每个单井的直方图与油田总趋势直方图做对比，进而确定每个单井的最佳校正值。

实现步骤如下。

（1）通过井与井之间的对比分析，找出研究区域的标准层（一般选出 2～3 个标准层）。标准层选取的原则：①区域上稳定分布的一套岩层，岩性、电性特征明显，便于全区对比追踪；②岩层成因相同，具有稳定的地球物理响应特征；③有一定厚度，一般大于 5m；④最好选取自然伽马为低值、孔隙度测井曲线变化平缓、电阻率为高值的致密层作为标准层；⑤每口井中都存在，其测井曲线无严重的井眼影响，没有岩性与烃类的影响。

（2）做出每个单井标准层的测井数据（如密度、声波时差及自然伽马）的直方图。

（3）通过对比研究区标准层的测井数据的直方图的总变化趋势，得到研究区的标准模式图，即全工区标准层的总趋势图。（总趋势图的频值一般取各个标准层频值的平均值）

（4）将每个单井标准层的测井数据的直方图分别与研究区总趋势图进行重叠比较。在总趋势图的范围内，读出最大频率值对应的测井值之差，就是每个单井的校正值。

图 3.15（c）中右图红色线框表示所选取的各井参考层，图 3.15（a）为各井横波速度直方图，各井横波速度均值和方差存在较大差异，图 3.15（b）为标准化处理后横波速度直方图，可见经标准化处理后各井横波速度在目的层段的读数趋于合理。

3）趋势面分析法

趋势面分析方法是依据物质的某一物理参数的测量值来研究其空间分布特征及变化

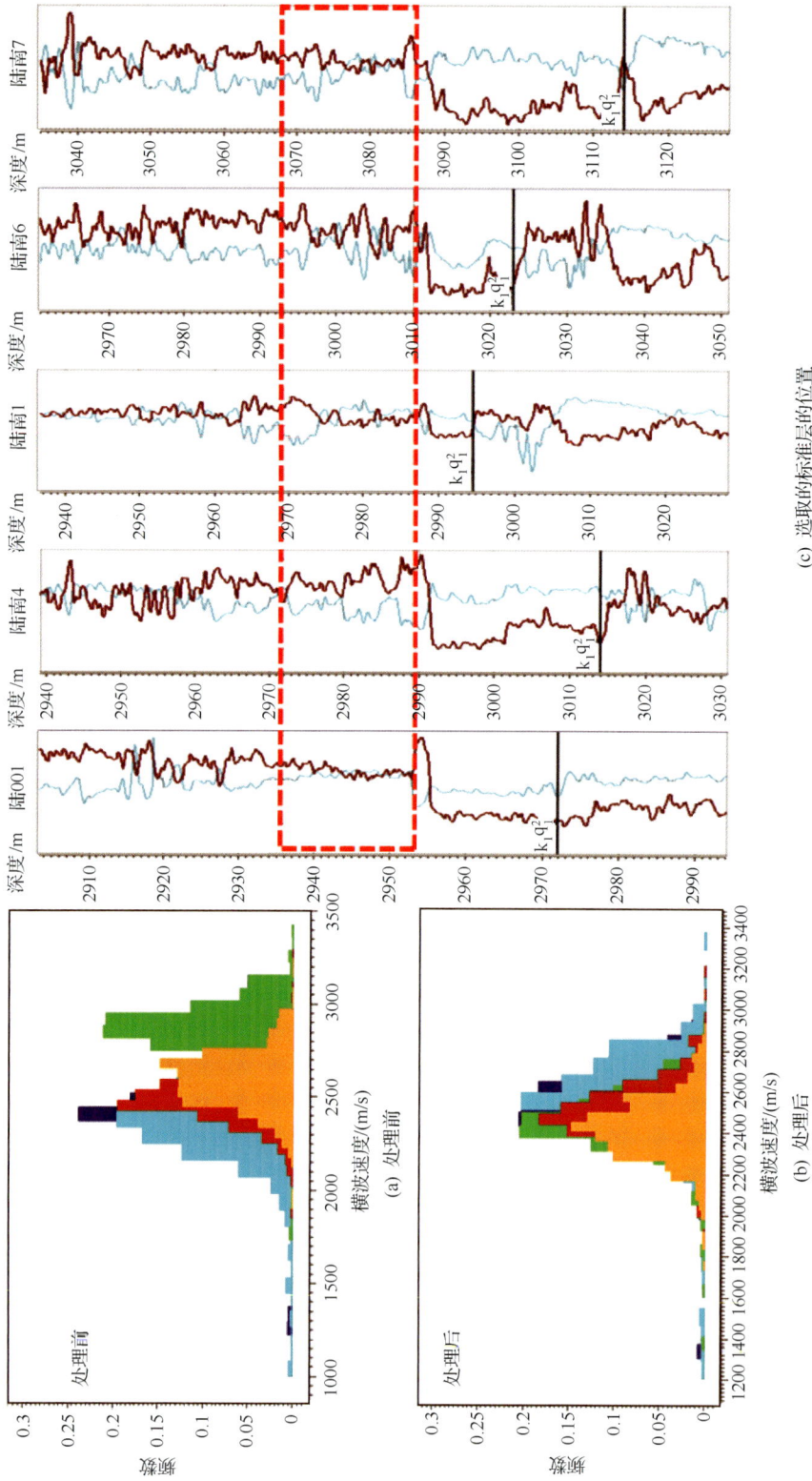

图 3.15　直方图法多井标准化处理示意图

规律的方法。一般认为,反映地质因素的众多测井响应都是与具体的地质因素结合在空间分布的,这种分布遵循一定的自然规律,表现为某种自然趋势,可将其拟合成一种数学曲面,即趋势面。

实现步骤如下。

(1) 确定多项式的系数。

趋势面分析最常用的数学模型为二元 P 次多项式,其一般方程如下:

$$z' = a_1 + a_2 x + a_3 y + a_4 x^2 + a_5 xy + a_6 y^2 + \cdots + e \tag{3.69}$$

式中:e 为随机偏差;$a_i(i = 1, 2, \cdots, p)$ 为多项式 z' 的待定系数;(x, y) 是平面上点的坐标,即井位坐标。

由于实测的井的数目是有限的,拟合的只是有限的测点,我们可把拟合多项式改写为

$$z = a_1 + a_2 x + a_3 y + a_4 x^2 + a_5 xy + a_6 y^2 + \cdots \tag{3.70}$$

分析的关键在于确定多项式的系数,其确定方法可以采用统计推断的方法,也可以采用参数拟合度 R 来选定多项式的次数,拟合度 R 为

$$R^2 = SS_R / SS_T \tag{3.71}$$

其中,$SS_T = \sum_{i=1}^{n} [(z_i - z)]^2$;$SS_R = \sum_{i=1}^{n} (z_i' - z)^2$;$\bar{z} = \dfrac{1}{N} \sum_{i=1}^{n} z_i'$

当趋势面的次数增加时,通过观察 R 是否有明显的变化,便可以确定趋势面的最佳次数。

(2) 数据拟合。

假设有 n 口关键井,(x_i, y_i) 为各个关键井的方位坐标,z_i 为每个井中的某个测井数据(如声波时差)的平均值$(i = 1, 2, \cdots, n)$。

对 $z_i(x_i, y_i)$ 采用二次多项式进行拟合,拟合模型为

$$z(x, y) = a_0 + a_1 x + a_2 y + a_3 x^2 + a_4 xy + a_5 y^2 \tag{3.72}$$

设系数数列为 A,测井响应平均值为 Z,则有

$$A = \begin{bmatrix} a_0 \\ a_1 \\ \vdots \\ a_5 \end{bmatrix}, Z = \begin{bmatrix} z_0 \\ z_1 \\ \vdots \\ z_n \end{bmatrix} \tag{3.73}$$

现构造矩阵 $\boldsymbol{B}$,使其满足要拟合的趋势面数学模型 $\boldsymbol{B} \cdot A = Z$,则矩阵 $\boldsymbol{B}$ 为

$$\boldsymbol{B} = \begin{bmatrix} 1 & x_1 & y_1 & x_1 y_1 & x_1^2 & y_1^2 \\ 1 & x_2 & y_2 & x_2 y_2 & x_2^2 & y_2^2 \\ \vdots & \vdots & \vdots & \vdots & \vdots & \vdots \\ 1 & x_n & y_n & x_n y_n & x_n^2 & y_n^2 \end{bmatrix} \tag{3.74}$$

则系数 $A = Z \cdot \boldsymbol{B}^{-1}$,即可得出最终的拟合结果。

　　测井曲线标准化处理的难点是标准地层的选择和多井间系统偏差的认识。根据直方图方法,通过对原始测井资料和地质条件研究,选择目的层附近300m厚的泥岩地层作为测井多井一致性处理的标准层,对吉17井,吉171井,吉172井,吉173井和吉22井进行了多井一致性处理,标准层选取考虑了以下几点:①目标层段在全工区范围都有较稳定的分布,且岩性以泥岩为主,利于各井间的对比分析,多井地层对比如图3.16所示;②该层段测井项目较齐全,井壁完好,测井资料品质优良;③经过评估,该井测井响应与区域地质规律认识相符合。

　　基于地层厚度基本相同、砂地比没有明显变化的特点,采用模式匹配的方法,对多井目标地层测井采集的声波、中子、密度及电阻率等曲线进行一致性检查和校正处理。图3.17为对密度、纵波时差、电阻率和中子孔隙度的标准地层直方图统计结果。

　　标准化处理后多井不同岩性的响应范围基本一致,而主峰应代表的是该标准层段的主要岩性响应特征。由图3.17以看出,多井间密度、中子、纵波时差和电阻率多井一致性较好,无需额外标准化处理,数据分布规律一直,没有偏态现象,满足储层预测对求取弹性参数的一致性要求。

3.3.3　横波测井速度预测

　　大多数研究区中,常规测井缺少横波资料,难以满足地震波正演模型的需要、岩石弹性参数与岩石孔隙流体之间的关系分析,也限制了地震阻抗反演技术的应用。此外,横波速度为储层岩性和孔隙流体识别提供了重要信息,也是AVO正演模拟、叠前AVO/AVA同步反演中必不可少的资料。因此,开展横波速度预测方法研究至关重要。

　　地层岩性是影响地震波速度的重要因素之一,不同岩性具有不同的速度值范围,这就为利用速度信息划分岩性提供了可能途径。而纵、横波速度比及其相关弹性参数是我们通过岩石物理分析进行岩性划分及流体识别的重要参数。此外,由于地震横波响应独立于纵波响应,综合地震纵波和横波信息,将会获得更多的地层信息,将减少岩性解释中的多解性。因此,横波资料在地震岩性解释中非常重要。

　　地震叠前反演利用叠前CRP道集数据(或部分叠加数据)、速度数据(一般为偏移速度)和井数据(横波速度、纵波速度、密度及其他弹性参数等资料),通过使用不同的近似式、反演求解得到与储层岩性、物性及含油气性相关的多种弹性参数。其中,横波速度是岩石物理及储层性质分析的重要参数,在地震叠前反演中是必不可少的重要数据。纵波弹性阻抗反演结果具有较强的多解性,而运用地震纵、横波阻抗同步反演方法则会降低这种多解性,提高反演的稳定性,因此,横波速度信息在地震叠前反演中具有重要作用(图3.18)。

　　由图3.18可知,地震横波信息对地层的敏感性较纵波更强,能够有效地弥补地震纵波反演分辨率低的缺点,更利于进行精细储层描述。

　　随着岩性油气藏勘探和开发的深入,简单构造型-岩性油气藏数目越来越少,复杂、隐蔽油气藏成为现今勘探工作者的重点。地震勘探技术既要对目标构造能精确成像,又要能有效识别储层性质,提高钻探成功率。在储层流体识别技术的发展过程中,各种地震流

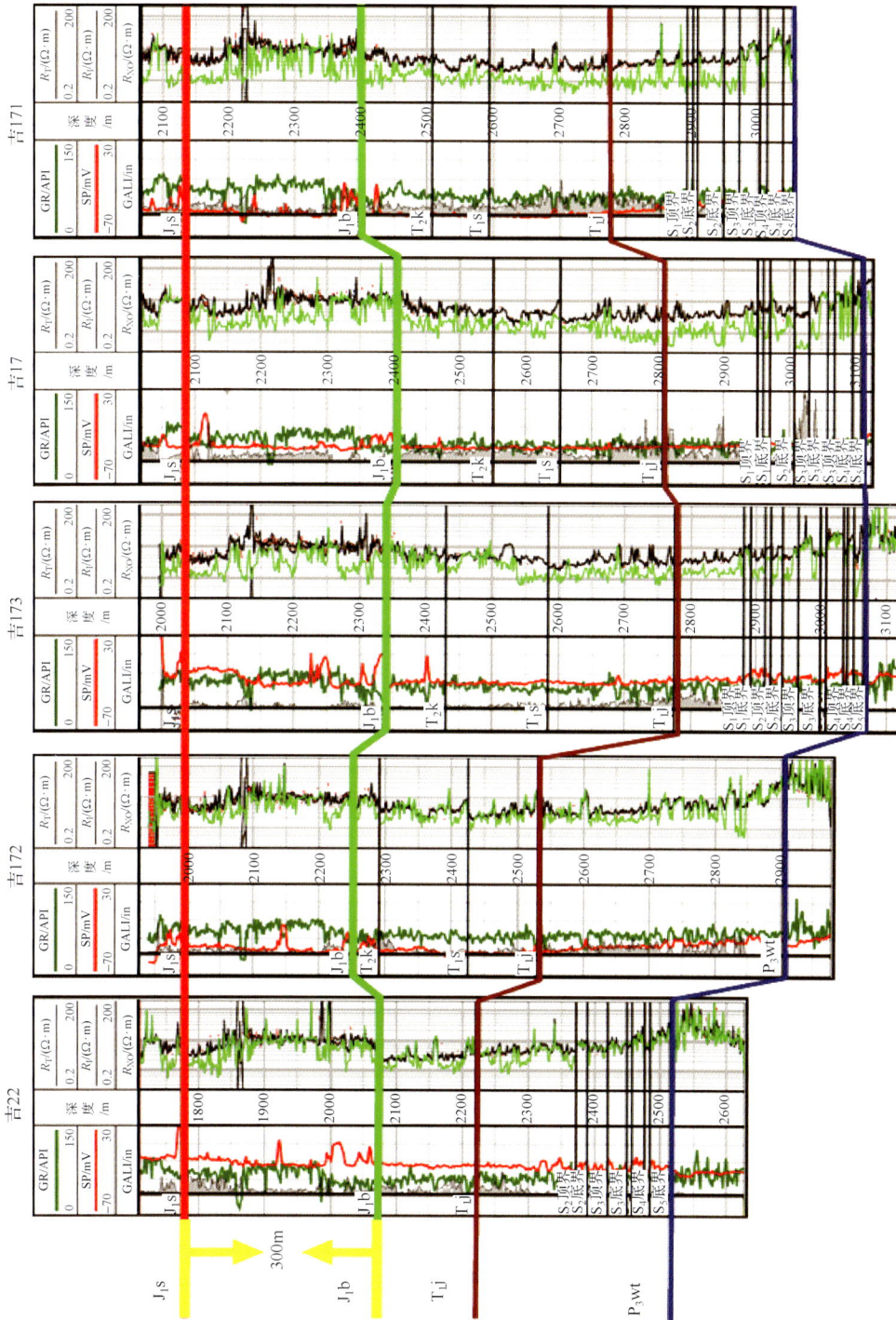

图 3.16 吉木萨尔井区吉 22 井—吉 171 井连井地层对比图

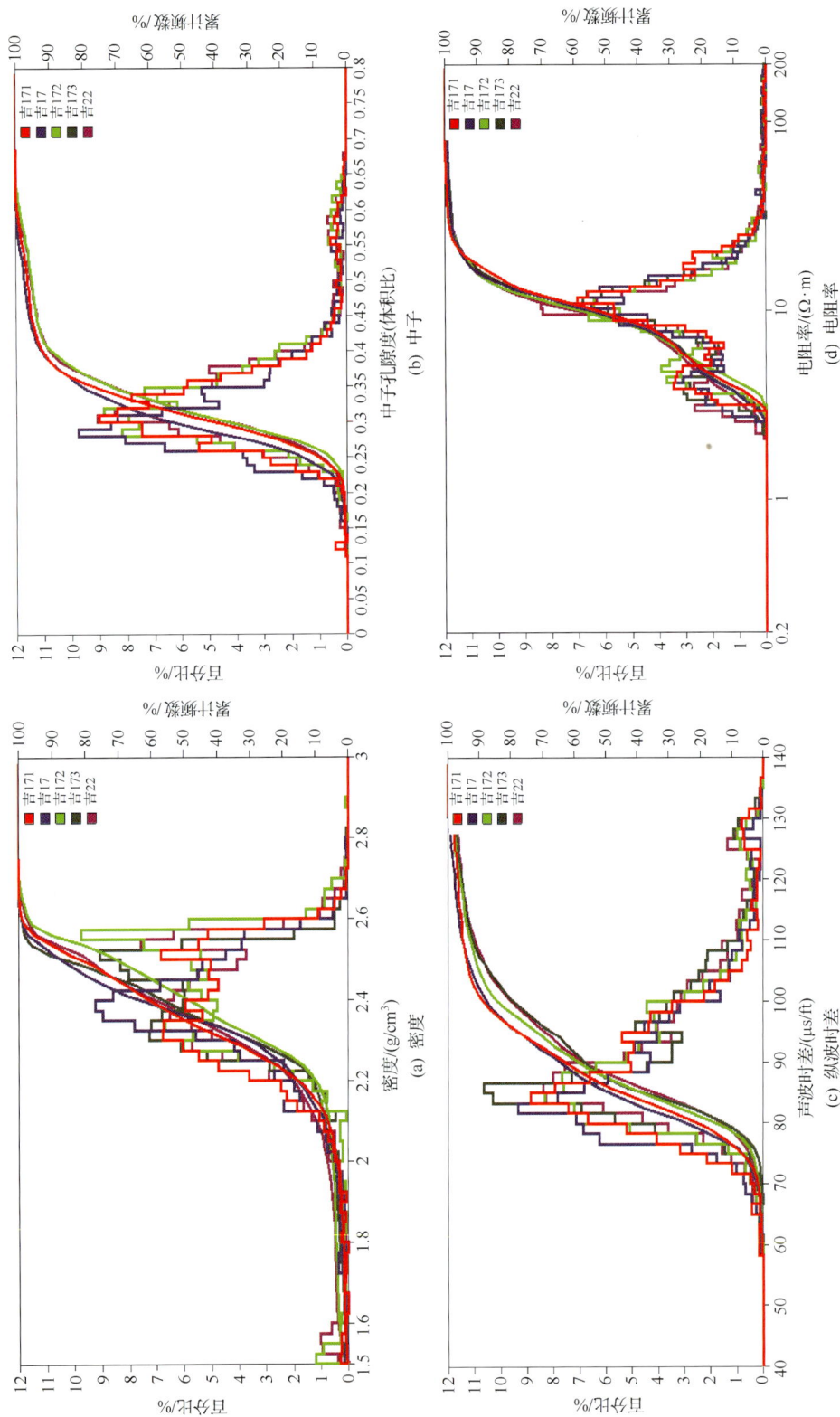

图 3.17 吉木萨尔井区标准层密度、纵波时差、中子和电阻率频率累积直方图

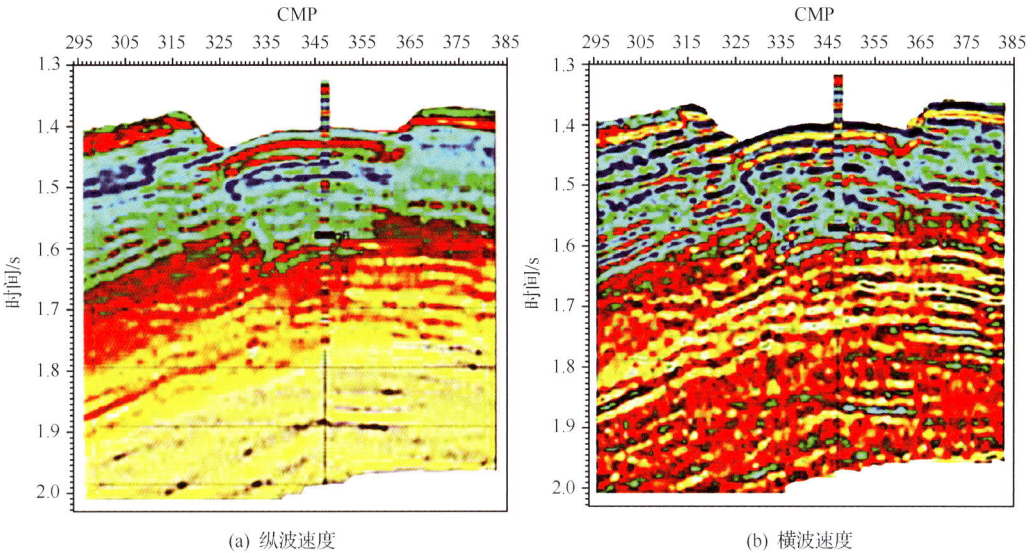

图 3.18 AVA 叠前同步联合反演纵波速度和横波速度剖面

体识别因子发挥着重要作用,而该参数的求取与地震横波速度密切相关。因此,横波速度对流体检测起决定性作用。

1. 获取横波速度信息方法

通常获取横波速度信息的方法可以划分为直接测量方法和间接获取方法。直接测量方法包括实验室测定、横波测井、多波横波速度提取等;间接获取方法又称为基于岩石物理理论模型获取方法。

1) 直接测量方法

(1) 实验室测定。在 20 世纪 80 年代以前,横波速度获取途径主要利用实验测试方法获取。储层速度的实验测定和研究中,通常测定岩石的声学参数,进而研究其速度特征。目前,岩石的纵波速度和横波速度的测量均可在储层条件下进行,通过在实验过程中控制诸如压力、温度、流体饱和度等因素,可以模拟实际地层条件、不同地层弹性参数的变化特征。实验室测定横波速度的优点是测量精度很高。

(2) 横波测井。当地层横波速度大于流体声速($V_s > V_f$)时,横波传播满足临界折射条件,可以产生滑行横波并被接收。基于此信息可以求取地层的横波速度;在疏松地层中,横波速度往往小于流体声速($V_s < V_f$),不能产生临界折射的滑行横波,使得单极子声波测井仪器不能探测到横波,需用多极子声波测试仪采集横波资料。测井所得到的横波资料十分有限,且需要对横波速度进行详细的标定。

2) 间接获取速度方法

间接获取横波速度方法主要是依据岩石物理模型或横波速度与其他物理量的关系,通过一定预测模型计算得到。目前,横波速度预测方法较多,各种方法在实际应用中取得了很好的效果。Castagna 等(1998)给出了不同条件下的一系列纵横波速度经验公式;

Greenberg 和 Castagna(1992)利用 Gassmann 近似公式,通过与实测纵波资料的对比,调整计算参数,循环迭代计算,最终反演得到横波速度;Xu 和 White(1995)充分考虑砂泥岩地层中泥质砂岩的岩石基质性质、泥质含量、孔隙度和孔隙形状及孔隙饱和流体性质对岩石速度的影响,给出了 Xu-White 模型计算横波速度方法等。横波速度预测技术的发展极大地促进了地震波正演模拟和地震反演工作的开展,解决了很多油田生产实际问题。

2. 横波测井速度预测方法

下面将以间接预测横波速度为主介绍横波测井速度预测方法。

1)基于 Biot-Gassmann 方程预测横波速度

由 Biot-Gassmann 理论可知,岩石纵横波速度是该岩石基质模量、干燥模量、孔隙流体模量、含流体岩石体积模量、孔隙度及密度的函数:

$$V_P^2 = \frac{1}{\rho_b} \frac{\left(1 - \frac{K_{dry}}{K_0}\right)^2}{\frac{\phi}{K_f} + \frac{1-\phi}{K_0} - \frac{K_{dry}}{K_0^2}} + K_{dry} + \frac{4}{3} \tag{3.75}$$

$$V_S^2 = \frac{\mu_d}{\rho_b} \tag{3.76}$$

式中:K_{dry}、K_0、K_f 分别为干燥岩石、岩石基质及孔隙流体体积模量;φ 为孔隙度;μ_d 为岩石剪切模量(假定干燥岩石剪切模量与饱和流体岩石剪切模量相等);ρ_b 为饱和岩石的体积密度;V_P、V_S 分别为含流体岩石纵波、横波速度。

由上式可知,计算地层横波速度需要确定地层剪切模量与体积密度。含流体岩石体积密度可根据体积平均原理,由下式计算得到:

$$\rho_b = \phi \rho_f + (1-\phi)\rho_0$$

式中,ρ_b、ρ_f、ρ_0 分别为含流体的岩石体积密度、孔隙流体密度及岩石基质密度。其中孔隙流体密度可以是单一流体密度或是混合流体密度。孔隙流体密度计算需要知道地层含水饱和度等信息。

对碎屑岩而言,岩石基质密度计算是根据地层泥质含量等信息,按照下式计算:

$$\rho_0 = (1 - V_{sh}^*)\rho_m + V_{sh}^* \rho_{sh} \tag{3.77}$$

式中,ρ_m、ρ_{sh} 分别为砂岩密度和泥岩密度。

V_{sh}^* 可由下面方程确定:

$$V_{sh}^* = \frac{V_{sh}}{1-\phi} \tag{3.78}$$

岩石体积模量与剪切模量可根据砂、泥岩体积模量、孔隙度测井曲线、饱和度测井曲线等计算得到。干燥岩石体积模量与剪切模量可根据地层基质模量、孔隙度曲线等参数,由下式计算得到:

2004 年,Pride 等通过引入固结参数计算岩石骨架的有效体积模量和有效剪切模量:

$$K_{dry} = \frac{K_0(1-\phi)}{1+\alpha\phi}$$ (3.79)

$$\mu_d = \frac{\mu_0(1-\phi)}{1+\gamma\alpha\phi}$$ (3.80)

式中，α 为岩石固结参数；ϕ 为孔隙度；其中，

$$\gamma = \frac{1+2\alpha}{1+\alpha}$$ (3.81)

最后由以上参数，根据 Biot-Gassmann 方程可计算横波速度。

2）基于 Xu-White 模型预测横波速度

Xu-White 模型是 Xu 和 White(1995)在 Gassmann 方程、Kuster-Toksoz 理论及微分等效介质(DEM)理论的基础上提出的一种利用泥质含量和孔隙度大小估算泥质砂岩纵、横波速度的计算模型。Xu-White 模型考虑了泥质砂岩中多种影响速度的因素：基质性质、孔隙度大小、孔隙形状、泥质含量、孔隙饱和流体性质等。2002 年，Keys 和 Xu(2002)把基于微分等效介质理论的 Kuster-Toksoz 方程化为通过求解线性常微分方程组的问题，确定了泥质砂岩干岩石体积和剪切模量的解析表达式[式(3.63)～式(3.65)]。

初始基质模量可由式(3.85)～式(3.89)计算：

$$\frac{1}{V_{Pma}} = \frac{1-C_{clay}}{V_{Psand}} + \frac{C_{clay}}{V_{Pclay}}$$ (3.82)

$$\frac{1}{V_{sma}} = \frac{1-C_{clay}}{V_{Ssand}} + \frac{C_{clay}}{V_{Sclay}}$$ (3.83)

$$K_m = V_{Pma}^2 - \frac{4}{3}V_{sma}^2\rho_m$$ (3.84)

$$\mu_m = V_{Sma}^2\rho_m$$ (3.85)

$$\rho_m = C_{clay}\rho_{clay} + (1-C_{clay})\rho_{sand}$$ (3.86)

式中，V_{Pma}、V_{Psand}、V_{Pclay} 分别是岩石基质、砂岩及泥岩纵波速度；V_{Sma}、V_{Ssand}、V_{Sclay} 分别是岩石基质、砂岩及泥岩横波速度；K_m 为岩石骨架的体积模量；μ_m 为岩石骨架的剪切模量；ρ_m 为岩石骨架的密度；C_{clay} 为泥质含量。

由 Xu-White 理论模型可知，求取横波速度时，可通过 Kuster-Toksoz 理论计算岩石骨架的弹性模量，包括干燥岩石的体积模量和剪切模量，采用 Batzle-Wang 公式求取流体的弹性模量和密度，通过测井资料求得泥质百分含量和孔隙度，根据 Gassmann 方程可以计算得到含不同流体地层横波速度。

Xu-White 模型在实际应用中存在以下不足。

(1) Xu-White 模型中每个参数的物理意义是明确的，但有一些参数较难获得，而且在参数确定时容易引入误差。

(2) 在所需的岩石物理参数中，有一些参数需要通过实验室测得，测试结果会产生误差。

（3）通过相关测井数据换算孔隙度、泥质含量和含水饱和度等参数时，易产生计算精度等问题。

（4）砂泥岩孔隙纵横比是一般难以准确获得。

在这些影响因素中，孔隙度、泥质含量及孔隙纵横比的误差对横波速度预测的结果影响最大。

3）经验公式方法预测横波速度

（1）用泥质含量、孔隙度等参数求取横波速度的经验公式。

Castagna 等(1985)在研究 Frio 地层中的泥质砂岩时，得到了水饱和状态下的速度-孔隙度-黏土含量的经验公式：

$$V_P = 5.81 - 9.42\phi - 2.21C \tag{3.87}$$

$$V_S = 3.89 - 7.07\phi - 2.04C \tag{3.88}$$

式中，V_P 与 V_S 分别为纵波和横波速度；C 为黏土矿物体积含量；ϕ 为孔隙度。

Phillips 等(1989)给出了波速与有效压力的经验公式：

$$V_P = 5.77 - 6.94\phi - 1.73\sqrt{C} + 0.446(0.01P - e^{-0.167P}) \tag{3.89}$$

$$V_S = 3.52 - 4.91\phi - 1.57\sqrt{C} + 0.361(0.01P - e^{-0.167P}) \tag{3.90}$$

式中，V_P 与 V_S 分别为纵波和横波速度；C 为泥质含量；ϕ 为孔隙度；P 为有效压力，MPa。

刘雯林等(1990)通过全声波测井资料建立了速度-孔隙度-黏土含量的关系式：

$$V_P = 5.37 - 6.33\phi - 1.82C \tag{3.91}$$

$$V_S = 3.15 - 3.51\phi - 1.25C \tag{3.92}$$

式中，V_P、V_S 分别为纵波和横波速度；C 为黏土矿物体积含量；ϕ 为孔隙度。

（2）纵波和横波速度经验关系。

Han 等(1986)通过对实验数据的拟合得到水饱和的砂岩的纵横波速度关系：

$$V_P = 1.26V_S + 1.07 \tag{3.93}$$

Smith 和 Gidlow(1987)给出的经验公式为

$$V_P = 0.790 + 1.425V_S \tag{3.94}$$

李庆忠(1994)通过抛物线回归得到了水饱和砂岩和含气砂岩的纵、横波速度关系式为

$$V_P = 0.0874V_S^2 + 0.994V_S + 1.25 \tag{3.95}$$

Castagna 等(1985)给出的砂岩和页岩经验公式：

$$V_S = 0.862V_P - 1.172 \tag{3.96}$$

即泥岩线关系，泥岩线公式表示饱和岩石中纵波速度和横波速度之间的一种变换关系式。

（3）Greenberg 和 Castagna 经验公式。

Greenberg 和 Castagna(1992)给出了基于单一矿物构成的岩石纵波和横波经验拟合关系式：

$$V_S = a_{i2} V_P^2 + a_{i1} V_P + a_{i0} \tag{3.97}$$

式中，V_P 为已知饱水纵波速度；V_S 为预测的饱水横波速度；a_{i1} 和 a_{i2} 分别为不同单一岩性的经验回归常数(表 3.1)。

对含有多种矿物及饱含地层水的岩石进行横波速度预测时，可根据各种矿物横波速度的算术平均与调和平均的简单平均计算得

$$V_S = \frac{1}{2} \left\{ \left[\sum_{i=1}^{L} X_i \sum_{j=0}^{N_i} a_{ij} V_P^j \right] + \left[\sum_{i=1}^{L} X_i \left(\sum_{j=0}^{N_i} a_{ij} V_P^j \right)^{-1} \right]^{-1} \right\} \tag{3.98}$$

$$\sum_{i=1}^{L} X_i = 1$$

式中，L 为组成岩石的矿物数；X_i 为组成岩石的矿物的体积分量；a_{ij} 为实验回归系数；N_i 为成分为 i 的多相态指数；V_P 为岩石的纵波速度；V_S 为岩石的横波速度。

各种纯岩性采用的回归系数如表 3.1 所示。

表 3.1 不同岩性参数设置

岩性	a_{i2}	a_{i1}	a_{i0}	R^2
砂岩	0	0.80416	-0.85588	0.98352
灰岩	-0.05508	1.01677	-1.03049	0.99096
白云岩	0	0.58321	-0.07775	0.87444
页岩	0	0.76969	-0.86735	0.97939

需要注意的是，式(3.97)～式(3.98)仅仅适合于完全饱和水的岩石，如果岩石并非完全饱和盐水，而是多相态饱和时，则需要使用 Gassmann 方程进行反复迭代计算。迭代的方法为在饱和水的岩石速度关系中找一个(V_P, V_S)点，然后用 Gassmann 方程将这一点转换成实际的 V_P 值和预测的 V_S。具体的步骤如下。

步骤 1：首先给定一个初始的 V_{Pb}。

步骤 2：由经验公式计算每一个 V_{Pb} 所对应的 V_{Sb}。

步骤 3：用 Gassmann 方程将 V_{Pb} 和 V_{Sb} 进行流体替换得到 V_{Sf}。

用第三步所得的 V_{Sf} 及测量的 V_{Pf} 再次使用 Gassmann 方程得到一个新的 V_{Pb}，然后再跟以前的 V_{Pb} 进行比较，看是否收敛，如果收敛就停止，不收敛就继续从第二步开始。

4）横波预测实际应用效果

由于多孔介质岩石物理性质的复杂性及地震波在岩石中传播所导致的复杂波场效应，不同专家学者基于不同的假设和目标提出了不同的理论模型，这对于岩石物理变化规律的研究提供了基础性认识和指导作用。不同的理论模型有其不同的适用条件、应用重点、考虑因素及需要知道的关键参数。且很多理论模型并不是孤立的，是相互联系的，在

相同的假设条件及制约因素下是基本等价的；复杂假设条件下的理论模型可以转换为简单条件下的模型。总体而言,等效介质理论模型较适合于计算已知岩石孔隙结构储层的横波速度；Gassmann 理论可用于计算含流体岩石的弹性模量,常用于孔隙流体替代、AVO 正演分析中。Xu-White 模型比较适合于砂泥岩地层横波速度计算。

在实际应用中,根据研究区域的实际情况选用合适的理论模型是岩石物理在储层表征中得到较好应用的关键。图 3.19 是一实际横波预测效果图,对比了 Xu-White 模型、未固结模型、胶结模型、K-T 模型、DEM 模型、Greenberg、Castagna、Critical、Krief 等模型预测的横波速度,以上模型均有其特有的适应性,故预测的横波速度存在一定的差别,但整体趋势与实测情况是非常吻合的。所以在实际生产应用中,需根据具体情况选定相应的方法求取横波速度。

3.4 岩石物理量板建立与应用

岩石物理理论模型有助于地震反演参数的岩性解释及流体识别,但岩石物理理论模型大多是岩石弹性、黏弹性的一种理想化的连续介质力学性质的近似描述,反映了复杂多孔介质平均弹性性质。使用岩石物理理论模型进行弹性参数解释需要根据实际储层弹性特征对模型参数进行标定。常规叠前地震反演可以直接或间接反演得到储层各种弹性参数,这些弹性参数包括纵、横波速度、体积模量、剪切模量、拉梅模量等,其中,对岩性或孔隙流体较敏感的参数包括速度比、泊松比及拉梅模量等。利用岩石物理理论模型解释地震反演数据的一种有效方法是建立弹性参数解释量板,根据反演弹性参数与量板的匹配关系进行地震储层岩性分析和流体检测。

综合应用颗粒接触模型、等效介质理论模型与 Gassmann 流体替换理论等模型,建立岩石物理弹性参数分析量板[或称为岩石物理量板(RPTs)],是目前叠前反演数据解释的重要组成部分,岩石物理量板是地震反演数据解释的依据,应用岩石物理量板及波阻抗等信息可有效进行地震储层预测,岩石物理量板已是地震定量解释必不可少的基础(Avseth et al. ,2005)。

对于碎屑岩储层,建立岩石物理量板时可综合考虑储层岩性、孔隙度、孔隙流体、地层压力和温度及成岩作用对弹性参数的作用。大多数岩石物理理论模型是建立在岩石微观结构的基础上,反映了岩石总体弹性性质与微观结构及其孔隙充填物之间关系。若已知岩石各矿物含量及其弹性参数、孔隙大小及形状、孔隙流体类型及其弹性模量,则可根据岩石物理模型确定岩石弹性参数。反之,已知岩石弹性参数,在储层地质特性(矿物颗粒分选、胶结物性质及含量、孔隙结构等)约束下,可以进行储层岩石岩性、孔隙度及孔隙流体解释和预测研究。

3.4.1 碎屑岩储层岩石物理量板

碎屑岩的沉积、机械压实及后成岩作用与岩石弹性参数关系可用颗粒堆积模型描述。对于大多数碎屑岩而言,岩石孔隙度、矿物颗粒性质及孔隙流体类型决定了岩石弹性性质,当岩石孔隙度达到某一临界值时,岩石的弹性参数将发生突变,岩石的状态及性质将

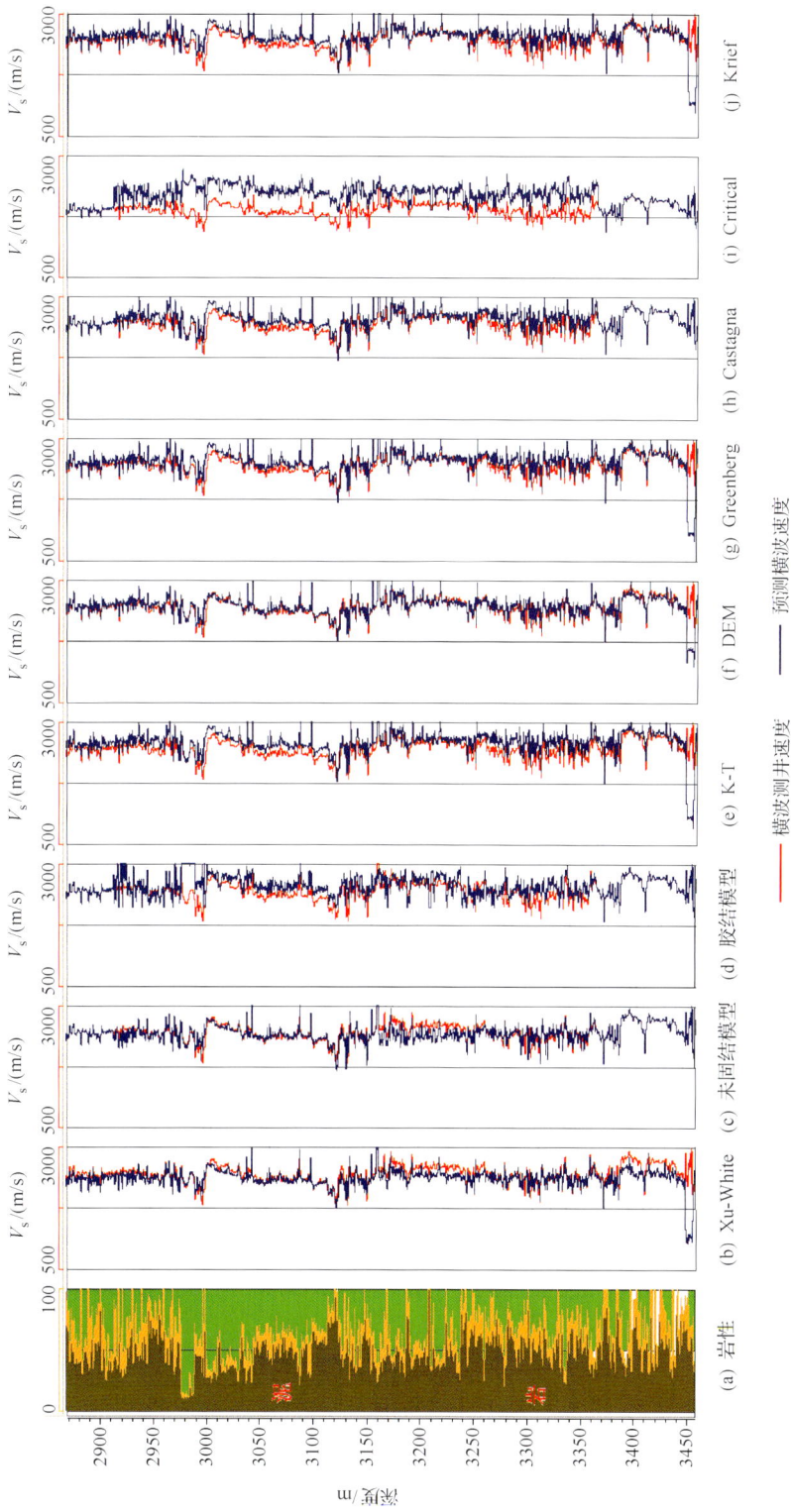

图 3.19 不同方法预测横波速度与实测横波速度对比图

发生改变。孔隙度小于该临界值时，岩石主要以固结状态存在，而大于该临界孔隙度时，岩石主要以疏散颗粒堆积为主，Nur(1991)将此临界值定义为岩石临界孔隙度。

对于含泥质砂岩，岩石速度与孔隙交会图中因泥质含量的不同两者间变化规律不同，可以用速度-孔隙度-泥质含量为参数进行拟合。每条拟合线代表了不同岩性的速度与孔隙度变化特征，在孔隙度为零的极端情况下，所有拟合线都会聚集在纯矿物弹性值附件；相反，在孔隙度达到临界孔隙度时，各拟合线高孔隙度端弹性参数可用颗粒堆积模型计算确定。

已知岩石矿物成分和微观结构特征，使用 Hashin 和 Shtrikman(1962)(简称 HS)的边界理论可以确定该岩石的弹性参数变化的物理边界。HS 边界理论给出了岩石弹性模量与孔隙度的理论变化趋势。HS 边界计算的上边界代表了固相支撑岩石弹性参数的最大取值边界，其下界表示孔隙流体中悬浮颗粒情况下的弹性模量大小。使用临界孔隙度对该理论修正后，HS 理论计算的上下边界曲线可用于分析固结砂岩和未固结砂岩弹性参数变化趋势。

碎屑岩沉积、成岩过程可以用 HS 边界理论进行解释。碎屑岩沉积前，沉积颗粒主要以水中或空气中悬浮状态赋存，它们的弹性参数可用矿物弹性模量与流体模量混合的 SH 下边界表示；当沉积颗粒落入水底，开始堆积，其弹性参数可使用 HS 下边界计算，对于颗粒磨圆度好、纯净、分选好的砂岩临界孔隙度大约为 40%。分选差的砂岩孔隙度低，将延 Reuss 平均值分布；随着颗粒埋藏、压实、胶结等作用，岩石固结性质增强、刚性增大，岩石弹性参数偏离 SH 下边界，靠近 SH 上边界。随着成岩作用增强，岩石弹性参数将沿着 SH 上边界变化，并在孔隙度为零处逼近矿物弹性参数值。

在具体研究区进行岩石物理量板计算时，需要对研究区目的层性质进行研究，确定目的层岩石的矿物学与岩石学特征、埋藏深度、成岩作用、地层压力和温度，根据目的层岩石性质，采用颗粒接触理论及 HS 边界理论可以计算得到各种弹性参数变化规律，并可根据不同岩石物理模型，模拟碎屑地层岩石颗粒分选、胶结物性质及压实作用对储层弹性参数的影响，构建岩石物理分析量板。

3.4.2 岩石物理解释量板建立流程

建立岩石物理量板的主要过程如下。

(1) 采用 Hill 方程或 Hanshin-Shtrikman 边界均值计算岩石基质模量。

(2) 使用颗粒接触理论模型分别计算泥岩和纯砂岩在临界孔隙度条件下干燥岩石弹性模量。

(3) 根据岩心薄片分析等信息，确定岩石临界孔隙度大小，计算高孔隙度端岩石弹性模量；如图 3.20(a)所示。

(4) 根据目的层岩石性质，选择适当参数，使用修正的 Hanshin-Shtrikman 边界连接岩石基质模型与高孔隙端弹性模量；如图 3.20(b)所示。

(5) 利用 Gassmann 方程等，根据需要对干燥岩石进行油、气、水充填，计算饱和流体地层弹性参数，见图 3.20(c)所示。

(6) 根据测井砂泥岩组合关系，采用 Backus(1962)平均粗化确定不同砂泥岩组合条件下高孔隙端地层平均弹性模量,见图 3.20(d)。

（7）制作速度比-波阻抗交会图,建立岩石物理分析量板,如图 3.20 所示。

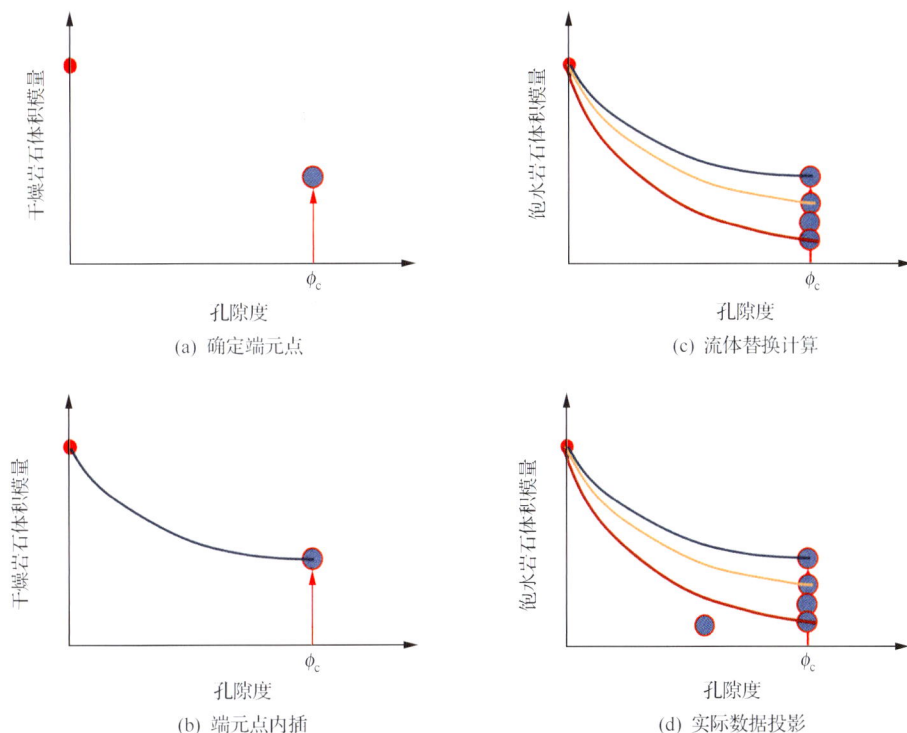

(a) 确定端元点

(c) 流体替换计算

(b) 端元点内插

(d) 实际数据投影

图 3.20　碎屑岩岩石物理模型参数计算过程示意图

图 3.21 所示岩石物理量板中,上方曲线为采用疏松接触理论模型计算的不同孔隙度泥岩速度比与纵波阻抗变化趋势线,确定该趋势线时不仅需要考虑岩石颗粒性质与孔隙度等信息,还需要根据泥岩埋藏深度对计算结果进行压实校正。中间蓝色曲线是根据固结砂岩模型计算的不同孔隙度条件下饱水砂岩的速度比与纵波阻抗变化趋势线,孔隙度

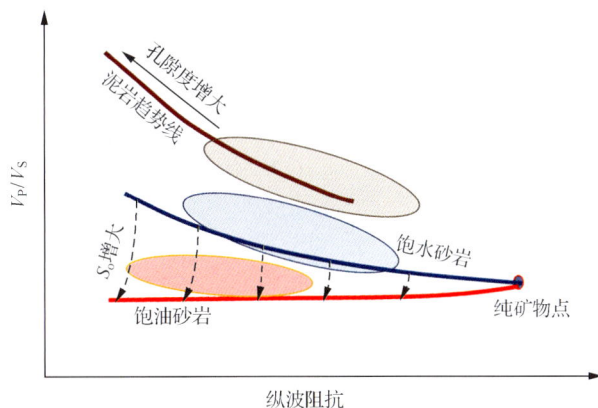

图 3.21　碎屑岩储层岩石物理分析量板示意图

增大方向与泥岩方向一致。图 3.21 中下方红色曲线是根据饱水砂岩弹性参数,使用 Gassmann 方程计算的饱油砂岩速度比与纵波阻抗变化趋势线。

针对研究储层建立岩石物理解释量板时,需要考虑储层岩石特征、矿物成分、埋藏深度、成岩作用及温度和压力对储层弹性参数的影响作用。岩石物理量板是一种利用岩石物理理论约束实际储层弹性参数分布,可用于推断不同弹性参数与之相关的地质意义。实际应用岩石物理量板进行地震定量解释时,需要使用测井资料或地震数据对储层岩石物理参数进行严格的标定和检验。

对于碎屑岩储层,纵横波速度比是识别孔隙流体的敏感属性参数。根据纵横波速度比-波阻抗交会图进行储层孔隙流体类型识别时,需要了解储层成岩过程及其主控因素。对于致密储层,使用速度比和波阻抗属性难以有效识别饱油砂岩和饱水砂岩,但利用速度比可以区分泥岩与砂岩。砂岩中胶结物类型及含量变化将改变速度比与波阻抗识别孔隙流体的能力。硅质胶结会使储层砂、泥岩的孔隙度减小,速度增高;一般而言,随胶结物含量的增加碎屑岩储层孔隙减小,弱固结储层到固结岩石的纵、横波速度发生突变。胶结物含量与储层孔隙度及深度关系不是线性关系,还受到其他岩石特征因素的作用。对于薄互砂泥岩储层,弹性参数的各向异性特性将弱化岩石物理量板识别流体能力;砂地比增加将降低储层速度比,砂地比含量变化影响弹性参数识别流体的精度。

用于确定储层岩石物理量板的理论模型存在一定的局限性。例如,固结砂岩模型是建立在球形颗粒变形较小情况下的,且要求固体颗粒具有相同弹性性质、颗粒为各向同性、均质的弹性体。实际储层的矿物颗粒大小不同、外形变化大、弹性参数差异很大、颗粒之间相互作用力及孔隙流体变化还将引起地震波衰减等。因此,使用理想化得接触理论模型描述实际储层性质与弹性参数关系时,有必要开展储层岩石学、矿物学及岩石物理学等基础研究,根据实际储层弹性参数特征,确定不同尺度下、统计意义上的储层弹性参数,进行岩石物理参数计算与标定,建立符合实际储层的地震岩石物理量板。

地震反演及烃类检测方法 第4章

4.1 地震反演技术概述

地震反演技术是储层预测的重要技术之一，在各大油田均得到了广泛应用，反演方法逐渐趋于成熟并向综合性方向发展，已成为提高钻井成功率和勘探效益的主要技术手段。反演技术综合运用地震、地质、钻井、测井等基础资料以揭示地下储层的空间几何形态（包括厚度、顶底构造形态、延伸方向等）和储层微观储集性能参数（包括孔隙度、渗透率、含油饱和度、泥质含量等）的展布特征。反演技术将空间连续分布的地震资料与具有纵向高分辨率的测井资料相融合，大幅度提高了储层及流体地震识别的分辨能力和可靠性。

地震记录是地下地层界面上反射系数的函数，反射时间信息反映了岩层界面的起伏变化，主要用于研究地层的几何形态，在构造油气藏勘探中发挥了巨大的作用。地震反射波法勘探的基础在于地下不同地层存在波阻抗差异，当地震波传播到有波阻抗差异的地层分界面时，会发生反射从而形成地震反射波。地震反射波等于反射系数与地震子波的褶积，而某界面的法向入射反射系数就等于该界面上下介质的波阻抗差与波阻抗和之比。也就是说，如果已知地下地层的弹性参数，就可以得到该界面的反射系数。

对于给定地质模型，若已知地层弹性参数（如速度、密度、厚度等），用波动理论可以计算得到地震反射记录（合成记录），该过程称之为地震正演计算；相反，地震反演就是利用地震记录求取地下地层弹性参数过程。

实际地震资料中包含着丰富的岩性、物性信息，地震反演可以把地震反射资料转换成地层弹性等信息，使其能够与钻井、测井曲线直接对比，以岩层为单元进行地质解释，充分发挥地震资料横向连续性好的优势，便于研究储层特征的空间变化。

由于反演能够直接指示地层细节和含油气的有利部位，且可靠性高，尤其是在工区钻井较少的情况下，更具有其他储层预测方法无法比拟的优越性。与地震振幅相比，反演结果具有更高的分辨率，便于进行储层特征描述和精细的综合地质解释。此外，反演结果还有助于油气藏钻探的不确定性分析和风险评估。尽管地震反演问题是一项系统性、多解性求解问题，但经过不断地反演理论与技术发展，反演技术已趋向逐渐完善，并已在国内外诸多研究区的实际应用中获得成功。毫无疑问，地震反演技术是目前储层预测中最主要的定量分析工具之一。

4.1.1 地震反演技术发展概况

在过去几十年中，反演技术在油气勘探领域获得了广泛应用。在许多情况下，反演结果相比常规地震资料具有更高的分辨率,提高了对地下储层的评价能力。Tarantola (1986)系统阐述了地震反演的理论方法和实现途径,使得地震波阻抗反演成为油气勘探实践中一项常规有效的技术。20世纪70年代美国墨西哥湾油气勘探中出现亮点技术,使研究者确信地震反射记录蕴含了地下油气层信息。Ostrander(1984)开拓性的研究揭示了不同偏移距反射振幅与含气砂岩存在理论关系,反射振幅随偏移距变化特征是检测油气储层的重要依据,AVO分析技术成为地震流体检测的重要方法之一。为了消除确定性的地震反演及流体检测方法中存在的不确定性等因素,人们提出综合利用地质、测井及地震资料进行随机统计反演,提高了反演结果的可靠性。Dubrule(2003)提出统计学反演方法,并实现工业化应用,统计学类方法成为反演方法的一个重要分支。Connolly (1999)正式发表了弹性波阻抗反演方法的论文,弹性波阻抗反演成为声波阻抗反演进一步发展的主要方向,地震反演的发展正走上声波阻抗和弹性阻抗结合的道路。20世纪90年代中期叠前反演技术得到迅猛发展,其中以弹性阻抗反演和归一化的扩展弹性阻抗反演为主。21世纪以来,地震反演技术工业化应用日益普及,许多商业化地震反演软件(如HRS、Jason等)逐渐成熟并被广泛应用于各类油气储层的岩性预测和流体检测工作之中。目前全波形反演(FWI)技术的研究方兴未艾,随着弹性阻抗反演、多波多分量、地质统计学反演等技术的进步,地震反演成为储层定量化或者半定量化解释的一种重要技术手段。

4.1.2 地震反演主要方法

经过几十多年的快速发展,地震反演新技术不断出现,已经发展成为一个方法众多、内容丰富的学科门类。反演方法众多,主要可以从几个不同角度对其进行分类,下面简述几种国内外地震反演分类方法:①从所利用的地震资料来分可分两类:叠前反演和叠后反演;②从测井资料在其中所起作用大小可分为四类:地震直接反演,测井控制下的地震反演,测井一地震联合反演和地震控制下的测井内插外推;③从实现方法上可分三类:直接反演、基于模型反演和地震属性反演;④从反演模型参数来分主要有:储层特性(如孔隙度、渗透率、饱和度等)反演、岩石物性反演、地质结构反演、各向异性参数反演、阻抗反演及速度反演等;⑤从使用的数学方法可分为:最优化拟合反演、遗传算法反演、蒙特卡罗反演、Born近似反演、统计随机反演及基于神经网络的反演等。

地震勘探领域一般将地震反演按照叠前反演和叠后反演进行分类。叠前反演比叠后反演发展较晚,主要包括基于旅行时的层析成像技术和基于振幅的AVO分析技术、弹性波阻抗(EI)反演等,这类方法是以佐布里兹方程为理论基础的。叠后反演概括起来可分为两大类:基于旅行时的构造反演和基于振幅信息的波阻抗反演。近20年来,叠后反演取得了很大进展,已形成了多种成熟方法和技术,如地震直接反演、测井约束地震反演、测井-地震联合反演等。随着地震勘探转向以岩性油气藏为目标的勘探阶段,叠后反演方法的局限性凸显,难以实现储层多参数定量描述,而叠前地震反演技术不断地发展成熟起来。图4.1给出了叠前与叠后反演的主要分类方法。

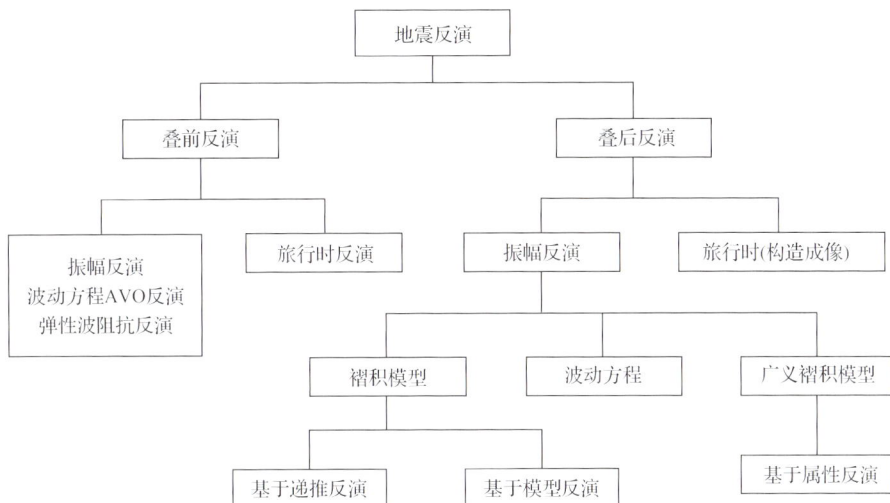

图 4.1　地震反演分类

4.2　地震反演理论基础

地震波在地层中传播过程中遇到具有不同波阻抗地层界面的时候会发生反射、透射，从而使地震波返回地面。在地震勘探中，通常所用的信息是反射波，所以常说地震勘探通常指地震反射波法勘探。地震反射波与传播中所遇地层的岩性有很大的关系，这是地震反演的理论基础。

$$S(t) = r(t)W(t) + n(t) \tag{4.1}$$

式中，$S(t)$ 为地震记录；$r(t)$ 为地层反射系数；$W(t)$ 为地震子波；$n(t)$ 为地震数据中的噪声。

地震反射波就是反射系数与地震子波的褶积，而某界面的垂直反射系数就等于该界面上下介质的波阻抗差与波阻抗和之比。也就是说如果已知地下地层的波阻抗，可以得到地层反射系数，或地震反射剖面。地球物理反演是指利用地表观测到的地球物理数据推测地球内部介质物理状态的空间分布。正演问题是利用模型参数值计算理论响应。正演过程可描述为：给定模型参数值，利用系统动力学推导模型参数和理论响应的关系式，在计算机上计算出系统的理论响应。反演问题是利用观测到的数据，求模型参数值。反演过程可描述为：利用观测数据，根据反演理论推导出相应的反演算法，计算出模型参数值（图 4.2）。

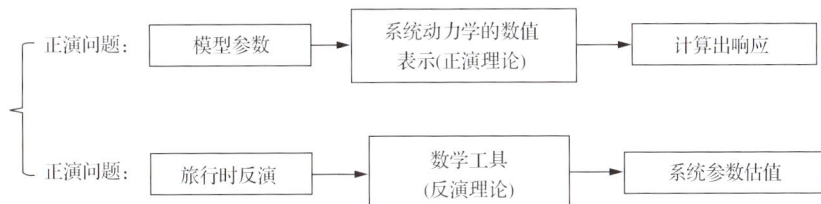

图 4.2　地震正演、反演示意图

　　油气地震勘探的目的是了解地球内部的构造和物性参数,寻找油气资源等。其方法原理是在地表用人工激发地震波,它在地下介质中向各个方向传播,当介质发生变化时,就会产生反射和透射,从而使部分地震波返回地面。在地面放置一系列检波器,接收来自地下反射截面的反射波、折射波及散射波等,获得所谓的"观测地震记录"。地震勘探就是要从这些地震数据中提取地下构造的信息和地层物性参数,从而达到寻找油气藏的目的。地震波在地下介质中的传播可以用弹性动力学中的各种波动方程来描述,因此地震资料的形成过程就可以用波动方程正演来模拟,而地下构造成像及地层物性参数提取问题就可以用地震反演来实现。

　　地震反演是利用地表观测地震资料,以已知地质规律和钻井、测井资料为约束,对地下岩层空间结构和物理性质进行成像(求解)的过程,是反演地层波阻抗(或速度)的一种特殊处理解释技术。地震反演具有明确的物理意义,是预测岩性的确定性方法,在实际应用中取得了显著的地质效果。地震反演把常规的界面型反射剖面转换成岩层型的测井剖面,将地震资料变成可与测井资料直接对比的形式。地震反演技术的基本原理可用图4.3来说明。地震反射波法勘探的基础在于地下不同地层存在波阻抗差异,当地震波传播到有波阻抗差异的地层分界面时,会发生反射从而形成地震反射波。

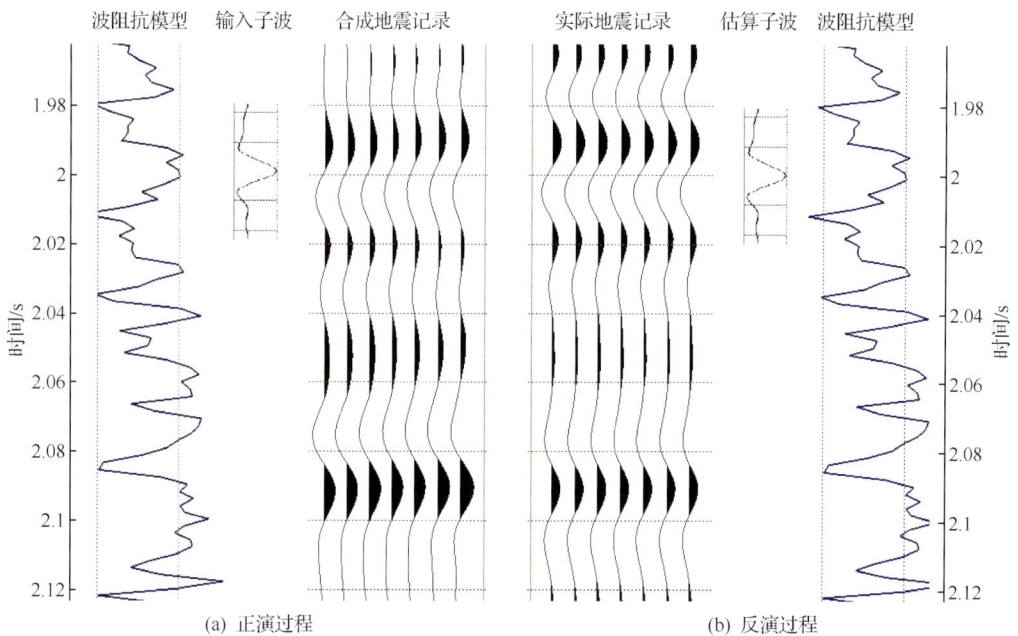

图 4.3　地震反演示意图

　　假定地震剖面上的地震道是法线入射道,即地震入射射线与岩层分界面垂直,则法线入射反射系数由下式计算,即

$$R_i = \frac{\rho_{i+1}v_{i+1} - \rho_i v_i}{\rho_{i+1}v_{i+1} + \rho_i v_i} \qquad (4.2)$$

式中,R_i 为第 i 层界面的反射系数;ρ_i 为第 i 层的密度,g/cm³;v_i 为第 i 层的速度,m/s;

ρ_{i+1} 为第 $i+1$ 层的密度，g/cm³；v_{i+1} 为第 $i+1$ 层的速度，m/s。

地震波从激发、传播到接收，相当于经历了一个滤波过程。一个很尖锐的脉冲通过这个滤波系统后，就变成了一个有一定延续长度的脉冲波形，通常称之为子波。反演就是估算一个子波的逆——反子波，用反子波与地震道进行褶积运算，通常称为反褶积，从而得到反射系数。然后，把反射系数带入式(4.2)导出的递推公式：

$$\rho_{i+1}v_{i+1} = \rho_i v_i \frac{1+R_i}{1-R_i} \tag{4.3}$$

由式(4.3)便可逐层递推计算出每一层的波阻抗，这就实现了界面型反射剖面向岩层型剖面的转换。

以上是地震反演的基本原理，也是传统意义上所指的地震反演。然而反演的目的不仅仅是找到一个与地震观测数据能最佳拟合的模型。通常所采集到的地震数据是受到噪声污染的，即便经过特殊的去噪处理，也不能够完全地将噪声从地震数据中去除。除此之外，正演建模也不是严格意义上准确的，况且我们得到的反映地球内部构造的观测数据是远远不充足的。因此，绝大多数反演问题都具有多解性。换句话说，一般会有多个模型同时并且能相同程度地满足我们用于反演的观测数据。因此，在反演过程中很重要的一点是不仅仅要反演出地质模型，还要能够同时估算出每个地质模型的不确定性(图4.4)。

图 4.4　地震数据正演、反演关系图

4.2.1　反演问题分类

通常，根据数据与模型的内在关系和目标函数的行为可以将反演问题分为四种类型，即线性问题、弱线性问题、准线性问题和非线性问题。

(1) 线性问题。模型和数据之间的关系通常是通过非线性关系见式(4.4)：

$$\boldsymbol{d}_{syn} = g(\boldsymbol{m}) \tag{4.4}$$

式中，正演模型算子 g 为一个非线性运算算子。在很多实际应用中，正演模型算子一般可以通过一个线性算子或者矩阵 $\boldsymbol{G}$ 来代替，如下：

$$\boldsymbol{d}_{syn} = \boldsymbol{G}\boldsymbol{m} \tag{4.5}$$

式中，$\boldsymbol{d}_{syn}$ 为正演计算的地震记录；m 为模型参数。

一般类似式(4.5)代表的问题都是线性反演问题，注意用一个线性算子逼近一个非线性正演模型算子会产生几个结果。但对很多应用来说，线性反演已经被证明可以得到系统的本质。绝大部分的经典反演理论也是建立在线性反演的基础上，且很多概念和技术在更具有普遍意义的问题上能够更加简单地得到应用。

式(4.4)的解：

$$\boldsymbol{m} = \boldsymbol{G}^{-1} d_{obs} \tag{4.6}$$

式中，d_{obs} 为观测数据。

前提是存在 G^{-1}。可以简单地用如式(4.7)逼近解 m:

$$m_{est} = G^g d_{obs} \tag{4.7}$$

式中,G^g 为一般化反演;m_{est} 为估算的模型矢量。如果可以构建出 G^g,可以通过一步运算来得到答案,但是构建 G^g 是非常困难的。

(2)弱非线性问题。在一个非线性等式中,一个已知模型 m 的数据的计算是简单地通过对一个参考模型 m_0(m_0 与 m 非常接近)进行线性扰动完成的:

$$d = g(m) \approx g(m_0) + \partial g / \partial m (m - m_0) + \cdots = d_0 + G_0 \Delta m \tag{4.8}$$

式中,G_0 为一个包含与模型参数有关的数据偏导数的矩阵。式(4.8)可以写成如下形式:

$$\Delta d = G_0 \Delta m \tag{4.9}$$

式中,Δd 为残余数据;Δm 为模型扰动量。因此,式(4.7)与式(4.4)存在非常相似的线性系统,可以通过运用解决线性反演问题的技术得到所求解(模型扰动量)。

(3)准线性问题。与弱线性问题不同,在准线性问题中需要对目标函数进行线性化处理,而不是正演模型。即在用一个模型线性化逼近已知模型的情况下,假设目标函数是线性的。这样就得到如下等式:

$$e(m + \Delta m) \approx e(m) + \Delta m^{\mathrm{T}} \nabla e(m) \tag{4.10}$$

式(4.10)中 $\nabla e(m)$ 包含与模型参数相关的误差偏导数,当用 F 代表 $\nabla e(m)$ 的时候,得到如下形式:

$$F = \nabla e(m) \tag{4.11}$$

就会得到与弱线性情况下相同的形式。需要注意的是,目标函数经常是分段线性化,它的解是通过迭代方式计算出来的,因此经常应用局部最优化方法来解决此类问题。

(4)非线性问题。在非线性问题中,正演模型被当作非线性函数,目标函数也是保持其本来形式。

4.2.2 线性反演问题的解决方法

只要认识到一个与参考模型有关的问题是线性的或者是可以进行线性化的,就可以写出和式(4.5)及式(4.9)相同形式的等式。在式(4.5)中,矩阵 G 表示一个正演模型算子,并且可以从正演等式关系中得到 G。在式(4.9)中,矩阵 G_0 的元素是与模型参数有关的数据的偏导数(是为参考模型计算的)需要计算这些元素。一旦得到 G 就可以通过对合成数据矢量施加反演算子 G^{-1} 得到模型矢量。相似地,对数据残差乘以 G_0 的逆时,可以得到更新的数据扰动量。然而,这并不是一个简单的事情,很大一部分线性反演理论都是为了估算线性反演问题的反演算子。

解的存在性。所谓存在性,指的是反演问题的解 m 或者反演算子 G^{-1} 都切实存在。

解的唯一性。如果模型从 m_1 变成 m_2,观测数据也从 d_1 变成 d_2,并且 $d_1 \neq d_2$(算子 G 是单射的),就说模型的解是唯一的。否则,有几个模型同时满足观测数据,就得到了非唯一的解。

地球物理反演问题存在多解性是由如下原因引起的:处理地球物理参数反演问题时,用有限的、离散的模型代替无限的模型就会产生固有的非唯一性。在实际地球中物理属性是空间坐标的连续函数。但是在反演过程中,地球物理研究人员尝试用实际测量的有限离散的数据点来产生这些函数,这也会导致反演结果的非唯一性。如果反演结果具有唯一性,那么观测数据就能够很好地识别模型。例如,在地震勘探中,地震波的速度是包含在观测数据的旅行时(传播时间作为炮检距的函数)中的。因此,只通过近炮点地震道集不能够完全地揭示出速度信息。这就意味着会有一套速度同时很好地满足观测数据,导致了地震波速度的多解性。在地震成像过程中,并不能对没有地震射线经过的区域进行成像,对这些区域的慢度估计结果也是非唯一的。分辨率和解的唯一性是紧密相连的,很多情况下需要在模型参数之间有一个明确合理的权衡。

解的稳定性。稳定性反映了有多少误差从观测数据传播到模型中。一个稳定的解对地震数据中的微弱误差是不敏感的。不稳定性可能会造成多解性,这就增强了地球物理应用中的内在多解性。

解的鲁棒性。鲁棒性意味着模型对于那些与地震数据中少数的大误差的不敏感程度。

病态反演问题是指它的解不稳定并且不唯一,相反情况下则是适定的反演问题,可以用最优化技术修复病态问题的适定性。

由于很多地球物理反演都会产生多个解,因此反演的目标是首先发现一个解(或多个解),然后用定量的方式测试解的非唯一性程度。在这个过程中,应该尽量降低问题的多解性,或者是通过数据误差和正演过程解释这种多解性。

(1) 最小平方方法。线性反演的 L2-范式误差函数形式如下:

$$E(\boldsymbol{m}) = \boldsymbol{e}^{\mathrm{T}}\boldsymbol{e} = (\boldsymbol{d}_{\mathrm{obs}} - \boldsymbol{Gm})^{\mathrm{T}}(\boldsymbol{d}_{\mathrm{obs}} - \boldsymbol{Gm}) \tag{4.12}$$

式中,e 表示实际记录与模型正演记录的差。

$E(\boldsymbol{m})$ 的值即是其导数等于 0 的时候坐标处的函数值。也就是

$$\frac{\partial E(\boldsymbol{m})}{\partial \boldsymbol{m}} = 0 \tag{4.13}$$

由式(4.13)得到式(4.14):

$$\boldsymbol{G}^{\mathrm{T}}\boldsymbol{Gm} - \boldsymbol{G}^{\mathrm{T}}\boldsymbol{d} = \boldsymbol{0} \tag{4.14}$$

$\boldsymbol{0}$ 表示一个空矢量,由式(4.14)得到如下结果:

$$\boldsymbol{m}_{\mathrm{est}} = [\boldsymbol{G}^{\mathrm{T}}\boldsymbol{G}]^{-1}\boldsymbol{G}^{\mathrm{T}}\boldsymbol{d} \tag{4.15}$$

(2) 最大似然函数法。地球物理数据经常受到噪声的污染,因此每一个数据点都可能是不确定的,每一个数据点的不确定性都是不同的。地球物理数据点之间可能是会相互影响的(它们是相关的)。因此,任一数据点处的值都可能是随机的,这样矢量 $\boldsymbol{d}$ 的元素都是不确定的。如果假设每一个数据变量都是符合高斯分布的,那么它们的联合分布给出如下:

$$p(\boldsymbol{d}) = \exp\left[-\frac{1}{2}(\boldsymbol{d} - \langle\boldsymbol{d}\rangle)^{\mathrm{T}}(\boldsymbol{C}_{\mathrm{d}}^{-1}\boldsymbol{d} - \langle\boldsymbol{d}\rangle)\right] \tag{4.16}$$

式中，$\langle d \rangle$ 和 C_d 分别表示平均数和协方差矩阵；$p(d)$ 给出观测数据概率。对于一个线性反演来说，能够将上面的概率函数写成如下形式：

$$p(d) \propto \exp\left[-\frac{1}{2}(d - Gm)^{\mathrm{T}} C_d^{-1}(d - Gm) \right] \tag{4.17}$$

这意味着对估算模型施加算子 G 可以得到数据的平均值，d 是随机数据矢量。因此，在给定数据不确定性的情况下，模型参数的最优值是那些使观测数据概率最大的值，这个流程就是最大似然法（MLM）的核心思路。

在数值实现意义上，最大似然法和前面提到的最小平方法（数据符合高斯分布的情况下）区别并不大。指数参数达到最小时，概率取极大值，因此并不是最小化方程（4.12）这类误差函数，而是最小化类似式（4.18）的误差函数：

$$E_1(m) = (d_{\mathrm{obs}} - Gm)^{\mathrm{T}} C_d^{-1}(d_{\mathrm{obs}} - Gm) \tag{4.18}$$

这样就能通过最小平方法解决问题。通过计算模型误差函数取零处的极小值，可以建立一个与方程（4.15）相似的方程。当 C_d 是单位矩阵的时候这种形式可以简化成最小平方形式。然而在一般情况下，每一个数据残差都与数据协方差矩阵的相对应元素成反比加权。这意味着对对角矩阵 C_d 来说，不确定性大的数据对最终结果的贡献小，误差小的数据对最终结果有相对大的贡献。这个过程实际上拟合那些可信的数据，而不是不可信的数据。在不了解 C_d 的时候，需要使用一个权重矩阵 W_d，误差函数可表示为

$$E_2(m) = (d_{\mathrm{obs}} - Gm)^{\mathrm{T}} W_d^{-1}(d_{\mathrm{obs}} - Gm) \tag{4.19}$$

由于假设的数据会有不确定性及数据矢量的元素有不同的维度或不同范围的值，需要一个权重矩阵。分配数据权重的一种方式是通过观测数据对数据残差进行归一化处理。

4.2.3 约束解的方法

反演问题都存在内在病态，因此模型参数的估计值都是多解的，即同时存在多个解满足反演问题。Backus-Gilbert 方法将所得结果（模型）的平均模型作为反演的结果。大量的未知参数通常可以通过少数的大尺度网格点来逼近（例如，通常假设地球是有少数的离散地层组成的），这就增加了反演问题的适定性。这种约束是独立于地震数据且是有效的，通常被称为先验信息或先验假设。先验信息可以有很多方式。下面描述其中几个形式。

（1）正约束。约束模型参数为正值。比如，地震波的速度和密度都是正数，那么地震波形反演的结果一般也会是约束为正值。

（2）先验模型。地球物理反演过程中，若能够到很好的先验模型（参考模型），则可利用该模型约束反演结果。具体实现中，除了最小化观测数据与合成数据之间的误差之外，还要对反演结果加入一定限制，使得反演结果与先验模型 $m(p)$ 之间不能有很大误差等。这样可以将误差方程作如下改进：

$$E_3(m) = (d_{\mathrm{obs}} - Gm)^{\mathrm{T}}(d_{\mathrm{obs}} - Gm) + \varepsilon(m - m_p)^{\mathrm{T}}(m - m_p) \tag{4.20}$$

式中，ε 为加权函数。

一般来说，加权函数是随着模型参数的不同而变化的。某些情况下，可能得到一些模型参数的很多信息，并且这些信息平稳变化，这些模型参数能够从先验模型 m_p 推导出来。利用模型的协方差矩阵 G_m（通常假设模型的先验概率密度函数 PDF 是符合高斯分布的）能够简单地完成分配权重过程，需要对先验模型的确定性有一个定量的估计，进而对最大似然函数中用到的误差函数 $E(m)$ 作进行计算：

$$E_1(m) = (d_{obs} - Gm)^\top C_d^{-1}(d_{obs} - Gm) + (m - m_p)^\top C_m^{-1}(m - m_p) \qquad (4.21)$$

（3）模型平滑。在很多情况下，要求模型是平滑的（例如，在一些方向缓慢变化）。可以对模型施加一个权重矩阵 W_m（平滑程度不同，矩阵形式也不同）来对模型进行平滑，此时误差函数 $E(m)$ 可以表示为

$$E_5(m) = (d_{obs} - Gm)^\top W_d^{-1}(d_{obs} - Gm) + (m - m_p)^\top W_m^{-1}(m - m_p) \qquad (4.22)$$

对于所有的误差函数（从 E_1 到 E_5）都可以简单地推导出最小平方解的公式。

4.2.4　非线性问题的最优化

非线性反演问题的主要目的是找到使目标函数取得最小值时的一个或多个模型，更准确地讲是在数据噪声的限制下，找一个能够合理地解释观测数据的最优化模型。此实现过程又称为最优化，最优化问题的解是一套变量的允许值，这些值都能够满足使目标函数最小的条件。在实际应用中，最优化经常涉及最大和最小值，如可能希望得到最大化利益的同时负担达到最小。在一个非线性反演问题中，希望目标函数在不同高点有不止一个最小值，如图 4.5 所示，图中曲线表示一个单模型参数的目标函数，这个函数被具有不同特征的几个最小值表征，在一个函数中，如果函数值 $E(m^*)$ 比与点 m^* 临近的其他点处的函数值都小时，那么函数在 m^* 处称为强局部最小值。相反，如果函数值 $E(m^*)$ 比与 m^* 点临近的其他点处的函数值都要小或者相近的话，那么函数在 m^* 处的值称为弱局部最小值。

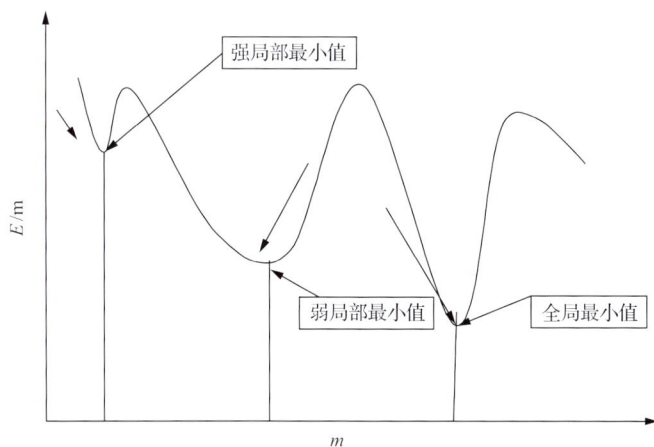

图 4.5　几种最小值概念示意图

绝对极小值满足使目标函数的值在所有取值区间内达到最小的条件。局部最优化方法在一个起始解附近或通过如一阶导数、二阶导数等局部属性来寻找目标函数的局部最小值的方法。全局最优化就是一种在自变量所有取值区间内寻找全局最小值的统计学算法。有关局部和全局最优化的求解方法较多,下面介绍一些在地震反演中用的比较广泛的局部和全局最优化方法。

1. 局部最优化方法

图 4.6 显示的是一个典型的局部最优化算法,局部最优化算法大部分都是迭代算法,这些算法的主要目标是确保每一次迭代过程都能得到一个不断减小的目标函数值。换句话说,这些算法都是试图沿着下降方向行进,它们因此也被称作贪心算法。显而易见,局部算法就是在给定的初始解周围寻找一个局部最小值,初始解的选择很重要,如果初始解选得不好,算法就可能得到局部最小值。

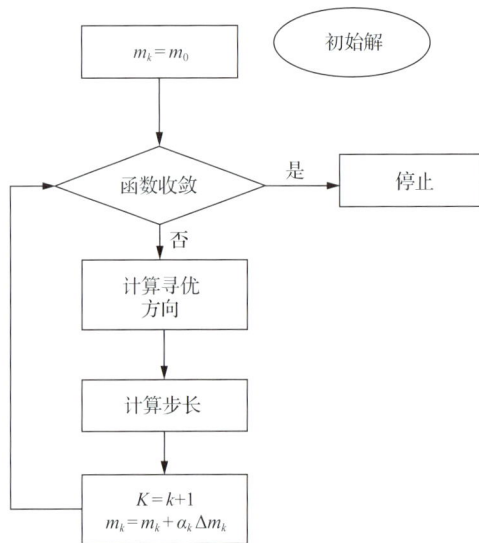

图 4.6 局部最优化算法的流程图

给定一个初始解,算法就会通过目标函数的局部属性确定寻优方向,并且决定模型的更新值或模型增量。如此,不断更新初始解重复以上相同步骤,直到得到需要的最优解。下面将简单地介绍两种局部最优化算法,具体原理不再详细赘述。

（1）最速下降法。又称梯度法,绝大部分最优化方法都是以此方法为基础的,因此它对于反演问题很重要。它的优点是计算量小,需要的存储空间少,并且对初始点的选择没有很严格的要求;缺点是收敛慢,需要的计算时间长,并且有时得不到需要的最优化的结果。

（2）共轭梯度法。该方法运算过程中只利用函数的一阶导数,它的收敛速度要高于最速下降法,同时也可避免牛顿法处理 Hessen 矩阵的缺点。基于以上优点,它是解决大型线性(或者非线性)方程组最为有效的计算方法,优点是具有很好的稳定性,对所需存储空间要求不大,而且它可以只需内部参数即可求解。

2. 全局最优化方法

随着计算机技术的进步,近几年全局最优化算法已经在地球物理问题求解方面得到应用。与局部优化算法不同,全局最优化算法是在自变量取值区间内寻找误差函数的全局最小值。大部分的全局优化算法是基于统计学方法的,它们利用全局信息来实现模型数据点更新。在特定情况下一些全局最优算法在统计学上能确保在最优解处收敛。对于实际地震数据,难以确定所求解是不是全局最小值。然而,经验证明可以通过全局优化算法在初始模型不好的情况下得到最优解。经过研究工作者的不懈努力,全局最优化理论和方法得到很大发展,主要可以分为两类即确定性方法和随机方法,模拟退火法和遗传算法为典型的最优化理论反演算法。

模拟退火算法是一类全局概率算法,它的主要作用是寻找命题在所有解空间的最优值。

遗传算法是科学家受生物界优胜劣汰、遗传机制的进化规律的启发而演化出来的一种随机搜索算法,该方法在地球物理勘探方面已经得到广泛应用。1975 年,Holland 博士首次提出遗传算法,该方法对结构对象直接操作,避免了求解函数导数和函数取值必须连续的限制,具有并行性及更加有效的全局寻优能力,目前很多反演方法都是基于遗传算法开发的,而且在实际生产应用中获得成功。

4.3　地震反演技术应用

4.3.1　地震资料品质分析

1. 地震分辨率

地震资料处理的目标可概括为提高地震资料的信噪比、分辨率、保真度及成像精度。因为叠后地震资料的有效频带宽度基本确定了地震反演的分辨率,所以,对地震资料目的层段作高分辨率、高信噪比和高保真度处理是改善反演品质的基础和前提。地震资料的信噪比和分辨率是表征地震资料品质的关键参数,下面将从这两个方面详细叙述。

地震资料分辨率包含垂向和横向两个方面。垂向分辨率是指用地震记录沿垂直方向所能分辨的最薄地层的厚度;横向分辨率(空间分辨率)是指在地震记录或水平叠加剖面上能分辨相邻地质体的最小宽度。地震分辨率一直都是地震勘探的热点问题。Widess(1973)最早对单个地震道的分辨率进行过一般性的论述。当前存在很多地震分辨率准则,如 Rayleigh 准则、Ricker 准则以及 Widess 准则等。目前,使用比较普遍的准则是Rayleigh 准则,也就是认为地震资料分辨率极限是 1/4 波长。李庆忠(1993)曾利用零相位子波对多种分辨率准则做了详细论述。

地震波激发与接收系统的固有特性决定了所记录的地震波仅有近似的相对振幅信息,且地震资料中不可避免地被噪声污染。同时,实际由地面观测到的地震资料还受地面环境和地下地质条件等多种因素的影响,导致地震资料一般都缺少低频和高频信息,即得到的地震数据是不完整的。地震资料缺乏低频成分会导致反演的多解性；高频成分的缺失则降低了地震的纵向分辨率。无论是叠前反演还是叠后反演，它们的分辨率都受地震资料分辨率制约的，因此得到高精度反演结果的前提就是用于反演的地震资料分辨率足够高。可以说地震资料的有效频带范围基本确定了地震反演所能识别储层厚度的能力。地震波的激发、传播和接收，是一个复杂的系统过程，在这个过程中地震波是随时间和空间改变的。但在实际应用中，总是假设地震子波是稳定的，具有不随时间和空间改变的特性。地震子波是影响地震分辨率的最重要因素，具有不同频率成分、不同频带宽度和不同相位特征的子波产生的地震资料分辨率差别很大。

2. 信噪比

地震资料的信噪比是影响地震记录质量的关键因素之一。因此，地震反演处理的首要任务之一就是提高地震数据信噪比。地震信号中不可避免地包含有噪声，信噪比反映地震资料中有效信号与噪声的比值，其相对大小是评价地震资料品质的重要参数之一。

根据地震记录中噪声特点，可将噪声分为随机噪声和规则噪声。随机噪声主要指没有固定频率和相干方向的噪声，在地震资料中表现为杂乱无章的反射信息，其特点是在地震记录上具有很宽的频带、没有一定的视速度。规则噪声是指具有一定主频和视速度的噪声，如面波、声波、浅层折射波等。噪声的来源众多且十分复杂，因此，在不同实际运用中要根据有效反射波和噪声的特点来确定压制噪声的方法，以尽量减少有效信号在压制噪声过程中的损失。

目前，存在很多地震记录噪声压制的方法，如频率域滤波、频率-波数域滤波、频率空间域滤波、Radon变换、基于小波分解和重建的去噪方法等。对于不同特征的噪声，需要采取不同的去噪方法进行处理。例如，对声波压制处理时，可以应用切除法和分频自适应检测与压制等方法；对于面波压制处理，则可以采用频率-波数域滤波方法；对于多次波压制，可以采用Radon变换处理方法。噪声衰减技术目前已经发展得比较成熟。其中，随机噪声衰减技术有f-x域随机噪声衰减、相干加强，以及多项式拟合提高信噪比等方法；规则噪声压制方法可采用f-k滤波和倾角滤波等。此外，同相叠加技术也是一种提高信噪比的重要方法。

地震资料的分辨率和信噪比是一对相互关联又相互制约的因素。如前面所述，我们可以通过在高频和低频端拓宽地震资料频带来提高分辨率。但是这往往会增加地震资料的高频噪声，因此，在实际运用中我们往往需要找到一个处于高分辨率和高信噪比之间的平衡点。

4.3.2 地震子波对反演结果影响

基于褶积模型的反演方法中地震子波与地层模型反射系数的褶积产生合成地震记录，利用合成地震记录和实际地震记录的误差，通过不断地修改模型参数使这个误差达到最小，以此模型参数作为最终地震反演结果。反演过程中，当提取的地震子波对实际的目的层不具有代表性时，正演模拟得到的合成地震记录与实际地震资料将会存在很大误差，这就增加了反演结果的不确定性。因此，地震子波在地震反演中起着非常重要的作用。

提取地震子波的方法通常有两种，即确定性方法和统计性方法。确定性方法是根据已有测井资料和井旁地震记录，通过最小平方法求解地震子波。在实际应用中，地震记录中的噪声和测井曲线中误差的存在使得确定性方法不能得到理论上的精确解。尤其是在声波测井存在误差的情况下，通过确定性方法得到的地震子波往往具有振幅畸变和相位谱扭曲现象。确定性方法对地震资料的噪声和时窗变化非常敏感，因此，不同信噪比和时窗长度会产生不同的地震子波，子波估算结果的稳定性很差。统计性方法是从实际地震数据中采用多道记录自相关统计的方法提取地震子波，这样就能保证子波振幅谱信息与实际地震资料振幅谱具有很高的一致性，子波的相位主要是通过合成记录的对比分析及地震数据的极性来确定。用统计性子波估算方法得到的子波，合成记录与实际记录频带一致，波组关系对应良好。

地震反演时，子波提取时窗应该限定在目的层段附近，这样就能保证子波和目的层段地震记录频带具有一致性。如果在较深的地层内提取子波，由于存在高频衰减现象，所提取的子波的频率较低，应用于较浅的目的层段内的反演时，将导致波阻抗反演的震荡效应；反之，在较浅层段内提取子波，导致子波频率过高，反演结果出现波形模糊现象。提取合适的子波对波阻抗反演是十分重要的，通常提取的子波波长应大于 100ms，提取子波的时窗要不小于子波波长的 3 倍，这样才能提取到频率高，旁瓣小，能量集中的较好的子波。当子波的频率与实际地震资料频率范围一致，计算时窗选取较合理，在进行后续反演时，就得到分辨率较高的反演结果。

4.3.3　低频模型建立及其作用

地震波在传播过程中，由于地表条件和地下地质环境的影响及地震波的传播特性等原因，由地面所得到的地震记录普遍缺少低频和高频信息，即便有低频信息，一般可靠性也很低。然而，低频信息在地震反演中又非常重要，如前面所述，它可以有效地降低反演的多解性。因此，在反演工作中，低频模型的建立显得尤为重要，它可以给出反演波阻抗的低频趋势（图 4.7）。

通常情况下，我们会通过测井资料、地震解释层位、断层、时深关系等资料来联合生成低频模型。地震资料的分辨率越高，层位解释就可能越精细，初始模型就越接近实际地层情况，从而有效降低反演多解性。低频模型建立可以分为地层格架建立和模型生成两部分。地层格架建立产生如地层框架、垂直曲线参数，以及内插加权等结果，由此产生完整的三维属性模型。从这些参数模型出发，将所选择的测井曲线进行内插运算（图 4.7），产生的所有道都包括内插测井曲线的三维属性模型体。具体插值方法有反距离加权插值、克里金插值、自然临点插值，以及多元回归法插值等，选用哪种插值方法要看实际反演资料而定。各种插值方法在相关文献中均有详细的描述，这里不再赘述。

低频模型主要是以地震解释层位为基础，在解释层位和断层的控制之下，对工区内的测井曲线进行内插外推，生成地震反演所需的低频模型。低频模型将横向连续变化的地震界面信息（地震层位）与垂向高分辨率的测井信息有机地结合在一起。需要注意的是，模型的质量控制非常重要，需要确保生成的模型符合实际的地质规律。如果得到的低频模型与

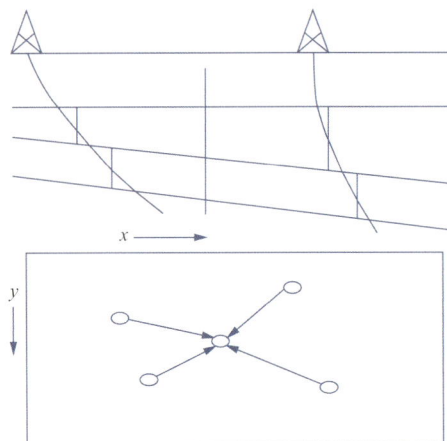

图 4.7　根据垂直组分和它们的权计算任一道的模型

实际地质规律不符,那就需要不断地调试各种参数,直到得到满意的结果为止。低频模型在地震反演中的作用仅次于地震子波,其作用如下:将相对波阻抗转换为绝对波阻抗;降低子波的旁瓣效应;增强属性的空间连续识别能力;增强岩性的解释能力。建立的低频模型越接近实际地层(图 4.8),越能有效地抑制反演的多解性。

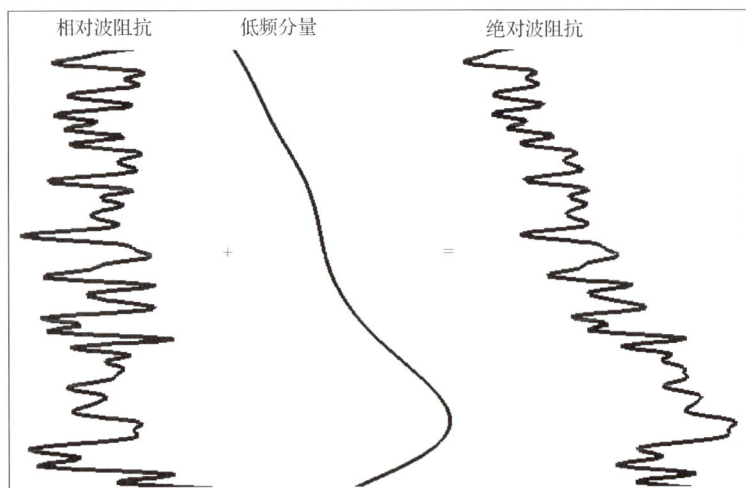

图 4.8　相对波阻抗、绝对波阻抗与低频分量的关系

4.3.4　地震反演方法选择

地震反演方法种类繁多,各种反演算法有不同的特点和使用条件,地震资料的品质高低,测井资料的齐全程度及分布状态等因素都会对反演结果产生不同程度的影响。因此,要根据具体情况选择适合的反演方法,并尽可能联合使用,这也是当前地震反演方法的大趋势。在缺乏测井资料的情况下,道积分反演方法的结果相对可信。此外应用约束稀疏脉冲反演和随机模拟方法联合反演得到的结果与实际地质情况更加吻合。

1. 递推反演技术

递推反演是一种基于反射系数递推计算地层波阻抗的直接地震反演方法。递推反演的关键在于从地震记录估算地层反射系数,得到能与已知钻井最佳吻合的波阻抗信息。递推反演方法中测井资料主要起标定和质量控制的作用,因而递推反演又称为直接反演或测井控制下的地震反演。递推反演是对地震资料的解释性处理,其结果的分辨率、信噪比以及可靠程度主要依赖于地震资料本身的品质,因此用于反演的地震资料应具有较宽的频带、较低的噪声、相对振幅保持和准确成像。测井资料,尤其是声波测井和密度测井资料,是地震横向预测的对比标准和解释依据,在反演处理之前应仔细校正,使其能够正确反映岩层的物理特征。

递推反演的技术核心在于由地震资料正确估算地层反射系数(或消除地震子波的影响)。递推反演是对地震资料的转换处理,其结果的可靠程度和质量完全依赖地震资料本身的品质,因此,地震资料的品质对反演结果具有决定性作用。

无噪偏移地震记录的模型为

$$S(t) = r(t)W(t) \tag{4.23}$$

式中,$S(t)$ 为地震记录;$r(t)$ 为地层反射系数;$W(t)$ 为地震子波。通过子波反褶积处理,可由地震记录求得反射系数,进而递推计算出地层波阻抗或层速度。

$$Z_{i+1} = Z_i \frac{1+r_i}{1-r_i} \tag{4.24}$$

式中,Z_i 为第 i 层地层波阻抗;Z_{i+1} 为第 $i+1$ 层地层波阻抗;r_i 为第 i 层地层的反射系数。

根据地震波的传播理论,当平面弹性波垂直入射到两种介质的平面分界面上时,其反射系数由式(4.25)确定:

$$r = \frac{\rho_2 v_2 - \rho_1 v_1}{\rho_2 v_2 + \rho_1 v_1} = \frac{Z_2 - Z_1}{Z_2 + Z_1} \tag{4.25}$$

式中,ρ_1、ρ_2 分别为界面两侧介质的密度;v_1、v_2 分别为界面两侧介质的波速;$Z = \rho v$ 为介质的波阻抗;r 为反射系数。

当地面下的介质为层状介质,并存在着一系列互相平行的 N 个反射界面时,对于其中第 i 个界面,当波垂直入射时,其反射系数为

$$r_i = \frac{Z_{i+1} - Z_i}{Z_{i+1} + Z_i} \tag{4.26}$$

当 r、Z_1 已知时,得 Z_2 的公式

$$Z_2 = Z_1 \frac{1+r}{1-r} \tag{4.27}$$

当 r、Z_2 已知时,得 Z_1 的公式

$$Z_1 = Z_2 \frac{1-r}{1+r} \tag{4.28}$$

当地下存在一系列互相平行的反射界面时,如图 4.9 所示,已知第 N 层界面以上 $N-1$

层界面的反射系数 $r_i(i=1,2,3,\cdots,N)$ 和第一层介质的波阻抗 Z_1，由式(4.26)可导出任意第 n 层介质的波阻抗 Z_n，得

$$Z_n = Z_{n-1}\frac{1+r_{n-1}}{1-r_{n-1}} = Z_{n-2}\frac{1+r_{n-2}}{1-r_{n-2}}\frac{1+r_{n-1}}{1-r_{n-1}} = \cdots = Z_1\frac{1+r_1}{1-r_1}\frac{1+r_2}{1-r_2}\cdots$$

$$\frac{1+r_{n-1}}{1-r_{n-1}} = Z_1\prod_{i=1}^{n-1}\frac{1+r_i}{1-r_i} \tag{4.29}$$

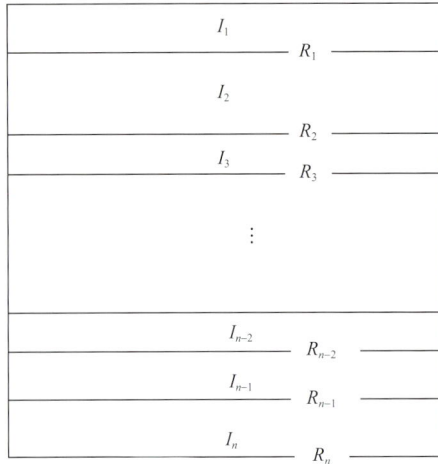

图 4.9　水平地层模型

而已知第 n 层介质波阻抗 Z_n 时，由式(4.29)又可导出任意第 m 层($m<n$)介质的 Z_m：

$$Z_m = Z_{m+1}\frac{1-r_m}{1+r_m} = Z_{m+2}\frac{1-r_{m+1}}{1+r_{m+1}}\frac{1-r_m}{1+r_m} = \cdots = Z_n\frac{1-r_{n-1}}{1+r_{n-1}}\cdots$$

$$\frac{1-r_m}{1+r_m} = Z_m\prod_{i=m}^{n-1}\frac{1-r_i}{1+r_i} \quad (m<n) \tag{4.30}$$

从声波时差曲线及密度曲线上(没有密度测井曲线时，可利用 Gardner 公式 $\rho = 0.35v^{0.25}$ 换算)选择标准层波阻抗作为基准波阻抗，将反褶积得到的反射系数转换为波阻抗。

递推反演忽略地震子波的影响，认为地震剖面代表反射系数，利用保幅处理的地震数据进行反演，更符合假设情况，有利于得到接近真实地质情况的结果。递推反演适用于厚层的反演，而对于薄层的反演误差较大。由于薄层的反射系数在地震剖面上表现为复杂现象，直接利用地震剖面进行反演存在较大的误差。对于厚层，常常能在地震剖面上对应较强的同相轴，反射系数特征明显，求得的反演结果较可靠。递推反演的累计误差包括薄层影响产生的反演误差，对反演目的层的不利影响可以根据其波阻抗值具有高斯分布特征，进行滤除。

递推反演技术的关键是子波和初始波阻抗的求取。该方法优点为：计算简单，递推累计误差小。其结果直接反映岩层的速度变化，可以以岩层为单元进行地质解释。递推反演比较完整地保留了地震反射的基本特征，不存在基于模型方法的多解性问题，能够明显

地反映岩相、岩性的空间变化、在岩性相对稳定的条件下，能较好地反映储层的物性变化。缺点是由于受地震固有频率的限制，分辨率低，无法适应薄层解释的需要；其次，无法求得地层的绝对波阻抗和绝对速度，不能用于定量计算储层参数。这种方法在处理过程中不能用地质或测井资料对其进行约束控制，因而其结果仅是地层性质的定性反映。

2. 基于模型反演技术

在薄储集层条件下，由于地震频带宽度的限制，基于普通地震分辨率的直接反演方法，其精度和分辨率都不能满足油田开发的要求。基于模型地震反演技术以测井资料丰富的高频信息和完整的低频成分补充地震有限带宽的不足，可获得高分辨率的地层波阻抗参数，为薄层油气藏精细描述创造了有利条件。

基于模型的反演方法(Mallick,1995)，从地质模型出发采用模型优选迭代扰动算法(广义线性或非线性最优化算法)，通过不断修改更新模型，使模型正演合成地震资料与实际地震数据最佳吻合，最终的模型数据便是反演结果(方法原理如图4.10所示)。该方法以测井资料丰富的高频信息和完整的低频信息拓宽地震有限带宽，获得高分辨率的地层波阻抗资料。理论上可得到与测井资料相同的分辨率，是薄层油藏精细描述的关键技术。实现方法(撒利明等,2015)有广义线性反演(GLI)、宽带约束反演(BCI)、地震岩性模拟(SLIM)、具有全局优化特点的遗传算法、模拟退火法、蒙特卡罗搜索法及人工神经网络法等。

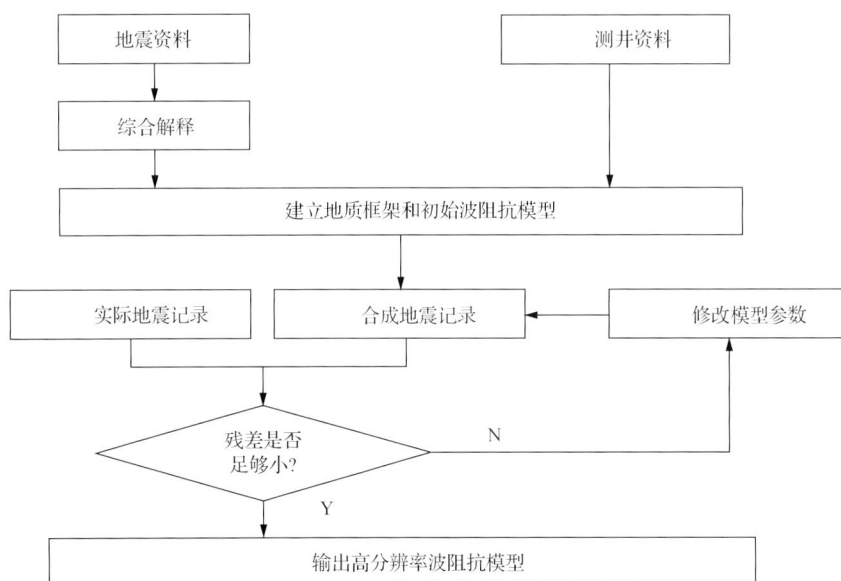

图 4.10　基于模型反演流程图

目前，以模型为基础的反演方法一般都是依据测井及地质资料建立初始模型，通过广义线性反演方法进行迭代求取岩性参数。由于该问题的非线性，所以除了要求较精确的子波外，还要求初始模型接近真实模型，才能达到可靠的结果，即反演结果强烈依赖于初始模型的选择。

首先，定义一个 N 层的地质模型，其层厚度、速度和密度参数分别为 $d(i)$、$v(i)$、$\rho(i)$，$i=1,2,\cdots,N$。波在各层中传播的双程旅行时为 $t(i)=2d(i)/v(i)$，则第 i 层底部的反射时间为

$$\tau(i) = \sum_{j=1}^{i} t(j) \quad (i=1,2,\cdots,N) \tag{4.31}$$

其地震记录可表示为

$$S(i) = \sum_{j=1}^{N} r(j)w(i-\tau(j)+1) \quad (i=1,2,\cdots,N_s) \tag{4.32}$$

式中，S 为地震记录；i 为采样点序号；N_s 为采样点个数；w 为地震子波；r 为地层反射系数。式（4.33）的矩阵形式为

$$\boldsymbol{S} = \boldsymbol{W}\boldsymbol{R} \tag{4.33}$$

式中，$\boldsymbol{S}=[s(1),s(2),\cdots,s(N_s)]^{\mathrm{T}}$，$\boldsymbol{R}=[r(1),r(2),\cdots,r(N_s)]^{\mathrm{T}}$，$\boldsymbol{W}$ 为 $N_s \times N$ 阶子波矩阵：

$$\boldsymbol{W} = \begin{bmatrix} w(1) & 0 & \cdots & 0 \\ w(2) & w(1) & \cdots & 0 \\ \vdots & \cdots & \cdots & \cdots \\ w(N) & \vdots & \cdots & w(1) \\ 0 & w(N) & \cdots & w(2) \\ \vdots & \vdots & \vdots & \vdots \\ 0 & 0 & \cdots & w(N) \end{bmatrix} \tag{4.34}$$

假设该 N 层模型中每层的波阻抗为 $Z_0(i)$，则其对数形式可写成

$$L(i) = \lg[Z_0(i)] = \lg\left[Z_0(0)\prod_{j=1}^{i}\frac{1+r(j)}{1-r(j)}\right] \quad i=1,2,\cdots,N \tag{4.35}$$

将式（4.35）做级数展开，并省略高次项后可得

$$L(i) = L(0) + \sum_{j=1}^{i} 2r(j) \quad i=1,2,\cdots,N \tag{4.36}$$

式（4.36）表示模型中第 i 层波阻抗的对数近似地等于上覆界面反射系数之和的 2 倍，所以可近似地写成

$$r(j) = \frac{1}{2}[L(i)-L(i-1)] \quad i=1,2,\cdots,N \tag{4.37}$$

将地层反射系数和其波阻抗对数的关系用矩阵来表示，则有

$$\boldsymbol{R} = \boldsymbol{D}\boldsymbol{L} \tag{4.38}$$

式中，$R=[r(1),r(2),\cdots,r(N)]^{\mathrm{T}}$ 为地层反射系数序列，$\boldsymbol{D}$ 为 $N\times(N+1)$ 矩阵，$\boldsymbol{L}=[L(1),L(2),\cdots,L(N)]^{\mathrm{T}}$ 为波阻抗对数，矩阵 $\boldsymbol{D}$ 可具体表示为

$$D = \begin{bmatrix} -1 & 1 & 0 & \cdots & 0 & 0 \\ 0 & -1 & 1 & \cdots & 0 & 0 \\ \vdots & \vdots & \vdots & \vdots & \vdots & \vdots \\ 0 & 0 & \cdots & -1 & 1 & 0 \\ 0 & 0 & 0 & \cdots & -1 & 1 \end{bmatrix} \qquad (4.39)$$

将式(4.38)代入式(4.33)中可得

$$S = WDL \qquad (4.40)$$

将实际地震记录记为 $T = [t(1), t(2), \cdots, t(N_s)]^T$，模型地震道 S 和实际地震记录的误差记为 $E = T - S$，则误差能量 J 可表示为

$$J = E^T E = (T - WDL)^T (T - WDL) \qquad (4.41)$$

从式(4.41)可看出目标函数 J 已使待求解的波阻抗与实际地震记录有了直接联系，要让 J 的值最小，即需要得到一个最佳地层模型，由该模型计算出的合成地震记录与实际地震数据的误差达到最小。而式(4.41)的最小平方解为

$$L = (D^T W^T W D)^{-1} D^T W^T T \qquad (4.42)$$

将约束条件设为 $A \leqslant B$，A 和 B 分别为波阻抗的上下限。利用共轭梯度法可求解结果，其思路是通过迭代，不断地修改地层模型，逐次逼近，最终求得地层的波阻抗信息。

多解性是基于模型地震反演的固有特性，而建立尽可能接近实际地层情况的波阻抗模型，是减少其多解性的重要途径。初始模型的横向分辨率取决于地震层位解释的精细程度，纵向分辨率受到地震采样率的限制。实际地震资料总会受到噪声的干扰，因此，可以预料在给定的容忍误差范围内，有许多个地下模型满足观测到的数据。换句话说，反演是非唯一的。通过地震、测井和地质资料的约束，可以将地震反演的多解性降低到最低程度。基于模型反演技术把地震与测井有机地结合起来，突破了传统意义上的地震分辨率的限制，理论上可得到与测井资料相同的分辨率，是油田开发阶段精细描述的关键技术。

3. 稀疏脉冲反演技术

约束稀疏脉冲反演(CSSI)是基于稀疏脉冲反褶积基础上发展的地震波阻抗反演方法，该方法针对地震反演的欠定问题，假设地层的波阻抗模型所对应的反射系数序列是稀疏分布的，即是由起主导作用的主要(强)反射系数序列与具高斯背景的弱反射系数序列叠加组成。从地震道中根据稀疏的原则提取反射系数，与子波褶积后生成合成地震记录；合成地震记录与原始地震道存在残差，通过不断地修改参与褶积的反射系数的个数使得残差达到最小，最终得到一个能最佳逼近原始地震道的反射系数序列。该方法适用于井数较少的地区，主要优点是能获得宽频带的反射系数，能较好地解决地震记录的多解性问题，从而使反演得到的波阻抗模型更趋于真实。

稀疏脉冲反演的主要步骤如下。

(1) 最大似然反褶积求取稀疏反射系数序列。该方法假设地层反射系数是由较厚反射界面的反射和具有高斯背景的小反射叠加组合而成，据此导出目标函数：

$$J = \sum_{K=1}^{L} \frac{R^2(K)}{R^2} + \sum_{K=1}^{L} \frac{n^2(K)}{N^2} - 2M\ln(\lambda) - 2(L-M)\ln(1-\lambda) \qquad (4.43)$$

式中，$R(k)$ 为第 k 个采样点的反射系数；M 为反射层数；L 为采样总数；N 为噪声变量的平方根；λ 为给定反射系数的似然值。

依据目标函数，对每一道从上到下推测反射系数的位置点，判断反射系数的幅值大小。如此反复迭代修改每个反射系数的位置和幅度，直到最后误差最小满足似然比值的判别标准，即完成一道的反褶积，得到反射系数的分布。

（2）通过最大似然反演导出宽带波阻抗。最大似然反演就是通过转换反射系数导出宽带波阻抗的过程。如果最大似然反褶积中求得的反射系数是 $r(i)$，则波阻抗：

$$Z(i) = Z(i-1)\left[\frac{1+r(i)}{1-r(i)}\right] \qquad (4.44)$$

为了得到可靠的反射系数估计值，可以单独输入波阻抗信息作为约束条件，从而求得最合理的波阻抗模型，具体实现过程如图 4.11 所示。通过约束稀疏脉冲反演方法提供的严格的质量控制手段，合理选择反演参数和趋势及约束，最终可以反演得到合理的相对波阻抗结果，稀疏脉冲反演处理之后，进行频带的合理补偿，将低频模型与稀疏脉冲反演的相对波阻抗结果进行匹配合并，使其既含有与地震频带相当的带限成分，又含有丰富的低频信息，能更好地反映地层的属性信息。

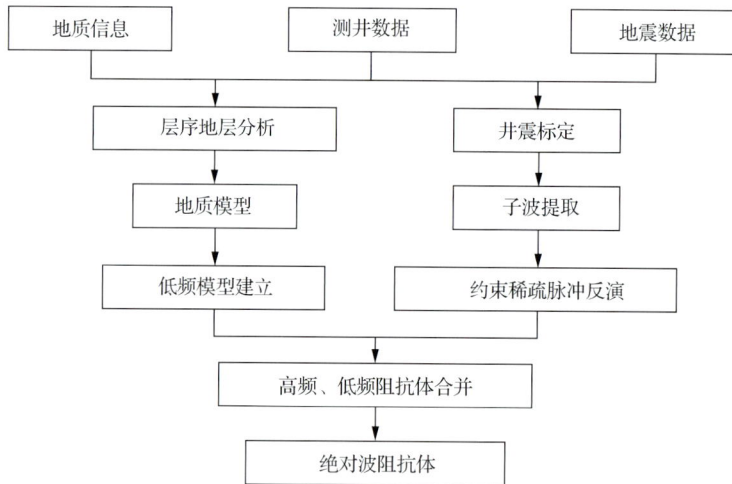

图 4.11　约束稀疏脉冲反演流程图

约束稀疏脉冲反演方法具有较宽的应用领域，在勘探初期只有很少钻井的条件下，通过反演结果进行岩相分析、确定地层的沉积体系，根据钻井揭示的储层特征进行横向预测，最终确定评价井位。到开发前期，在储层较厚的条件下，约束稀疏脉冲反演资料可为地质建模提供较可靠的储层厚度、非均质性和物性信息，优化方案设计。在油藏监测阶段，通过时移地震反演速度差异分析，可帮助确定储层压力、物性的空间变化，进而推断油气前缘。

　　总的来说，因为约束稀疏脉冲反演是以地震道为主的反演方法，它不依赖模型，反演结果的分辨率、信噪比及可靠程度主要依赖于地震资料本身的品质，反演结果对地震噪声比较敏感，因此用于约束稀疏脉冲反演的地震资料应具有较宽的频带、较低的噪声、相对振幅保持和成像准确等特征。测井资料，尤其是声波测井和密度测井资料，是地震横向预测的对比标准和解释依据，在反演处理之前应进行仔细的编辑和校正，使其能够正确反映岩层的物理特征。

　　在地质建模比较困难的复杂断块区，约束稀松脉冲反演技术较之基于模型的反演方法，可以较准确地预测储层岩性和展布规律。这对油田的进一步勘探和开发，以及降低开发风险有一定的指导意义。

　　4. 地质统计学反演技术

　　地质统计学反演是在地质统计学思想的指导下，综合利用地质学、地震地层学等知识，以地震记录、岩心分析结果、测井数据等多种可获得的数据为基本资料，模拟工区地下地层的岩性组合、沉积相或者实际流动单元的三维空间展布形态和物性参数在地层中的变化，产生多个等概率实现。Hass 和 Dubrule(1994)结合地质统计学模拟和反演思想最早提出随机反演方法，Dubrule(2003)在前人成果的基础之上加以发展。

　　地质统计学反演是建立在地质统计学基础上的。在地质统计方法习惯称为克里金法(Kriging，也称为克立格)，这是为纪念其创始人 Kriging 的贡献。利用常规地震反演进行储层预测受到诸多因素的影响，一方面反演结果是否与储层存在良好的对应关系，如在某区，由于泥岩不同程度的含有盐类矿物，其速度与砂岩较接近，而盐岩的阻抗值与渗透性与砂岩阻抗值差异较小，此时波阻抗反演的结果具有多解性，无法唯一描述储层属性；另一方面，由于受地震采样率的限制，并且受地震主频及频宽的制约，小于采样率的薄层是无法分辨的。

　　常规地震反演由于所用反演算法或技术方案的内在缺陷而受到很多因素的制约。常规反演方法对岩性的分辨能力不高，且对地下地质体的分辨率也很低，无法分辨薄互层油气藏。地质统计学反演是一种将地质信息、常规地震资料、测井资料、岩石物理信息及地质统计学有效地结合在一起的储层描述方法。地质统计学反演的优点是突破了地震资料频带宽度和资料品质的约束，能够实现高分辨反演，有效分辨薄互储层，并能够得到孔隙度体、伽马体等数据体，对岩性识别能力强。局限性是反演结果严重依赖各种统计特征，受人为影响比较大，不确定性强，要求工区具有足够多的井点数，要求资料符合一定的正态分布，相较其他方法，地质统计学方法计算量大，成本也很高。

　　地质统计学反演利用地质统计学模拟在计算效率方面的优势并结合传统的反演思想实现了地震储层参数反演，该方法是以地震反演为初始模型，从井点出发，井间遵从原始地震数据，即以地震数据为硬数据建立定量的三维地质模型，进行储层横向预测。其特点在于综合了地震反演与储层随机建模的优势，充分利用地震数据横向密集的特点。由于随机反演考虑了地质变量的随机性，即考虑了沉积环境和沉积物在平面上的非均匀性，将目标区作为一个整体来考虑，能描述由于井点资料的不足而存在的参数不确定性，因此，地质统计学反演是井间储层参数外推的有力工具。地质统计学反演技术涉及几个重要的统计概念：数据分析与概率密度函数、空间结构分析与变差函数、变差函数与克里金插值。

1）数据分析与概率密度函数

所谓数据分析，就是通过散点图或直方图等形式对地下地质变量分布特征进行统计分析，以便研究人员对工区的地质情况有一个直观的认识。不同的数据分布具有不同的概率密度，如图 4.12 所示。利用方差和数学期望可以准确表征一个随机变量。

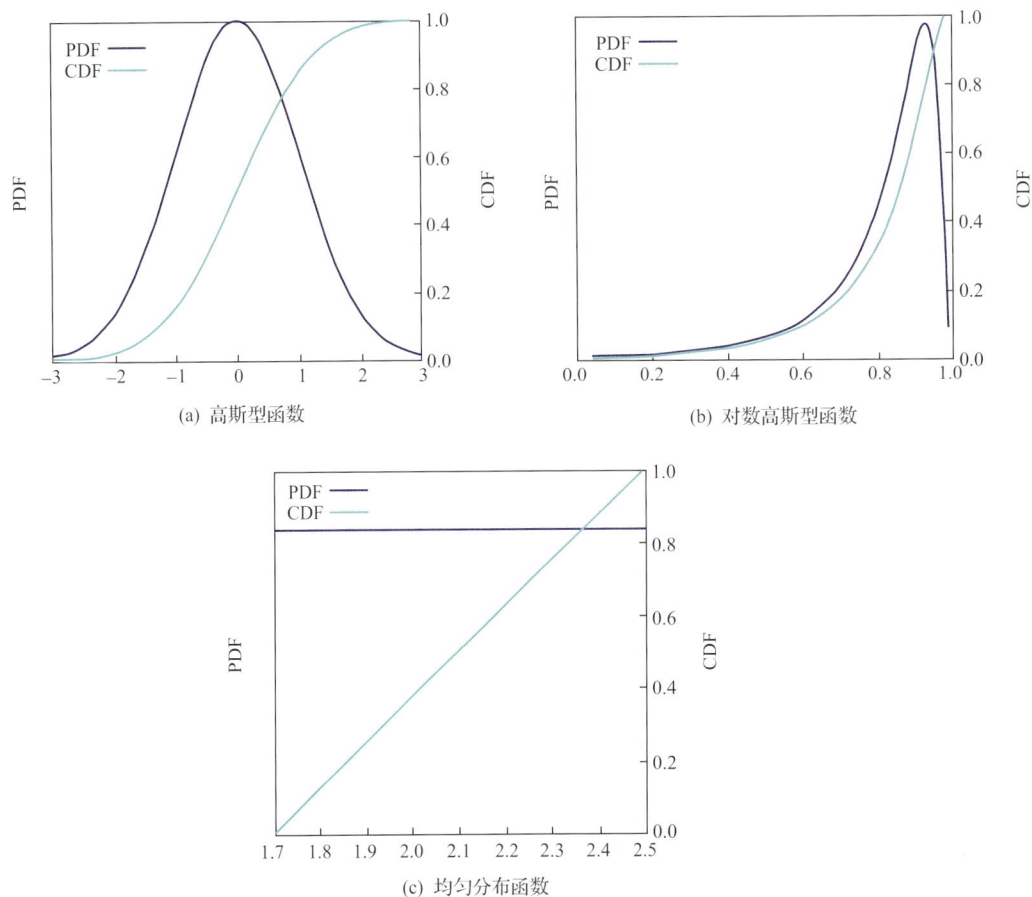

(a) 高斯型函数

(b) 对数高斯型函数

(c) 均匀分布函数

图 4.12　概率密度函数类型图
PDF 表示概率分布函数；CDF 表示累积分布函数

一般建立概率密度函数需要对测井和岩石物理等信息进行统计分析。本研究使用的数据服从高斯正态分布，利用正态分布模型建立测井或岩石物理等信息的概率密度分布函数。

随机向量 $x = (x_1, x_2, x_3, \cdots, x_n)$ 服从 N 维正态分布，$x \sim N(\mu, \sigma)$，通常，根据先验信息估算：

$$\mu = \frac{1}{N} \sum_{i=1}^{N} x_i; \quad \sigma^2 = \frac{1}{N} \sum_{i=1}^{N} (x_i - \mu)^2 \tag{4.45}$$

式中，μ 表示向量 x 的均值；σ 为均方差。

因此，可以通过正态分布密度函数表示一个随机向量的条件概率密度，如式(4.46)所示。

$$f(x) = \frac{1}{\sigma\sqrt{2\pi}} e^{\frac{(x-\mu)^2}{2\sigma^2}}, \quad -\infty < x < +\infty \tag{4.46}$$

然后，将 μ 和 σ^2 代入式(4.46)，得出样本信息的概率密度函数。

2）空间结构分析与变差函数

空间结构分析是分析已知数据基本特征及它所表示的变量的空间分布情况。一般可以通过变差函数、协方差函数、相关函数等方法进行空间结构分析。其中，变差函数可以最有效地反映或者表征用来描述工区地质情况的区域化变量的空间结构(图 4.13)，一般都用变差曲线来表示。

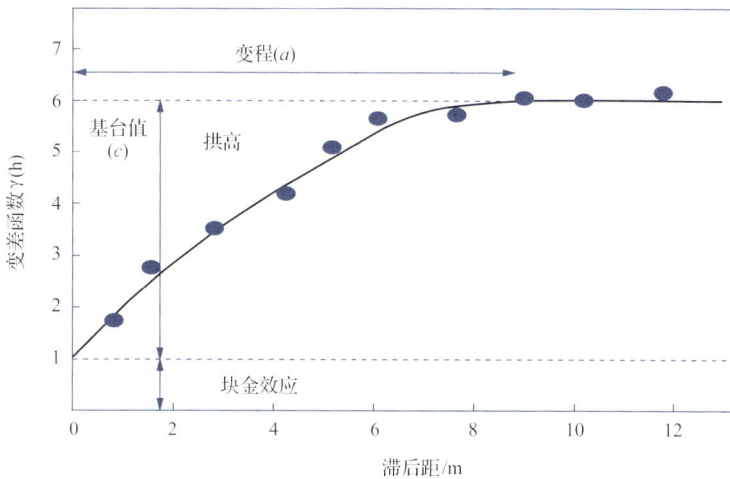

图 4.13　变差函数

变差函数定义如下：设 $Z(x)$ 是一个随机函数，$Z(x+h)$ 为沿 a 方向上 h 距离的随机函数值。变差函数是在任一方向 a 相距 h 的两个区域化变量 $Z(x)$ 及 $Z(x+h)$ 增量的方差，它是 h 和 a 的函数：

$$2\gamma(h,a) = \text{Var}\{Z(x) - Z(x+h)\} = E[Z(x+h) - Z(x)]^2 \tag{4.47}$$

离散的情况下：

$$2\gamma(h,a) = \frac{1}{N(h)} \sum_{i=1}^{N(h)} [Z(x_i) - Z(x_{i+h})]^2 \tag{4.48}$$

3）变差函数与克里金插值

克里金估计是通过应用有关油田地质信息的实测参数及其他的空间结构数据对地下油气藏空间结果进行估计。首先求解方程组得到加权因子，然后进行线性加权估计。与其他插值方法相比，克里金插值能够充分考虑到局部空间信息的结构特性及随机特性，这也是其优越性所在。

应用比较广泛的克里金法有如下几种，分别是简单克里金、普通克立金、协克里金，每一种方法都具有其具体应用范围和优越性。特点如下：①克里金插值为一种局部数据估计方法，因此，它只能确保得到的是估计数据的局部最优结果，而很难确保数据全局最优；②克里金插值对输入数据进行光滑内插处理，它使实际数据的离散性更加趋于平滑，会去除掉很多有实际意义的异常，影响数据的真实性，不能正确表征地质特征；③通过这种方法解出来的是确定性解。

克里金估计是一种进行局部估计的方法。它所提供的是区域化变量在一个局部区域的平均值的最佳估计量，即最优（估计方差最小）、无偏（估计误差的数学期望为 0）的估计。克里金估计所利用的信息，通常为一组实测数据及其相应的空间结构信息。应用变差函数模型所提供的空间结构信息，通过求解克里金方程组计算局部估计的加权因子即克里金系数，然后进行加权线性估计。这样，采用克里金系数进行的局部估计就充分考虑了空间数据的结构性和随机性，从而使克里金方法优越于其他的一些传统的统计方法如距离平方反比加权和三次样条等插值方法。

4）云变换

利用随机反演获得多组等概率的合理岩性体与波阻抗体实现，进而，通过协模拟并结合纵波阻抗与孔隙度、饱和度等两两之间的关系（在地质统计学中的专业术语叫云变换）计算储层属性体。与通过线性关系拟合纵波阻抗与孔隙度、饱和度等的关系相比，利用云变换计算孔隙度体、饱和度体等可以帮助油田解释人员认识到更多可能的储层情况。

地质统计学反演技术是将随机模拟的思想引入到地震反演中，用地震作约束，用随机模拟算法去实现储层预测。实现思路是寻求比较符合地质规律的地质统计学模型和方法，来表征各种沉积类型的储层参数的变化规律，用这种已知的规律对井间未知地区的储层参数的空间分布做出预测估计。地质统计学反演是以地质统计学为基础，结合地质学、沉积学等学科的知识，根据岩心分析、测井解释、地震勘探、生产动态及露头观测等多种来源的已知数据，对沉积相单元、岩相组合或具体的流动单元的空间分布及物性参数在空间的变化进行模拟，从而产生一系列等概率的储层一维或多维成像，或称等概率实现。其核心思想为：以地质框架模型、测井和地震资料为基础，以层为单位，利用储层参数的空间分布规律和空间相关性进行随机反演，获得一组等概率的储层参数模型。地质统计学反演的目的是生成既满足测井资料和地质统计特性，又满足地震资料的储层参数模型；同时又能够更准确地估算各种参数的不确定性，提供参数模拟的可靠性评价。地质统计学反演不是基于模型但仍是以地质模型为基础的反演方法，因此，地质统计学反演是一种将随机模拟理论与地震反演相结合的反演方法。

随机模拟的方法很多，如序贯高斯模拟（SGS）、序贯高斯协模拟（SGCS）、序贯高斯配置协模拟（CGCCS）、序贯阈值指示模拟（CTIS）、序贯指示模拟（SIS）及带趋势的序贯指示模拟（带趋势的 SIS）。所谓序贯法，就是一步一步进行模拟；根据条件处理资料和前步模拟的元素模拟每个模型元素。

序贯指示模拟(SIS)既可用于类型变量,又可用于离散化的连续变量类别的随机模拟。该方法无需假设原始样本服从正态分布,而是通过给出一系列的门槛值,估计某一类型变量或离散化连续变量低于某一门槛值的概率,以此确定随机变量的分布。该方法实际上是应用指示克里金求取累积条件分布函数(CCDF)的序贯模拟方法,其主要特点是变量的指示变换、指示克里金和序贯模拟算法。首先构造条件概率分布函数得到协方差函数场。设 $\{Z(x) \mid x \in R\}$ 为地下某空间地质属性在分布空间范围 R 中的非平稳随机场,x 为空间位置。若已获得观测数据 $\{z_i = Z(x_i) \mid x_i \in R\}_{i=1,\cdots,N}$,随机模拟就是利用观测数据得出未知位置 $x \in R$ 处的条件概率分布函数值和 $Z(x)$。设 z_0 为级别中的门槛值,条件概率分布函数的条件概率 $P\{z(x) \leqslant z_0 \mid z_i, i=1,\cdots,N\}$ 的值将由克里金法估算。定义 x 处指示随机变量的二值变换式为

$$\varphi(x, z_0) = \begin{cases} 0 & z(x) > z_0 \\ 1 & z(x) \leqslant z_0 \end{cases} \tag{4.49}$$

则 x 点处的条件期望值为

$$E\{\varphi(x, z_0) \mid z_i, i=1,\cdots,N\} = \mathrm{Prob}\{z(x) \leqslant z_0 \mid z_i, i=1,\cdots,N\} \tag{4.50}$$

通过相应的指示条件,期望的估算可以得到相应的条件概率分布值。根据条件数据,利用指示克里金法可以得到 x 点处条件期望的最佳线性无偏估计,从而得到条件概率的估计式:

$$P^*\{z(x) \leqslant z_0 \mid z_i, i=1,\cdots,N\} = \sum_{i=1}^{N} \lambda_i(x, z_0) \varphi(x_i, z_0) \tag{4.51}$$

式中,$\varphi(x, z_0)$ 为以 z_0 为门槛的样点 $z_i (i=1,\cdots,N)$ 的指示变换;$\lambda_i(x, z_0)$ 为相应的克里金加权因子,由如下指示克里金方程求得

$$\begin{cases} \sum\limits_{i=1}^{N} \lambda_i(x, z_0) C_1(x_j - x_i, z_0) + \mu(x, z_0) = C_1(x - x_i, z_0) \\ \sum\limits_{i=1}^{N} \lambda_i(x, z_0) = 1 \end{cases} \quad i=1,\cdots,N \tag{4.52}$$

式中,$C_1(x_j - x_i, z_0)$ 为指示协方差函数;$\mu(x, z_0)$ 为拉格朗日乘子;$i=1,\cdots,N$。确定条件概率分布函数后,利用蒙特卡罗模拟每一个网格节点的随机函数值。模拟所有的位置,得到一个随机模型,多次模拟得到多个等概率模拟结果,从中优选最佳结果,或者取平均。其实现流程如图 4.14 所示。

地质统计学反演的优点是反演结果与井能够达到最佳的匹配;突破地震频带宽度的限制,获得高分辨率的地层波阻抗资料;随机模拟可以获得伽马、孔隙度等非波阻抗资料,进行储层岩性预测;克服了常规反演算法难以描述薄储层的技术难点;受地震资料品质的影响相对较小。缺点是反演结果依赖于各种统计特征(如变差函数)的准确;要求工区井点数不能太少,某一方向井点数也不能太少,要求井距应不大于储层砂体平均宽度;要求

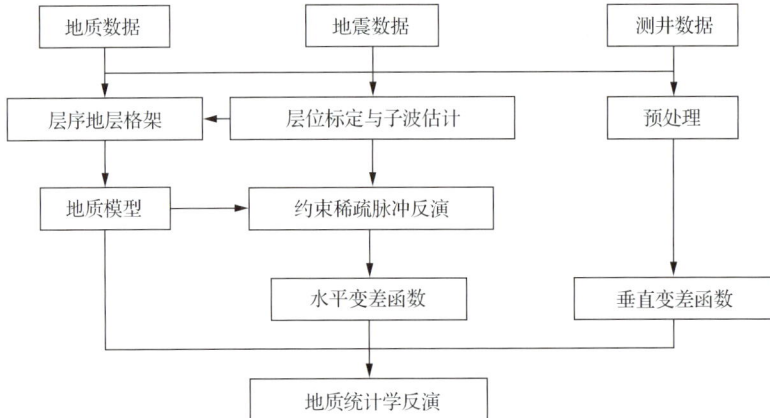

图 4.14　随机反演流程图

统计特征服从正态分布、对数正态分布或能通过转换形成上述分布;计算量大,影响了其推广应用。

做好地质统计学反演的主要事项如下。

(1)测井分层与地震层位解释一定要严格吻合,保证解释得到的地震层位具有明确的地质含义。

(2)反演前要评价是否具备足够多的测井资料进行随机模拟和随机反演:当工区井点数较少或某一方向井点较少时,难以建立变差函数模型;当研究区目标砂体分布不稳定,砂体宽度小于井距时,数据密度不足以反映井间储层横向变化时,由井点数据求取的变差函数(如果能建立变差函数模型的话)精度很低。纵向变差函数一般通过测井资料统计分析获得,在井网密度较小时,横向变差函数可通过综合统计分析地震反演结果与研究区地质背景信息确定。

(3)判断变差函数正确与否的一种方法是统计分析得到的变差函数要符合地下储层的空间变化规律。

(4)研究区不同层位及储层类型(特别是陆相非均质较强储层)的变差函数差别较大,应分区带、分储层开展地质统计反演。

(5)根据目标层的地质特征,选择合适的随机模拟和随机反演方法,以便取得良好的反演效果。

(6)地质统计学反演结果受井资料多少、方法的选取和储集类型等多重因素控制,因而要对反演结果进行严格的质量控制和评价。

利用常规地震反演进行储层预测,受到地震资料分辨率低等诸多因素的影响。地质统计学反演将随机模拟技术与常规地震反演相结合,克服了常规地震反演的缺陷,最大限度地综合了地质、测井和三维地震数据信息,提高了地震反演的质量,是岩性油气藏地震储层预测的重要技术之一。

5. 叠前同步反演技术

上述叠后地震资料反演技术受到地震信息的限制,仅能反演得到地层纵波阻抗等信息,难以适应地震岩性预测及流体检测等需求。自 Connonlly(1999)提出弹性阻抗概念以来,叠前反演技术得到了较大的发展和应用。自 2000 年以后,相继出现了叠前 AVA 同步反演技术,叠前地震反演可直接反演得到储层纵横波速度、密度信息,这些信息极大地提高了地震岩性预测与流体检测的可靠性,叠前地震反演方法现已成为岩性油气藏地震储层预测的主要技术。

随着地震勘探技术的发展及计地震资料品质的提高,叠前地震反演技术逐渐成为岩性地层油气勘探的必要手段之一,在复杂储层精细预测、储层流体识别等领域展示了良好的应用前景。叠前同步反演技术通过利用不同炮检距(角度)道集及横波、纵波和密度等测井资料,联合反演出与岩性和含油气性相关的多种弹性参数(泊松比、纵波阻抗、横波阻抗、密度等),为综合研究储层物性及含油气性提供了可靠资料基础。

1）基本原理

叠前同步反演通过不断修改初始模型的纵波阻抗、横波阻抗和密度,使之合成记录道集与叠前 CRP 道集达到最佳匹配,从而实现同时反演出纵波阻抗、横波阻抗和密度等弹性参数,并换算出其他敏感弹性参数,进而预测储层和流体的分布。

佐普里兹方程精确描述了水平界面两侧入射、反射、透射纵横波之间的关系。但用其计算反射系数时要求的计算量大,步骤复杂。在精度允许的情况下,叠前同步反演通常使用 Zoeppritz 程或其近似方程,利用叠前地震道集中不同偏移距地震道上丰富的振幅信息,在叠前 CRP 道集数据的约束下,计算相关的弹性参数,如纵波阻抗、横波阻抗、密度等。叠前同步反演的理论基础如下:Hampson 等(2005)基于 Zoeppritz 方程的 Fatti 近似方程,将 Zoeppritz 方程中纵波反射振幅简化为与纵、横波阻抗及密度的函数,即

$$R_{\mathrm{pP}}(\theta) = c_1 R_{\mathrm{P}} + c_2 R_{\mathrm{S}} + c_3 R_{\mathrm{D}} \tag{4.53}$$

其中,

$$c_1 = 1 + \tan^2\theta; \quad R_{\mathrm{P}} = \frac{1}{2}\left[\frac{\Delta V_{\mathrm{P}}}{V_{\mathrm{P}}} + \frac{\Delta\rho}{\rho}\right]$$

$$c_2 = -8\gamma^2\sin^2\theta; \quad R_{\mathrm{S}} = \frac{1}{2}\left[\frac{\Delta V_{\mathrm{S}}}{V_{\mathrm{S}}} + \frac{\Delta\rho}{\rho}\right]$$

$$c_3 = -\frac{1}{2}\tan^2\theta + 2\gamma^2\sin^2\theta; \quad R_{\mathrm{D}} = \frac{\Delta\rho}{\rho}; \quad \gamma = \frac{V_{\mathrm{S}}}{V_{\mathrm{P}}}$$

$$\rho = \frac{\rho_2 + \rho_1}{2}; \quad V_{\mathrm{P}} = \frac{V_{\mathrm{P2}} + V_{\mathrm{P1}}}{2}; \quad V_{\mathrm{S}} = \frac{V_{\mathrm{S2}} + V_{\mathrm{S1}}}{2}; \quad \Delta\rho = \rho_2 - \rho_1$$

$$\Delta V_{\mathrm{P}} = V_{\mathrm{P2}} - V_{\mathrm{P1}}; \quad \Delta V_{\mathrm{S}} = V_{\mathrm{S2}} - V_{\mathrm{S1}}; \quad \theta = \frac{\theta_2 + \theta_1}{2}$$

式中,ρ_1、ρ_2、V_{P1}、V_{P2}、V_{S1}、V_{S2} 分别为上下界面的密度和纵、横波速度,θ 为地震波到达反射界面的入射角度;c_1、c_2、c_3 为与入射角相关的系数;R_{P}、R_{S}、R_{D} 分别为反射界面上、下由

纵波速度、横波速度、密度差异形成的反射系数;向该方程存在一个问题,就是这些系数在数量级上是不同的,这导致在小角度时求解 R_{S} 和 R_{D} 不稳定。由于纵波阻抗、横波阻抗和密度三者之间存在着相关性,因此利用这种关系消除上述问题。

Hampson 等(2005)导出了叠前同步反演的关系式,即

$$S_\theta = \frac{1}{2}c_1 W_\theta \mathbf{D} L_\mathrm{P} + \frac{1}{2}c_2 W_\theta \mathbf{D} L_\mathrm{S} + c_3 W_\theta \mathbf{D} L_\mathrm{D} \tag{4.54}$$

式中,W_θ 是入射角为 α 的地震子波;$\mathbf{D}$ 为微分矩阵;L_P、L_S、L_D 分别为反射界面上下纵波阻抗、横波阻抗和密度的平均值的自然对数。

2)叠前同步反演实现

基于式(4.54),应用稀疏脉冲反演和基于模型反演的思想对多个角道集数据体进行测井约束下的同步反演。其基本步骤如下。

(1)反射系数计算。应用稀疏脉冲反射系数反演算法,分别求取各个角度下的反射系数,此时要最小化目标函数[式(4.55)]:

$$F(r) = \sum_i \sum_j \left[L_\mathrm{p}(r_{ij}) + \lambda L_\mathrm{q}(S_{ij} - d_{ij}) \right] \tag{4.55}$$

式中,i 代表线号;j 代表道号;p 和 q 为 L 模因子;r 为反射系数;S 为合成地震记录;d 为原始地震数据;λ 为平衡因子。

(2)加权计算。对上述反演得到的 AVA 反射系数进行加权叠加,以获取弹性参数变化量。对应于每个角度道集,都有一个方程式(4.56):

$$\begin{aligned}
C_{IP}(\theta_1)r_{IP} + C_{IS}(\theta_1)r_{IS} + C_\rho(\theta_1)r_\rho &= r_{pP}(\theta_1) \\
C_{IP}(\theta_2)r_{IP} + C_{IS}(\theta_2)r_{IS} + C_\rho(\theta_2)r_\rho &= r_{pP}(\theta_2) \\
C_{IP}(\theta_3)r_{IP} + C_{IS}(\theta_3)r_{IS} + C_\rho(\theta_3)r_\rho &= r_{pP}(\theta_3)
\end{aligned} \tag{4.56}$$

式中,r_{IP},r_{IS} 和 r_ρ 分别为纵波、横波阻抗反射系数和密度反射系数;$C_x(x = IP, IS, \rho)$ 为权重因子,可由式(4.54)的系数计算得到,也可通过精确的佐普里兹方程计算。

若直接对式(4.56)进行求解,由于方程组的不适定性,所得到的 r_{IP},r_{IS} 和 r_ρ 值不稳定,并且可能与实际的物理和地质意义相悖。为此,还需将式(4.54)作进一步变换。从式(4.54)可知,当角度相同时,各采样点的同一岩性参数(r_{IP}、r_{IS} 和 r_ρ)所对应的系数值相同。因此,对于同一道的不同采样点(即在不同时刻 t)有

$$\begin{bmatrix} r_{IP}(t_1) & r_{IS}(t_1) & r_\rho(t_1) \\ r_{IP}(t_2) & r_{IS}(t_2) & r_\rho(t_2) \\ \vdots & \vdots & \vdots \\ r_{IP}(t_n) & r_{IS}(t_n) & r_\rho(t_n) \end{bmatrix} \begin{bmatrix} C_{IP} \\ C_{IS} \\ C_\rho \end{bmatrix} = \begin{bmatrix} R(t_1, \theta) \\ R(t_2, \theta) \\ \vdots \\ R(t_n, \theta) \end{bmatrix} \tag{4.57}$$

可选取测井曲线(纵波曲线、横波曲线和密度曲线)来建立方程组(4.57)所述关系。通过这种方法建立的岩性参数与角度反射系数之间的关系确定性更强,得到的 C_{IP},C_{IS} 和 C_ρ 更具普遍性。

（3）递推计算。类比于常规的波阻抗递推公式 $Z_{k+1} = Z_k \left(\dfrac{r_k}{1-r_k} \right)$ 可以将弹性参数的变化量转化为对纵、横波阻抗和密度的初始估计：

$$I_{\mathrm{P}i+1} = I_{\mathrm{P}i} \left(\frac{1+r_{\mathrm{IP}i}}{1-r_{\mathrm{IP}i}} \right) = I_{\mathrm{P}0} \prod_{j=1}^{i} \frac{1+r_{\mathrm{IP}j}}{1-r_{\mathrm{IP}j}} \tag{4.58}$$

同理可得

$$I_{\mathrm{S}i+1} = I_{\mathrm{S}0} \prod_{j=1}^{i} \frac{1+r_{\mathrm{IS}j}}{1-r_{\mathrm{IS}j}} \tag{4.59}$$

$$\rho_{i+1} = \rho_0 \prod_{j=1}^{i} \frac{1+r_{\rho j}}{1-r_{\rho j}} \tag{4.60}$$

以 N 层地质模型为例，设其纵波阻抗初始值为 $I_{\mathrm{P}0}$，对式（4.58）两边取对数得

$$L_{IP}(i) = \lg \left[I_{\mathrm{P}}(i) \right] = \lg \left[I_{\mathrm{P}0} \prod_{j=1}^{i} \frac{1+r_{\mathrm{IP}j}}{1-r_{\mathrm{IP}j}} \right] \tag{4.61}$$

对式（4.61）作级数展开，略去高次项，则有

$$L_{IP}(i) \approx L_{IP}(0) + \sum_{j=1}^{i} 2r_{IP}(j) \quad i = 1,2,\cdots,N \tag{4.62}$$

进而可写成

$$r_{IP}(i) = \frac{1}{2} \left[L_{IP}(i) - L_{IP}(i-1) \right] \quad i = 1,2,\cdots,N \tag{4.63}$$

同理可得

$$r_{IS}(i) = \frac{1}{2} \left[L_{IS}(i) - L_{IS}(i-1) \right] \quad i = 1,2,\cdots,N \tag{4.64}$$

$$r_{\rho}(i) = \frac{1}{2} \left[L_{\rho}(i) - L_{\rho}(i-1) \right] \quad i = 1,2,\cdots,N \tag{4.65}$$

将式（4.63）表示成矩阵形式，则有

$$\boldsymbol{r}_{IP} = \boldsymbol{D} \boldsymbol{L}_{IP} \tag{4.66}$$

式中，$\boldsymbol{L}_{\mathrm{IP}} = [L_{\mathrm{IP}}(0), L_{\mathrm{IP}}(1), \cdots, L_{\mathrm{IP}}(N)]^{\mathrm{T}}$。$\boldsymbol{D}$ 为 $N \times (N+1)$ 的系数矩阵：

$$\boldsymbol{D} = \frac{1}{2} \begin{bmatrix} -1 & 0 & 0 & \cdots & 0 \\ 1 & -1 & 0 & \cdots & 0 \\ 0 & 1 & -1 & \cdots & 0 \\ \vdots & \vdots & \vdots & \vdots & \vdots \\ 0 & 0 & \cdots & 1 & -1 \\ 0 & 0 & \cdots & 0 & 1 \end{bmatrix}^{\mathrm{T}} \tag{4.67}$$

同理，对于式（4.64）和式（4.65），也可得

$$r_{IS} = DL_{IS}$$
$$r_{\rho} = DL_{\rho}$$

结合式(4.53)和式(4.57),可得

$$R(\theta_i) = C_{IP}(\theta_i)r_{IP} + C_{IS}(\theta_i)r_{IS} + C_{\rho}(\theta_i)r_{\rho} \quad i = 1,3 \tag{4.68}$$

值得注意的是,式(4.58)中的 $C_{IP}(\theta_i)$、$C_{IS}(\theta_i)$ 和 $C_{\rho}(\theta_i)$ 的值可通过求解式(4.56)得到。将式(4.58)表示成矩阵形式为

$$\begin{bmatrix} R(\theta_1) \\ R(\theta_2) \\ R(\theta_3) \end{bmatrix} = \begin{bmatrix} C_{IP}(\theta_1)D & C_{IS}(\theta_1)D & C_{\rho}(\theta_1)D \\ C_{IP}(\theta_2)D & C_{IS}(\theta_2)D & C_{\rho}(\theta_2)D \\ C_{IP}(\theta_3)D & C_{IS}(\theta_3)D & C_{\rho}(\theta_3)D \end{bmatrix} \begin{bmatrix} L_{IP} \\ L_{IS} \\ L_{\rho} \end{bmatrix} \tag{4.69}$$

用测井资料中的纵、横波阻抗和密度曲线所含的低频信息取对数后作为式(4.68)的初始解,用共轭梯度法求解,最终可求得纵波阻抗、横波阻抗和密度数据体。

在层位数据、井数据及地质模式约束下完成纵、横波阻抗和密度的同步反演,得到纵波阻抗、横波阻抗和密度等参数的数据体,进而根据纵、横波速度、密度与岩石弹性参数之间的理论关系得到泊松比 σ、剪切模量 μ、拉梅系数 λ 等多种弹性参数数据体。

叠前同步反演主要工作步骤如下:①测井资料标准化处理;②储层岩石物理特征分析;③地震子波提取;④井震标定;⑤建立初始模型;⑥最优化算法选择和反演参数调试;⑦属性体反演。地震资料的精细解释和处理、测井资料的标准化及细致的交会图分析是做好叠前同步反演的基础,角度子波的提取、层位的精细标定等做好叠前同步反演的关键环节。因而,结合工区的地质特点和实际资料状况,扎实做好每个环节的工作,才能最终取得良好应用效果。

4.4 地震 AVO 烃类检测方法

流体检测是油气地震勘探的终极目标。20 世纪 70 年代中期,亮点技术作为第一个地震直接检测地下油气储层的技术得到应用,"亮点"是指在地震剖面上由于地下油气储层所引起的地震反射振幅相对增强的特点。地震剖面中强振幅、相位反转、平点、暗点、烟囱效应及时间滞后等直接碳氢指示因子成为地震直接油气检测的重要属性参数被广泛应用,在部分地区提高了气田勘探的成功率。同时,大量的勘探实践表明,地震剖面中"亮点"存在多解性,许多高强度的振幅异常并不都是由具有商业价值的气层引起的。它们往往是由于某种高速岩层或低速层引起的。为了寻求地震剖面中反射振幅变化与反射层孔隙流体关系,人们从著名的 Zoeppritz 方程研究入手,研究了反射系数随入射角变化规律。Koefoed(1962)对 Zoeppritz 方程进行了简化,将原方程中的 7 个独立变量,即一个分界面两侧的纵波速度、横波速度、密度及入射角用 5 个独立变量代替,并据此证明:如果反射界面两侧的弹性参数除泊松比之外都相等,那么当入射介质的泊松比小于反射介质的泊松比时,反射系数随入射角的增大而减小;反之,当入射介质的泊松比大于反射介质的泊松

比时,反射系数随入射角的增大而增大。Ostrander 等(1984)综合了前人的研究成果,提出利用反射系数随入射角变化识别"亮点"型含油气砂岩的 AVO 技术,并将其成功用于墨西哥湾等地的油气储层预测。同时得出了含油气砂岩反射振幅随偏移距增加而增加,含水砂岩反射振幅随偏移距增加而减小的重要结论,这一发现丰富了烃类检测技术,标志着实用的 AVO 技术的产生,引发了人们对 AVO 技术的极大兴趣。

目前 AVO 技术已成为地震烃类检测的重要技术,已经得到迅速的普及和广泛应用,并已在油气检测和储层特征描述等领域扮演了重要的角色。特别是近年来,随着岩性油气藏勘探的不断深入,利用地震叠前道集进行储层流体检测及储层岩石物理分析已成为广泛使用的地震储层预测技术,为解决复杂岩性油气藏地震勘探提供为广阔的前景。

AVO 技术是以弹性波理论为基础,结合了储层岩石物理及孔隙流体的弹性理论,研究含不同流体储层反射系数随入射角变化规律。通过正演计算反射系数随偏移距变化特征,可分析已知的油、气、水和岩性的 AVO 特征,有助于人们解释实际地震记录中反射振幅变化所携带的地层信息,为定性油气储层预测提供理论依据。此外,叠前道集反射振幅随偏移距的变化指示了反射层地层信息,根据 AVO 正演计算规律,可以直接对叠前道集进行储层反演,并定量解释叠前反演属性参数可以获得有关储层岩性和孔隙流体类型等信息。

4.4.1　叠前 AVO 理论基础

1. 精确 Zoeppritz 方程

水平地层界面上非垂直入射纵波将在地层界面两侧形成反射纵波、反射横波、透射纵波和透射横波,如图 4.15 所示。其中,反射波与透射波在地层界面两侧的能量分配及传播角度可用 Zoeppritz 方程(Mavko et al.,2009)确定。

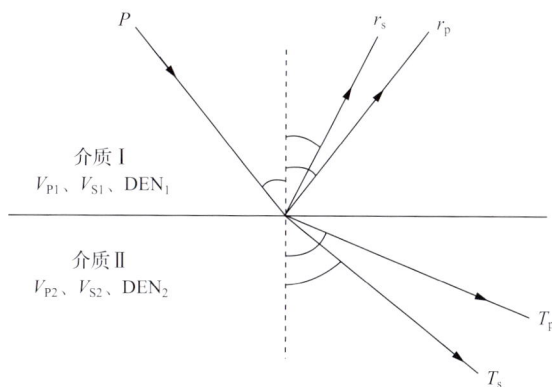

图 4.15　地震反射波和透射波示意图

Zoeppritz 方程矩阵表达式如下:

$$
\begin{bmatrix} R_P \\ R_S \\ T_P \\ T_S \end{bmatrix} = \begin{bmatrix} -\sin\theta_1 & -\cos\phi_1 & \sin\theta_2 & \cos\phi_2 \\ \cos\theta_1 & -\sin\phi_1 & \cos\theta_2 & -\sin\phi_2 \\ \sin2\theta_1 & \dfrac{V_{P1}}{V_{S1}}\cos2\phi_1 & \dfrac{\rho_2 V_{S2}^2 V_{P1}}{\rho_1 V_{S1}^2 V_{P2}}\sin2\theta_2 & \dfrac{\rho_2 V_{S2} V_{P1}}{\rho_1 V_{S1}^2}\cos2\phi_2 \\ -\cos2\phi_1 & \dfrac{V_{S1}}{V_{P1}}\sin2\phi_1 & \dfrac{\rho_2 V_{P2}}{\rho_1 V_{P1}}\cos2\phi_2 & \dfrac{\rho_2 V_{S2}}{\rho_1 V_{P1}}\sin2\phi_2 \end{bmatrix}^{-1} \begin{bmatrix} \sin\theta_1 \\ \cos\theta_1 \\ \sin2\theta_1 \\ \cos2\phi_1 \end{bmatrix} \tag{4.70}
$$

式中,R_P 为上覆介质纵波反射系数;R_S 为上覆介质横波反射系数;T_P 为下伏介质纵波透射系数;T_S 为下伏介质横波透射系数;θ_1、θ_2 分别为纵波的反射角和透射角;ϕ_1、ϕ_2 分别为转换横波的反射角和透射角;V_{P1}、V_{S1}、ρ_1 分别为介质 Ⅰ 的纵波速度、横波速度和密度;V_{P2}、V_{S2}、ρ_2 分别为介质 Ⅱ 的纵波速度、横波速度和密度。

Zoeppritz 方程考虑了平面纵波入射在平界面两侧产生的纵、横波反射和透射能量之间的关系。根据该方程可知,纵波反射系数是入射角、上下地层速度、密度的函数。进行特定地层 AVO 响应分析时,需要知道反射界面上、下地层的 6 个弹性参数即可计算出不同入射角条件下反射系数变化规律。相反,若从地震道集中反演储层参数时,由 Zoeppritz 方程可见,仅有反射系数和入射角信息,难以完全反演处其余 6 个地层弹性参数。因此,实际地震叠前道集反演时常常需要对 Zoeppritz 方程进行一定的简化。

2. Zoeppritz 方程的近似式

为了便于讨论不同储层岩石物理参数对 AVO 的作用,很多学者从不同的角度对精确的 Zoeppritz 方程进行了简化,虽然近视公式的形式各不相同,但其精度大致相同。

1) Bortfeld 的近似公式

Bortfeld(1961)对 Zoeppritz 方程进行了近似,近似后的纵波反射系数方程可用于讨论纵波速度与横波速度对反射系数的作用,方程形式如下:

$$
R_P(\theta) \cong \frac{1}{2}\ln\left(\frac{V_{P2}\rho_2\cos\theta_1}{V_{P1}\rho_1\cos\theta_2}\right) + \left(\frac{\sin\theta_1}{V_{P1}}\right)^2 \left[2 + \frac{\ln(\rho_2/\rho_1)}{\ln\left(\dfrac{V_{P2}}{V_{P1}}\right) - \ln\left(\dfrac{V_{P2}V_{S2}}{V_{P1}V_{S1}}\right)}\right] \tag{4.71}
$$

2) Bortfeld 近似方程(Bortfeld,1961)

假设反射界面上下介质的密度相同,即 $\rho_1 = \rho_2$,可得到更简单的近似方程式:

$$
R_P(\theta) \cong \frac{V_{P2}\rho_2\cos\theta_1 - V_{P1}\rho_1\cos\theta_2}{V_{P1}\rho_1\cos\theta_1 + V_{P1}\rho_1\cos\theta_2} + \left(\frac{\sin\theta_1}{V_{P1}}\right)^2 (V_{S1}^2 - V_{S2}^2) \tag{4.72}
$$

当入射角小于 $50°$ 时,式(4.72)是精确的。

Koefoed(1955)简化了 Zoeppritz 方程,首次将泊松比与反射系数联系起来,发现泊松比是一个对岩性和含油气情况反应比较敏感的参数。由该近似方程可确定地层弹性参数与反射系数关系如下。

(1)当下伏介质具有较高速度,两层的其他特征彼此相同时,下伏介质泊松比的增加会引起在较大入射角时 R_{pP} 增加。

（2）在上述条件下，对于入射介质来说，当泊松比增加时，在较大入射角时反射系数随之减小。

（3）在上述条件下，对于两种介质的泊松比都均匀增加（但彼此相等）时，在较大入射角时 R_{pp} 随之增加。

（4）随着速度差变化，在（1）中提到的现象更加明显。

（5）当入射介质与下伏介质变换位置时，至少在入射角小于 $30°$ 是只对曲线有轻微影响。Koefoed 的上述结论说明了可利用 R_{pp} 与入射角曲线的形态反求出泊松比。但用精确的佐普里兹公式无法实现此类计算，佐普里兹方程也不能对上述结论作出简明解释。

3）Aki 和 Richard 近似方程

Aki 和 Richard（1980）定义了 Zoeppritz 方程近似公式，该近似的特点是将反射系数分别于纵波速度变化率、横波速度变化率、密度变化率联系起来，近似方程形式如下：

$$R_{pP}(\theta) = \frac{1}{2}\left(1 - 4\frac{V_S^2}{V_P^2}\sin^2\theta\right)\frac{\Delta\rho}{\rho} + \frac{\sec^2\theta}{2}\frac{\Delta V_P}{V_P} - \frac{4V_S^2}{V_P^2}\sin^2\theta\frac{\Delta V_S}{V_S} \tag{4.73}$$

式中，

$$\Delta V_P = V_{P2} - V_{P1} \quad V_P = (V_{P2} + V_{P1})/2$$
$$\Delta V_S = V_{S2} - V_{S1} \quad V_S = (V_{S2} + V_{S1})/2$$
$$\Delta\rho = \rho_2 - \rho_1 \quad \rho = (\rho_2 + \rho_1)/2$$
$$\theta = (\theta_1 + \theta_2)/2$$

4）Shuey 近似方程

Shuey（1985）通过引入泊松比重新编排了 Aki&Richard 公式，获得一个简洁近似方程：

$$R_p(\theta_i) = R_0 + G\sin^2\theta + \frac{1}{2}\frac{\Delta V_P}{V_P}(\tan^2\theta - \sin^2\theta) \tag{4.74}$$

其中，

$$R_0 = \frac{1}{2}\left(\frac{\Delta V_P}{V} + \frac{\Delta\rho}{\rho}\right)$$

$$G = \left[R_0 A_0 + \frac{\Delta\sigma}{(1-\sigma)^2}\right]$$

$$\sigma = \frac{\frac{1}{\gamma^2} - 2}{2\left(\frac{1}{\gamma^2} - 1\right)}$$

$$\Delta\sigma = \sigma_2 - \sigma_1$$

$$A_0 = B - 2(1+B)\frac{1-2\sigma}{1-\sigma}$$

$$B = \frac{2\frac{\Delta\alpha}{\alpha}}{R_0}$$

Shuey 方程是油气工业中广泛使用的 Zoeppritz 近似方程,该方程各项意义如下。

(1) 方程第一项,小角度入射项。当 $\theta \approx 0°(0° < \theta < 30°)$ 时,第一项起主导作用,该项的值近似等于自激自收反射系数。随着入射角的增大,该项值逐渐减小。

(2) 方程第二项,适中入射角($0° < \theta < 30°$)项。当 θ 逐渐增大但不太大时,第二项逐渐起主要作用。这时的反射系数与泊松比密切关系,因此,利用此式更能突出 AVO 响应特征。对于 Shuey 方程,在其他条件不变的情况下,下伏介质的泊松比越大(或上伏介质的泊松比越小),反射系数就越大;当上下介质的泊松比差值不变时,泊松比越大,反射系数就越大;如果上下介质的速度差变小,上述现象更为明显。因此,这个范围是研究振幅随炮检距变化的主要区域。

在此范围内,近似有 $\tan\theta \approx \sin\theta$,式(4.74)变为

$$R_p(\theta) = R_0\left[1 + \left(A_0 + \frac{\Delta\sigma}{(1-\sigma)^2 R_0}\right)\sin^2\theta\right] \tag{4.75}$$

或

$$R_p(\theta) = R_0(1 + A\sin^2\theta) \tag{4.76}$$

在 $\theta < 30°$ 时,利用近似关系 $\tan\theta = \sin\theta = \theta_1 = \theta$,可以进一步将式(4.76)简化为

$$R_p(\theta) = R_0(1 + A\theta_1^2) \tag{4.77}$$

(3) 方程第三项,即广角反射项。此时反射振幅主要与速度变化有关式(4.75)中的第三项起了主要作用。即

$$R_p(\theta) = \frac{1}{2}\frac{\Delta V_P}{V_P}(\tan^2\theta - \sin^2\theta) \tag{4.78}$$

5) Verm 和 Hilterman 近似方程

Verm 和 Hilterman(1995)将 Shuey 方程中 γ 值设为 4,并忽略 Shuey 公式中的第三项,进一步将 Shuey 方程简化为如下两项形式:

$$R_p(\theta_i) = R_0 + G\sin^2\theta \tag{4.79}$$

其中,

$$G = \frac{9}{4}\Delta\sigma - R_0$$

在式(2.36)中的第一项 R_0 为截距项;G 为梯度项,这个方程经常用于 AVO 属性交会图分析中。

6) Smith 和 Gidlow 近似方程

Smith 和 Gidlow(2003)对 Aki 和 Richard(1980)近似方程形式做了改变:

$$R_p(\theta_i) = \frac{1}{2}\left(\frac{\Delta\alpha}{\alpha} + \frac{\Delta\rho}{\rho}\right) - 2\gamma^2\sin^2\theta\left(2\frac{\Delta\beta}{\beta} + \frac{\Delta\rho}{\rho}\right) + \frac{1}{2}\tan^2\theta\frac{\Delta\alpha}{\alpha} \tag{4.80}$$

此外,假设密度满足 Gardener 方程,R_p 可以简化成纵波速度变化率和横波速度变化率的函数:

$$R_p(\theta_i) = \frac{1}{2}(1 + a + \tan^2\theta - 4a\gamma^2\sin^2\theta)\frac{\Delta\alpha}{\alpha} - 4\gamma^2\sin^2\theta\frac{\Delta\beta}{\beta} \tag{4.81}$$

式中,$\dfrac{\Delta\alpha}{\alpha}$ 为纵波速度变化率;$\dfrac{\Delta\beta}{\beta}$ 为横波速度变化率;γ^2 为纵横波速度比的平方。

由式(4.80)结合 Castagna 公式,可方便地定义流体因子属性参数,流体因子定义如下:

$$\Delta F = \frac{\Delta\alpha}{\alpha} - c\gamma\frac{\Delta\beta}{\beta} \tag{4.82}$$

式中,c 为饱水砂泥岩纵横波速度关系的斜率。

7) Fatti 近似方程

Fatti 等(1994)提出了用纵横波阻抗变化率表示的 Zoeppritz 近似方程,其形式如下:

$$R_p(\theta_i) = \frac{1}{2}[1 + \tan^2(\theta)]\frac{\Delta I_P}{I_P} - 4\gamma^2\sin^2\theta\frac{\Delta I_S}{I_S} \tag{4.83}$$

式中,$\dfrac{\Delta I_P}{I_P}$ 为纵波阻抗变化率;$\dfrac{\Delta I_S}{I_S}$ 为横波阻抗变化率。

由该方程可以方便推导得出弹性阻抗属性参数。

4.4.2　AVO 正演计算

AVO 正演可采用反射率法、波动方程方法等计算,不同方法的计算效率和精度有一定差异。一般而言,弹性波动方程模拟方法计算耗时长,计算精度较高;采用 Zoeppritz 方程进行正演计算时,可确定不同偏移距反射系数变化规律。正演模拟过程中,计算各个地层的地震波入射角与反射角时,可采用直射线近似或射线追踪方法计算,使用射线追踪原理确定反射角度时,要求计算出每一层的对给定偏移距的波动入射角,并由 Snell 定律计算出透射纵波的透射角、反射横波反射角和透射横波的透射角。

AVO 正演可在时间域计算也可在频率域进行计算,频率域计算方程如下:

$$S_f = \sum r_i w_f e^{-i2\pi f\tau_i} \tag{4.84}$$

式中,r_i 和 τ_i 分别为射线路径 i 所计算的反射系数和旅行时;f 为频率;w_f 和 S_f 为频率为 f 时的子波和地震道。对式(4.84)计算的结果进行逆傅里叶变换,便得到最终的时间域地震记录。

AVO 正演分析是进行实际叠前道集分析的基础,通过对实际储层进行岩石物理参数分析,确定正演模型及参数,选择适当地震记录正演方法,可以确定目的层反射系数随偏移距变化规律,指导实际地震采集观测系统设计、叠前保幅处理和叠前储层预测。

4.4.3　叠前 AVO 反演

叠前 AVO 反演处理根据地震共反射点道集中反射振幅与地震波入射角等信息,结合理论模型提取叠前 AVO 属性参数。叠前 AVO 反演提供了较可靠的储层岩性及流体类型等信息,是叠前烃类检测的重要手段之一。

叠前 AVO 反演结果的质量与输入地震道集的品质密切相关。叠前 AVO 反演的主要内容包括:精细的叠前保幅处理、提高信噪比处理、井控叠前道集振幅校正、超道集计算、角度道集转换及叠前反演参数提取等。

基于波动方程或直接求解 Zoeppritz 方程进行 AVO 反演是一种非线性反演问题,实际应用较为困难,通常将其转化为基于 Zoeppritz 方程线性近似式的线性 AVO 反演问题。依据所使用的近似方程,叠前 AVO 反演可以获取 AVO 梯度、截距、泊松比、拟横波、纵横波速度变化率、纵横波阻抗变化率、弹性模量变化率等十余类型叠前属性参数。

线性 AVO 反演是一种确定性的求解方法,反演结果质量受到输入地震数据与理论模型差异程度的影响。当考虑到实际非均质储层纵横方向变化,可在反演的目标函数中引入先验信息作为约束,修正过于简化的理论模型引起的误差,获取较为合理、稳定的反演结果,贝叶斯理论为实现上述 AVO 反演提供了有效途径,贝叶斯反演方法能够方便地将地震数据与地层及其弹性参数等先验信息结合起来,得到模型参数的后验概率密度分布(Buland and Omre,2003)。实际地层的纵横波速度之间或速度与密度之间存在着显著的相关性,若假设地层模型参数服从某种统计分布(例如高斯分布等),模型参数的概率密度分布函数的协方差矩阵可以表征模型参数之间的相关性,使得反演算法稳定、结果更趋合理。

多波地震勘探现已成为地震流体检测的重要技术,纵、横波联合 AVO 反演可有效地提高反演的稳定性,获得更高精度的纵波速度、横波速度和密度等弹性参数,弥补单一纵波数据反演的横波阻抗和密度计算精度不够的缺点,提高地震储层预测和孔隙流体性质检测的可靠性和精度。

4.4.4 AVO 属性分析

叠前 AVO 反演可以获得多种属性参数,通过对不同属性参数或一组属性参数进行分析可以获得有关反射层岩性及流体类型等信息。常用的叠前 AVO 属性分析方法包括交会图分析方法、属性参数组合分析方法等。

1. AVO 属性交会图分析

AVO 交会图分析是将 AVO 反演的属性参数对(如截距—梯度、$\lambda\rho$—$\mu\rho$、横波阻抗—纵波阻抗等)投影到交会图上,研究不同岩性及含不同流体类型的地层对应的属性参数点在交会图平面中分布特征,结合所交会的属性参数与储层岩性及孔隙流体关系,正演模型模拟结果等先验信息,进行 AVO 属性参数解释,检测反射层含油气性等信息。如果有井资料可以利用,则井资料所建立的 AVO 交会图是指导 AVO 交会图解释的最佳先验信息。

对于 AVO 截距—梯度属性参数交会图(Castagna et al.,1998),根据这些属性参数理论公式可知:当不含油气或无特殊岩性存在时,数据点在交会图上沿泥页岩线集中分布,这条直线称为"背景趋势线";当含有油气或存在特殊岩性时,纵横波速度比就会发生变化,属性参数点将在交会图上沿与背景趋势线不同的直线分布,这就是 AVO 异常。因此,可以通过这种异常来识别岩性和预测流体。

AVO 属性交会图解释的基本依据是:①不同的岩性参数组合对应于不同的 AVO 变化特征,利用 AVO 正演模型,分析已知的油、气、水和岩性的 AVO 特征,有助于人们从实际地震记录中识别岩性和油气的特征规律,为定性的油气储层预测奠定基础;②振幅随入射角的变化隐含岩性或孔隙流体等储层信息,利用 AVO 属性与储层参数之间的关系可以直接反演岩石的物性参数,进而利用这些参数定量地描述储层。

储层岩石物理分析和 Zoeppritz 理论方程是 AVO 属性参数解释的理论依据。AVO 交会图在解释岩石和孔隙流体异常方面非常有用。交会图中二、四象限对角线反映了非油气层界面的反射背景趋势。为了把 AVO 异常与岩石和流体的性质联系起来,需要将 AVO 属性参数转化为各种属性变化趋势,这种变化趋势线可利用各种 Zoeppritz 近似方程计算得到,由 Shuey 近似方程可以反演得到截距 P、斜率 G,饱水泥页岩的这两个属性参数具有稳定的线性变化趋势,或背景趋势线。随着储层纵、横波速度比值的增大,背景趋势线 G/P 逐渐变大。对于"背景"岩石,P、G 与之负相关,但当纵横波比值较大时,它们也有可能是正相关。目的层界面上反射振幅随炮检距的变化,可在 P、G 交会图上以单个点的形式显示出来,交会图可显示出大量的 AVO 属性信息,并且从交会图中可以观察到其他剖面中不能观察到的数据趋势(Rutherford and Williams,1989)。AVO 属性交会图是一种方便快捷的检测储层孔隙流体类型的分析方法。利用 AVO 背景趋势线等分析方法,可方便地进行 AVO 属性参数解释。

2. 叠前流体因子分析

根据孔弹性介质理论,含流体砂岩的纵波速度或模量可以分解为孔隙流体相关因子和岩石固体基质两部分。其中与孔隙流体相关的因子称之为流体项,该参数反映了孔隙流体模量大小,可用于解释孔隙流体类型及饱和度等参数。Smith 和 Gidlow(1987)根据饱水砂泥岩线与含油气储层纵横波速度关系,提出了流体因子概念,并给出了叠前地震流体因子反演方法。

Smith 和 Gidlow(1987)提出的流体因子 ΔF 是根据储层纵波与横波速度的线性关系式,通过计算其速度变化率与泥岩线的差异来判别油气存在的可能性。例如,储层孔隙中天然气替换为地层水时,由于纵波速度下降,而横波速度不变,此时,对式 $V_P = a + bV_S$(a、b 为实际地层系数)在不同地区取不同值求微分,并除以 V_P 可得到流体因子。

$$\Delta F = \frac{\Delta V_P}{V_P} - b\frac{\Delta V_S}{V_P} = \frac{\Delta V_P}{V_P} - b\frac{V_S}{V_P}\frac{\Delta V_S}{V_S} \tag{4.85}$$

式中,右边第一项为纵波速度的实际变化率;右边第二项为根据横波速度变化率 $\frac{\Delta V_S}{V_S}$ 来预测不含气时的纵波变化率。纵波速度随流体而变化,而横波速度不随流体而变化,因此,第二项对流体的变化反应不敏感。对于所有含水砂岩,ΔF 接近于零,当含气时 ΔF 明显增加,且在含气砂岩顶部为负值,底部为正值,所以在流体因子剖面上可较好地反映气层的位置。Smith 和 Gidlow(2003)又根据叠前数据分析,提出了流体因子角度和交会图角度的概念,利用这两种角度进行计算来得到流体因子。

Goodway 等(1997)提出一种基于拉梅系数 (λ, μ) 和密度 (ρ) 的 AVO 反演方法,称 lambda-mu-rho(LMR)技术。由岩石物理理论可知,拉梅系数中第一拉梅模量 λ 对孔隙中的流体敏感,μ 对流体不敏感而对岩石基质骨架敏感;拉梅系数与密度的乘积对流体非常敏感,可以作为流体因子来进行储层含油气性的直接检测,此技术取得了一定的应用方面的效果。但是在基于叠前道集开展的 AVO 反演方面却表现出较差的抗噪能力,通过分析资料得到纵波速度、横波速度和密度,利用这三个参数再间接计算出拉梅系数加大了累积误差,从而限制了 LMR 技术的进一步发展和应用。Quakenbush 等(2006)提出了泊松阻抗的概念并作为流体因子也取得了一定的应用效果。

Russell 等(2003)采用 Biot-Gassmann 方程对饱和流体条件下的纵波速度方程进行了变换,结合叠前反演的纵、横波速度和密度等信息提出了流体模量项计算方法,所计算的流体模量项可作为叠前地震流体检测的敏感指示因子。

根据叠前 AVO 反演,目前已存在多种地震流体检测的敏感属性因子或流体因子,为岩性油气藏地震储层预测及流体类型检测提供了技术支撑,但使用地震流体因子进行储层流体检测时,需要对储层岩石物理特征及流体因子敏感性进行精细的评价。

储层地震预测软件平台　第 5 章

常规储层预测方法主要使用叠后地震资料获取地层构造等信息，所依据的地球物理信息主要是基于叠加记录的反射振幅、频率、相位、时间及构造计算得到的地震属性参数。这些属性参数在特定条件下反映了地层岩性或含流体性变化引起的波场差异，但这些属性参数与地层岩性及岩石物理参数之间缺乏明确的联系，难以应用这些属性参数定量分析和预测地震记录中储层岩性及孔隙变化引起的波场响应。因此，使用常规勘探技术难以满足油气藏勘探的精度要求，有必要从储层岩石物理性质基本关系出发，建立行之有效的储层预测方法，通过对岩性油气藏岩石物理性质特征的系统研究，综合储层岩石物理机地震反演技术，提高地震储层预测的可靠性与精度。

地震波的传播不仅与反射层的构造形态及厚度等因素有关，而且与反射层的岩石物理性质密切相关，岩石物性参数及孔隙流体性质变化等因素对地震波响应有一定的影响。钻井取心资料反映了目标层岩石性质、孔隙状态及其孔隙流体性质等基本物理性质特征。对其进行岩石物理性质分析，了解和寻找原位地层条件下储层物性及弹性性质的变化规律，对于指导油气勘探和开发具有重要实际意义。

通常，高孔隙砂岩或弱固结砂岩具有较高的渗透率，其岩石物理性质的稳定性主要受有效压力、孔隙度及孔隙流体变化的控制。例如，当弱固结岩石的有效压力比较低、孔隙度比较高时，岩石非常容易发生压实、塑性变形等变化；干燥弱固结岩石较之饱和流体弱固结岩石可压缩性更强，弹性参数的变化幅度和范围很大。此类岩石在不同状态下对波动参数（波速、能量及弹性模量等）有很大影响，控制着地震响应与弱固结岩石性质之间的关系。因此，深入研究岩石物性参数及孔隙流体等因素变化引起的地震响应特征，确定两者间地球物理参数变化规律，是我们利用地震反演技术进行岩性油气藏地震识别、提高储层预测精度的重要基础。

准噶尔盆地岩性油气藏经过近十年的勘探实践，新疆油田公司形成了针对各类复杂碎屑岩岩性油气藏地震预测技术系列，自主研发了碎屑储层岩石物理建模系列技术、测井岩石物理分析技术、储层岩石物理参数模拟及岩石物理量板分析等特色技术。针对准噶尔盆地地震资料的特点，建立了相对保幅的分角度数据体处理流程；对子波提取、初始模型建立的各个环节进行了深入研究，明确了影响这些环节的关键因素；深入了解了该技术实现过程，对其关键参数进行了系统分析和实验，形成了参数优选工作流程；在反演的各个环节采用多种手段进行质量监控，研制了叠前地震反演处理系统。这些特色软件系统在准噶尔盆地岩性油气藏勘探实践中发挥了重要作用。

5.1　储层岩石物理分析系统

通常用于地震储层预测的岩石物理数据类型包括岩心岩石物理测定分析数据、偶极声波时差测井和预测横波三种。高温高压条件下岩心岩石物理测定分析可以定性、定量地获得不同岩性、物性、不同流体特征的弹性参数和弹性参数间相关关系,但受测量方法原理、实验条件和周期、样本品质、样本数目和精度等因素限制,难以直接应用于地震储层反演预测研究。测井获得偶极声波时差数据具有纵向连续性,可以直接应用于井震标定和储层反演,但是偶极声波时差测量容易受到井眼环境和特殊软地层等复杂因素影响导致数据失真,因此需要在应用前对数据品质进行评价。

预测横波首先根据综合测井和实测资料进行岩石物理诊断,开展针对性的环境校正和测井评价,最后优选适合的岩石物理模型开展迭代的纵、横波和密度模拟并开展储层段流体替换得到与实测最接近的横波预测方法和地层评价参数,从而推广应用于区内无实测横波的井开展横波预测。预测横波是叠前反演的基础资料,而预测横波的质量需要通过优选区域标准实测横波、建立适宜岩石物理模型及井震结合实现。

国内、外以往开发的岩石物理分析系统主要功能是开展测井评价和岩石物理模拟、横波预测和量板制作。不同的岩石物理分析软件的功能、输入、输出数据格式、内容、显示方式多样,不利于第三方客观评价所提供预测横波的品质,并对岩石物理分析各环节开展质量控制分析。这些岩石物理分析系统通常也不能对岩心岩石物理测定数据进行数据输入和分析。此外这些岩石物理分析系统缺少各类岩石物理数据导航功能,难以满足勘探生产对数据和横波部署可行性研究的需要。因此,油田勘探生产迫切需要在开展目标区岩石物理分析的同时开发岩石物理基础数据库系统来解决地震储层预测中的问题和难点。

5.1.1 平台概述

岩石物理分析的主要目的是建立储层参数和地震信息间的联系,通过预测横波建立目标层敏感弹性参数量板,确定针对性的储层地震预测方法。岩石物理分析关键技术的创新点主要在于通过岩心、测井、地震一体化的综合研究,建立了岩心和井震关系双重约束的测井岩石物理评价的一体化岩石物理分析流程及其过程的质量控制标准,突破了一体化技术应用的瓶颈。以往一体化研究过于强调"岩心标定测井、测井标定地震"的质量控制思路,忽视了测井资料易受井眼环境影响的事实,客观分析岩心、测井和地震测量获得岩石物理特征差异的原因,从而明确了"岩心和井震关系双向约束测井评价,测井岩石物理约束地震反演"的质量控制依据。

实测岩心的岩石物理测定主要通过实验室模拟测量手段,采用超声波脉冲测量岩样的纵横波速度及频率、振幅的变化。岩心岩石物理分析的重点在于建立目标区储层环境下的纵横波速度关系模型及地震弹性参数与油藏参数的岩石物理模型(区域经验公式)。1995 年以前岩石物理测定研究,由于受测量仪器限制不能加流体内压,1995 年以后主要为有效压力条件的岩样测定结果,准噶尔盆地先后进行了 2000 块岩样的岩石物理测定。高温高压条件下岩心岩石物理测定分析可以定性、定量地获得不同岩性、物性、不同流体特征的弹性参数和弹性参数间相关关系,但受测量方法原理、实验条件和周期、样本品质、样本数目和精度等因素限制,难以直接应用于地震储层反演预测研究,主要用于目标区测井岩石物理分析的质量控制依据。从 2005 年至 2008 年,应用盆地 98 口偶极声波测井资料,建立了盆地泊松比弹性参数量板。同时盆地先后建立了天山模型、岩性模型和沉积模型,开展了大量基于岩石物理模型的地震叠前正演模拟与反演方法研究,岩心、测井、地震测量获得岩石物理特征差异的原因和相互联系得以明确。从 2009 年至今,以面向地震反演的测井岩石物理分析方法研究为重点,开始在盆地重点目标区开展应用研究,取得较好的应用效果。

储层岩石物理分析需要测井数据、岩心测试结果、生产动态及储层地质背景等信息,大量不同数据源参数分析需要高效的数据管理和计算分析系统。因此,新疆油田分公司自主开发、研制了准噶尔盆地岩石物理基础数据库软件系统。主要功能是通过测井资料的综合交会,快速建立起岩石物理参数间逻辑及转换关系,该软件系统的主要功能包括:①地球物理井曲线分析(GWLA);②岩石物理分析;③获得不同扰动条件下的正演模型。

岩石物理分析主要包括三项基础环节,即测井曲线环境校正、测井评价和岩石物理曲线模拟,而其中测井曲线环境校正是后续分析研究的基础,因此尤为重要。

5.1.2   系统框架与技术思路

岩石物理分析软件的数据系统框架结构如图 5.1 所示,软件系统具备岩石物理模型建立、数据安全管理及数据库灵活快速应用的特点。

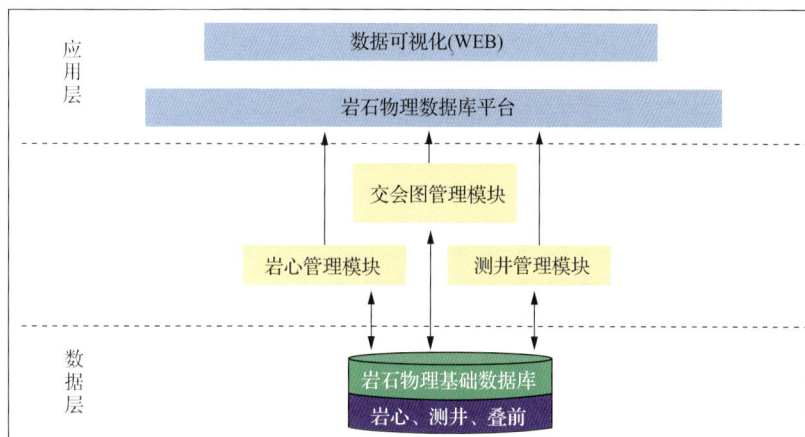

图 5.1   岩石物理系统运行结构图

整个系统共由三个层次组成(图 5.2):数据访问层、数据处理层和数据表达层。数据访问层负责地震数据读取、计算结果的保存和读取、数据库访问。数据处理层负责对地震数据进行频率分析、能量分析的核心功能计算。数据表达层将计算结果向用户展示,并提供相关交互功能。

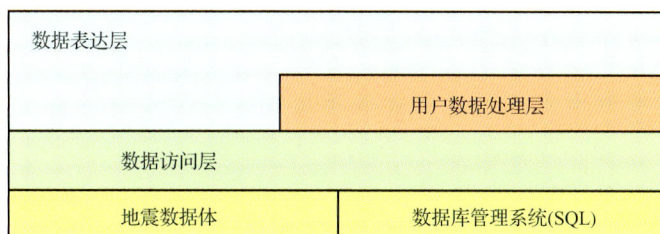

图 5.2   岩石物理系统层次结构图

1. 岩石物理分析系统的研究特点

（1）采集各种有地质意义的岩石样品，在实验室中分别研究各种因素对其物理性质的影响，将大量的实验结果统计归纳得到经验关系式。

（2）在建立合理而简化的数学物理模型的基础上，将由实验得到的经验关系外推到实际研究问题中去。

（3）由于岩石物理学的研究涉及众多诸如地质学、地球物理学、油藏地球物理学、地球化学等学科，也涉及众多的基础学科领域，如力学、声学、流体学和电磁学等。岩石物理学是一门高度跨学科的学科分支，这就决定了在岩石物理学中，对于所研究的岩石的不同物理性质，必然要用到上述相应的学科中对应的物理方法和手段。

2. 测井岩石物理分析的工作流程（图5.3）

（1）地球物理井曲线分析（GWLA）：在全井段内进行岩石矿物、孔隙度、流体及声阻抗属性的解释及数据校正（冲洗带、泥浆侵入、泥岩蚀变）。

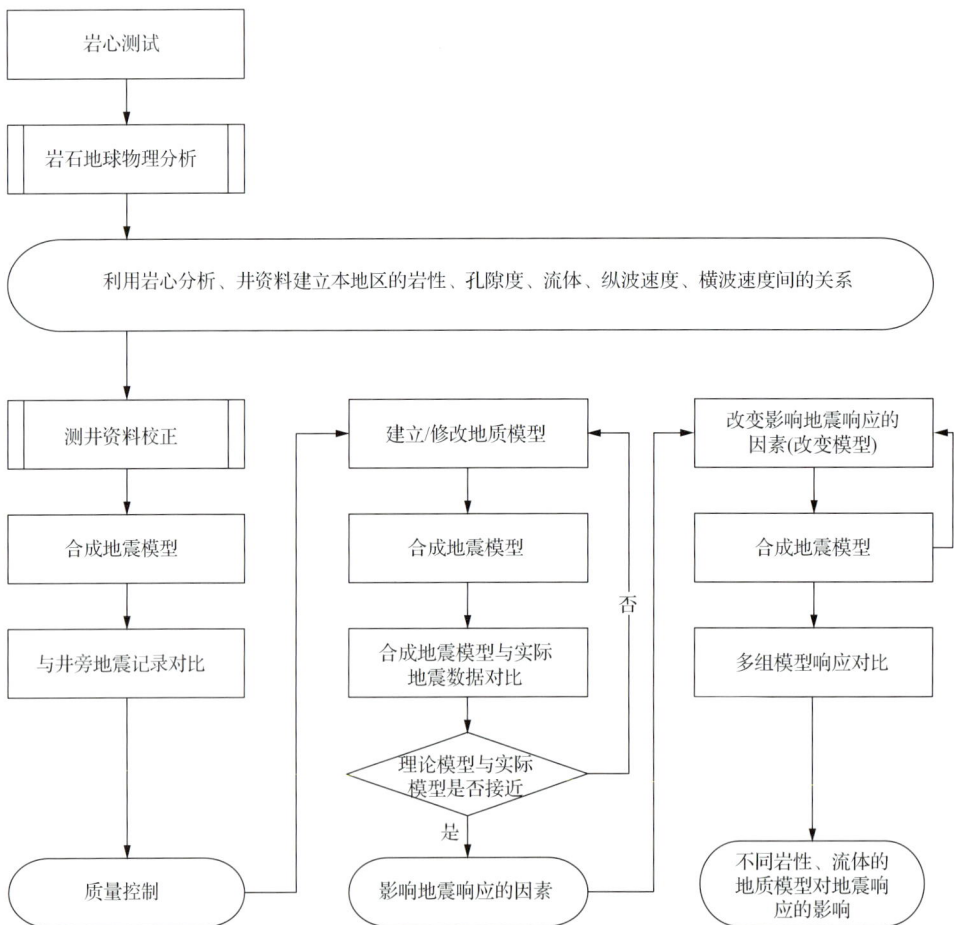

图5.3 面向地震反演的岩石物理分析流程图

（2）岩石物理分析：利用有效的中间模型进行油藏参数的解释，利用交会图分析进行岩性及流体的分类。

（3）通过扰动试验，分析由饱和度、孔隙度、矿物质含量、有效厚度等的变化而引起的曲线变化，构造伪井及伪井曲线，获得不同扰动条件下的正演模型。

5.1.3　储层岩石物理分析系统主要功能及界面设计

1. 岩石物理系统主要功能

岩石物理分析系统的主要功能有如下五个方面。

1）平面数据导航

各类岩石物理数据的平面分布显示功能，在数据导航图中的一个或者多个井，数据管理面板，根据用户选中的情况绘制出井管理树，打开井节点，会看到井下面的曲线，选中井节点，数据浏览面板会显示区块及井信息（图 5.4），选择曲线节点，数据浏览面板会显示曲线详细信息。

该功能设计主要用于统计各类岩石物理数据再按用户要求分别进行导航显示，为部署偶极声波时差测量、岩心测定等岩石物理测量提供依据。

2）测井曲线的综合显示

主要用于测井曲线的评价分析。设计了数据缺省 XML 模版的导入、XML 模版的保存、添加空白道、深度道、删除、拷贝道、粘贴、添加曲线、添加填充、添加岩性填充、添加标注 Label、添加地层符号（图 5.5）功能。

3）图表库统计分析

实现了创建直方图、注释图元、删除图元、交会图元属性、选择交会图、选择注释图元、刷新等功能。

4）交会图与测井曲线即时通信功能

如图 5.6 为声波时差（AC）与中子孔隙度（CNL）的交会图，选择交会图上的局部数据可以即时显示在相对应的测井曲线上。

5）交会图数据拟合

交会图数据拟合如图 5.7 所示，方便了岩心、测井岩石物理数据的分析。

2. 数据库数据类型

准噶尔盆地岩石物理系统主要包括四方面内容，第一是岩心实验室分析数据（骨架参数、流体参数、环境参数和基础弹性参数分析），第二是测井岩石物理分析（包括标准化、基于岩石物理的诊断及校正及 V_P、DEN 环境影响因素分析），第三是地震 AVO 检测分析数据，第四是岩石物理分析（图 5.8）。

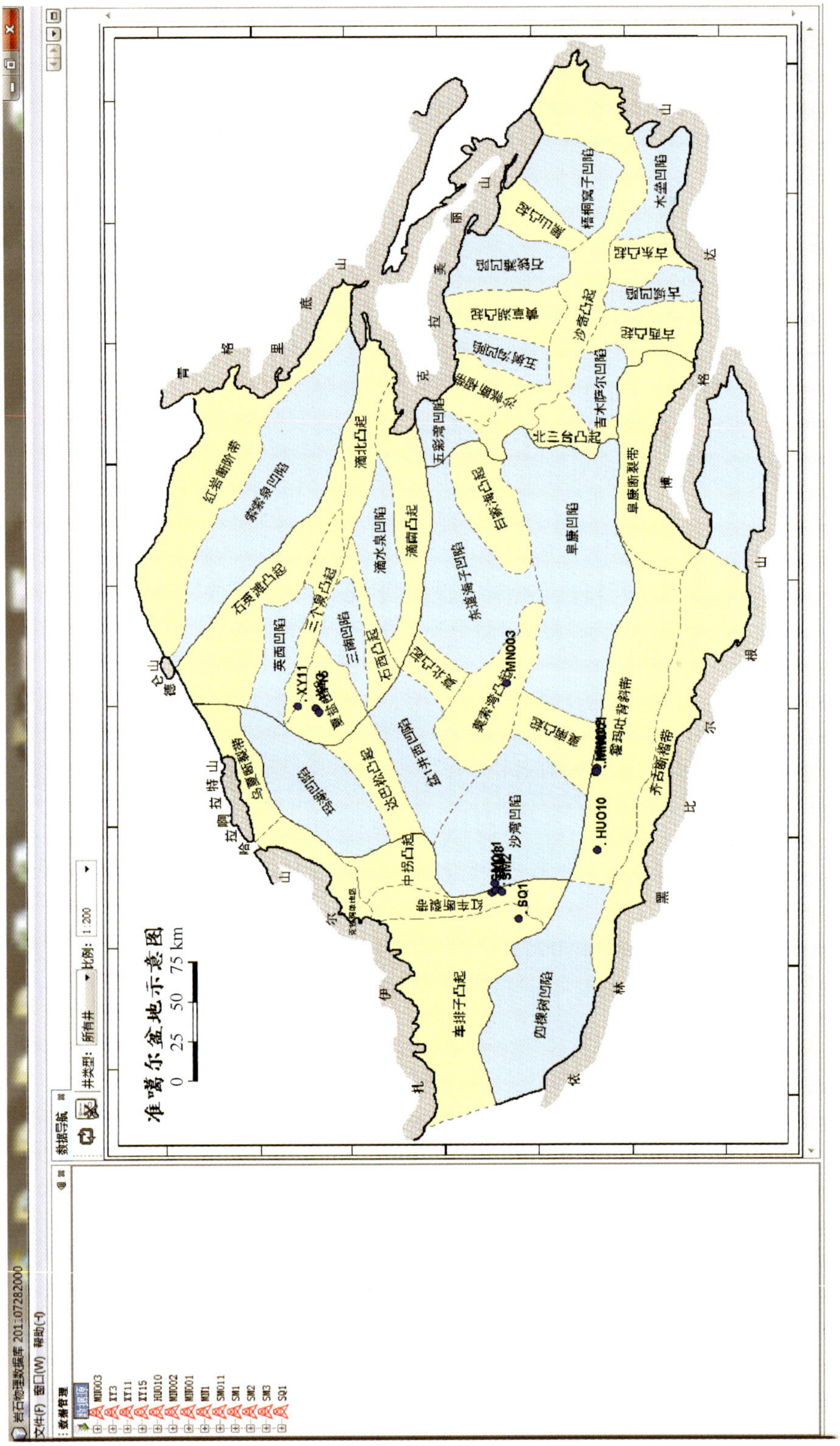

图 5.4 岩心测定和横波数据等岩石物理数据位置叠合示意图

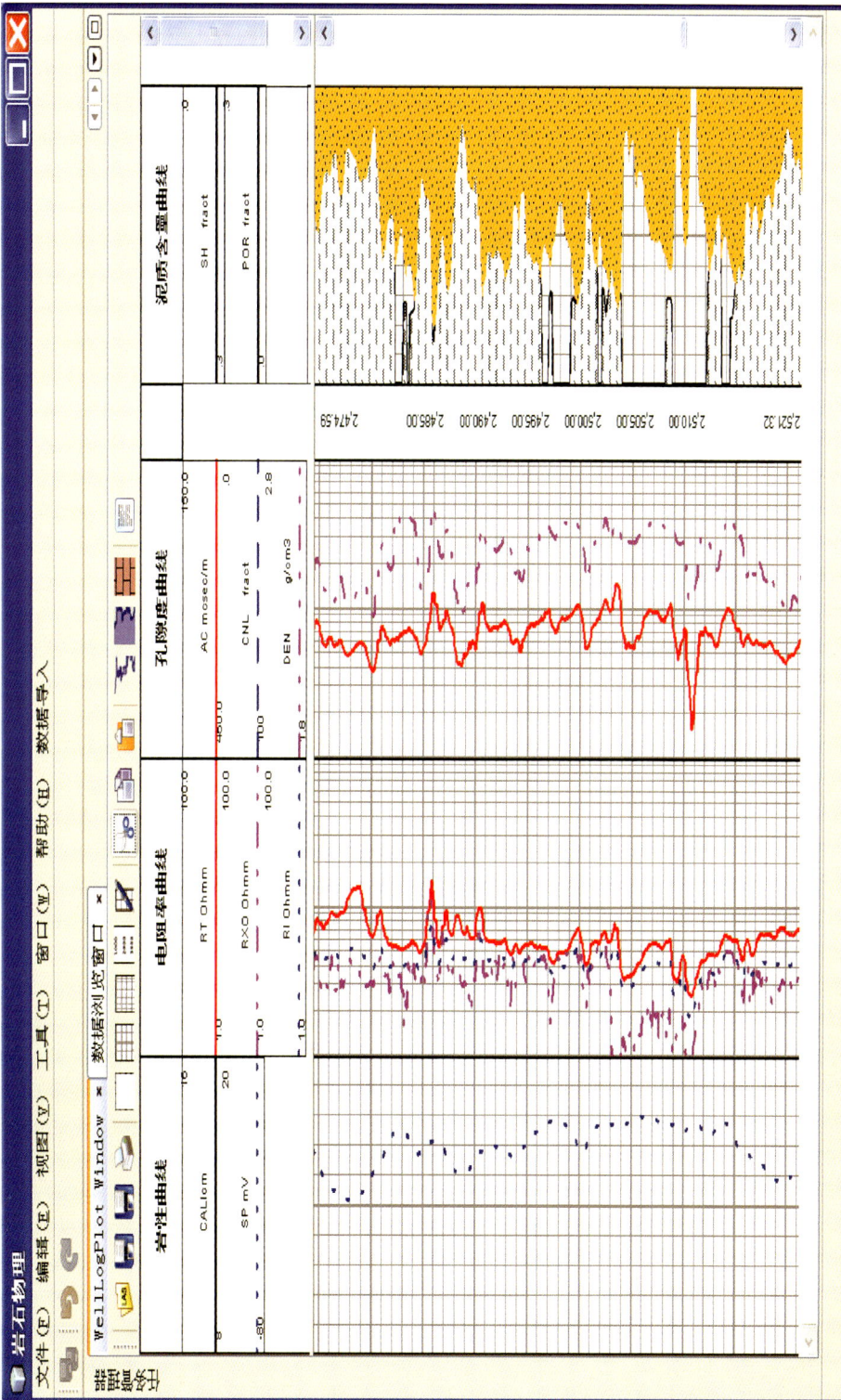

图 5.5　标准测井曲线示意图

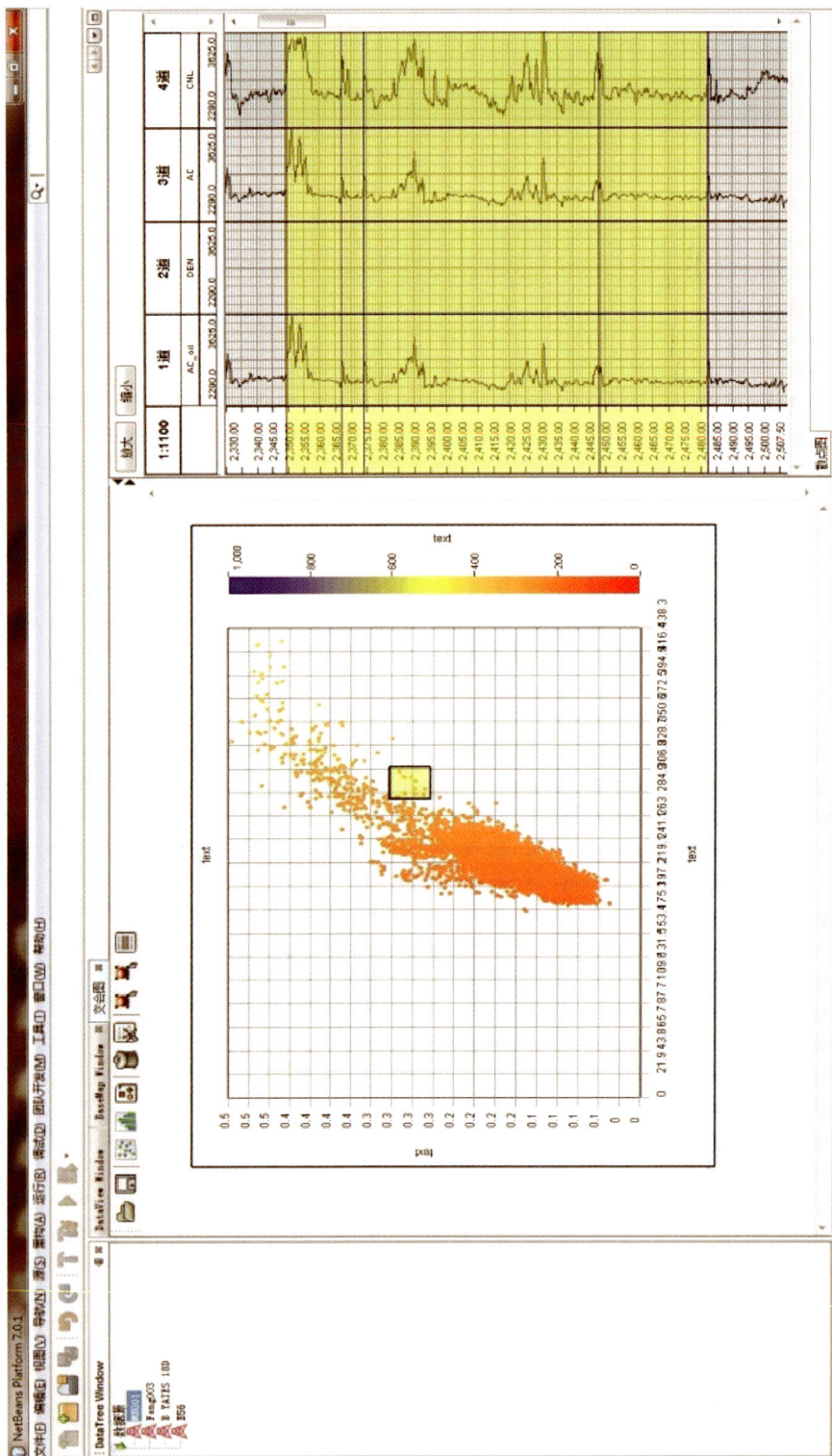

图 5.6 交会图与测井曲线即时通信功能示意图

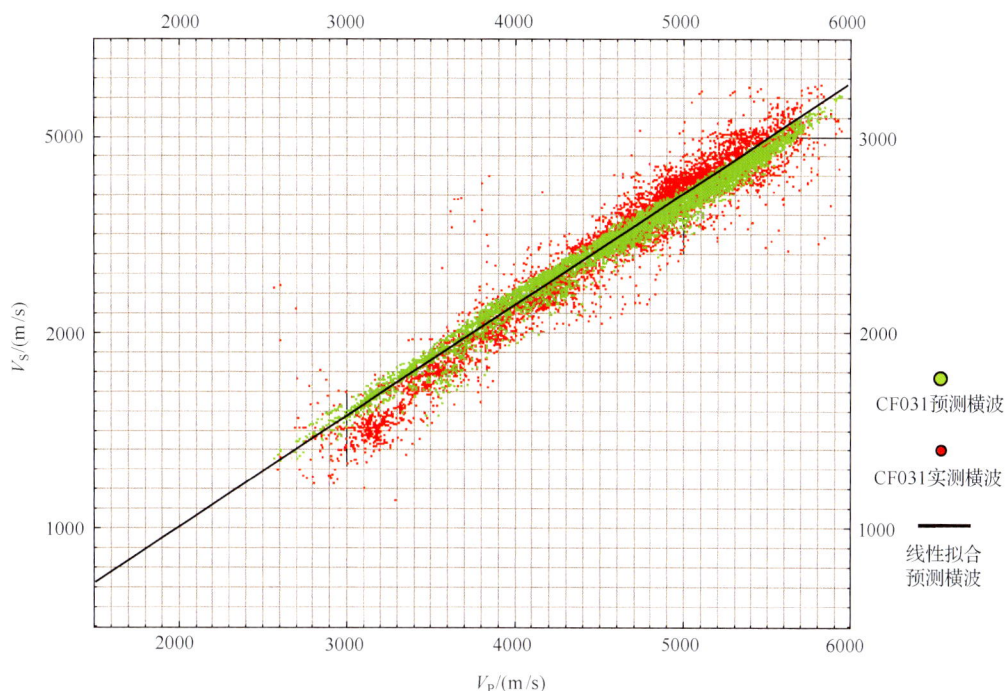

图 5.7　交会图数据拟合矢量线功能示意图

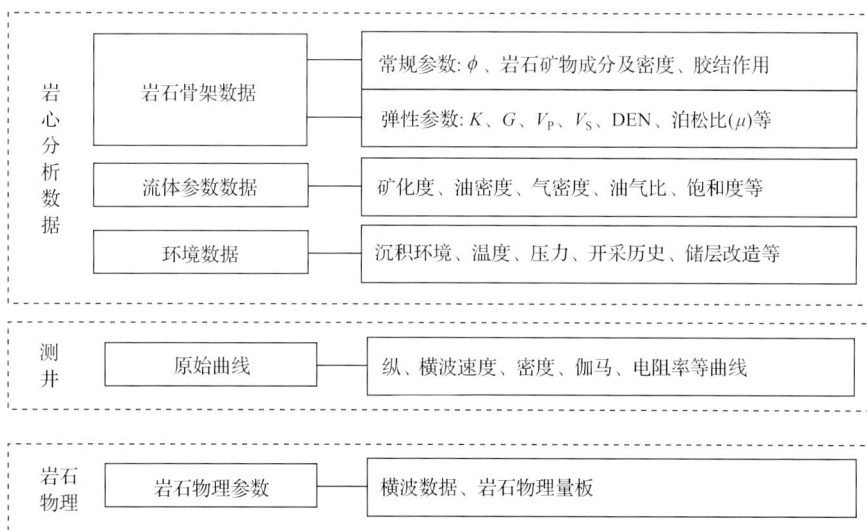

图 5.8　数据库具体数据分类图

5.1.4　应用实例

测井曲线质量受到地层环境等因素影响。纵、横波速度及密度曲线皆属于中、浅探测测井系列,容易受井筒因素影响,因此,需要通过岩石物理诊断模型对测井资料进行质量控制,使之能反映真实的地层信息。

1. 油气藏岩石物理数据分析校正

岩石物理性质研究的目的是建立符合岩石物理变化规律的基于井数据的岩石物理模型,如纵波阻抗与泊松比的交汇模型等。基于这些模型,可以研究不同孔隙度、不同矿物成分、不同储层厚度及不同流体饱和度扰动条件下的地震响应特征和反映这些储层特征的敏感地震弹性参数。

在油气藏岩石物理建模中,可以通过建立本地区的岩石物理模型对浅探测测井系列的曲线数据进行质量控制。例如,利用纵波速度 V_P 和密度孔隙度曲线 DEN 模型,可以对数据点的分布进行质量检查、判识,对于分布不符合岩石物理变化规律的数据,通过综合分析判断,确定是纵波速度参数还是密度参数存在问题,然后再通过已有的测井解释处理软件做相应校正。

选取盆 5 井区一口井眼环境较好的井盆 5001 为例,在井眼环境好的情况下,目的层 J_1s_2 段纵波速度(即声波时差倒数)与密度交会,如图 5.9 所示,其中纵坐标为纵波速度,横坐标为密度,色标代表岩性变化,红色为砂岩,蓝色为泥岩,红色曲线代表岩石物理 Raymer 模型纯砂岩线,蓝色曲线代表岩石物理 Raymer 模型纯泥岩线。

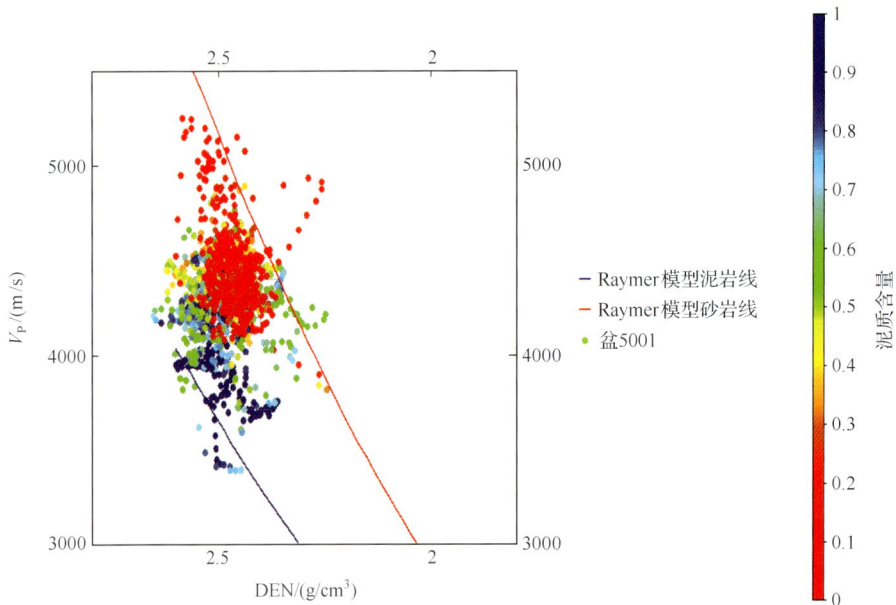

图 5.9　盆 5001 井 VP 与 DEN 交会图

通过上面交会图可以看到,泥岩段密度值基本都大于 $2.4 g/cm^3$,密度与纵波速度之间的关系明显受到岩性影响,随着岩性的变化而变化,并且与岩石物理 Raymer 模型线特征一致。

同样,选取盆 5 井区井眼环境条件差的盆 5 井,做目的层 J_1s_2 段纵波速度与密度交会,如图 5.10 所示。从图 5.10 对比分析可以很明显地看到,由于砂岩段井眼环境好,密度值分布稳定,而泥岩段(蓝色数据点)由于井眼垮塌严重,密度值陡然减小,绝大部分密度值均小于 2.4g/cm^3。

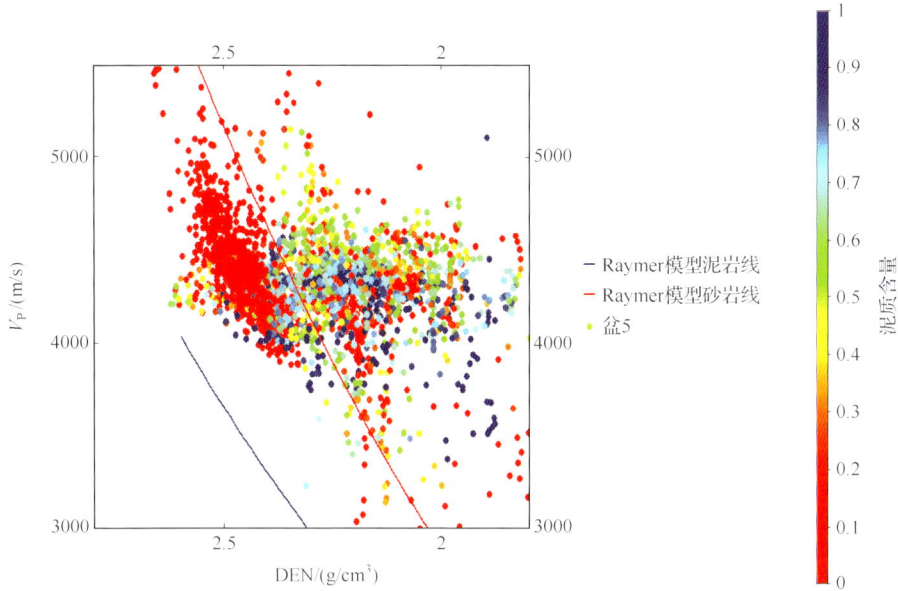

图 5.10　盆 5 井 V_P 与 DEN 交会图

基于分析，对莫索湾盆 5 井区及莫 10 井区研究井密度曲线校正采用的校正方法为 Castagna 方法。通过 Gardner 等(1974)分不同岩性的速度与密度关系式用纵波速度计算密度曲线，取代质量不好的或者缺失段密度曲线。具体变换关系式如下(其中密度单位为 g/cm^3，纵波速度单位为 km/s)：

$$DEN = aV_P^2 + bV_P + c$$

式中，变量 a、b、c、V_P 说明分别见表 5.1。

表 5.1　密度曲线校正公式变量说明

岩性	a	b	c	V_P/(km/s)
泥岩	−0.0261	0.373	1.458	1.5～6.0
砂岩	−0.0115	0.261	1.515	1.5～5.0

根据校正关系式，对目的层段存在问题的测井密度曲线进行校正，使得校正后的测井数据更加符合岩石物理变化规律，如图 5.11 所示。

通过以上校正前后各井 V_P 与 DEN 交会图看到，校正后 V_P 与 DEN 交会数据点分布特征与井眼环境好的井分布特征一致，且符合岩石物理模型线分布规律。另外，通过校正前后地震合成记录与实际井旁道资料对比，也更加符合实际地下地震特征，如图 5.12 所示。

测井曲线环境校正后，测井岩石物理分析的重点是选择适宜的岩石物理模型开展横波预测。莫索湾盆 5 井区及莫 10 井区均没有实测横波资料，在实际工作中，以莫 10 井区邻近两口有实测横波资料的莫 3 井、莫 4 井为基础，用不同的横波预测方法进行横波预测，找寻最适合该井区的横波预测方法，对研究井进行横波预测。

(a) 校正前

(b) 校正后

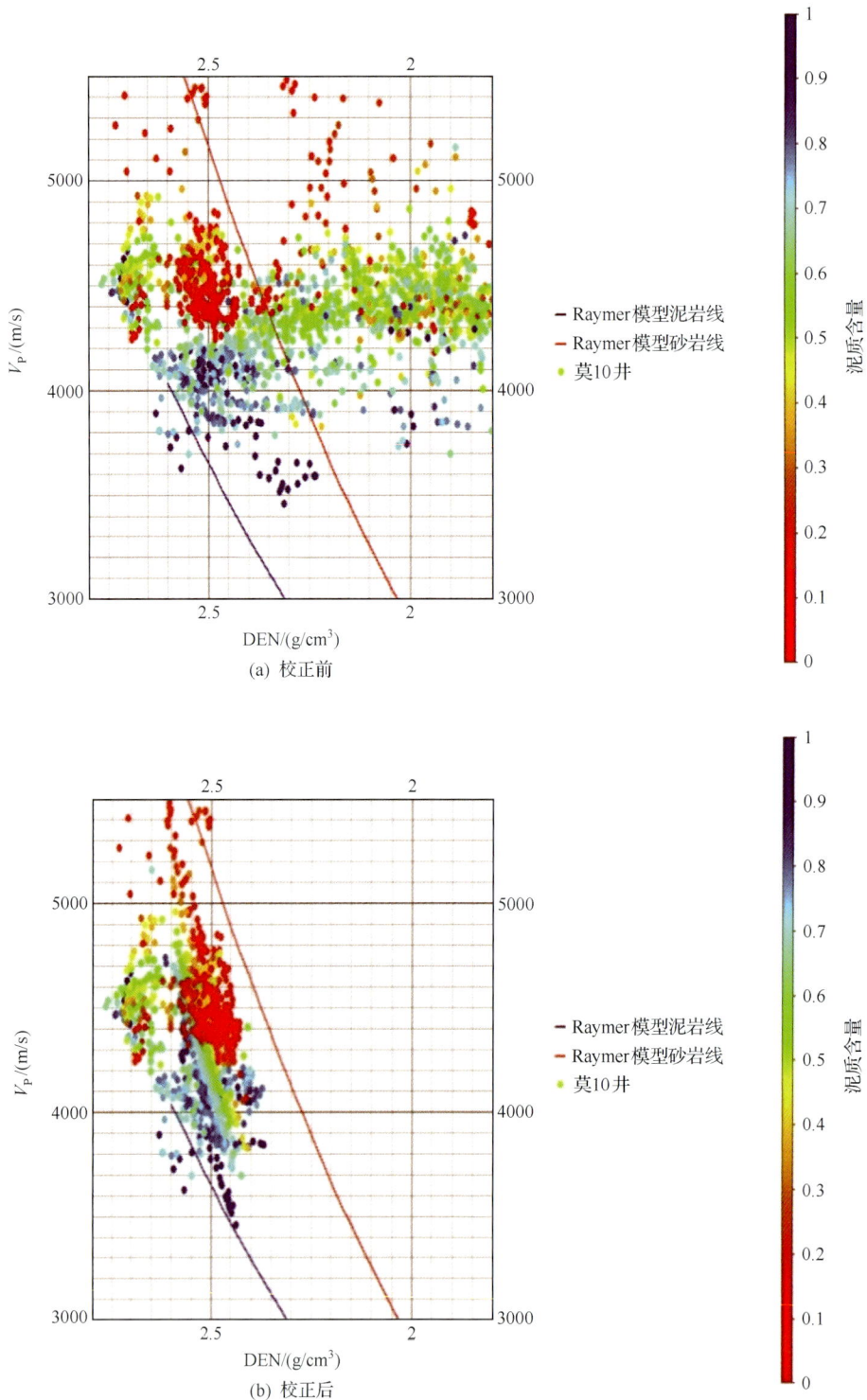

图 5.11　莫 10 井校正前后 V_P 与 DEN 交会图

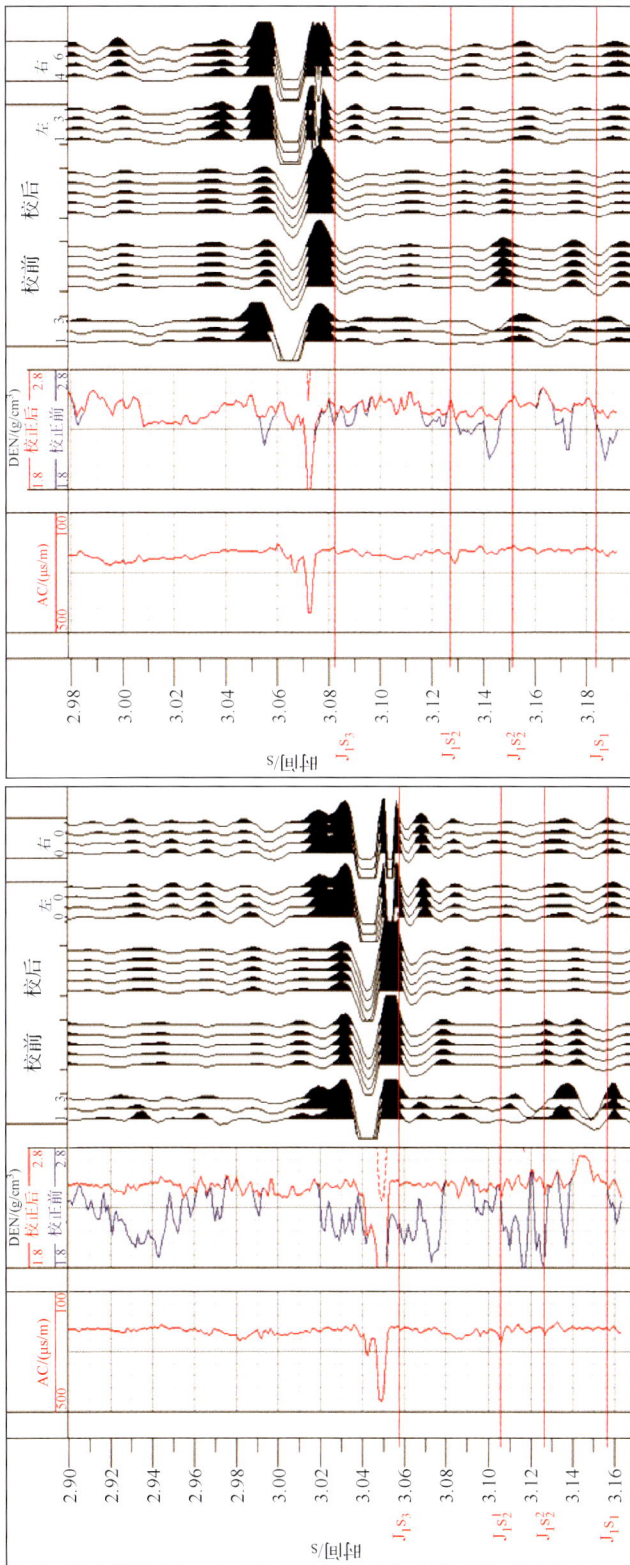

图 5.12　莫 10 井与莫 201 井校正前后合成记录对比图

分析已有横波资料井莫 3 井、莫 4 井结果如图 5.13 所示,纵波速度和实测横波速度交会图分析可以看到莫 3 井、莫 4 井对于同一种岩性纵、横波速度呈近线性关系,莫 3 井、莫 4 井实测横波质量较好。

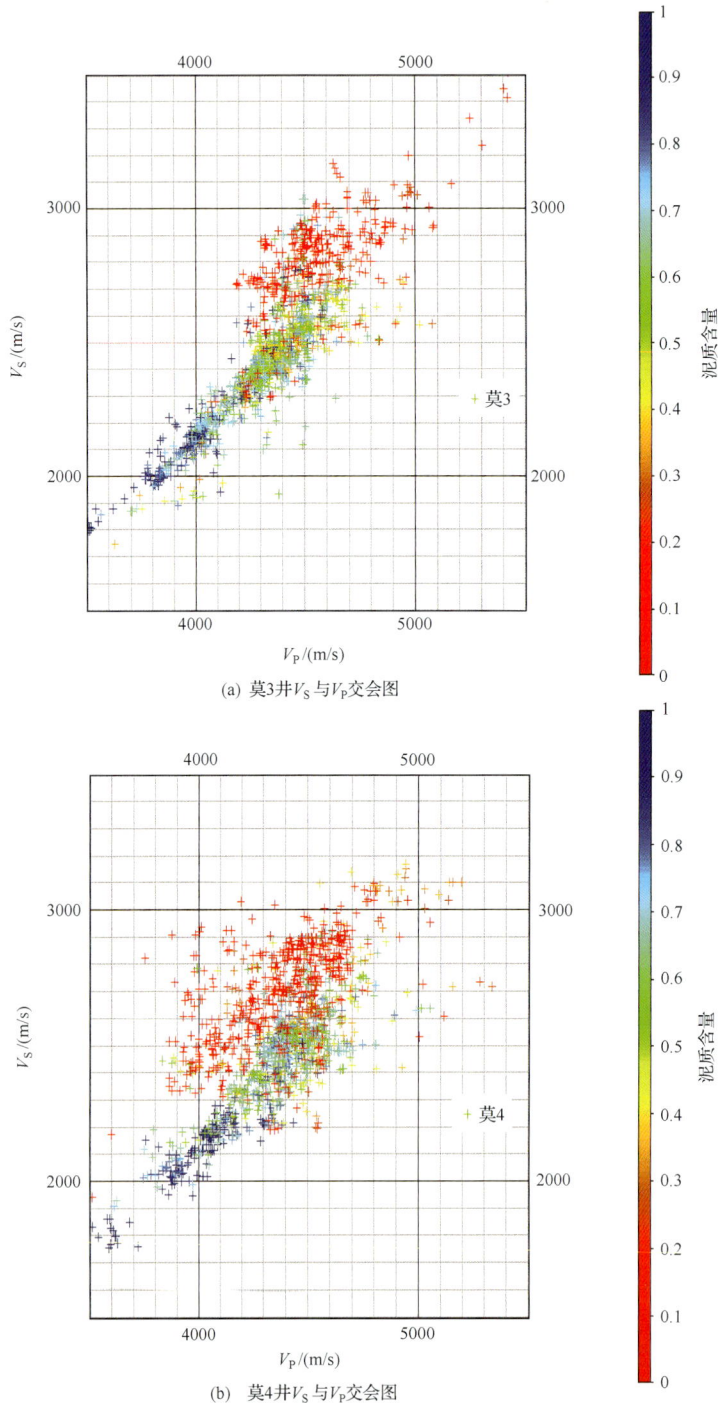

(a) 莫3井 V_S 与 V_P 交会图

(b) 莫4井 V_S 与 V_P 交会图

图 5.13 莫 3 井、莫 4 井纵波与实测横波速度交会图

根据前面提到的适用于中低孔隙地层的三种横波预测模型,对莫 3 井、莫 4 井进行横波预测并与实际横波资料对比分析,找寻最适合该井区的横波预测方法,对研究井进行横波预测。

图 5.14 分别为莫 3 井、莫 4 井目的层 J_1s_2 段实测横波速度曲线值与 Xu-White 模型预测的的横波速度曲线值交会图,其中纵坐标均为实测横波速度值,横坐标为预测横波速度值,色标代表岩性,红色为砂岩,蓝色为泥岩。

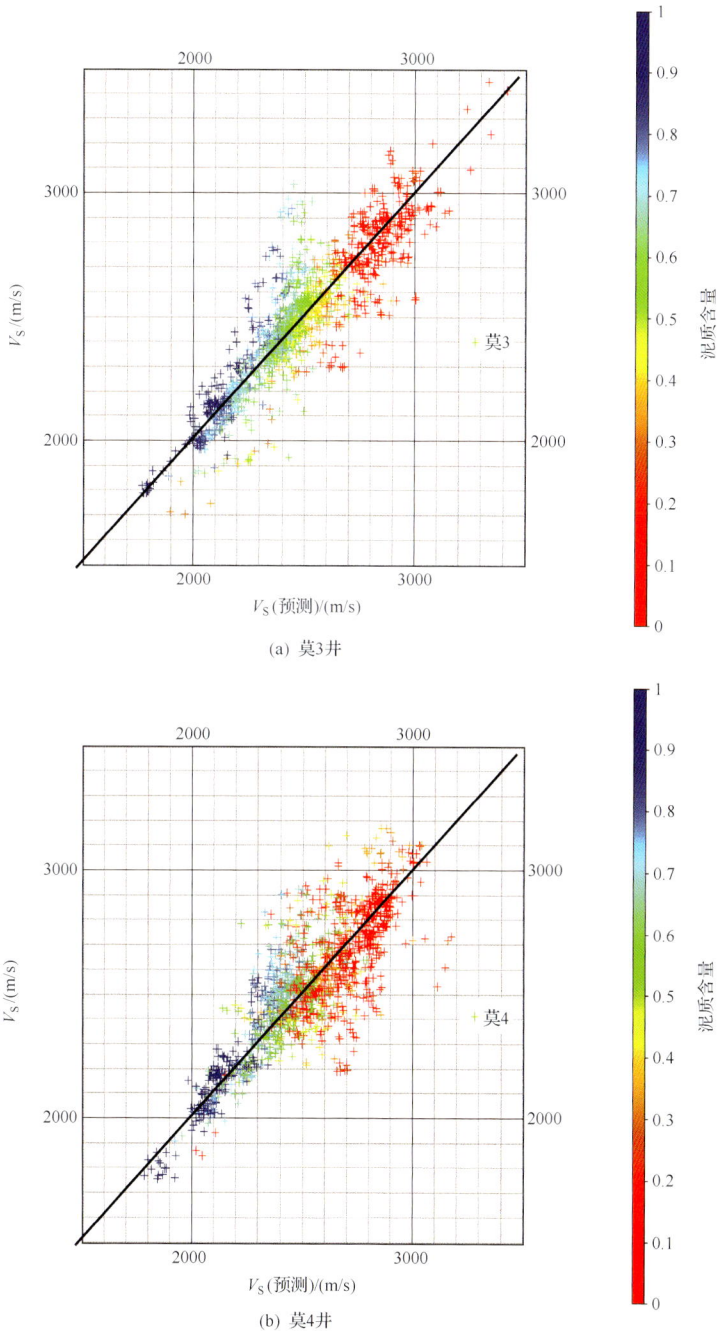

(a) 莫3井

(b) 莫4井

图 5.14　莫 3 井、莫 4 井实测横波速度与 Xu-White 模型预测横波速度交会图

　　实测横波与预测横波交会以斜率最接近 1 分布为最好,通过以上三种横波预测模型对比分析,实测横波与预测横波最接近的是 Xu-White 模型。

　　对于莫 3 井、莫 4 井目的层 J_1s_2 段通过实测横波计算的纵横波速度比与 Xu-White 模型预测的横波计算的纵横波速度比对比如图 5.15 所示。实测与预测纵横波速度比值分布范围基本一致。

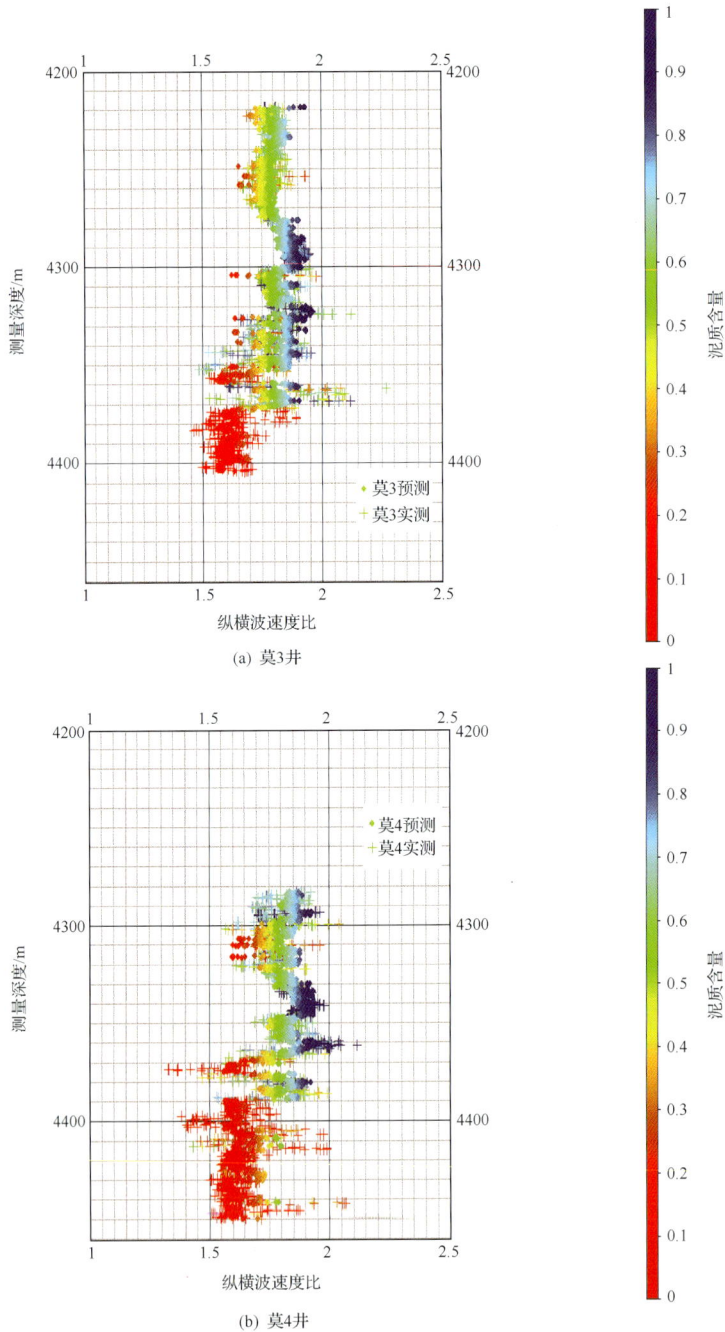

(a) 莫3井

(b) 莫4井

图 5.15　莫 3 井、莫 4 井目的层段实测与预测纵横波速度比对比图

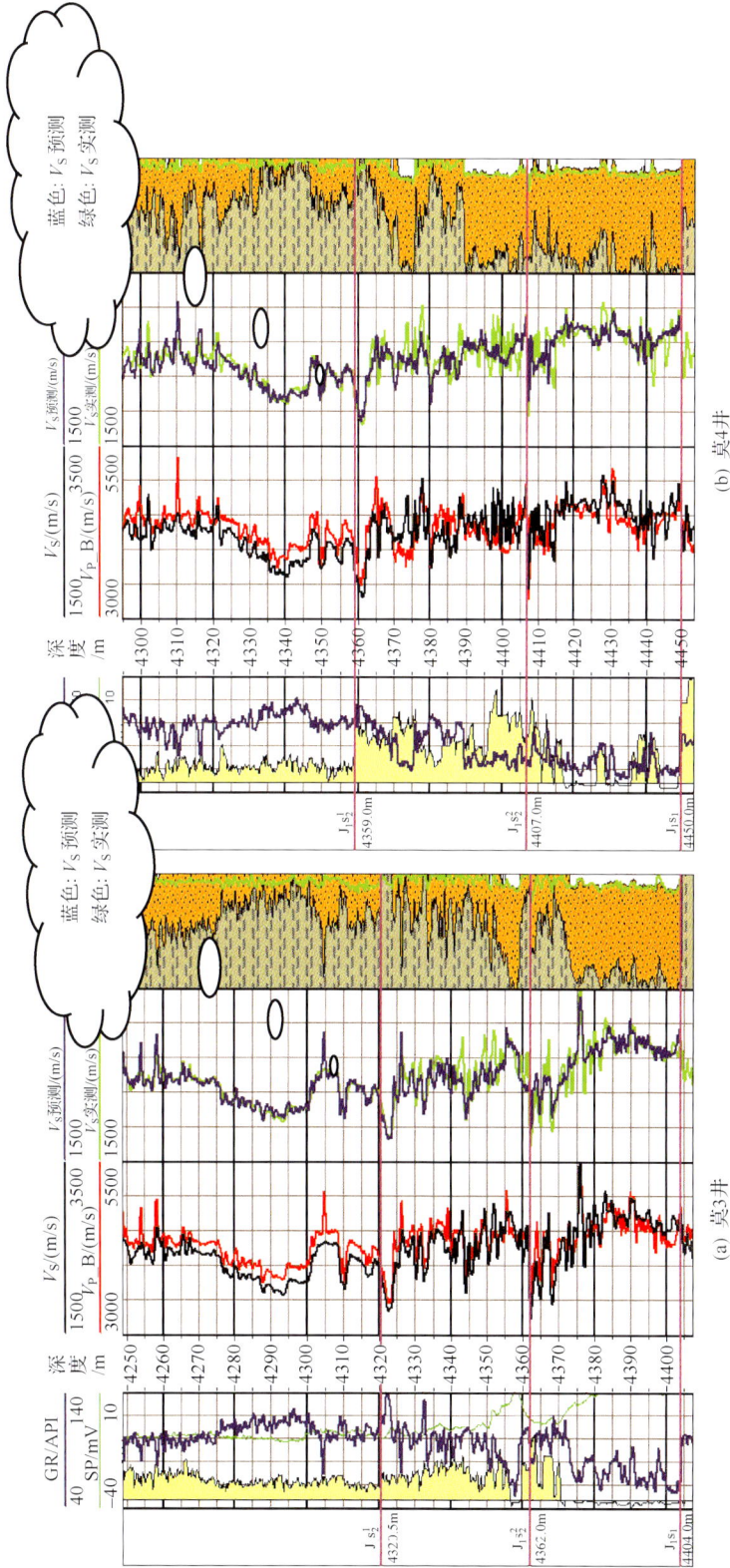

图 5.16　莫 3 井、莫 4 井目的层段实测与 Xu White 模型预测横波速度曲线对比图

(a) 莫3井　　(b) 莫4井

实测横波与预测横波曲线对比图,如图 5.16 所示,其中标注曲线道中蓝色为 Xu-White 模型预测的横波曲线,而绿色为原始测量的横波预测曲线。通过实测与预测横波交会图对比可知 Xu-White 横波预测方法最好,与实测横波速度值最接近,实测横波与预测横波计算的纵横波速度比值的分布范围一致,且实测与预测横波速度曲线形态及趋势也基本一致。由此说明预测横波曲线是可靠的,对于莫索湾盆 5 井区及莫 10 井区,可以用 Xu-White 模型横波方法预测横波曲线。

2. 敏感性参数分析与岩石物理量板建立

建立地震岩石物理模型的目的主要是利用通过叠前及叠后反演得到的一些弹性参数如 V_P、V_S、纵波阻抗、横波阻抗、泊松比、V_P/V_S、拉梅系数($\lambda\rho$)、剪切模量乘以密度($\mu\rho$)(MuRho)、K、μ、弹性模量(E)等进行岩性及流体的识别。

根据 Xu-White 横波预测模型预测盆 5 井区及莫 10 井区各井横波、Castagna 方法校正后的密度资料及测量的纵波速度资料,获得与此相关的弹性参数:V_P/V_S、纵波阻抗、横波阻抗、K、G、拉梅系数、MuRho。对目的层的砂、泥岩应用不同的弹性参数进行概率直方图统计,不同的弹性参数对砂、泥岩的区分各不相同。

通过前面选取的 Xu-White 横波预测方法得到盆 5 井区及莫 10 井区各井横波资料、Castagna 方法校正后的密度资料及测量的纵波速度资料,得到弹性参数 V_P/V_S 与 AI 交会图。图 5.17、图 5.18 分别为盆 5 井区及莫 10 井区目的层 J_1s_2 段 V_P/V_S 与纵波阻抗交会图,其中色标代表岩性的变化,红色代表砂岩,蓝色代表泥岩。

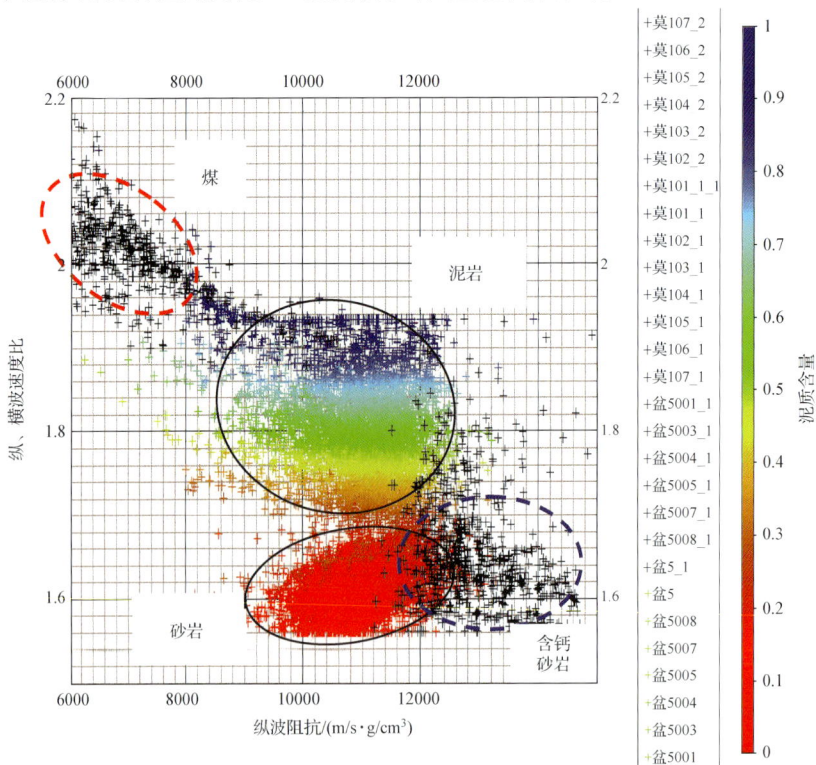

图 5.17 盆 5 井区 J_1s_2 段 V_P/V_S 与纵波阻抗交会图

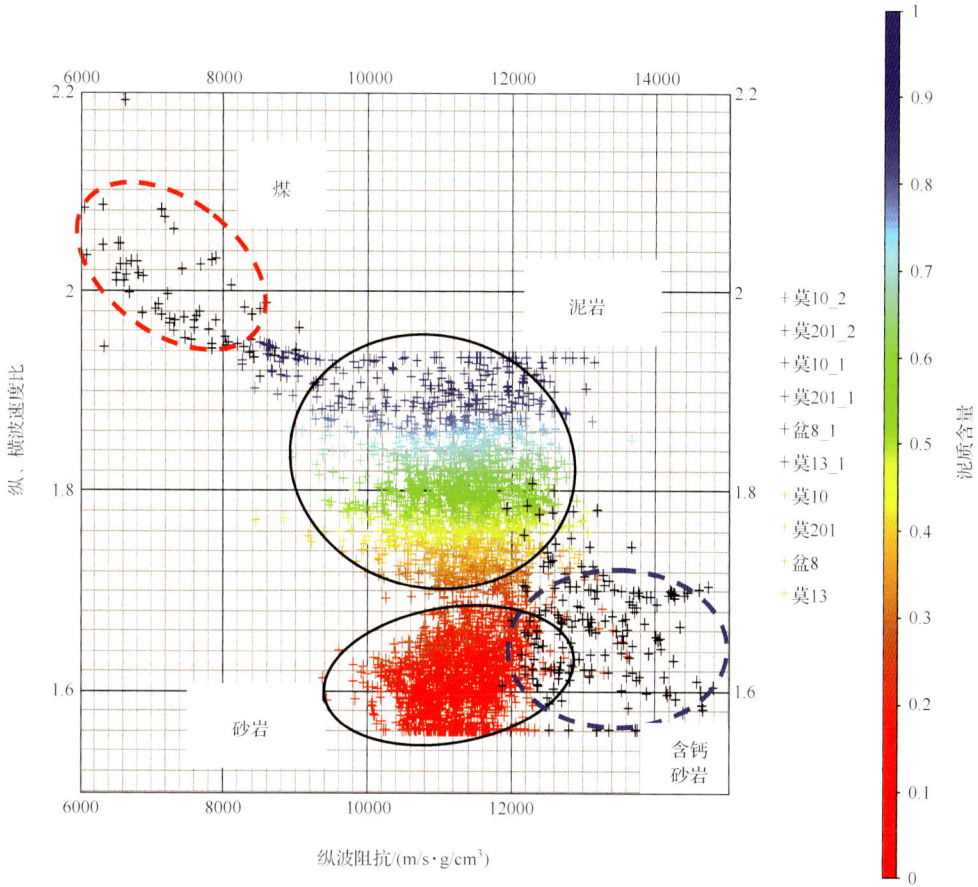

图 5.18　莫 10 井区 J_1s_2 段 V_P/V_S 与纵波阻抗交会图

从交会图上可以明显看出,砂岩、泥岩、煤及含钙砂岩都分别分布在不同的区域,各类岩性的弹性参数分布区间见表 5.2。

表 5.2　各种岩性弹性参数分布区间表

岩性	盆 5 井区		莫 10 井区	
	V_P/V_S	纵波阻抗/$(m/s \cdot g/cm^3)$	V_P/V_S	纵波阻抗/$(m/s \cdot g/cm^3)$
砂岩	$1.57 < V_P/V_S < 1.7$	$9500 < AI < 12500$	$1.57 < V_P/V_S < 1.7$	$10250 < AI < 13000$
含钙砂岩	$V_P/V_S < 1.7$	$AI > 12500$	$V_P/V_S < 1.7$	$AI > 13000$
泥岩	$1.7 < V_P/V_S > 1.94$	$9500 < AI < 12500$	$1.7 < V_P/V_S < 1.94$	$10500 < AI < 13000$
煤	$V_P/V_S > 1.94$	$AI < 8000$	$V_P/V_S > 1.94$	$AI < 8500$

图 5.19 为盆 5 井区与莫 10 井区目的层 $J_1s_2^2$ 段 V_P/V_S 与纵波阻抗交会图,图 5.20 为盆 5 井区与莫 10 井区目的层 $J_1s_2^1$ 段 V_P/V_S 与纵波阻抗交会图,其中色标代表含水饱和度的变化,红色代表低含水饱和度(即高含油饱和度),蓝色代表高含水饱和度(低含油饱和度)。

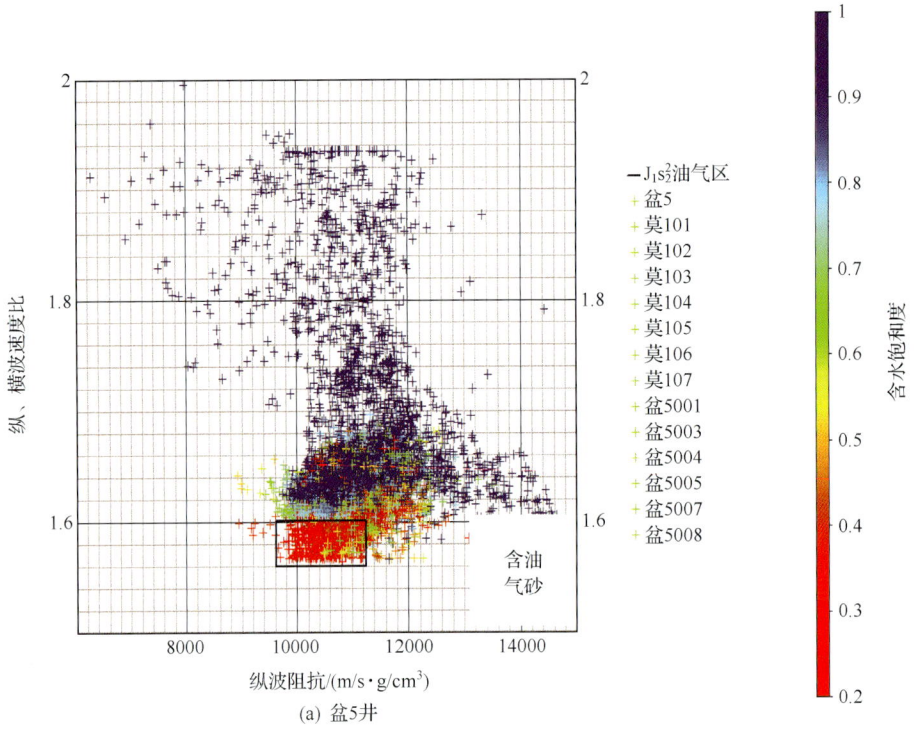

(a) 盆5井

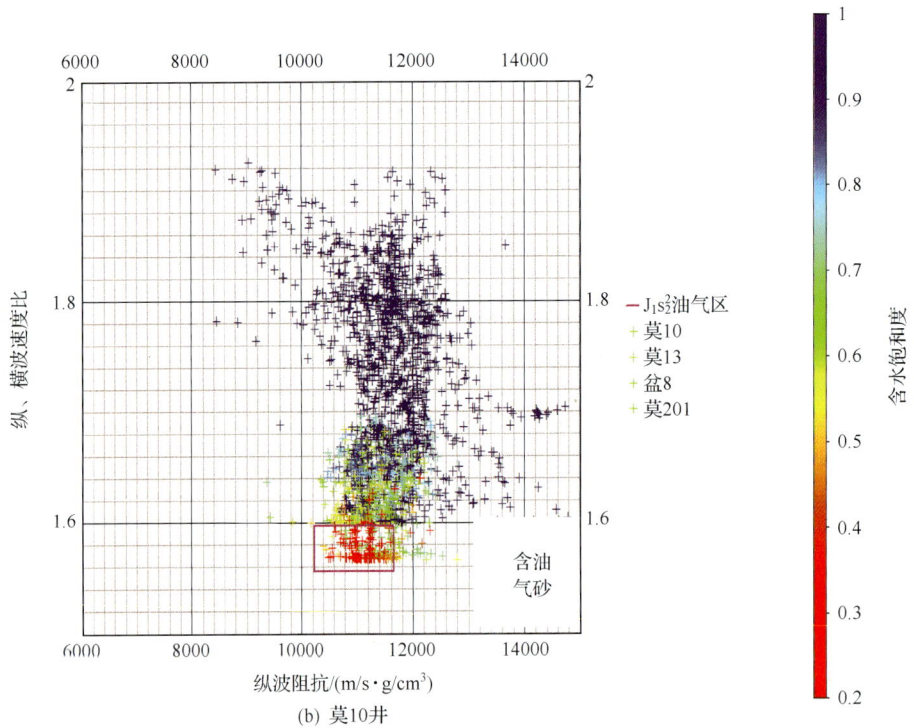

(b) 莫10井

图 5.19　盆 5 井区及莫 10 井区 $J_1s_2^2$ 段 V_P/V_S 与纵波阻抗交会图

(a) 盆5井

(b) 莫10井

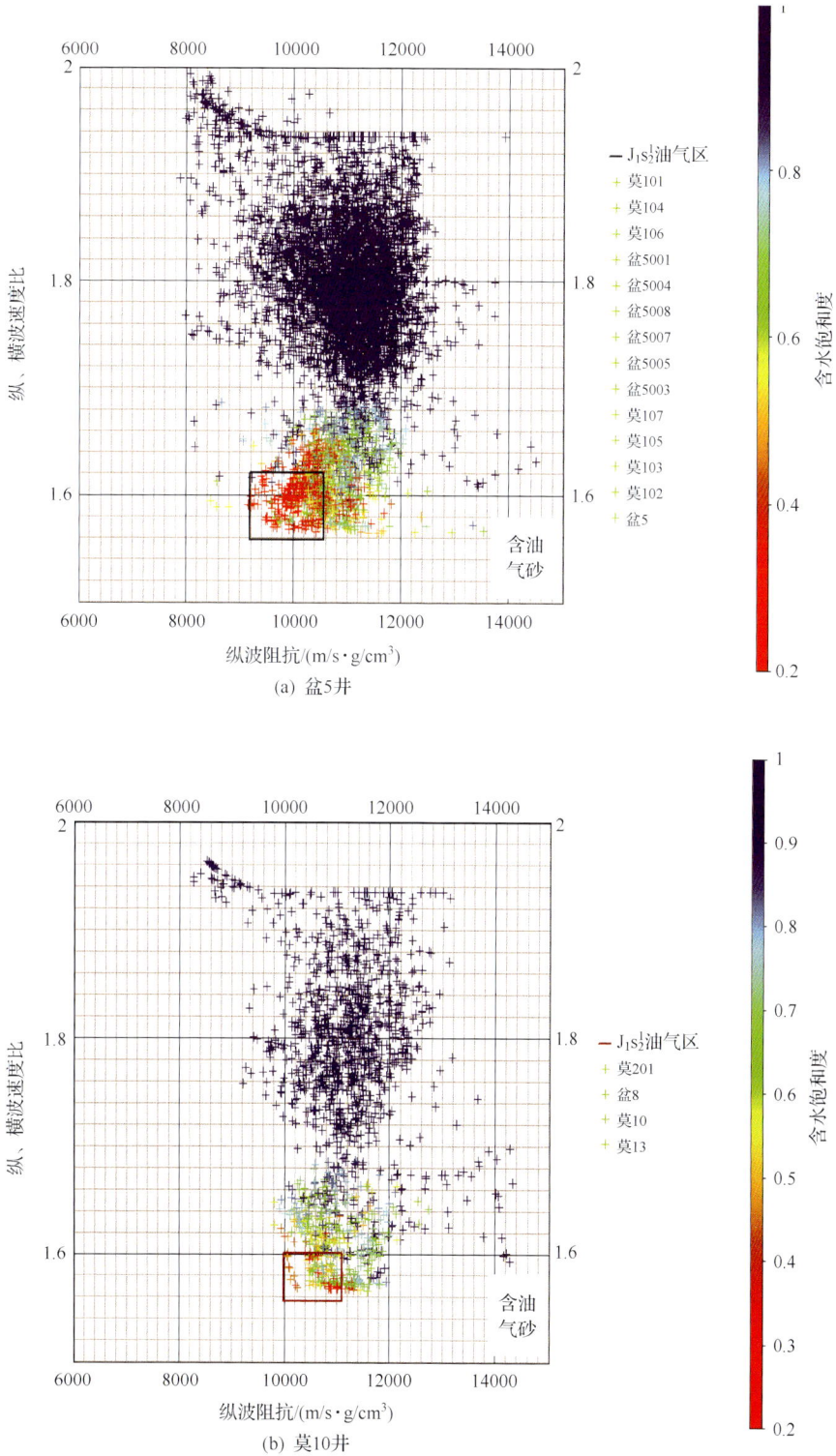

图 5.20　盆 5 井区及莫 10 井区 $J_1s_2^1$ 段 V_P/V_S 与纵波阻抗交会图

盆 5 井区及莫 10 井区目的层 $J_1s_2^2$ 段及 $J_1s_2^1$ 段 V_P/V_S 与纵波阻抗弹性参数交会图上可以明显区分含油气砂岩,含油气砂岩弹性参数分布区间见表 5.3。

表 5.3 盆 5 井区及莫 10 井区目的层含油气砂岩弹性参数分布区间表

目的层	盆 5 井区		莫 10 井区	
	V_P/V_S	纵波阻抗/(m/s·g/cm³)	V_P/V_S	纵波阻抗/(m/s·g/cm³)
含油气砂岩($J_1s_2^2$)	$1.57<V_P/V_S<1.63$	$10000<AI<11500$	$1.57<V_P/V_S<1.6$	$10750<AI<11500$
含油气砂岩($J_1s_2^1$)	$1.57<V_P/V_S<1.64$	$9500<AI<10750$	$1.57<V_P/V_S<1.61$	$10250<AI<11500$

注:AI 为纵波阻抗。

当储层孔隙内流体改变、当储层孔隙度改变,或者当储层的岩性改变时,岩石的属性、测井曲线及地震响应将如何变化?以下主要讨论当储层孔隙流体变化、孔隙度变化和储层岩性发生变化时,相应的测井曲线及地震响应特征的变化。

当孔隙流体改变时,要观察测井曲线 V_P、V_S、密度等曲线及地震响应等将如何变化,可以保持井地层等信息不变,只将孔隙内原来的流体用其他流体替换,观察测井曲线及地震响应的改变。以预测不同流体饱和度条件下的在地层横向上的地震的相应变化。

储层孔隙内流体饱和度发生变化时,岩石弹性参数会发生相应的变化。研究不同流体饱和度变化引起岩石弹性参数变化的规律,可以为利用岩石弹性参数识别油气层提供理论依据。当岩石其他参数(厚度、孔隙度、岩石矿物组成、孔隙流体压力、温度等)不变的情况下,只改变岩石孔隙中的流体饱和度,分析在不同流体饱和度条件下岩石弹性参数会发生怎样的变化。

通过以上分析,结合莫索湾盆 5 井区目的层段特点,通过改变油气储层的岩性、孔隙度及饱和度参数值,得到该区的储层参数变化与叠前弹性参数变化之间的定量解释关系,如图 5.21 和图 5.22 所示。其中黑色模型线代表纯砂岩叠前弹性参数纵、横波速度比与纵波阻抗随孔隙度及饱和度变化关系;黄色模型线代表本区块主要油气层砂岩叠前弹性参数纵、横波速度比与纵波阻抗随孔隙度及饱和度变化关系;而棕色模型线代表泥质含量为 30% 的砂岩纵、横波速度比随孔隙度变化关系;白色模型线代表纯泥岩叠前弹性参数纵、横波速度比与纵波阻抗随孔隙度变化关系。

由于莫 10 井区 J_1s_2 目的层段与盆 5 井区目的层段砂岩横向可比且沉积环境相同,莫 10 井区目的层段埋深较盆 5 井区目的层段深约 300m。而通过前面测井曲线标准化处理统计折线图分析得到盆 5 井区目的层段 J_1s_2 声波时差值主要分布于 220.5μs/m 附近,密度分布于 2.47g/cm³ 附近;莫 10 井区 J_1s_2 段声波时差主要分布于 226.5μs/m 附近,密度分布于 2.5g/cm³ 附近,孔隙度随着地层压实作用的校正量为 2%。

通过以上分析,将盆 5 井区储层参数变化与叠前弹性参数变化之间的定量解释关系通过压实校正后运用到莫 10 井区,如图 5.23 和图 5.24 所示。其中黑色模型线代表纯砂岩叠前弹性参数纵、横波速度比与纵波阻抗随孔隙度及饱和度变化关系;黄色模型线代表本区块主要油气层砂岩叠前弹性参数纵、横波速度比与纵波阻抗随孔隙度及饱和度变化关系;而棕色模型线代表泥质含量为 30% 的砂岩纵、横波速度比随孔隙度变化关系;白色模型线代表纯泥岩叠前弹性参数纵、横波速度比与纵波阻抗随孔隙度变化关系。

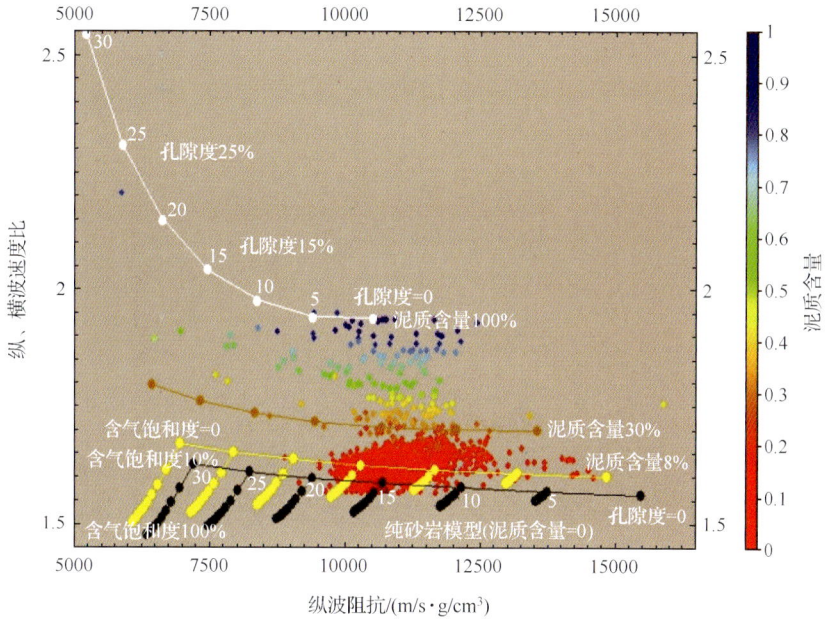

(a) 岩性分析量板

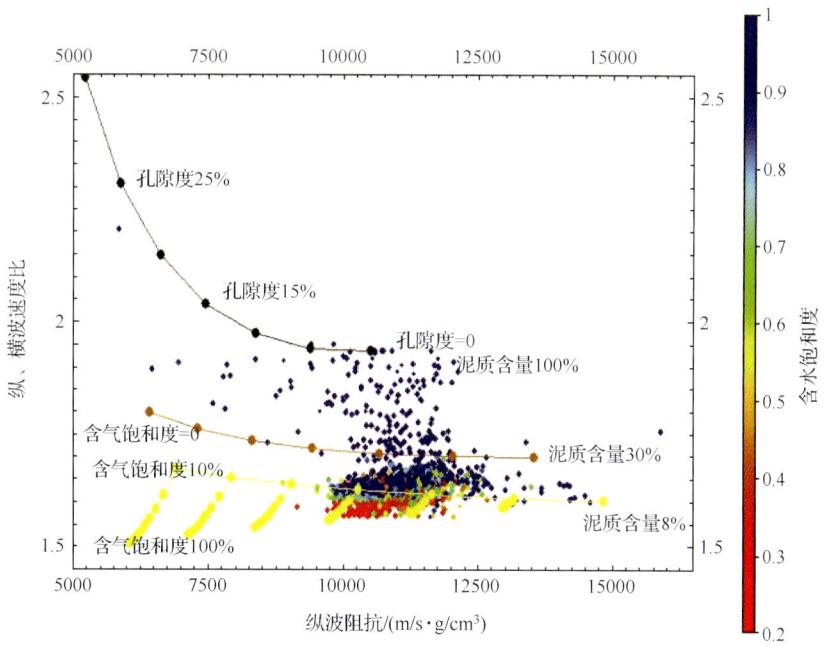

(b) 流体识别量板

图 5.21　盆 5 井区 $J_1s_2^2$ 段弹性参数定量解释模板

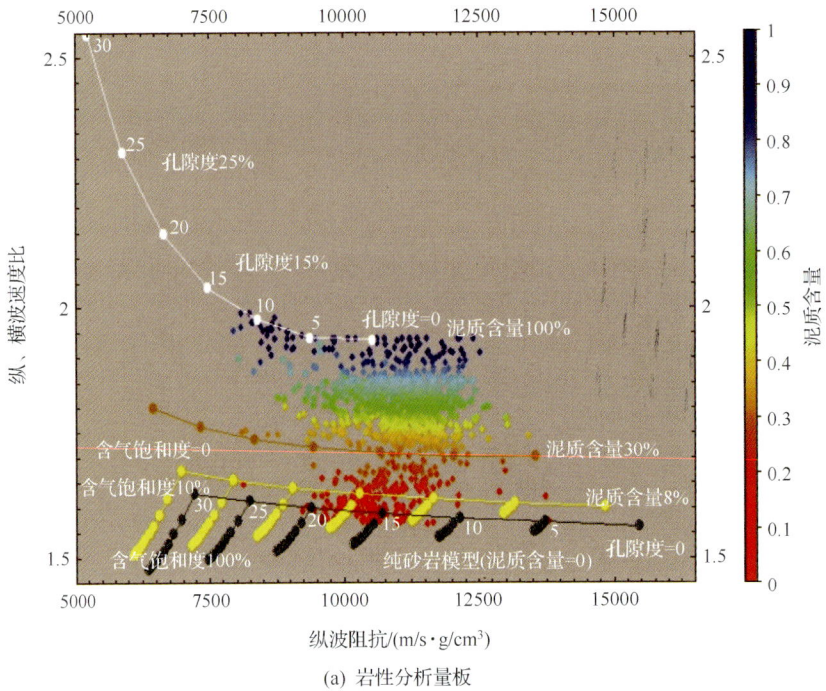

(a) 岩性分析量板

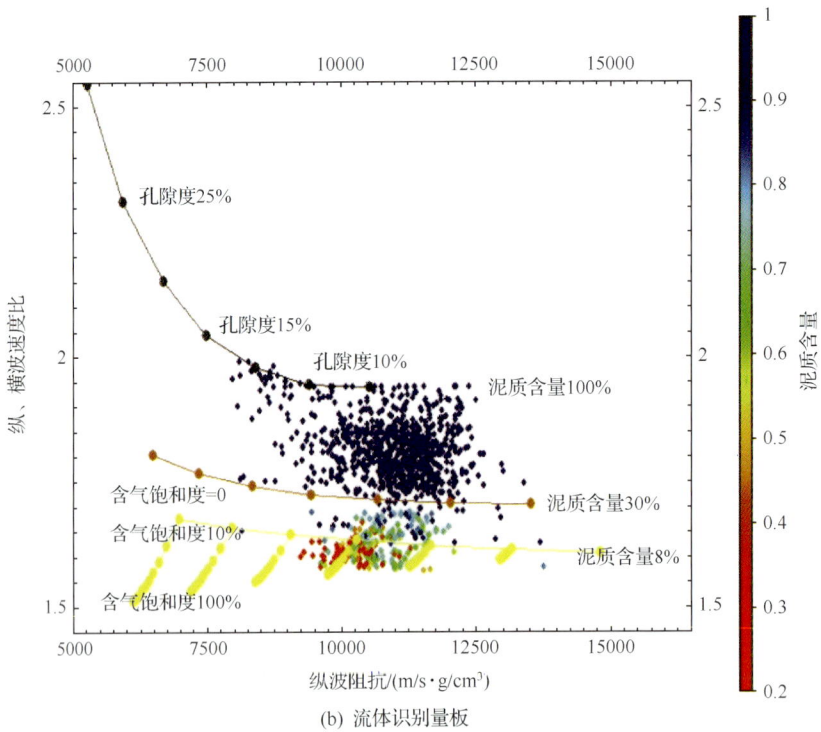

(b) 流体识别量板

图 5.22　盆 5 井区 $J_1s_2^1$ 段弹性参数定量解释模板

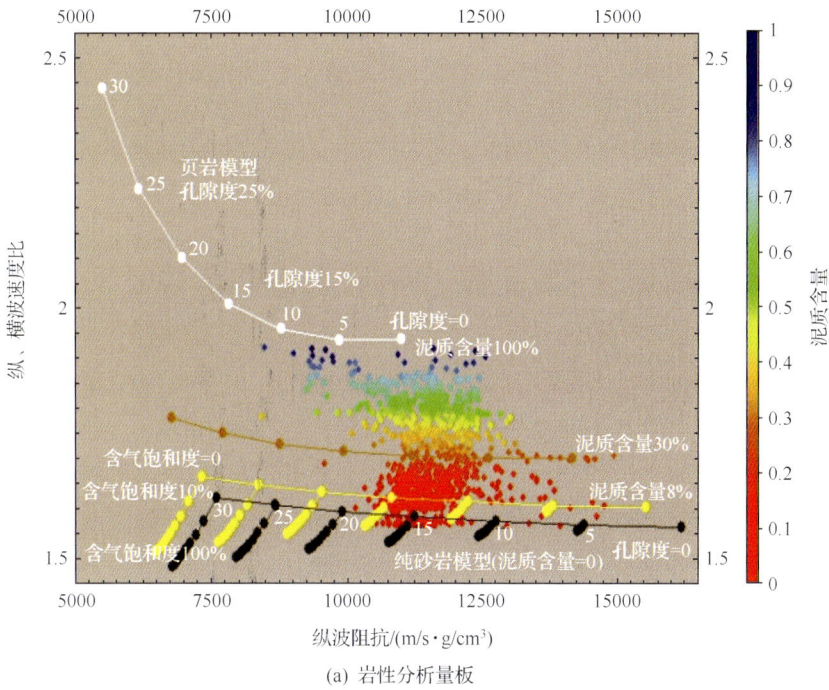

(a) 岩性分析量板

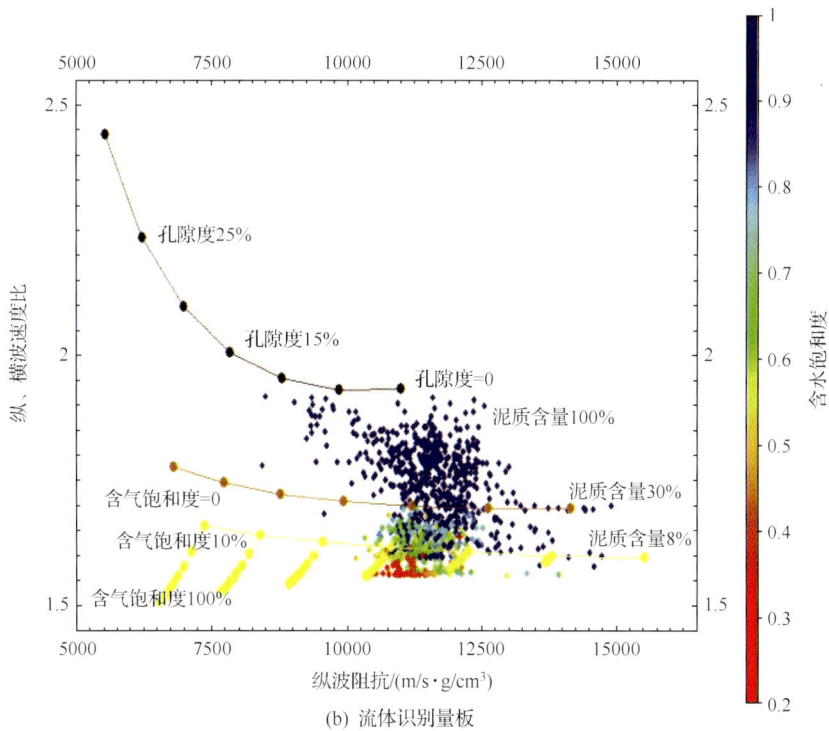

(b) 流体识别量板

图 5.23   莫 10 井区 $J_1s_2^2$ 段弹性参数定量解释模板

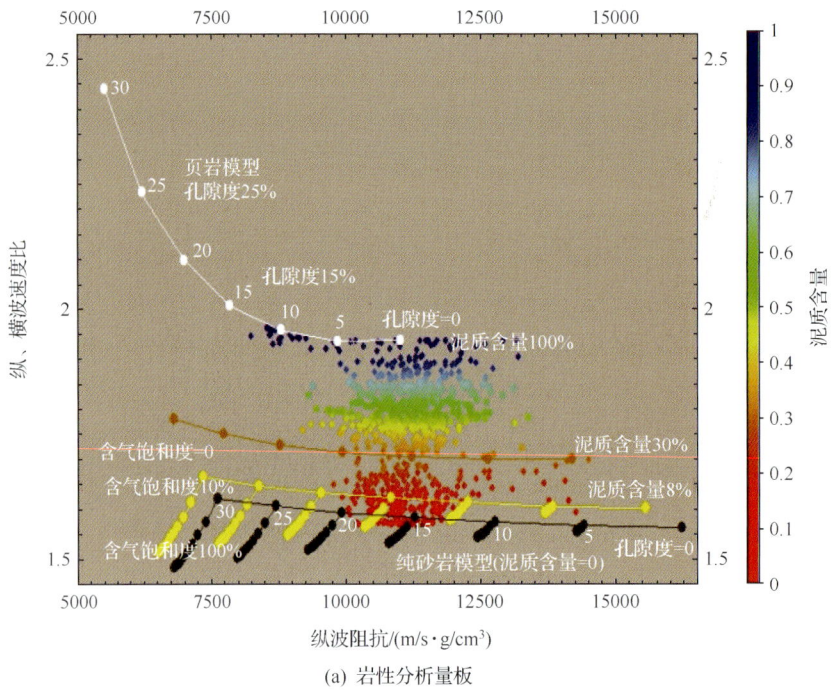

(a) 岩性分析量板

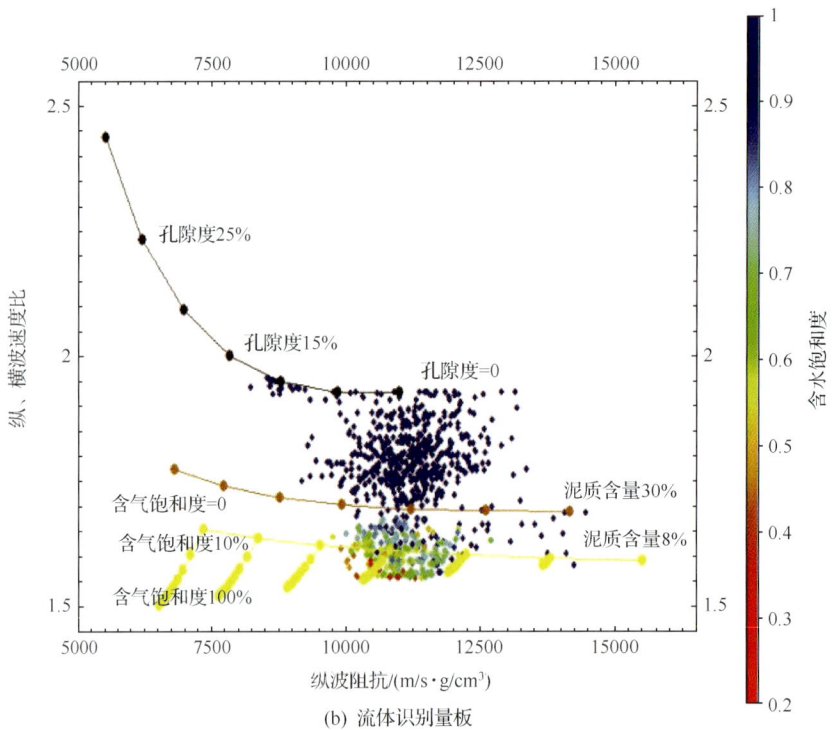

(b) 流体识别量板

图 5.24 莫 10 井区 $J_1s_2^1$ 段弹性参数定量解释模板

储层孔隙体积即孔隙度发生变化时,岩石弹性参数也会发生相应的变化。研究岩石孔隙度的变化引起岩石弹性参数变化的规律,可以为利用岩石弹性参数识别优质储层(即相对高孔的砂岩储层)提供理论依据。

5.2　叠前地震反演系统

随着油气勘探所面对的目标日益复杂,对地震储层预测的精度要求越来越高。常规处理的地震资料因受各种因素影响,难以满足地震叠前反演的需要。地震储层预测及流体检测技术中,叠后波阻抗反演将反射振幅信息转成地震波阻抗,这项技术已得到广泛应用,并在部分地区取得较好效果。但由于这类反演方法只利用叠后地震资料,反演得到纵波阻抗信息,使地震储层预测,特别是烃类检测的能力受到限制。叠前反演技术综合不同偏移距反射波信息和已知地层岩石物理等信息,可以反演得到与地层性质相关的纵横波阻抗与密度信息,是目前地震储层预测与烃类检测的重要方法之一,也是岩性油气藏地震识别的核心技术之一。

针对准噶尔盆地地震资料的特点,新疆油田分公司通过长期科技关公,研制了叠前地震反演软件包,该软件包集成了叠前道集优化处理、AVO 分析、叠前道集正演计算、弹性参数反演、弹性参数解释与可视化一体的独立软件包。使用该软件包对不同类型岩性油气藏进行应用研究,取得一定效果。

5.2.1　系统概况

叠前反演是实现地震储层预测的一个主要技术手段,利用不同入射角的地震信息,结合已知钻井资料,可以有效地提取能够反映地层岩性、储层流体变化的储层参数,是国内外广泛使用的储层预测与流体检测技术之一。

准噶尔盆地由于地表条件变化大,地质情况复杂,如在腹部沙漠区,地表巨厚沙漠对地震反射波的形成强烈衰减,使得地震记录品质降低;盆地南缘近地表起伏大、结构复杂,造成的地震道集静校正问题严重;侏罗系煤层对反射波的屏蔽作用,引起地震波的衰减和多次波发育等,使得叠前地震道集信噪比低,地震资料品质差,严重制约了地震反演技术在准噶尔盆地岩性勘探中的应用。

为了开发一套适合准噶尔盆地地震资料特点,且能够准确利用叠前道集反演储层弹性参数的软件系统,自 2008 年对叠前道集反演弹性参数的方法进行研究、论证,并对关键算法和技术进行了广泛调研,研发了具有自主知识产权的叠前道集弹性参数反演系统。该软件包综合考虑动校正、剩余时差、子波、叠前时间偏移、多次波及其噪声等对反演的影响。地震反演软件具备零炮检距剖面计算、子波提取、高保幅剩余时差校正、高保幅多次波及噪声消除、正演模型计算、横波速度拟合、模拟退火迭代算法、地震资料约束迭代反演弹性参数等模块。

5.2.2 系统框架与技术思路

软件系统采用模块结构组合实现,地震反演软件系统可以实现叠前 AVO 分析、纵波提取、多次波剔除、弹性参数反演、正演道集计算、CDP 道集及其剖面对比显示等。软件系统的界面如图 5.25 所示。

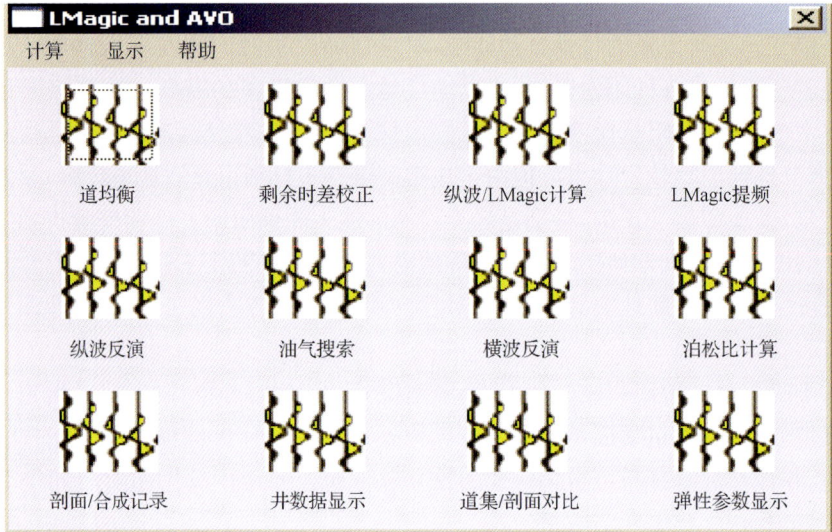

图 5.25 叠前地震反演主界面

叠前地震反演软件的特色之一是综合应用叠前道集与储层岩石物理分析软件包信息,进行储层弹性参数提取。众所周知,测井资料有详细的、很高的垂向分辨率,有丰富的高、低频信息,频带较宽。但它只是一孔之见,地震勘探的垂向分辨率虽然不高,但却具有线和面上的数据,且在横向上有较好的连续性;因此,将这两种资料有机地结合起来,取长补短,就可获得具有较高分辨率的地层信息。该软件充分考虑相邻 CDP 的相关性,结合井资料对 CDP 进行逐个反演,利用共中心点 CDP 道集数据、测井数据(纵波速度、横波速度、密度)、速度文件,依据 Zoeppritz 方程运用快速模拟退火方法进行叠前反演,得到纵波速度、横波速度、密度和泊松比等地层弹性参数。

该软件提供了叠前道集优化处理功能,包括叠前 CDP 道集数据剩余时差校正,高保幅多次波及噪声消除预处理技术(LMagic 预处理技术)提取纵波数据,形成高精度零炮检距剖面。地震反演过程中,用井旁测井数据对纵波道进行标定,使二者良好匹配以提取子波。反演时考虑相邻 CDP 的相关性,通过井资料对 CDP 进行逐个反演。首先以测井纵波速度、密度和横波速度为准,用改进快速模拟退火法反演井旁 CDP 的弹性参数。然后把此反演结果作为其相邻 CDP 反演的初始值,利用改进快速模拟退火算法进行迭代反演此 CDP 位置的弹性参数,依次类推完成所有 CDP 的反演。即可获得地震横波速度和纵波速度,进而计算泊松比等弹性参数,具体工作流程如图 5.26 所示。

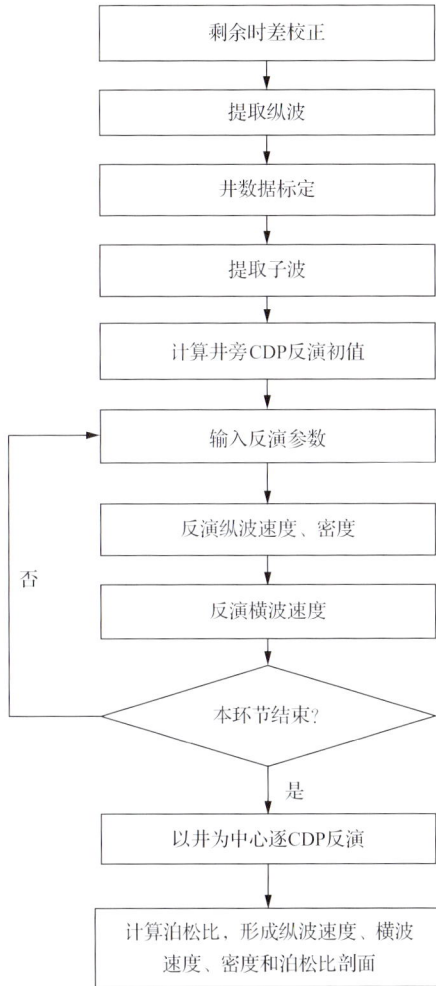

图 5.26　叠前道集弹性参数反演系统流程

5.2.3　主要功能及界面设计

1. 保幅剩余时差校正

地震资料处理中，动校正后道集仍存在时差，这是动校正及静校正等处理的综合剩余误差，这些误差对叠前地震反演影响极大，因为 AVO 处理为按时间样点水平取样，5～10ms 的误差即可引起假 AVO 现象。因此，为了获得到好的叠加剖面和提取正确的 AVO 信息剩余时差一定要做好。高保幅剩余时差校正是一种以相位替换为基础的时差校正方法，其理论基础是信号的到达时完全包含在信号的相位谱中，通过改变相位谱可达到改变信号到达时的目的。

对于地震道的褶积模型，有

$$s(t) = w(t) \sum_{n=1}^{N} r_n \delta(t - t_n) \tag{5.1}$$

式中，$w(t)$ 为子波信号；r_n 为第 n 层反射系数，t_n 为第 n 层反射时间，N 为总层数。$s(t)$ 的频谱为

$$S(\omega) = W(\omega)R(\omega) \tag{5.2}$$

其中，$W(\omega)$ 为子波 $w(t)$ 的频谱：

$$W(\omega) = \left| W(\omega) \right| \mathrm{e}^{-i\varphi_0(\omega)} \tag{5.3}$$

$R(\omega)$ 为反射系数序列的频谱：

$$R(\omega) = \sum_{n=1}^{N} r_n \mathrm{e}^{-i\omega t_n} = \left| R(\omega) \right| \mathrm{e}^{-\varphi_R(\omega)} \tag{5.4}$$

$$\varphi_R(\omega) = \arctan\left(\frac{\sum\limits_{i=1}^{N} r_n \sin(\omega t_n)}{\sum\limits_{i=1}^{N} r_n \cos(\omega t_n)} \right) \tag{5.5}$$

$$\left| S(\omega) \right| = \left| W(\omega) \right| \left| R(\omega) \right| \tag{5.6}$$

$$\varphi(\omega) = \varphi_0(\omega) + \varphi_R(\omega) \tag{5.7}$$

在 $w(t)$ 一定的情况下，相位谱 $\varphi(\omega)$ 除了都和反射系数 r_n 有关外，还与到达时 t_n 有关。由此可见，到达时的信息包含在相位谱中，通过改变相位谱，可以达到改变 t_n 的目的。如果知道零偏移距道，只要将道集中所有非零偏移距道的相位谱用零偏移距道的相位谱替换，并保持各自的振幅谱不变，就实现了时差校正的目的，且不需要速度资料。这种处理称为相位替换，用来替换其他各道相位谱的道称为参考道。

2. 高保幅多次波及噪声消除

在地震勘探中，提高地震资料信噪比与分辨率是数据采集与处理中十分重要的问题。地震叠加技术明显提高了地震资料的信噪比，但牺牲了地震资料的分辨率。根据 CDP 道集的 AVO 特性提出的零炮检距地震道拟合技术可以克服叠加技术带来的损伤高频成分的缺陷，拟合的零炮检距剖面比常规叠加剖面具有更高的分辨率。

将 CDP 道集用一次波的速度作动校正，将其拉平。此时，多次波变成向下弯曲，近似抛物线。如果以某一 T_0 时刻为准，把横向上各道的振幅值绘制出来，一次波的 AVO 振幅是渐变的，可以用一个抛物线二次曲线表达为

$$A = P + Qx^2 + Rx^4 \tag{5.8}$$

式中，P 为正入射纵波的振幅；x 为炮检距、Q 为抛物线曲率；R 为四次方项系数。

由于多次波表现为在抛物线上的一个多余的波形（图 5.27），这些多余的波形离开式 (5.8) 的误差很大，只有把这些大的误差的点剔除，就能得到很少受多次波影响的拟合 P 值、Q 值和 R 值。

由于 L1 范数拟合属于健全的拟合，具有抗数据异常的能力。用 L1 范数拟合法拟合零炮检距剖面，既保留了拟合法本身的优点。又能达到去除异常值的目的。从概率论的

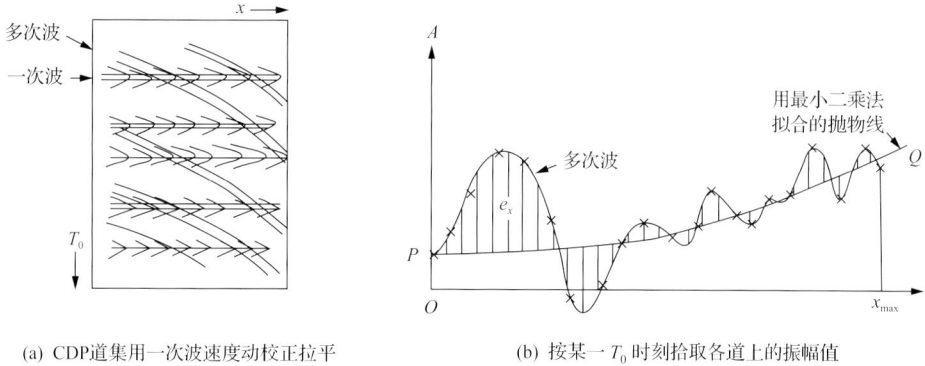

(a) CDP道集用一次波速度动校正拉平　　　　(b) 按某一 T_0 时刻拾取各道上的振幅值

图 5.27　纵波地震数据提取示意图

观点来看,最小二乘法拟合对服从正态分布的随机误差有较好的拟合效果,但当误差不是正态分布的时候,最小二乘法拟合就有可能得不到好的估计。因为最小二乘法拟合的结果总是偏向大误差的数据点,这是由最小二乘法的算法决定的。由于中值比均值更具有抗数据异常的能力,使用中值理论的 L1 范数拟合法比使用均值理论的最小二乘拟合法更为稳健。

在剔除拟合计算时,采用 L1 范数法拟合出 P 值、Q 值和 R 值,得到一条抛物线,然后计算每一个实际点离开抛物线的距离,得到误差 e_x,剔除一些误差大的点对应的地震道,使它们不能参与下一次的拟合。剔除一些道以后再次用 L1 范数法拟合一条抛物线,得到新的 P 值、Q 值和 R 值。如此,逐步拟合—剔除—拟合,直到到达给定剔除百分比时终止。最后输出拟合零炮检距 T_0 道纵波剖面、Q 值及其 R 值。由 P 值、Q 值和 R 值就可以计算出拟合振幅值。

具体做法如下:首先按时间样点进行时空去噪处理,然后剔除随机噪声,再进一步按角道集平滑去噪,最后用 L1 模拟合及抛物线单调性判别法以去除多次波和线性干扰等,确保振幅的真实变化趋势。输出为剔除噪声的 CDP 道集。可用于 AVO 检测、纵波成像及其反演。流程如图 5.28 所示。

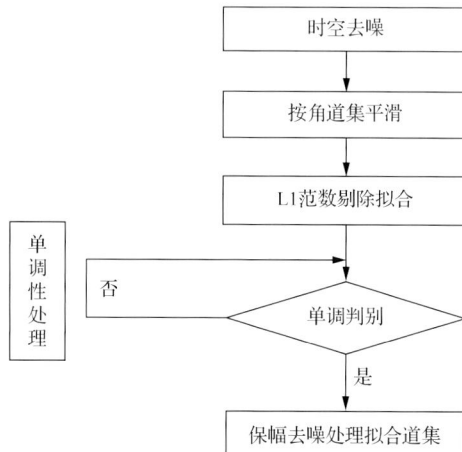

图 5.28　保幅去噪处理技术流程图

零炮检距拟合就是从一组观测数据 $(x_i, y_i)(i = 0, 1, \cdots, m)$ 中寻找自变量 x 和因变量 y 之间的函数关系,但由于观测数据的误差,不可能要求该曲线 $y = F(x)$ 经过所有点 (x_i, y_i),而只要求 x_i 上的误差点 $\delta_i = F(x_i) - y_i, (i = 0, 1, \cdots, m)$ 按某种标准最小。若记 $\boldsymbol{\delta} = (\delta_0, \delta_1, \cdots, \delta_m)^{\mathrm{T}}$,就是要求此向量的模最小。

最小二乘拟合法是令拟合与观测数据的误差平方和最小,即

$$\| \delta \|_2 = \sum_{i=1}^{n} | y_i - F(x_i) |^2 = \min \tag{5.9}$$

这里提出的 L1 范数拟合是把最小二乘法中的误差平方和最小换成误差的绝对值和最小,即

$$\| \delta \|_1 = \sum_{i=1}^{n} | y_i - F(x_i) | = \min \tag{5.10}$$

下面以直线拟合为例来说明最小二乘拟合和 L1 范数极小法拟合的不同。

需要拟合的表达式为

$$y = a + bx \tag{5.11}$$

式中,x 为炮检距;y 为振幅值。

基于 L2 范数的模极小化求拟合系数 a 和 b 时,公式为

$$\| \delta \|_2 = \sum_{i=1}^{n} | y_i - (a + bx_i) |^2 = \min \tag{5.12}$$

求式(5.12)对 a、b 的偏微商,并令其为零,可得

$$b = \frac{\sum\limits_{i=1}^{n} x_i y_i - \dfrac{1}{n} \sum\limits_{i=1}^{n} x_i \sum\limits_{i=1}^{n} y_i}{\sum\limits_{i=1}^{n} x_i^2 - \dfrac{1}{n} \left(\sum\limits_{i=1}^{n} x_i \right)^2} \tag{5.13}$$

$$a = \frac{1}{n} \left(\sum_{i=1}^{n} y_i - b \sum_{i=1}^{n} x_i \right)$$

由式(5.13)可见,曲线系数的值 a、b 与实验数据的均值密切相关。

当用 L1 模极小求拟合系数 a、b 时,公式为

$$\| \delta \|_1 = \sum_{i=1}^{n} | y_i - (a + bx_i) | = \min \tag{5.14}$$

式(5.14)要作适当的变换才可求解,由 $\dfrac{1}{n} \sum\limits_{i=1}^{n} y_i = a + b \dfrac{1}{n} \sum\limits_{i=1}^{n} x_i$ 得

$$\bar{y} = a + b\bar{x} \tag{5.15}$$

式中,$\bar{x}$、$\bar{y}$ 分别为 x_i、$y_i (i = 1, 2, \cdots, m)$ 的均值,它们也可以用中值代替,由式(5.15)可得

$$a = \bar{y} - b\bar{x} \tag{5.16}$$

代入式(5.14),并令

$$\eta_i = y_i - \bar{y}, \ \xi_i = x_i - \bar{x}$$

则式(5.14)化为求解 b,可变形为

$$\sum_{i=1}^{n} |\eta_i - b\xi_i| = \min \tag{5.17}$$

式(5.17)是一个解加权中位数的问题。求出系数 b 以后,代入式 $a = \bar{y} - b\bar{x}$ 即可求得系数 a。

根据上述算法原理对多组观测数据进行拟合运算,结果表明:一般情况下 L1 模和 L2 模的拟合结果基本一致,但当观测数据中存在少数偏差大的数据点时,两种算法的区别就表现出来。

如图 5.29 所示,实圆点为一组观测数据,小圆圈为几个偏差较大的数据点,L1、L2 分别用 L1 模和 L2 模拟合出的两条直线,最小二乘拟合的直线 L2 明显偏向偏差大的数据点,而 L1 范数拟合的直线 L1 几乎是沿着所有实圆点穿过。如果剔除偏差较大的数据点,再用最小二乘法拟合。得到的直线便与 L1 重合,而用 L1 范数极小法,剔除前后的拟合结果不变。

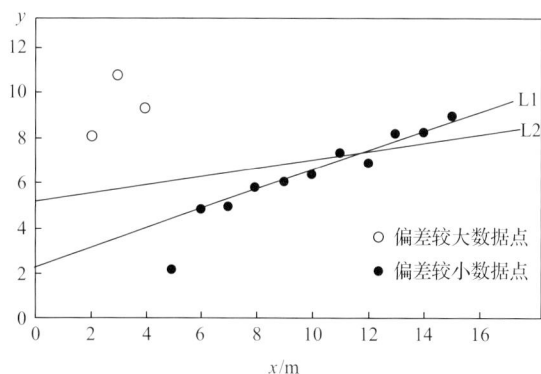

图 5.29　L1 范数法拟合与最小二乘拟合结果比较

由此说明,当存在偏差大的数据点时,L1 范数极小法更为稳健。其结果也比最小二乘拟合更可靠。因此,当原始数据中存在多次波时,由于 L1 范数极强的抗数据异常能力。用 L1 范数拟合可以得出比较准确的零炮检距拟合结果。在很好地克服多次波的同时,L1 范数拟合法压制随机噪声的效果也比较明显。因此,L1 范数拟合法能够突出强干扰背景下的弱层信息,并且有利于进行深层的地震资料解释工作。

高保幅多次波及噪声消除处理模块的界面如图 5.30 所示,该交互界面包括地震数据输入输出管理、去噪参数设置、地震数据选择等功能。

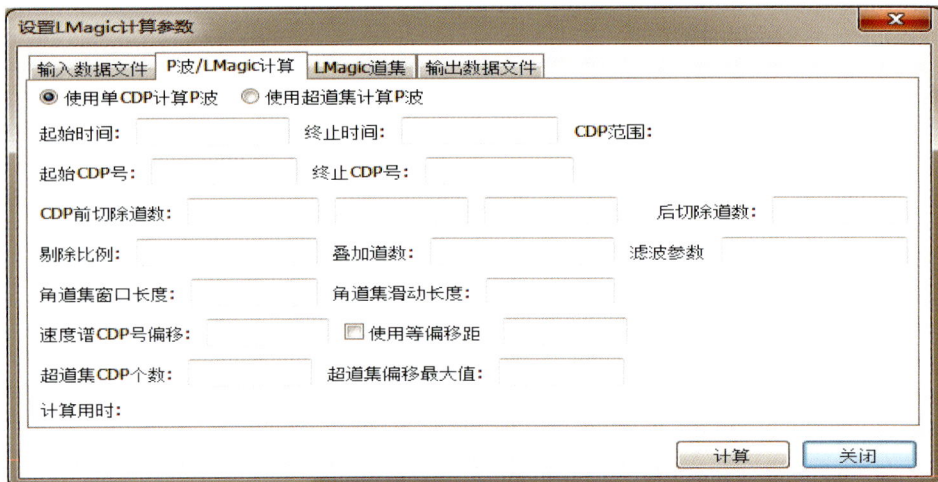

图 5.30　纵波提取及其 LMagic 预处理

3. 正演模型计算

AVO 正演方法是指利用模型正演模拟 AVO 现象,结合研究区域的油藏特征,分析不同地质条件下的油、气、水和岩性的 AVO 特征,建立相应的 AVO 检测标志,有助于从实际的地震记录中直接识别岩性和油气。也可以对反演得到的纵波速度、横波速度、密度剖面通过正演计算,得到对应 CDP 的地震道合成记录,与原始 CDP 地震记录比较;同时,利用纵波速度剖面、密度剖面,计算反演得到的零炮检距剖面,与原始零炮检距剖面比较。通过反演计算得到的 CD 地震道合成记录与原始 CDP 记录比较、原始零炮检距剖面与反演结果计算得到的零炮检距剖面比较,达到通过正演计算定性考察反演的结果好坏的目的。

通过给定 CDP 地层模型的纵波速度、横波速度、密度,利用 Zoeppritz 方程(或者简化形式)计算反射系数,给定子波,利用子波与计算得到的反射系数进行褶积计算,就得到反射振幅,即该 CDP 点的地震道合成记录。正演模型交互界面如图 5.31 所示。

4. 地震子波提取

地震子波是地震勘探中一个非常关键的问题,在正演问题中,需要通过波动方程或褶积模型结合地震子波来形成正演模拟地震数据,在反演问题中,也需要通过地震道提取一个的子波,不同的子波往往对反演结果会有不同的影响。该软件提供了 3 种子波提取算法,具体如下。

1) 里克子波计算

假定子波 $\tilde{\omega}(t)$ 为对称的里克子波:

$$\tilde{\omega}(t) = A\left[1 - 2\left(\pi f t\right)^2\right]\exp\left[-\left(\pi f t\right)^2\right] \tag{5.18}$$

显然子波函数时振幅 A 和主频 f 的非线形函数,利用调整好测井的纵波速度、密度

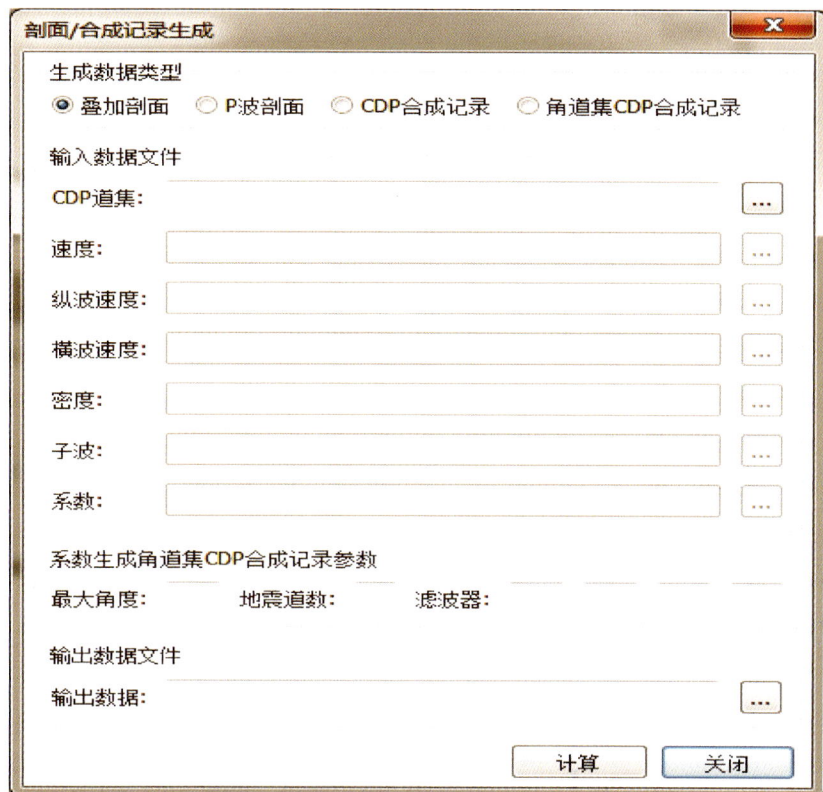

图 5.31 模型正演交互界面

和井旁零炮检距纵波道（或者多道纵波平均）用模拟退火迭代算法求解 A 和 f。进而得到子波。

2）利用测井与井旁纵波求取子波

设地震记录 $x(t)$ 的起止时间为 $t_1 \sim t_2$，子波 $\widetilde{\omega}(t)$ 的起止时间为 $-p \sim q$。由于子波的时延特性，反射系数 $\gamma(t)$ 不仅在 $t_1 \sim t_2$ 段对 $x(t)$ 起作用，而且在时间 $t_1 - q \sim t_2 + p$ 之间的部分都会对 $x(t)$ 产生贡献。因此，考虑截断效应的影响，在提取 $t_1 \sim t_2$ 这一时窗内的地震子波时，应使用 $t_1 - q \sim t_2 + p$ 时间段的反射系数序列。特殊情况下，如当子波为最小相位时，$p = 0$ 而 $q > 0$；当子波为零相位时，$p = q > 0$。

一方面，根据子波直流分量为零的情况，应满足 $\sum\limits_{t=-p}^{q} \widetilde{\omega}(t) = 0$；另一方面，褶积模型又要求地震记录、反射系数和子波之间应满足：

$$x(t) = \sum_{\tau=-p}^{q} \widetilde{\omega}(\tau) r(t-\tau) \tag{5.19}$$

实际应用时应使等号两边的平方误差最小，即

$$\sum_{t=t_1}^{t_2} \left[x(t) - \sum_{\tau=-p}^{q} \widetilde{\omega}(\tau) r(t-\tau) \right]^2 \to \min \tag{5.20}$$

同时考虑以上两方面的因素,可根据 Lagrange 乘子法建立以下条件极值问题的目标函数:

$$E = \sum_{t=t_1}^{t_2} \left[x(t) - \sum_{\tau=-p}^{q} \widetilde{\omega}(\tau) r(t-\tau) \right]^2 + 2\lambda \sum_{t=-p}^{q} \widetilde{\omega}(t) \xrightarrow{\widetilde{\omega},\lambda} \min \quad (5.21)$$

式中,E 为实际数据与合成记录的能量差;λ 为关键因子。

由 $\dfrac{\partial E}{\partial \widetilde{\omega}} = 0$ 和 $\dfrac{\partial E}{\partial \lambda} = 0$ 求解,得到 $\widetilde{\omega}$ 的解为

$$\widetilde{\boldsymbol{\omega}} = (\boldsymbol{r}^{\mathrm{T}} \boldsymbol{r})^{-1} \left[(\boldsymbol{r}^{\mathrm{T}} \boldsymbol{r}) - \lambda \boldsymbol{I} \right] \quad (5.22)$$

式中,$(\boldsymbol{r}^{\mathrm{T}} \boldsymbol{r})_{i+\varepsilon, j+\varepsilon} = \sum\limits_{t=t_1}^{t_2} r_{t-i} r_{t-j}$ 为反射系数的自相关矩阵;$(\boldsymbol{r}^{\mathrm{T}} \boldsymbol{r})_{i+\varepsilon} = \sum\limits_{t=t_1}^{t_2} r_{t-i} x_t$ 为反射系数与地震道的互相关矩阵;$\widetilde{\boldsymbol{\omega}}$,$\boldsymbol{r}$ 和 $\boldsymbol{x}$ 分别为子波 $\widetilde{\omega}(t)$、反射系数和地震记录的列向量;$\varepsilon = 1 + p$,并且有

$$\lambda = \frac{\boldsymbol{L} \ (\boldsymbol{r}^{\mathrm{T}} \boldsymbol{r})^{-1} (\boldsymbol{r}^{\mathrm{T}} \boldsymbol{x})}{\boldsymbol{L} \ (\boldsymbol{r}^{\mathrm{T}} \boldsymbol{r})^{-1} \boldsymbol{I}} \quad (5.23)$$

式中,$\boldsymbol{I} = (1,1,\cdots,1)^{\mathrm{T}}$,$\boldsymbol{L} = (1,1,\cdots,1)$ 分别为 $(n \times 1)$ 的列向量和 $(1 \times n)$ 的行向量。

3) 带通滤波器确定子波

通过给定滤波器高低频率范围,计算得到子波,频率域形式如下:

$$\widetilde{H}_3(f, f_1, f_2, f_3, f_4) = \begin{cases} 1 & |f| \leqslant \alpha_1 - \delta_1 \\ 1 - \dfrac{(\alpha_1 - |f| - \delta_1)^2}{2\delta_1^2} & \alpha_1 - \delta_1 < |f| \leqslant \alpha_1 \\ \dfrac{(\alpha_1 - |f| + \delta_1)^2}{2\delta_1^2} & \alpha_1 < |f| < \alpha_1 + \delta_1 \\ 0 & \alpha_2 - \delta_2 \geqslant |f| \geqslant \alpha_1 + \delta_1 \\ \dfrac{(\alpha_2 - |f| - \delta_2)^2}{2\delta_2^2} & \alpha_2 \geqslant |f| > \alpha_2 - \delta_2 \\ 1 - \dfrac{(\alpha_2 - |f| + \delta_2)^2}{2\delta_2^2} & \alpha_2 + \delta_2 \geqslant |f| > \alpha_2 \\ 1 & |f| \geqslant \alpha_2 + \delta_2 \end{cases} \quad (5.24)$$

式中,H 为滤波因子;f 为频率;$\alpha_1 = (f_1 + f_2)/2$;$\delta_1 = (f_2 - f_1)/2$;$\alpha_2 = (f_3 + f_4)/2$;$\delta_2 = (f_4 - f_3)/2$。

5. 非线性叠前反演

反演求解弹性参数过程中,采用的是改进快速模拟退火算法。在迭代反演纵波速度和密度时采用的是快速模拟退火算法,而反演横波速度时采用的是多目标快速模拟退火算法。

模拟退火算法是近年发展起来的全局最优化算法,其主要优点不用求目标函数的偏导数及解大型矩阵方程组,即能找到一个全局最优解,而且易于加入约束条件,编写程序简单。这种方法避免线性化反演方法结果强烈依赖于初始模型的选取而导致解落入局部极值的情况。目前此法已开始用于解决非线性地球物理反演问题,如波形反演、静校正、叠前偏移速度分析等非线性反演中,并取得了较好的效果。然而,这种方法存在着计算效率低的缺陷。为了提高计算效率,出现了许多改进的方法,快速模拟退火就是其中的一种。

模拟退火算法来源于固体退火原理,将固体加温至充分高,再让其徐徐冷却,加温时,固体内部粒子随温升变为无序状,内能增大,而徐徐冷却时粒子渐趋有序,在每个温度都达到平衡态,最后在常温时达到基态,内能减为最小。根据 Metropolis 准则,粒子在温度 T 时趋于平衡的概率为 $e = \Delta E/(kT)$,其中 E 为温度 T 时的内能,ΔE 为其改变量,k 为 Boltzmann 常数。用固体退火模拟组合优化问题,将内能 E 模拟为目标函数值 f,温度 T 演化成控制参数 t,即得到解组合优化问题的模拟退火算法。由初始解 i 和控制参数初值 t 开始,对当前解重复"产生新解 → 计算目标函数差 → 接受或舍弃"的迭代,并逐步衰减 t 值,算法终止时的当前解即为所得近似最优解,这是基于蒙特卡罗迭代求解法的一种启发式随机搜索过程。退火过程由冷却进度表(cooling schedule)控制,包括控制参数的初值 t 及其衰减因子 Δt、每个 t 值时的迭代次数 L 和停止条件 S。模拟退火算法可以分解为解空间、目标函数和初始解三部分,模拟退火的基本思想如下。

(1) 初始化:初始温度 T(充分大),初始解状态 S(是算法迭代的起点),每个 T 值的迭代次数 L。

(2) 对 $k = 1, \cdots, L$ 做第 3 至第 6 步。

(3) 产生新解 S'。

(4) 计算增量 $\Delta t' = C(S') - C(S)$,其中 $C(S)$ 为评价函数(目标函数)。

(5) 若 $\Delta t' < 0$ 则接受 S' 作为新的当前解,否则以概率 $\exp(-\Delta t'/T)$ 接受 S' 作为新的当前解。

(6) 如果满足终止条件则输出当前解作为最优解,结束程序。终止条件通常取为连续若干个新解都没有被接受时的终止算法。

(7) T 逐渐减少,且 $T > 0$,然后转第 2 步。

模拟退火算法流程如图 5.32 所示。由于模拟退火法是建立在随机搜寻方法的基础上,要达到一定的精度要求,每一模型参数的离散点必须足够大,每次迭代必须进行多次目标函数计算,因而在处理实际资料时,计算效率不高。为了提高模拟退火法的计算效率,用改进快速模拟退火算法进行叠前道集 AVO 反演弹性参数。

模拟退火算法中,模型的接收概率式 $\exp(-\Delta t'/T)$ 是按 Gibbs 分布给出的。对于广义的 Gibbs 分布,可以得到相应的模型扰动计算公式。由于快速模拟退火用依赖于温度的似 Cauchy 分布产生新的扰动模型,其具有较高的计算效率。有关的模型扰动、接收概率的计算及降温方式叙述如下。

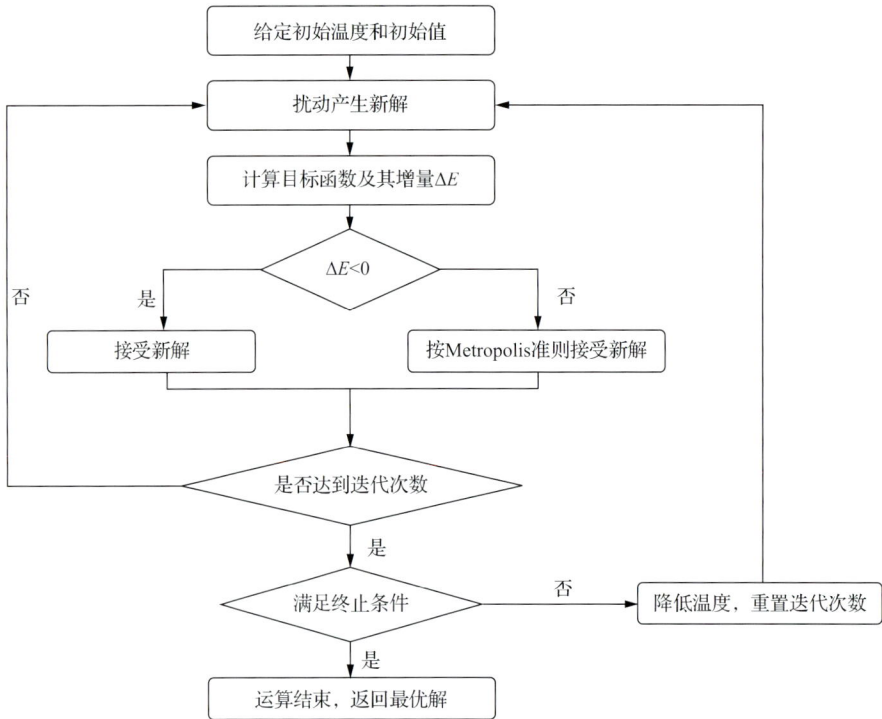

图 5.32　模拟退火算法流程图

1）目标函数

反演时，采用角道集的相似度进行判别：

$$f(S') = \frac{\sum_{i=1}^{n}(A_i - \bar{A})(A_i' - \overline{A'})}{\left[\sum_{i=1}^{n}(A_i - \bar{A})^2\right]^{\frac{1}{2}}\left[\sum_{i=1}^{n}(A_i' - \overline{A^i})^2\right]^{\frac{1}{2}}} \tag{5.25}$$

式中，A_i 为原始角道集；$\bar{A}$ 为原始角道集的平均值；A_i' 为新解角道集，$\overline{A'}$ 为新解角道集的平均值。

2）模型扰动

模拟退火算法中新模型的产生是对当前模型进行扰动得到的，快速模拟退火算法采用依赖于温度的似 Cauchy 分布产生新模型，由 Ingber（1989）首先提出，其解的产生方式为

$$m_i = m_i + y_i(B_i - A_i)$$

$$y_i = T\mathrm{sgn}(u - 0.5)\left[\left(1 + \frac{1}{T}\right)^{|2u-1|} - 1\right] \quad -1 \leqslant y_i \leqslant 1 \tag{5.26}$$

式中，m_i 为模型的第 i 个变量；u 为[0,1]均匀分布的随机数；$[A_i, B_i]$ 为 m_i 的取值范围。且要求扰动后 $m_i' \in [A_i, B_i]$，$\mathrm{sgn}(X)$ 为符号函数。

采用依赖于温度的似 Cauchy 分布产生新模型的优点是在高温情况下进行大范围的搜索,在低温时搜索仅在当前模型附近进行,而且由于似 Cauchy 分布有一平坦的"尾巴",使其易于迅速跳出局部极值.这一改进加快了模拟退火方法的收敛速度.

3) 接受概率

由 Tsallis 熵推出的接受概率计算公式为

$$P = \left[1 - (1 + h)\frac{\Delta E}{T}\right]^{\frac{1}{1-h}} \tag{5.27}$$

式中,ΔE 为扰动得到的新模型的目标函数 $E(m)$ 与当前模型的目标函数 $E(m_0)$ 之差,即 $\Delta E = E(m) - E(m_0)$;T 为温度;h 为实数.显然当 $h \to 1$ 时,有

$$P = \exp\left(-\frac{\Delta E}{T}\right) \tag{5.28}$$

4) 降温方式

Ingber(1989)给出的快速模拟退火方法的降温方式,其降温公式为

$$T(K) = T_0 \exp(-CK^{\frac{1}{N}}) \tag{5.29}$$

式中,K 为迭代次数;C 为给定常数;N 为变量个数.式(5.29)可以改写为 $T(K) = T_0 \alpha^{\frac{1}{N}}$,$\alpha$ 为 与迭代次数有关的系数.通常选择 $0.7 \leqslant \alpha \leqslant 1$,在实际应用中,常常采用 0.5 或者 1 代替式(5.29)中的 $\frac{1}{N}$.

5) 多目标模拟退火算法

带约束多目标优化问题[式(5.30)]包括 n 个决策变量 $x_1, x_2, \cdots, x_n$,K 个形式不同优化目标 $f_1, f_2, \cdots, f_K$ 和 M 个形式不限的不同约束 $g_1, g_2, \cdots, g_m$:

$$\begin{cases} \text{最小化} & f_i(x_1, x_2, \cdots, x_n), & i = 1, 2, \cdots, K \\ \text{目标} \quad \text{至} & g_j(x_1, x_2, \cdots, x_n), & j = 1, 2, \cdots, M \end{cases} \tag{5.30}$$

对于式(5.29)多目标优化问题求解,采用多目标快速模拟退火算法,具体流程如下:随机产生 L 个初始可行解 $X_1, X_2, \cdots, X_L$ 及 K 个权值 $\omega_1, \omega_2, \cdots, \omega_K$,其中 $\omega_i \in [0, 1]$ 且 $\sum_{i=1}^{K} \omega_i = 1$,评价其各独立优化目标 f_i 及综合目标 $F = \sum_{i=1}^{K} \omega_i f_i$,确定初始温度,根据综合目标确定最佳解 X^* 并令其为当前解 X,令 $k = 0$,$F_m = F$,$X_m = X^*$.

(1) 由当前解 X 通过邻域函数产生新解 X' 直至其可行,并平均其各优化目标和综合目标 F'.

(2) 若 $F' < F$ 则用 X' 代替 X 成为新得当前解,进而若 $F' < F_m$,则用 X' 代替 X_m 成为新得最优解;否则若 $\exp[(F' - F)/t_k] > $ 函数$(0, 1)$,则仍用 X' 代替 X;再否则保留 X.

(3) 判断当前温度下抽样准则是否满足,若是自继续以下步骤,否则返还步骤(2).

(4) 进行退温操作,$t_{k+1} = \lambda t_k$,并令 $k = k + 1$.

(5) 判断算法终止准则是否满足,若是则结束搜索并输出 X_m,否则返回步骤(2).

6. 井控弹性参数反演

通常，相邻 CDP 有很强的相关性，因此，考虑从井出发，以井为中心逐 CDP 进行反演。以井为中心逐 CDP 弹性参数反演就是首先利用井数据作为初始值对井旁 CDP 进行反演，然后再利用这些 CDP 的反演结果逐步外推得到其他点的反演结果。在一条测线上的具体做法如下。

(1) 道集剩余时差校正。

(2) LMagic 道集计算。

(3) 井旁纵波数据与井数据标定。

(4) 选取输入子波。

(5) DP 迭代反演：①以井数据的纵波速度、密度值为初始值，用快速模拟退火算法反演得到井旁 CDP 对应的纵波速度、密度(时间域下)；②用测井的纵波速度 V_P、横波速度 V_S、密度 ρ(其中纵波速度、密度为第(1)步反演得到的)为初始值。按 Zoeprritz 方程原理用多目标快速模拟退火(其中纵波速度和密度保持不变)反演得到井旁 CDP 的时间域上的横波速度。

(6) CDP 迭代反演。以井旁 CDP 为中心，各个 CDP 逐次进行迭代反演。在反演时，以前一个 CDP 反演得到的纵波速度、横波速度和密度结果为当前 CDP 反演初始值，按照井旁 CDP 的反演过程进行反演。得到各个 CDP 处对应的纵波速度、横波速度和密度。

(7) CDP 迭代反演后的纵波速度 V_P、横波速度 V_S、密度 ρ，并由纵波速度和横波速度计算泊松比。

(8) 纵波速度、横波速度、密度、泊松比的时间-深度剖面。

弹性参数反演交互界面如图 5.33 所示。

图 5.33　弹性参数反演交互界面

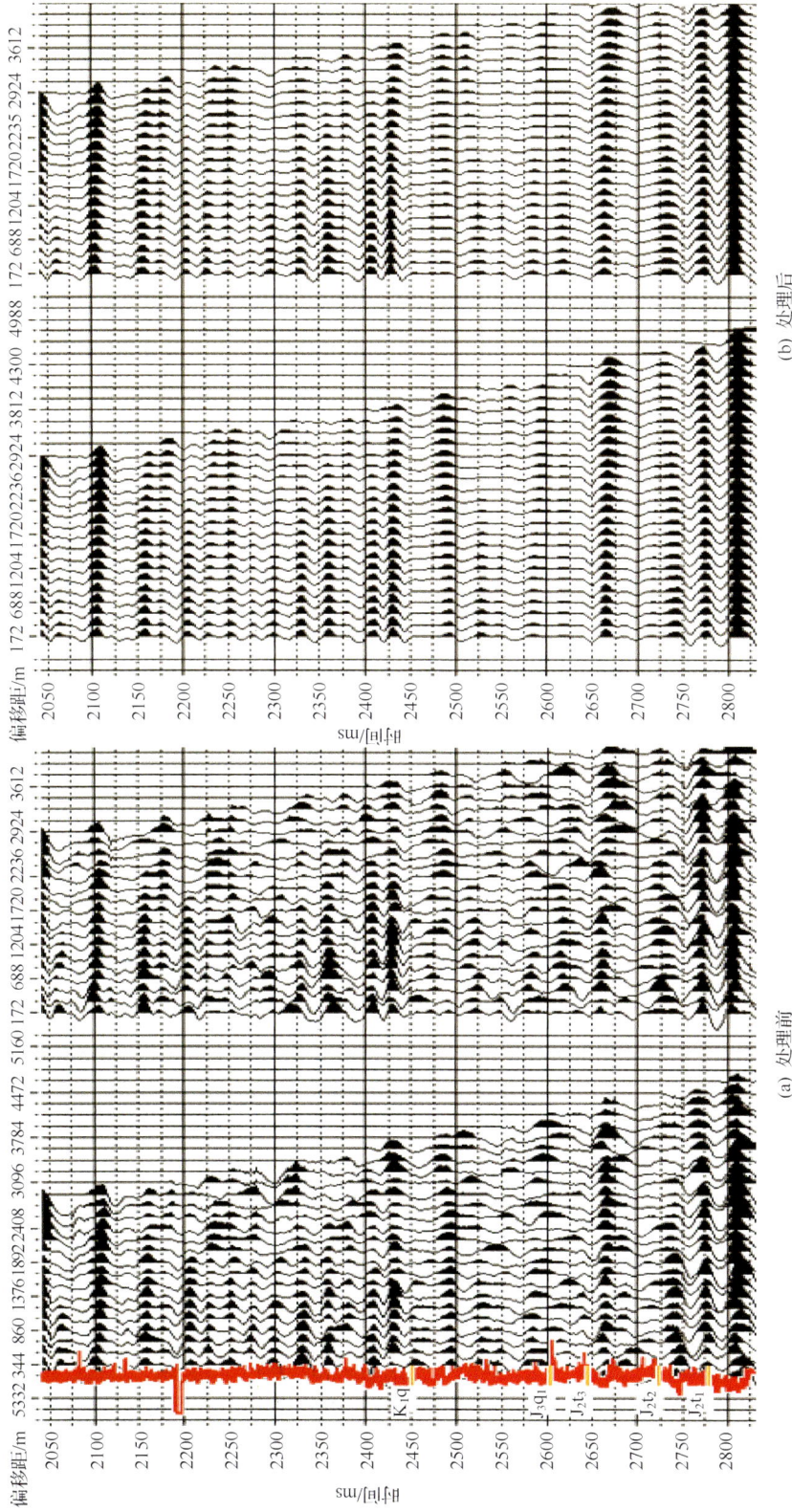

图 5.34 I.Magic 处理前后阜东 021 井旁道集对比

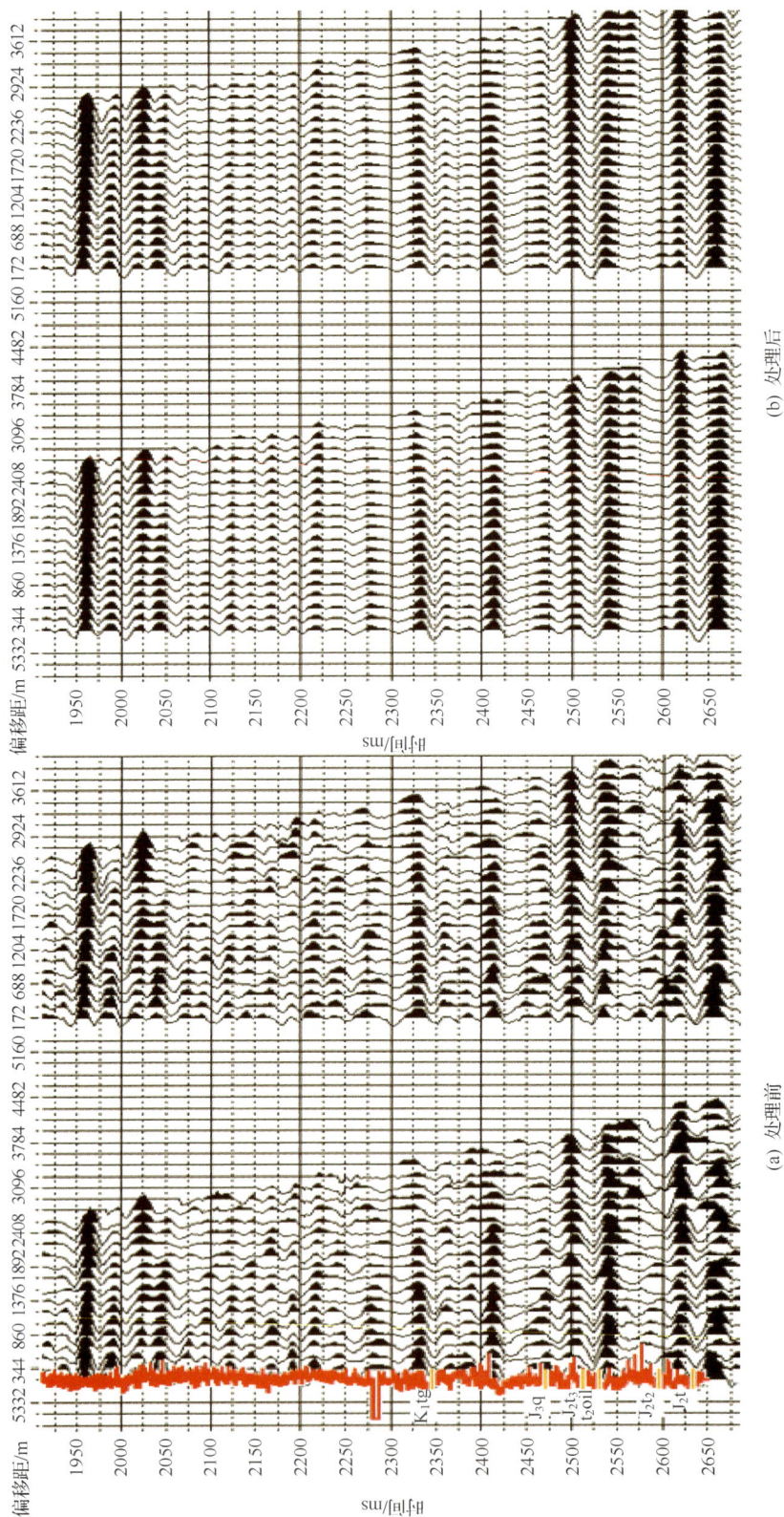

(a) 处理前　　　　(b) 处理后

图 5.35　LMagic 处理前后阜东 2 井旁道集对比

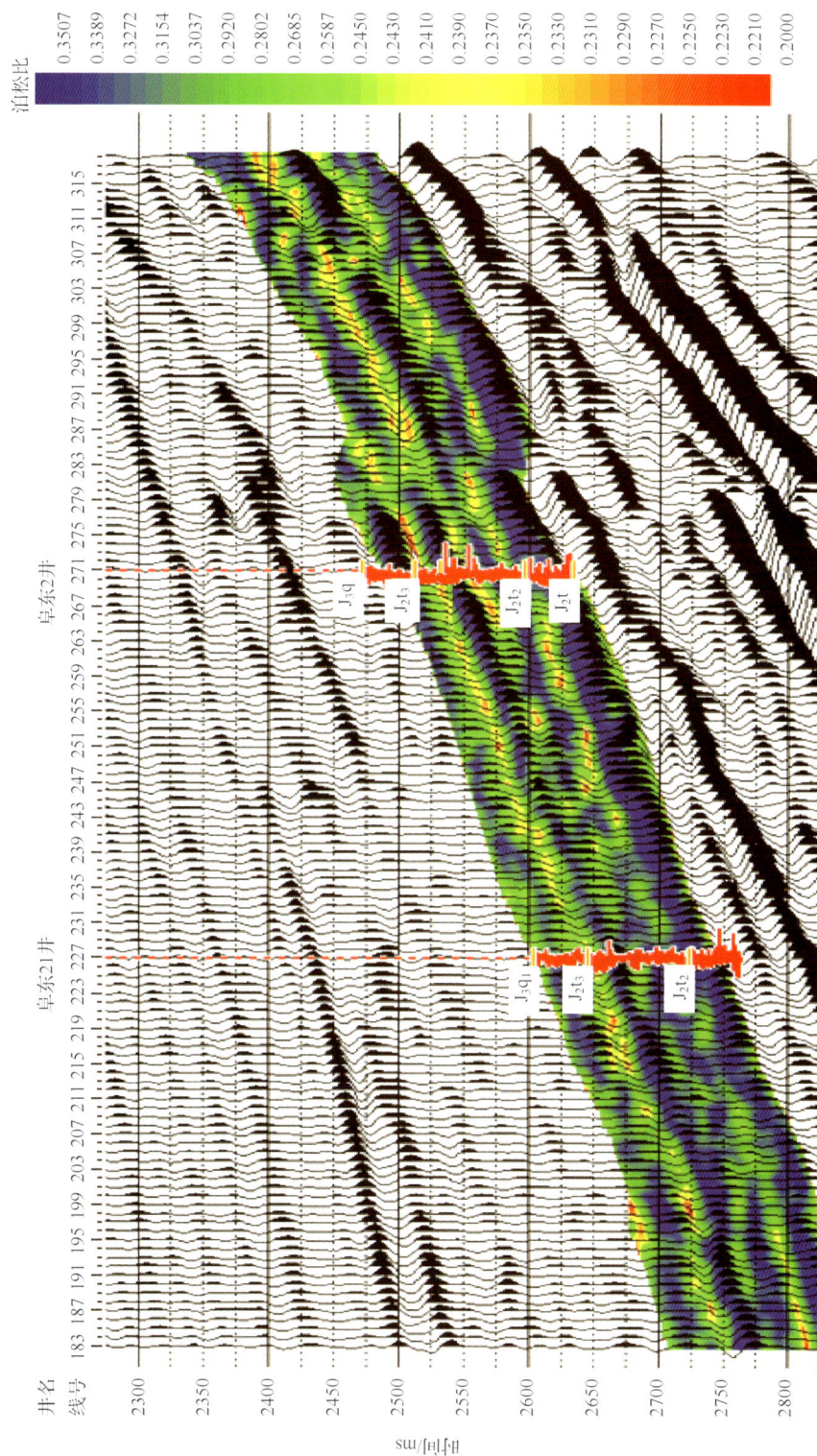

图 5.36 阜东 21 井与阜东 2 井连井逐 CDP 叠前反演泊松比与地震剖面叠合图

5.2.4 应用实例

使用叠前反演软件包对准噶尔盆地阜东地区河道砂岩岩性油气藏进行了应用研究。采用该软件包中叠前优化处理模块进行随机噪声处理,如图 5.34 所示。对比处理前后叠前道集可见,通过叠前去噪处理,叠前道集的质量得到显著提高,如图 5.34 和图 5.35 所示。

阜东 2 井和阜东 021 井的钻探结果表明(图 5.36),两口井钻遇同一套砂体,阜东 2 井产油,阜东 021 井出水,利用叠前道集弹性参数反演系统得到的阜东 021 井与阜东 2 连井逐 CDP 叠前反演泊松比剖面表明阜东 2 井比阜东 021 井的泊松比值更低,与钻探结果一致。

此外,利用 LMagic 处理得到的叠前道集开展了流体检测研究。从油气检测剖面和平面图(图 5.37)上分析,阜东 2 井表现出为明显的 AVO 油气异常,阜东 021 井处无 AVO 油气异常,油水界面位于阜东 2 井与阜东 021 井之间(红线)。

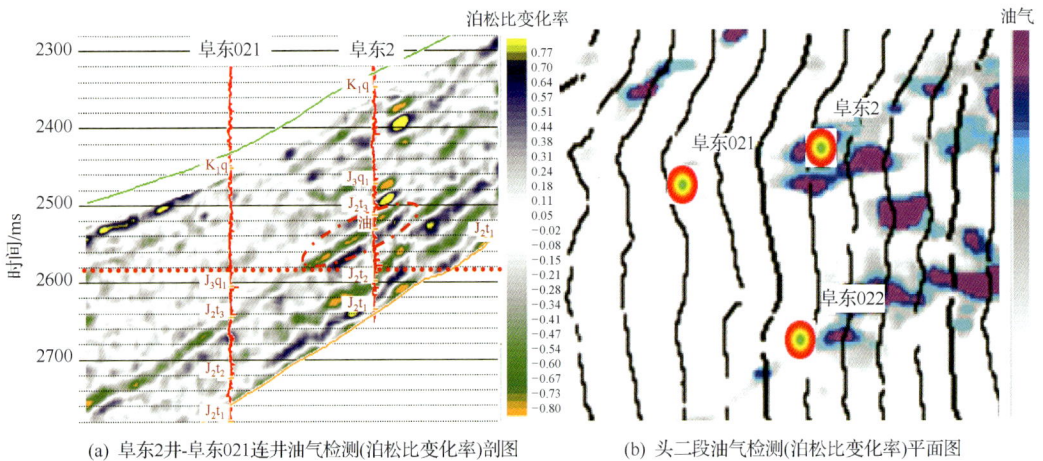

(a) 阜东2井-阜东021连井油气检测(泊松比变化率)剖图 (b) 头二段油气检测(泊松比变化率)平面图

图 5.37 阜东 2 井、阜东 021 井油气检测

准噶尔盆地岩性油气藏勘探实例 第6章

6.1　准噶尔盆地腹部石南 31 井岩性油气藏勘探

石南油气田位于准噶尔盆地腹部古尔班通古特沙漠腹地,行政隶属新疆和布克赛尔县管辖。南东距石西油田约 20km,北东距陆梁油田约 20km,如图 6.1 所示。工区地表为未固定-半固定沙丘覆盖,沙丘相对高差一般为 20~30m,最大可达 50m,地面海拔为400~500m。工区温差悬殊,夏季干热,最高气温可达 45℃以上,冬季寒冷,最低气温可达 −42℃以下,年平均气温 7℃;区内年平均降水量 80mm,浅井钻至 300~400m 可采工业用水。

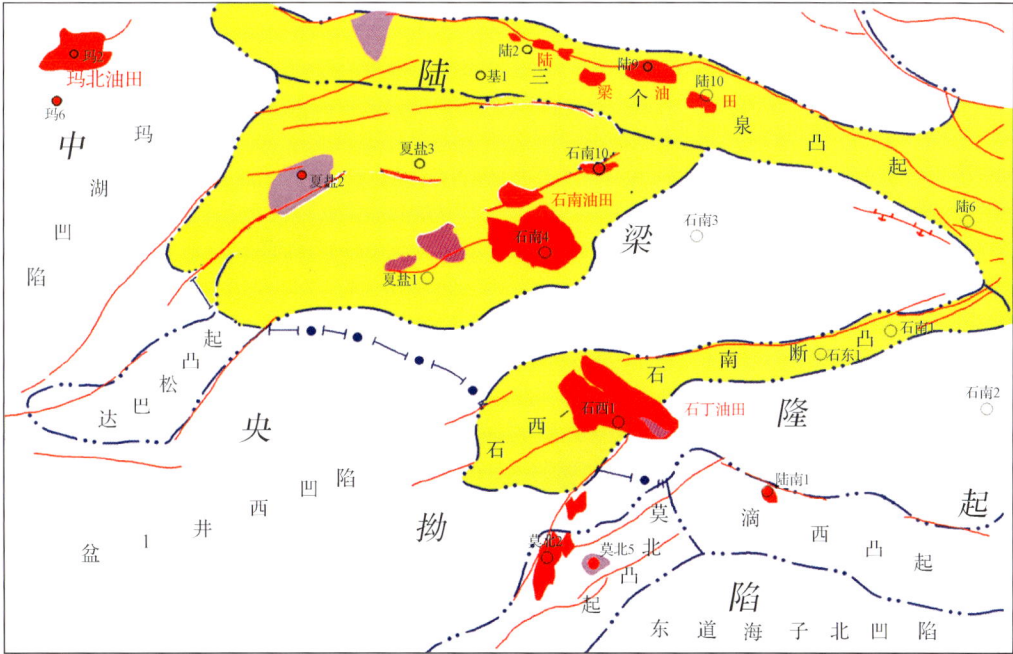

图 6.1　石南油田区域位置示意图

石南地区侏罗系岩性油藏的勘探始于石南 4 井区块,发现井是石南 5 井,该井于1996 年 3 月在头屯河组 2552~2560m 射孔,用 6mm 油嘴试产,获得油 18.2t/d,气3691m³/d 的工业油气流,从而发现了石南 4 井区头屯河组油藏。2000 年在夏盐鼻凸上已先后探明了石南 4 井区头屯河组岩性油藏和石南 10 井区西山窑组 J_2x_1、J_2x_3 岩性油藏。陆梁油田发现后，证实了石南地区具有"源外沿梁断控阶状运聚"的油气成藏模式，表明在准噶尔盆地石南地区具有寻找岩性油气藏的远景。

虽然已发现石南 4 井区 J_2t 岩性油藏和石南 10 井区 J_2x 岩性油藏，但并未形成可观的场面，石南地区勘探程度相对较低，为此 2002 年加大了该地区三维地震部署，加强岩性圈闭识别评价和综合地质研究，陆续实施了石南 4 井区、夏盐 2 井区、夏盐 3 井区、夏盐南、玛东 2 井区等多块大面积三维地震勘探，基本覆盖夏盐鼻凸，2002～2003 年又先后部署实施了常规面元（面元 50m×100m）的石南 4 井东三维、石南 24 井区三维、石南 23 井东三维。先后发现石南 6 井东断背斜、石南 10 井东断鼻、石南 10 井北断鼻、石南 11 井北断鼻等目标，并优选石南 6 井东断背斜部署了石南 21 井，该井在头屯河组 2511～2520m 射孔，用 7.5mm 油嘴试产，获得 18.3t/d 气和 2120m³/d 的工业油流，从而发现了石南 21 井区头屯河组岩性油藏，该油藏上倾部位受岩性控制，下倾部位（东南部）受构造控制，具有统一的油水系统和油水界面。石南 21 井岩性油藏与石南 4 井区 J_2t 油藏具有不同的油水界面，地层压力高于石南 4 井区，分属两个不同的油藏。石南 21 井区 J_2t_2 岩性油藏 2003 年度上交探明石油地质储量 2696 万 t，控制石油地质储量 1178 万 t。此外，石南 22 井及石南 24 井在白垩系连木沁组和呼图壁河组均见到良好的油气显示，其中石南 24 井在 1838～1840m 井段，6mm 油嘴试产，产油 26.2m³/d、气 1060m³/d。在石南 4 井东大型岩性异常体发现石南 31 井岩性油气藏，该井于 2004 年 4 月开钻，2004 年 5 月完钻，完钻井深 2950m，完钻地层侏罗系三工河组。2004 年 6 月，射开白垩系清水河组 2606～2621m 井段试油，射厚 13m，6mm 油嘴试产，日产油 45.8m³，日产气 5230m³，从而发现了石南 31 井区块白垩系清水河组油藏。

2004 年 10 月，石南 31 井区块上交白垩系清水河组油藏控制石油地质储量 2119 万 t，可采储量 635.7 万 t，含油面积 40.8km²。

为使石南 31 井区块白垩系清水河组油藏顺利升级，根据整体部署、分步实施的原则，先后在该区块实施评价井 8 口（石 301 井、石 302 井、石 303 井、石 304 井、石 305 井、石 306 井、石 307 井、石 308 井），其中 4 口井（石 301 井、石 303 井、石 304 井、石 308 井）获产工业油流，1 口井（石 305 井）获低产油流。在油藏评价过程中，实现了勘探开发一体化，开发提前介入，先后在该区实施开发控制井 4 口（石 309 井、石 310 井、石 313 井、石 314 井），开发实验井组一个（8 口井），其中 11 口井均获工业油流。

6.1.1 区域地质特征

1. 构造特征

在构造区划上，石南 31 井区块位于准噶尔盆地腹部三南凹陷。三南凹陷形成于海西末期，印支期相对稳定，燕山期振荡活动，具有明显的继承性。其中，燕山运动对该区侏罗纪圈闭形成影响大，燕山运动造成基底抬升，使工区整体处于张应力环境，同时伴有剪切作用，在侏罗系形成一系列张性、张扭性断层和逆牵引构造，控制了局部构造圈闭的形成与分布。燕山早、中期(Ⅰ、Ⅱ幕)构造运动导致侏罗系抬升,并伴有正断层活动。三南凹陷燕山构造运动造成地层的剥蚀,导致地层厚度分布不等,并伴有白垩系超覆、侏罗系削截等地质现象。呈现地层南厚北薄的特征。侏罗系地层内部头屯河组与西山窑组、侏罗系与白垩系地层均为区域不整合接触,为油气运移提供良好的通道。

研究区头屯河组构造形态总体上为北东—南西向鼻状构造,石南 6 井北断裂将其切割为南北两部分,石南 21 井区位于其南翼斜坡上,倾向北西—南东向,在其上倾方向受到岩性遮挡而形成岩性构造油藏。石南 31 井区砂体顶面构造形态整体上为一南倾的单斜,构造平缓,地层倾角 2°~3°,断裂不发育,存在局部低幅构造,在上倾方向形成岩性遮挡的岩性圈闭。三南凹陷处于车莫低凸起及其西斜坡部位,侏罗系遭受了强烈剥蚀,剥蚀面即为白垩系底部的不整合面,早白垩世沉积初期的沉积作用受控于车莫低凸起及其周缘的古地貌,在不整合面上、下的圈闭有良好的成藏条件。

2. 地层发育特征

根据钻井及地震资料,石南地区自下而上发育的地层为石炭系,三叠系克拉玛依组、白碱滩组,侏罗系八道湾组、三工河组、西山窑组、头屯河组,白垩系下白垩统的清水河组、呼图壁河组、胜金口组、连木沁组和上白垩统的东沟组。夏盐凸起由于构造抬升缺失二叠系、侏罗系上统地层。

石南地区油气主要分布于侏罗系三工河组、西山窑组、头屯河组二段及白垩系清水河组一段。

1) 上白垩统

东沟组(K_2d):与下伏地层区别较大,分布范围较小。岩性粗,岩性为灰棕色、褐灰色、灰红色砾岩、含砾粗砂岩夹红褐色砂质泥岩,泥质粉—细砂岩,富含钙质结核。含脊椎动物、恐龙蛋壳、介形类等化石。自北向南厚度逐渐增大,最厚达 700m。与上覆下古近系和新近系各组一般为局部地区有侵蚀面,大部分为整合或假整合接触;与下伏下白垩统为整合接触、假整合、局部不整合接触关系。

2) 下白垩统

连木沁组(k_1l):岩性主要为湖相棕红色、紫红色、灰绿色条带状泥岩、砂质泥岩与灰绿色细砂岩、粉砂岩互层,砂岩多为薄层状。含双壳、介形、轮藻、孢粉等化石。本组岩性岩相变化稳定。

胜金口组(K_1s):为一套灰色泥岩,局部夹粉砂岩或砂岩,电性特征明显,本组岩性稳定,分布广泛,可作为大范围地层对比的标志层。胜金口组不仅地层厚度薄,而且砂岩也不太发育,砂地比值低。

连木沁组(K_1l):岩性为大套褐色、红色泥岩夹中、薄层粉细砂岩,部分地区上部发育厚层块状灰色砾岩,砂岩多为薄层状。含双壳、介形、轮藻、孢粉等化石。本组岩相岩性变化稳定。

呼图壁河组(K_1h):下部岩性为浅灰色砂岩夹褐灰色泥岩,上部为互层的浅灰色砂岩与褐灰色泥岩,夹灰绿色粉砂岩组成的条带层,含双壳、鱼、介形、轮藻等化石。本组岩性由东向西略有变粗的趋势。

清水河组(K_1q):该段表现为巨厚层灰色砂岩夹薄层灰色、灰褐色泥岩。底部岩性为土黄色砂砾岩,其余主要为浅灰色及灰绿色砂岩、含砾砂岩、细砂岩和褐色粉砂岩间互,上部夹薄层暗褐色、灰色粉砂质泥岩或泥岩。白垩系清水河组以中部高伽马、高密度泥岩顶界为标志,自下而上分为两段:清一段(K_1q_1)和清二段(K_1q_2)。清二段(K_1q_2)地层厚度260m左右,上部为砂泥岩互层,下部为一大套砂岩,主要为辫状河三角洲前缘沉积。清一段(K_1q_1)地层厚度25~120m,根据岩性、电性及沉积序列特征,可分为上下两个砂层组,即$K_1q_1^1$和$K_1q_1^2$。

$K_1q_1^1$地层厚度10~70m,主要为一套褐灰色泥岩,电性特征为高伽马、高密度,为滨浅湖沉积,在石南31井区,高伽马泥岩内夹有两套褐灰色、灰色含砾中细砂岩,为辫状河三角洲前缘水下分流河道沉积,是本区的主要产油层段。$K_1q_1^2$地层厚度10~50m,在全区主要为一套稳定分布的灰色、褐灰色底砾岩,分布范围广泛,为辫状河三角洲前缘的水下分流河道沉积。

3)中-下侏罗统

头屯河组(J_2t):头屯河组岩性为灰色、深灰色中细砂岩,褐红色、黄色泥岩,与下伏西山窑组和上覆白垩系清水河组均为不整合接触。由于燕山运动的作用,构造抬升,工区内头屯河组地层分布不稳定,地层厚度变化范围大,呈北薄南厚的特征,局部遭受剥蚀和削截(石南27井—石南40井一带),目前残余厚度为30~140m。根据沉积特征和测井响应特征,头屯河组自上而下划分为三个砂层组,即J_2t_3、J_2t_2和J_2t_1,主力油层为J_2t_2,J_2t_1为次要油层。J_2t_3岩性主要为紫红、棕红和杂色泥岩,低电阻率,高伽马,易垮塌,井眼不规则。钻揭厚度0~72m。J_2t_2岩性主要为灰色、深灰色细砂岩、中砂岩和少量不等粒砂岩,J_2t_2钻揭厚度10~42m,在石南9—石南6—石南30—南22井一带存在一个古凸起,沉积了暗色泥岩。J_2t_1岩性主要为灰黄色、褐灰色泥岩和灰色细砂岩,钻揭厚度15~44m,工区的北东、东部发育了三角洲前缘的水下分流河道砂体。

西山窑组(J_2x):根据沉积旋回和煤层的发育情况,西山窑组可划分为四个砂层组。西山窑组各段岩性为互层的泥岩与灰白、灰绿色砂岩夹煤及炭质页岩,形成了盆地第二套主要的煤成烃层系与储集层。厚煤层是良好的区域性地层对比标志,该组岩相岩性比较稳定,富含植物、孢粉及双壳类、大孢子化石。

三工河组(J_1s):同样划分为三个砂层组,即自上而下为J_1s_1、J_1s_2和J_1s_3砂组。三工河组一段(J_1s_1)分布非常稳定,厚度为90m左右,主要为一套可作为区域性盖层的湖相深灰色泥岩沉积,另外夹少量砂岩和粉砂岩。三工河组二段(J_1s_2)依其岩性和电性有可细分为上部$J_1s_2^1$和下部$J_1s_2^2$两个砂层组。$J_1s_2^1$为沉积相对稳定的厚层灰色泥岩夹浅灰色中薄层粉细砂岩和泥质粉砂岩。$J_1s_2^2$以浅灰色砂岩为主,夹少量砂质砾岩和泥岩、砂质泥岩,在垂向上构成多个间断正韵律。$J_1s_2^2$砂岩沉积厚度大,为主力储层。三工河组三段(J_1s_3)以灰色、深灰色泥岩为主,夹砂岩和砂质泥岩。

八道湾组(J_1b)：八道湾组与三叠系区域性不整合接触，总体上是由砾岩、砂岩、泥岩和煤层组成的具有明显旋回性的沉积，自下而上由粗到细再到粗，依其旋回特征分为 3 段。中上部灰色、灰绿色砂质泥岩、细砂岩和泥质砂岩；底部为杂色砂质不等粒砾岩及煤层，具有南厚北薄的沉积特征。八道湾组以其煤系地层发育及其底部普遍发育的大套砂砾岩为标志层，电阻率曲线整体呈块状，电阻率值一般为 $20\Omega \cdot m$，上部有一层高电阻率-低密度-低自然伽马煤层，一般厚 4m，最厚 16m。

3. 沉积特征

准噶尔盆地清水河组沉积体系主要受三大物源的影响，即德仑山-哈拉阿拉特山西北部物源、扎伊尔山西部物源和克拉美丽山东部物源体系。清水河组底部普遍存在一套砂砾岩层，形成冲积扇—辫状河—冲积平原的沉积体系。在底砾岩层之上，以三角洲相和湖泊相沉积为主。腹部地区三角洲前缘十分发育，主河道同时分为多个支河道，向东、东南、南及西南方向发散。石南地区主要发育水下分流河道微相。

研究区白垩系清水河组以中部高伽马、高密度泥岩顶界为标志，自下而上分为两段：清一段(K_1q_1)和清二段(K_1q_2)，如图 6.2 所示。清二段地层厚度 260m 左右，上部为砂泥岩互层，下部为一大套砂岩，主要为辫状河三角洲前缘沉积。清一段地层厚度 80～100m 左右，根据岩性、电性及沉积旋回等特征，可分为上下两个砂层组，即 $K_1q_1^1$、$K_1q_1^2$，$K_1q_1^2$ 主要为一套褐色泥岩，为滨浅湖砂泥坪沉积。

主要目的层 $K_1q_1^1$ 地层厚度 40～60m，可分为上下两部分。上部为灰色、灰褐色、褐色泥岩、粉砂质泥岩及泥质粉砂岩，为湖泊相滨浅湖的砂泥坪沉积。下部是本区的主要产油层段，为灰色、褐灰色中、细砂岩、砂砾岩，为三角洲前缘的水下分流河道沉积，如图 6.3 所示。

白垩系清水河组下部为一套粗粒沉积物，主要由 3～7 套棕褐色砂砾岩到砂质泥岩准层序组组成，厚度 15～40m 不等，在石南地区，因侏罗系末构造的高低起伏不平、变化较大，白垩系底砾岩的厚度及粒度变化较大，但沉积粒序仍为正旋回。北东方向的哈特阿拉特山及近东西向的克拉美丽山系为其区域性的主要物源区，并与北西向物源一起形成两套冲积体系，其北东向冲积体系南侧一局部粗粒辫状河也应属于北东向物源体系的一个南部分支。从该区石 120 井等在不整合面附近深度取到的棕褐色砂砾岩岩心来看，该砂砾岩层具有明显的递变正粒序，岩石磨圆度与分选差，为一套典型的冲积相沉积，而砂砾岩之上普遍所见的高伽马泥岩，应属于清水河期的一次湖泛面。

三角洲前缘带是岩性圈闭发育的主要相带，研究区白垩系为多物源沉积体系的汇聚区，砂体发育、类型丰富。特别是三角洲沉积体系发育，三角洲前缘砂体的砂地比相对较低，易形成岩性圈闭。准噶尔盆地腹部发现的岩性油气藏其砂体成因类型主要为三角洲前缘水下分流河道和河口坝砂体，因此，清水河组 $K_1q_1^1$ 地层下部砂岩段为有利储集层段。

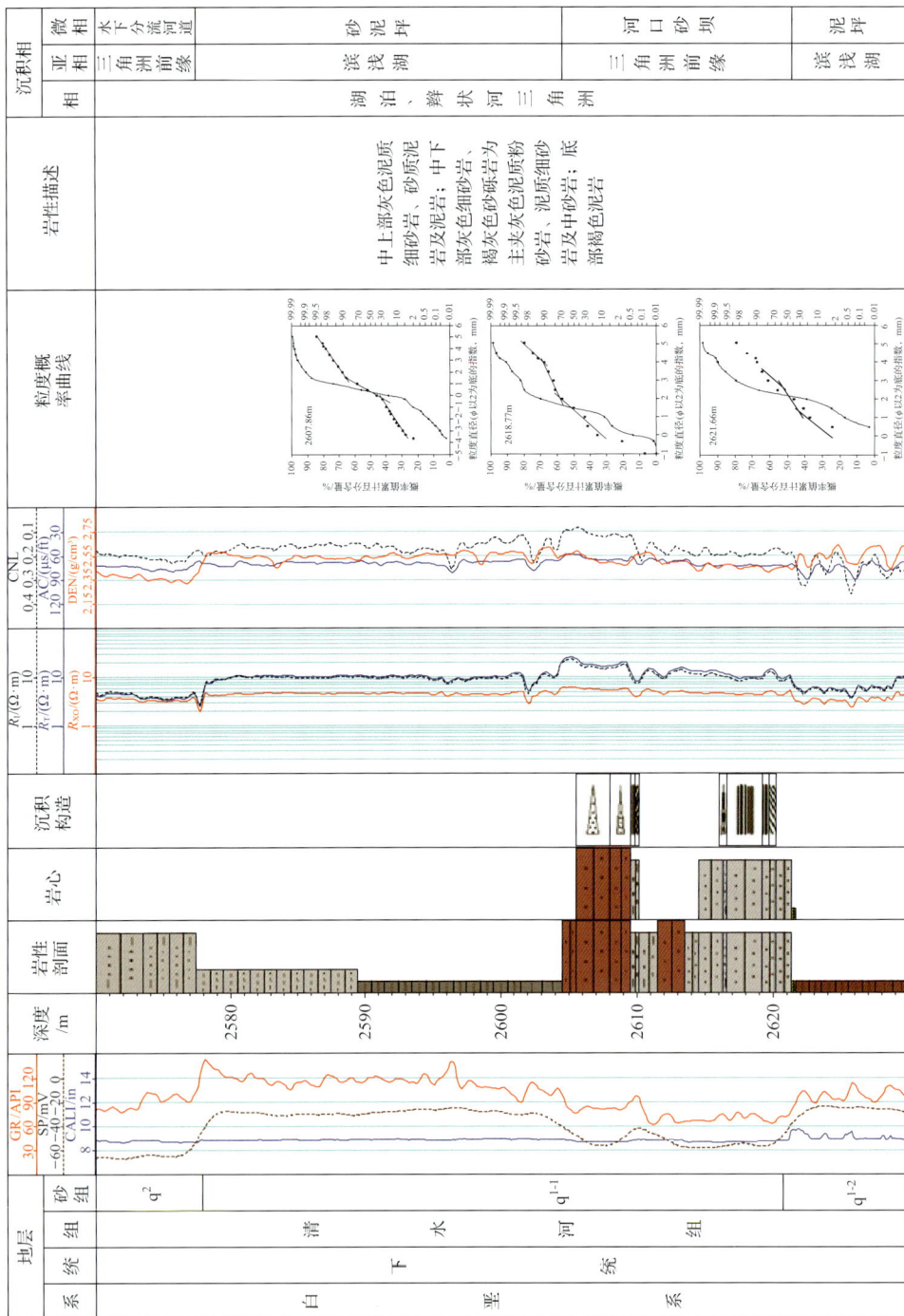

图 6.2 石南 31 井单井相分析

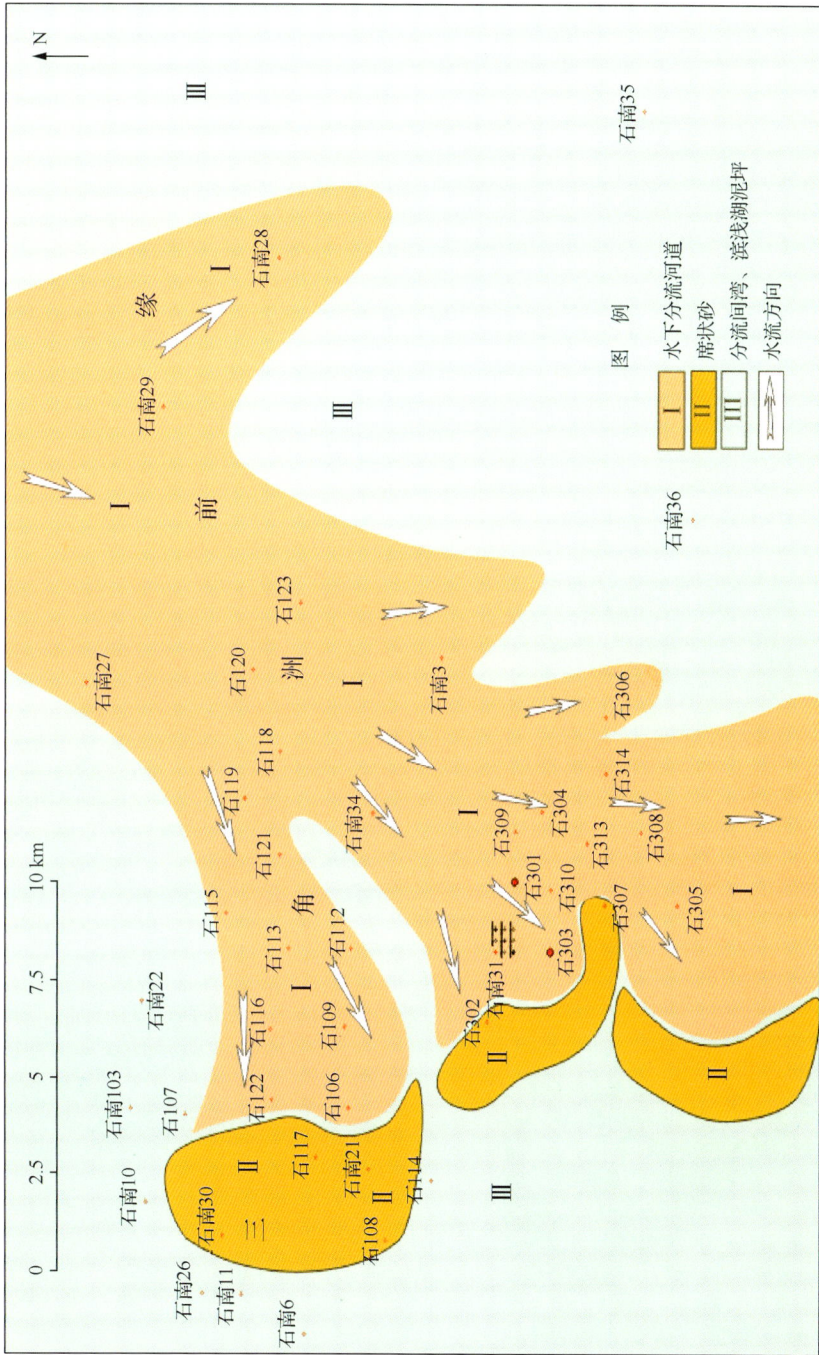

图 6.3 石南地区白垩系清水河组清一段沉积相平面图

4. 储层特征

石南 31 井区块清水河组储集层中下部主要为褐灰色、灰褐色细粒长石岩屑砂岩,其次为中细粒长石岩屑砂岩及不等粒长石岩屑砂岩,上部以杂色、褐色砂砾为主。砂岩中石英含量 25%～35%,平均 31.61%;长石含量 12%～26%,平均 22.04%;岩屑含量 39%～63%,平均 46.35%,岩屑中以凝灰岩为主(25%～43%,平均 32.61%),其次为霏细岩、硅质岩、千枚岩、泥岩、花岗岩及安山岩等。碎屑颗粒以次棱角状为主,次为次圆状和次圆-次棱状;分选以中等为主,少数为好,个别差。杂基含量 1%～13%,平均 4.28%,主要为高岭石,其次为氧化铁染泥质及泥质;胶结物含量 0～12%,平均 3.03%,主要为方解石,少量硅质和黄铁矿等。胶结类型主要为孔隙-压嵌型,其次为压嵌型和压嵌-孔隙型,部分为孔隙型。颗粒接触方式主要为点-线接触,其次为线接触和线-点接触,部分为点接触。砂砾岩砾石主要有凝灰岩、霏细岩、安山岩、花岗岩、石英岩、流纹岩、砂岩及泥岩等砾石。砾石以次圆状为主,分选差。填隙物有砂及杂基和胶结物,其中杂基含量 5%～8%,平均 6.8%,主要为泥质和高岭石;胶结物含量 3%～6%,平均 4.2%,主要为方解石,其次为硬石膏。胶结方式为孔隙型胶结。接触方式为点接触。

根据铸体薄片(图 6.4),清水河组储层的储集空间以原生粒间孔为主(0～95%,平均

(a) 石南31井,褐灰色砂砾岩,井深2608.58m,剩余粒间孔78%,原生粒间孔20%,粒内溶孔2%

(b) 石南301井,灰色中砾岩,井深2650.64m,原生粒间孔70%,剩余粒间孔30%

(c) 石南303井,灰色细砂岩,井深262645.93m,剩余粒间孔53%,原生粒间孔45%,粒内溶孔2%

(d) 石南304井,灰色砂砾岩,井深2643.80m,剩余粒间孔60%,原生粒间孔35%,粒内溶孔5%

图 6.4　石南 31 井区清水河组储层铸体薄片结果

52%),次为剩余粒间孔(0~98%,平均42.4%),少量的粒内溶孔(0~100%,平均5.6%)。

根据 X 衍射和扫描电镜分析(图 6.5),石南 31 井区块清水河组储集层中黏土矿物以粒间充填的蠕虫状、散乱状高岭石为主(含量 10%~79%,平均 36.11%),其次为弯曲片状、丝片状伊利石(含量 8%~50%,平均 25.76%)及粒表不规则状伊/蒙层矿物(含量 4%~56%,平均 24.54%),及少量叶片状绿泥石(含量 4%~57%,平均 13.58%)。

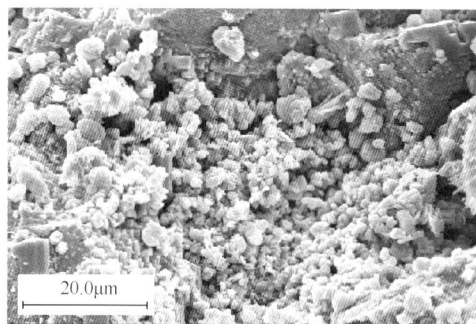

(a) 粒间充填的高岭石、900×、石南31井, 2619.68m,灰色中砂岩

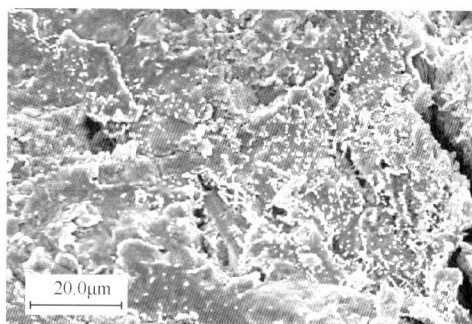

(b) 粒表不规则状伊/蒙混层矿物、1200×、石301井, 2650.64m,灰色中砂岩

(c) 弯曲片状伊利石、1600×、石301井, K_1q, 2637.25m,褐灰色砂砾岩

(d) 粒间孔与自生石英、700×、石303井, K_1q, 2654.71m,灰色粉细砂岩

图 6.5　石南 31 井区清水河组清一段储层扫描电镜结果

白垩系清水河组 $K_1q_1^1$ 砂层组分析孔隙度 2.00%~20.00%,平均 13.34%;渗透率 $(0.013\sim760.000)\times10^{-3}\mu m^2$,平均 $8.900\times10^{-3}\mu m^2$。油层孔隙度 10.00%~20.00%,平均 15.00%;渗透率 $(0.366\sim760.000)\times10^{-3}\mu m^2$,平均 $22.421\times10^{-3}\mu m^2$,如图 6.6 所示。

铸体薄片及压汞分析资料表明,石南 31 井区块清水河组 $K_1q_1^1$ 毛管压力曲线形态为中至偏细歪度。储集层孔隙较发育,连通性较好。毛管半径 0.46~99.69μm,平均 5.14μm;饱和度中值半径 0.12~10.46μm,平均 2.07μm;排驱压力 0.01~0.61MPa,平均 0.12 MPa;最大孔喉半径 0.17~164.75μm,平均 9.72μm;最大进汞饱和度 13.7%~

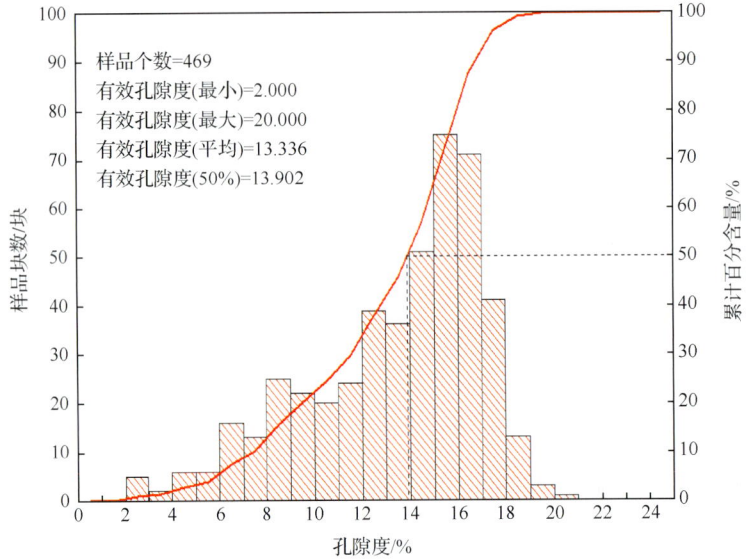

(a) 孔隙度直方图

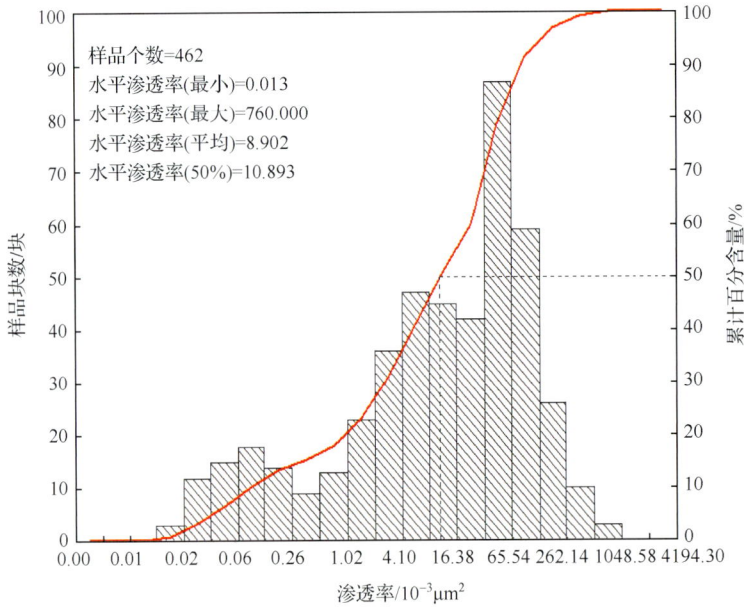

(b) 渗透率直方图

图 6.6 石南 31 井白垩系清水河组储层段物性参数分布

97.91%,平均 79.38%,退汞效率 6.85%~42.39%,平均 22.54%;孔喉比 0~20.07%,平均 10.56%;平均配位数为 0~1.65,平均为 0.66。

综上所述,石南 31 井区块白垩系清水河组 $K_1q_1^1$ 储层为中、低孔,低渗,较低排驱压力,孔隙较发育,孔隙连通性较好的中等储集层。

5. 油气成藏特征

根据石南油田原油地化分析成果,认为该区油源主要来自南部的盆 1 井西凹陷。研究区长期处在构造上倾方向,为油气运移的主要指向之一。根据区域油气成藏规律认识,油源断层对研究区的油气运移起着关键的作用。沟通油源(盆 1 井西凹陷)北东走向的基东 2 号断裂,断开石炭系-侏罗系,是油气向石南、陆梁油气田运移的主要通道。除沟通烃源区和聚集区的油源断裂之外,在该区还发育燕山期基底拱升形成的大量正断裂,这些正断裂多与局部构造相伴生,与深部逆断层构成"Y"字形组合,它们沟通了深部油气藏与白垩系圈闭,对油气的垂向运移起着关键作用。不整合也是油气从盆 1 井西凹陷向古隆起带运移的良好通道,白垩系底部的区域不整合面与浅层正断裂的组合是石南地区头清水河组和呼图壁河组油气成藏的主要因素。而在白垩系、侏罗系内部发育的储盖组合,则提供了油气聚集的有利场所。

石南 31 井区块 $K_1q_1^1$ 砂层顶底均为泥岩,从储层结构上看,石南 31 井区块出油井目的层段大多具有三段式结构:顶部为灰色、褐色砂砾岩,中部为灰色泥岩,底部为灰色中-细砂岩,少数井缺失中部泥岩段。石南 31 井区块西部的石 302 井、石 307 井和东部的石 306 井构造位置较高,目的层段砂层存在,但录井显示差。石 302 井、石 306 井储层结构与石南 31 井区块其他出油井不同,石 302 井储层岩性为粉-细砂岩,无砂砾岩段;石 306 井为大套杂色砂砾岩,无中-细砂岩段,两口井测井解释无油气层。石 307 井试油结果为含油水层(油为 0.09t/d,水为 3.24m³/d),而比它位置低的石 308 井试油结果为油层。据此分析石南 31 井区块出油砂体东西两侧各存在一岩性变化带,将石 302 井、石 306 井、石 307 井与石南 31 井区块分隔开。石南 31 井油藏为 $K_1q_1^{2a}$、$K_1q_1^{2b}$ 复合型岩性油气藏。$K_1q_1^{2a}$ 油藏以岩性横向相变为主控因素。下伏 $K_1q_1^{2b}$ 砂体在古构造高部位可能与 $K_1q_1^{2a}$ 接触而沟通;在构造较低位置,$K_1q_1^{2b}$ 砂体顶底板皆为泥岩,沿上倾方向砂体尖灭,构成砂体上倾尖灭型岩性油气藏。

根据研究区地质条件可知,目的层砂体分布广泛,但砂体厚度不大,砂体厚度往往在 2～20m 范围内,薄砂层的特点使得储层描述非常困难。根据清水河组沉积特征,目的层段沉积物源多,岩性岩相变化大,石南地区沉积相为多条辫状河流相沉积,河流频繁变迁,造成砂体厚度变化非常大。砂体厚度的变化和多变的沉积相使得岩性圈闭识别较困难,岩性圈闭的边界和分布特征难以落实。根据常规地震储层预测研究认为,石南 31 井油砂体空间分布比较稳定。但通过对比该区评价井砂体横向关系表明,各井砂体之间关系较为复杂。以石南 31 井和石 305 井为例,石南 31 井出油砂层总厚 16m,下段为 10m 灰黄色砂岩,上段为 4m 红褐色砂砾岩,中间夹 2m 灰黑色泥岩;石 305 井对应层段总厚 24m,最下段为 10m 灰黄色砂岩,向上为 2m 灰黑色泥岩,中间又出现 10m 灰黄色砂岩,最上段为 2m 红褐色砂砾岩,两口井砂体岩性和厚度变化较大。常规地震剖面显示,两井之间地震响应没有明显变化和间断,但试油成果显示两井的产量、气油比等指标均有较大变化,仅仅利用评价井资料无法预测砂体在空间上如何展布。

6.1.2　岩性油气藏识别关键技术与方法

1. 勘探存在问题

石南地区先后发现石南21井侏罗系头屯河组油藏和石南31井区白垩系清水河组岩性油气藏之后。带动了准噶尔盆地岩性油气藏勘探的大发展。石南31井区岩性异常体位于石西油田以北约20km,区域构造上处于夏盐凸起东翼。在三维振幅数据体中,其外形轮廓呈向南东敞口的喇叭状,形态非常清晰(图6.7);平均波峰振幅、弧长等多种地震属性均显示出类似的外形特征。地震剖面上该油层呈现出整体连续性较好、振幅较强、似席状的反射特征,与其周围地层相比,能量明显增强。根据石南地区白垩系清水河组砂泥岩的波阻抗分析结果,推断该异常体应很可能为砂体的地震响应。异常体构造形态基本为南倾的单斜,三维区内控制的面积为 27.0km²,闭合度 110m。

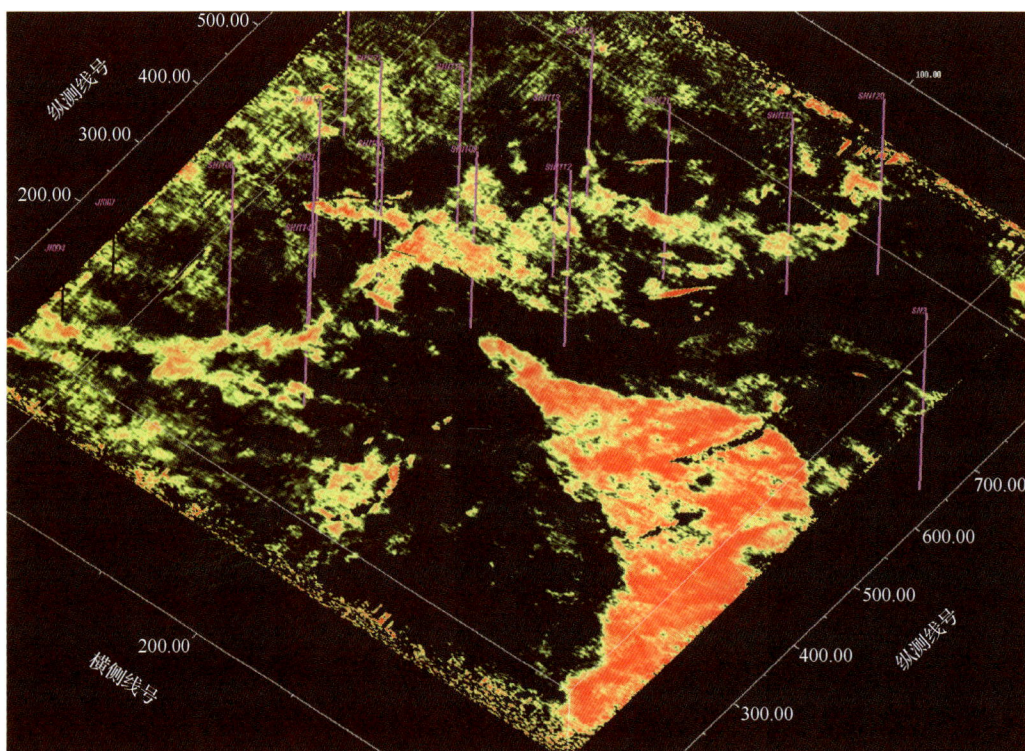

图6.7　石南31井区岩性异常体空间形态

石南31井区岩性油气藏的发现成为准噶尔盆地缓坡型岩性油气藏勘探的成功范例,同时也拓宽了该区油气勘探的认识和领域。基于石南31井岩性油气藏模式,以清水河组 K_{1q}^{1+2} 为目的层,根据地震属性分析成果,预测出石南31井区以东九个岩性目标,先后钻探石南35井、石南36井、石南34井等一批探井,均未获得成功。此外,在石南31井后期钻探评价过程中,原先认为该油层空间分布比较稳定(图6.7),但随着钻探评价工作深入,结果表明各井砂体之间关系较为复杂。以石南31井和石305井为例,石南31井油层总厚 16m,下段为 10m 灰黄色砂岩,上段为 4m 红褐色砂砾岩,中间夹 2m 灰黑色泥岩;石 305 井对应层段总厚 24m,最下段为 10m 灰黄色砂岩,向上为 2m 灰黑色泥岩,中间又出现 10m 灰黄色砂岩,最上段为 2m 红褐色砂砾岩,两口井砂体岩性和厚度变化较大。三维地震剖面显示,两井之间地震响应没有明显变化和间断,但试油成果显示两井的产量、气油比等指标均有较大变化。石南 31 井与石 306 井及石南 31 井与石 307 井之间砂体不连续,仅利用评价井资料无法预测砂体在空间上如何展布。

通过石南 31 井区油层特征与弹性参数关系分析,该油层之上普遍分布一套厚约 26m 的含钙泥岩,二者纵波阻抗很难区分(图 6.8),因此,仅用纵波阻抗反演进行储层预测时无法建立较为可靠的砂泥量板,降低了常规叠后反演的储层预测结果的可靠性。

石南 31 井区油层成因类型为三角洲前缘砂体,砂体分布横向变化大,纵向叠置关系复杂,井间砂体的对比关系复杂;砂体空间分布形态及沉积微相对岩性油气藏的控制作用不清。后续岩性油气藏勘探中如何有效确定岩性目标,提高钻探成功率,成为该地区岩性油气藏勘探迫切需要解决的问题。

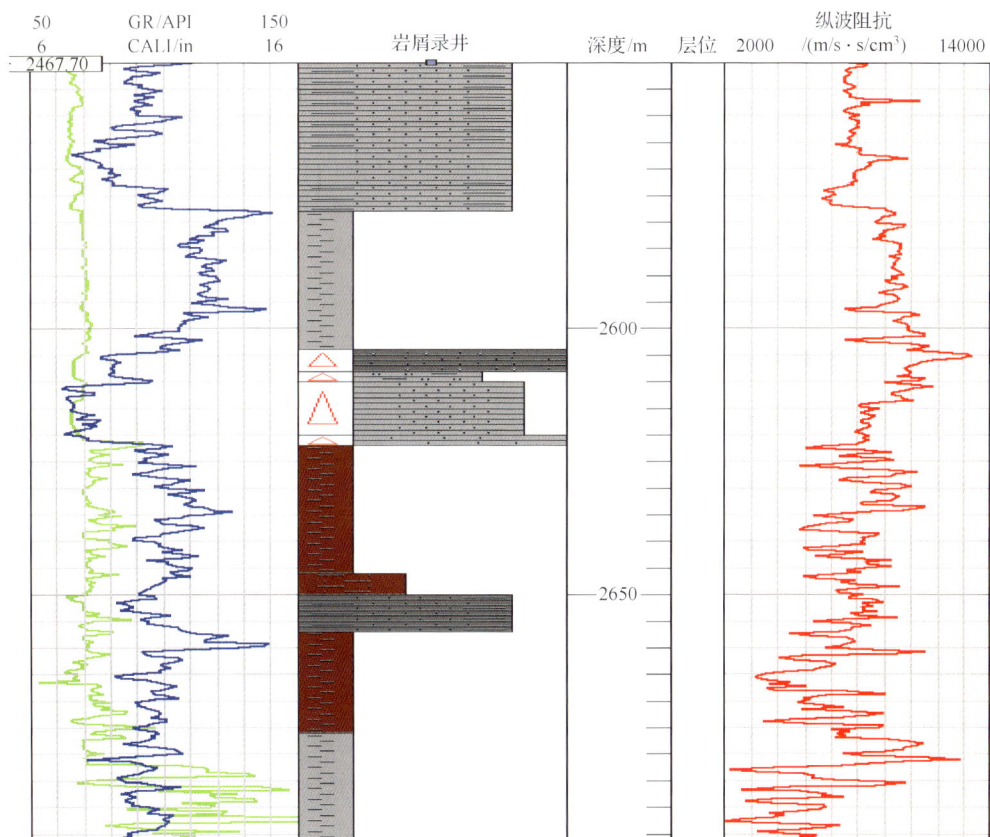

图 6.8　石南 31 井油层段阻抗曲线特征

针对石南 31 井区岩性油气藏勘探主要问题,采用了以高分辨率层序地层学为指导,确定研究区岩性展布与砂体叠置关系,开展储层岩石物理研究,三维叠前反演及弹性参数预测岩性等方法,提高岩性油气藏识别和预测的精度。

2. 层序地层分析

1) 层序划分及对比

根据陆相沉积盆地层序地层分析的基本原理和分析方法,运用基准面旋回二分性,分别以基准面上升半支旋回和下降半支旋回为工业制图单元,进行研究区层序界面研究。具体工作中结合工区内现有的录井资料和地震资料,以石南 31 井油藏为目标,在石南 31 井出油层段上侏罗统至下白垩统中识别出一个层序界面和三个转换面。自下而上为 SB1、SB2、SB3 和 MFS1(图 6.9)。

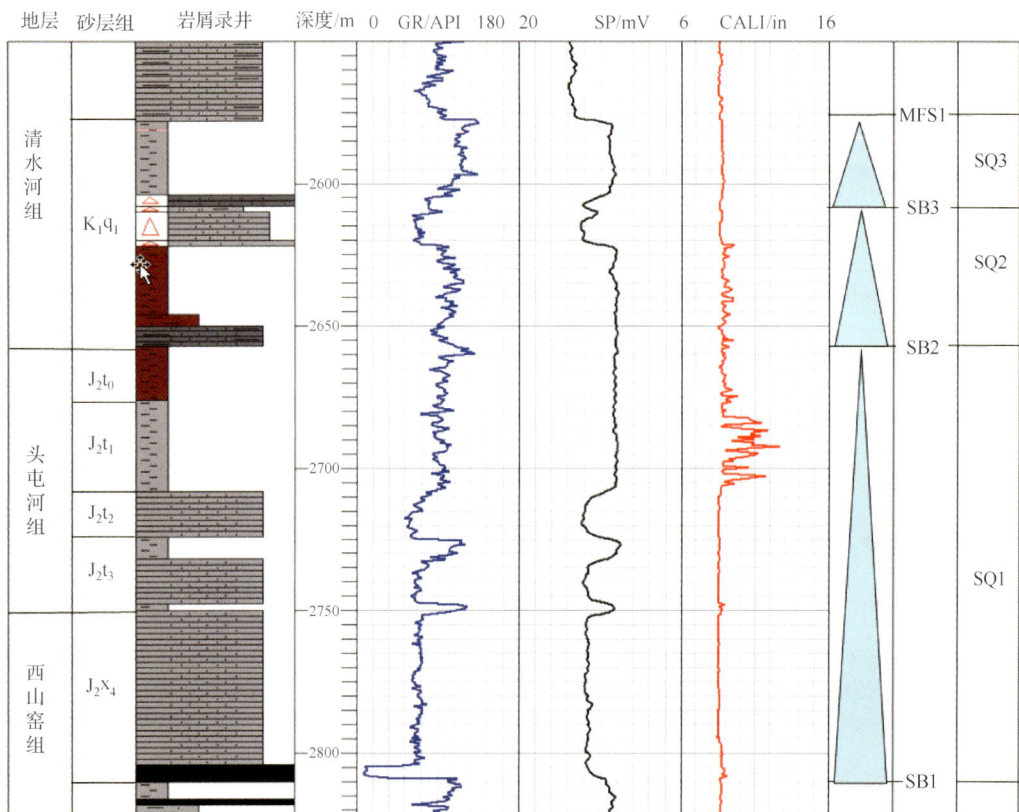

图 6.9　石南 31 井层序地层划分方案

MFSI 为最大海泛面;SB 为层序边界

SB1 为基准面上升的转换界面,相当于西山窑组 J_2x_4 煤层顶界,是整个工区最易识别的一个界面,通常作为层位对比、标定的标志层。自然伽马、井径、电阻率等曲线特征明显。在地震剖面上为强振幅、高连续波峰反射。

SB2 相当于白垩系和侏罗系之间的不整合面。在岩屑录井资料上,这一界面上下均为稳定的泥岩沉积,但泥岩颜色由灰绿色变为褐红色,反映沉积环境发生变化。井径曲线上该界面之下为区域上稳定分布的"垮塌"泥岩,之上泥岩较为稳定。在地震剖面上这一界面为中振幅、高连续的波谷反射(图 6.10、图 6.11)。

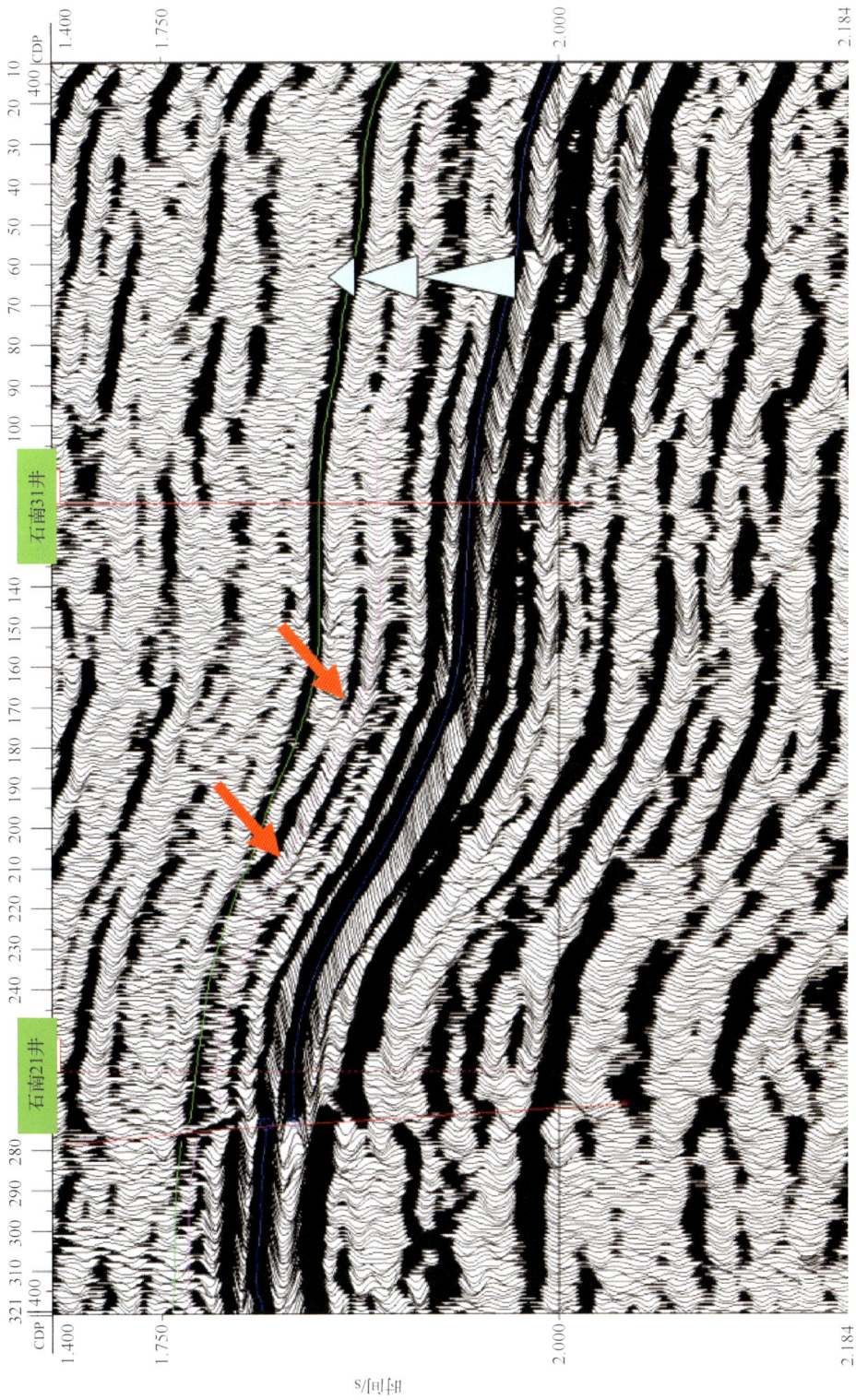

图 6.10 过石南 21 井—石南 31 井纵波剖面(未拉平)

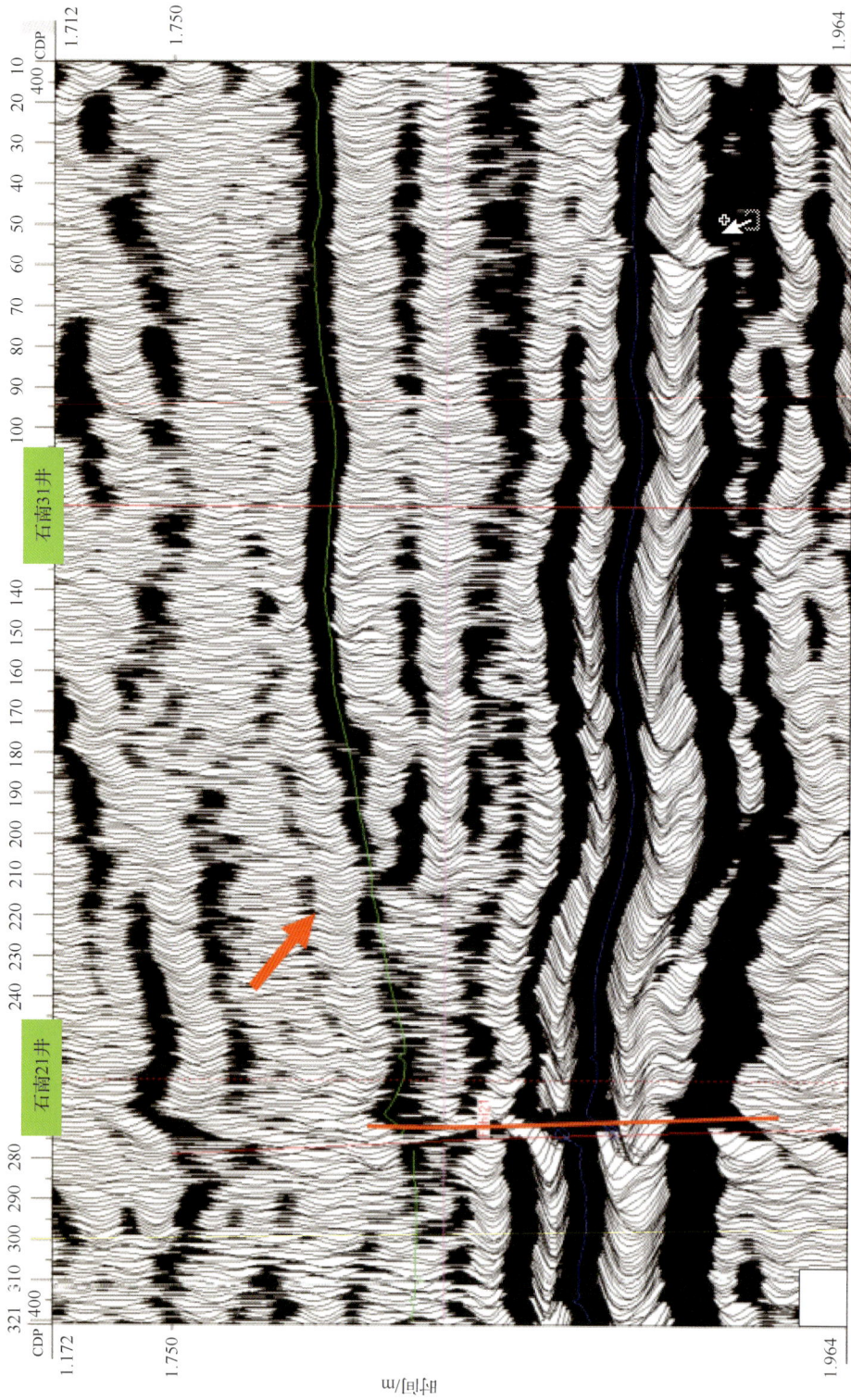

图 6.11 过石南 21 井—石南 31 井纵波剖面（SB2 拉平）

　　SB3 为白垩系层序内部划分的准层序组的转换面,相当于石南 31 井出油层段内砾岩的底界。SB2 和 SB3 之间为完整的基准面旋回。下部为上升基准面旋回,上部为下降基准面旋回。石南 31 井灰色粉-细砂岩位于下降基准面旋回中。在岩心剖面上(图 6.12),该界面上为褐红色砾岩沉积,其下灰绿色砂岩、中间夹 2m 灰黑色泥岩。自然伽马和自然电位曲线上较易识别。该界面在地震剖面上为中强振幅、低连续波峰反射,横向追踪对比困难。

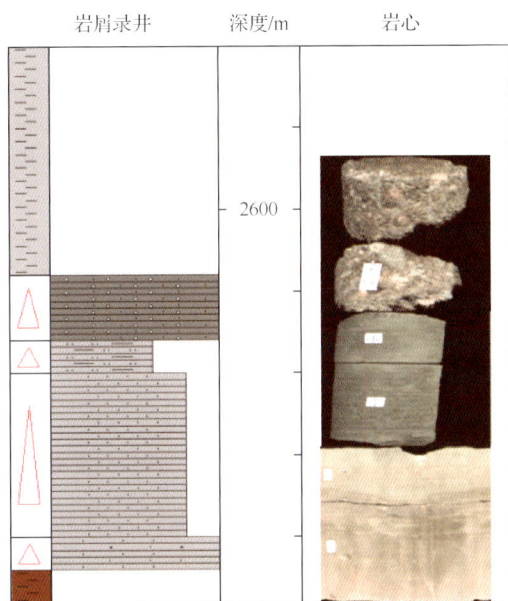

图 6.12　石南 31 井含油砂岩岩心照片

　　MFS1 为上升基准面旋回与下降基准面旋回之间的转换面。该界面相当于"高伽马泥岩"顶界,是区域稳定分布的最大湖泛面,也是工区层位对比、标定的重要标志层之一。自然伽马和自然电位曲线上特征明显。该界面在地震剖面上为中强振幅、高连续波谷反射,横向追踪较为容易。

　　上述 4 个界面将目的层段划分为 3 个中期基准面旋回,从下至上分别命名为 SQ1~SQ3。

　　SQ1 相当于 J_2x_4 砂层组和头屯河组。整体为基准面上升时沉积产物。主要为退积型的正旋回沉积特征。J_2x_4 为煤层之上发育的一套三角洲沉积物,在区域上广泛分布,是石南地区重要的目的层之一。

　　头屯河组电性特征明显,油层对比标志清楚,其遭受剥蚀后残余厚度为 40~110m,自上而下可划分为四个砂层组,即 J_2t_0、J_2t_1、J_2t_2、J_2t_3,其中 J_2t_1 岩性以粉砂质泥岩、泥质粉砂岩为主;J_2t_2 沉积稳定,分布范围广,为主要产油层,储层岩性主要为细粒至中粒长石岩屑砂岩及不等粒长石岩屑砂岩,在振幅剖面上表现为反射能量强、连续性好,易于追踪解释;J_2t_3 顶部的泥岩及粉砂质泥岩分布较稳定,为次要产油层。

SQ2 为完整的基准面旋回,下部为低位域和水进体系域组成的上升半支旋回。上部为高位体系域组成下降半支旋回。其中下部为红褐色砂岩和粉砂岩、主要为一套褐色泥岩,为滨浅湖砂泥坪沉积。上部是本区的主要产油层段,为灰色、褐灰色中-细砂岩、砂砾岩,为三角洲前缘的水下分流河道沉积,整体为基准面上升时沉积物。

SQ3 为上升半支旋回,下部为红褐色砾岩、砂质砾岩、砂质不等粒小砾岩,横向沉积厚度变化较大。在底砾岩之上沉积了一套稳定含钙泥岩,其电性特征明显,易于横向对比。整体为基准面上升时沉积产物。其上为基准下降半支旋回,为三角洲前积准层序组成。

2) 层序地层格架建立

在综合多井层序界面与地震剖面标定的基础上,再结合区域地层的分布特征及反射波组的接触关系,同时参考原石南 4 井区三维及二维地震资料解释成果,首先在三条连井剖面上(石南 21 井—石南 31 井—石南 3 井、石 305 井—石 307 井—石 303 井—石南 31 井—石南 34 井、石 302 井—石南 31 井—石 301 井—石 304 井)完成层序格架的构建(图 6.13、图 6.14),然后将层位对比结果扩展到整个工区,完成了三维层序地层格架的建立。

从解释结果上看,SQ1 准层序组在整个工区都有分布,厚度在 70～140m,工区最南端厚度分布最大,向北和向东两个方向厚度明显变薄。SQ2 准层序组向北削截尖灭,厚度在 0～90m,工区内石南 31 井油藏附近厚度分布最大,向北和向东两个方向厚度明显变薄。SQ3 准层序组在整个工区都有分布,厚度较薄且变化不大,在 30～40m。

3. 储层地震预测

1) 储层岩石物理分析

通过使用岩心测试的纵横波速度对实测全波列测井数据进行刻度,根据岩石物理模型对声波及密度曲线进行诊断处理之后,分别提取了研究区纵、横波速度、密度、泊松比、速度比及岩性等信息,并对岩性敏感的弹性参数进行优选。

将研究区主要岩性划分为煤层、泥岩、钙质泥岩、含油砂岩、含水砂岩及含气砂岩等。统计分析不同岩性地层泊松比可知:气层砂岩为 0.13～0.22;含油砂岩为 0.21～0.25;含水砂岩为 0.24～0.35;泥岩为 0.25～0.40;钙质泥岩为 0.32～0.43;煤层为 0.33～0.49。

统计结果表明,不同岩性地层的泊松比数值有着明显的差异,结合其他地层物理参数,可有效识别不同岩性地层。例如,采用密度与泊松比属性进行交会图分析,可以有效识别煤层与砂泥岩地层,如图 6.15 所示。

图 6.13　过石 302 井—石南 31 井—石 301 井—石 304 井地震解释剖面

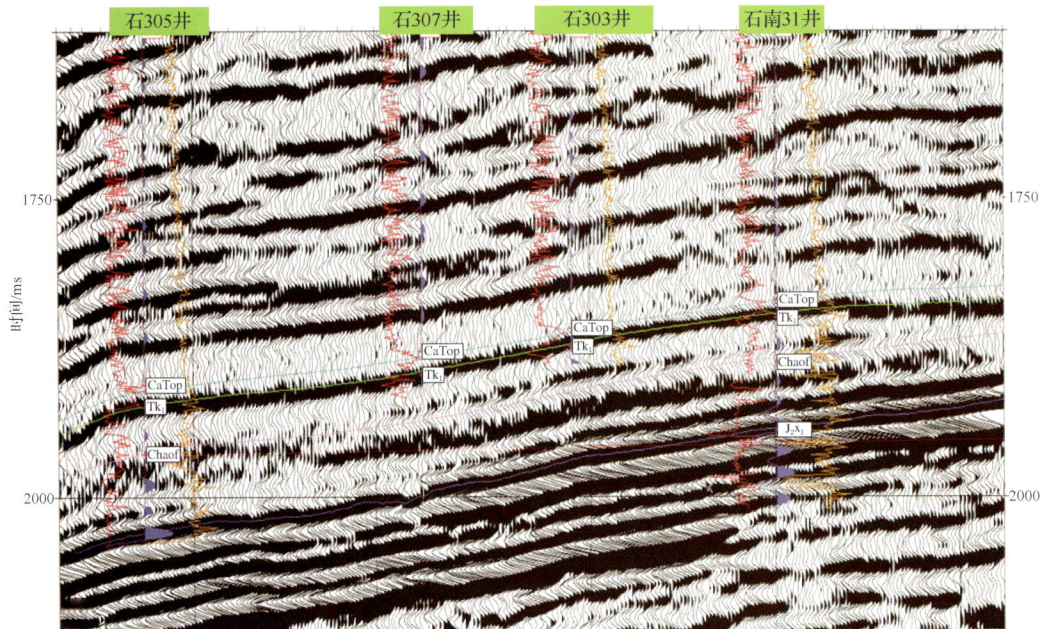

图 6.14　石 305 井—石 307 井—石 303 井—石南 31 井地震解释剖面

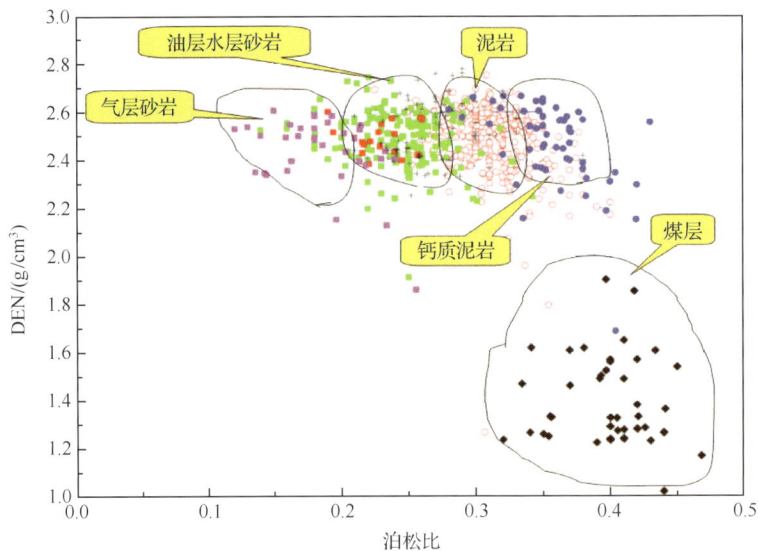

图 6.15　准噶尔盆地腹部储层密度与泊松比岩性量板

　　砂岩与泥岩泊松比数值差别很大,特别是钙质泥岩与砂岩的差异更大。因此,使用地震反演的泊松比参数能够可靠区分砂岩与泥岩地层,在研究区内泊松比属性比波阻抗属性预测效果将更好。如果地层完全饱气或完全饱油,使用泊松比属性可以区分含气砂岩。但泊松比属性难以区分饱水砂岩与饱油砂岩(图 6.16)。

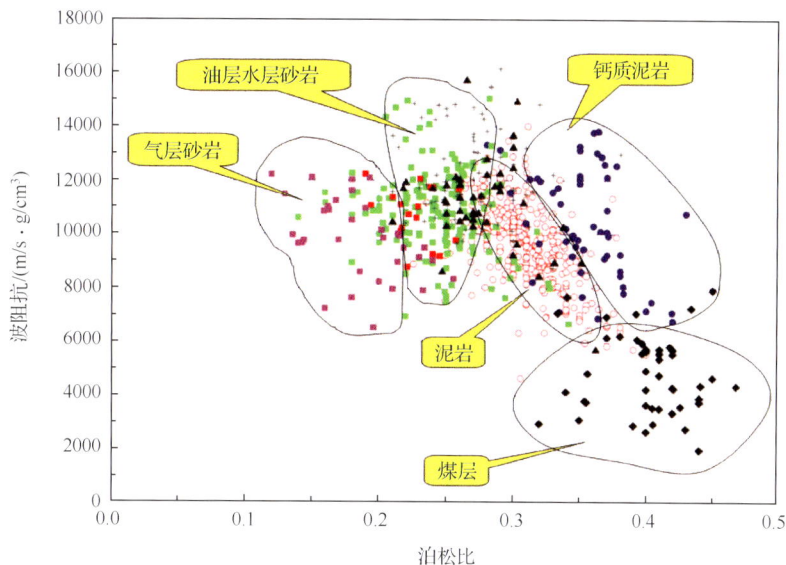

图 6.16　准噶尔盆地腹部储层纵波阻抗与泊松比岩性量板

为了分不同性质地层对地震响应的作用,设计并数值计算了含不同流体地层模型叠前道集,并根据正演道集反演了频带有限泊松比属性。地层模型参数见表 6.1。

表 6.1　石南地区地层模型参数

层号	累计厚度/m	速度/(m/s)	密度/(g/cm³)	泊松比	波阻抗/(m/s·g/cm³)	岩性
1	2500	2500	2.43	0.33	6075	含水砂岩
2	40	2300	2.46	0.40	5658	泥岩
3	30	3100	2.38	0.28	7378	含油砂岩
4	50	3500	2.40	0.32	8400	含水砂岩
5	20	2840	2.45	0.40	6958	泥岩
6	40	3000	2.32	0.20	6960	含气砂岩
7	50	3200	2.31	0.30	7392	含水砂岩
8	30	2500	2.48	0.38	6200	泥岩
9	60	3500	2.40	0.20	8400	含气砂岩

模型正演过程中,首先确定不同类型、主频子波,采用射线方法正演计算地层模型响应,根据正演道集提取纵波、泊松比等叠前属性,并对其进行道积分处理,分析砂泥岩地层响应的变化。试验结果表明,地层的分辨率在相同主频子波条件下,带通子波记录对高于里克子波,频谱分析图上前者频谱要宽于后者。泊松比道积分属性对砂泥岩的识别要优于纵波[图 6.17(a)],当把第六层含气砂岩(泊松比 0.2)置换成含油(泊松比 0.26)、含水(泊松比 0.32)后,砂泥岩仍能明显区分,而纵波道积分中砂泥岩阻抗相近时则无法区分岩性[图 6.17(a)]。因地震方法直接获得泊松比剖面的样点值有正有负,与岩石实际泊松比值差别较大,为便于分析对比,需对泊松比进行归一化显示,即把样点值归整到 0.1～0.5[图 6.17(b)],同样,第五、第六层砂泥岩岩性仍可以明显区分开来。

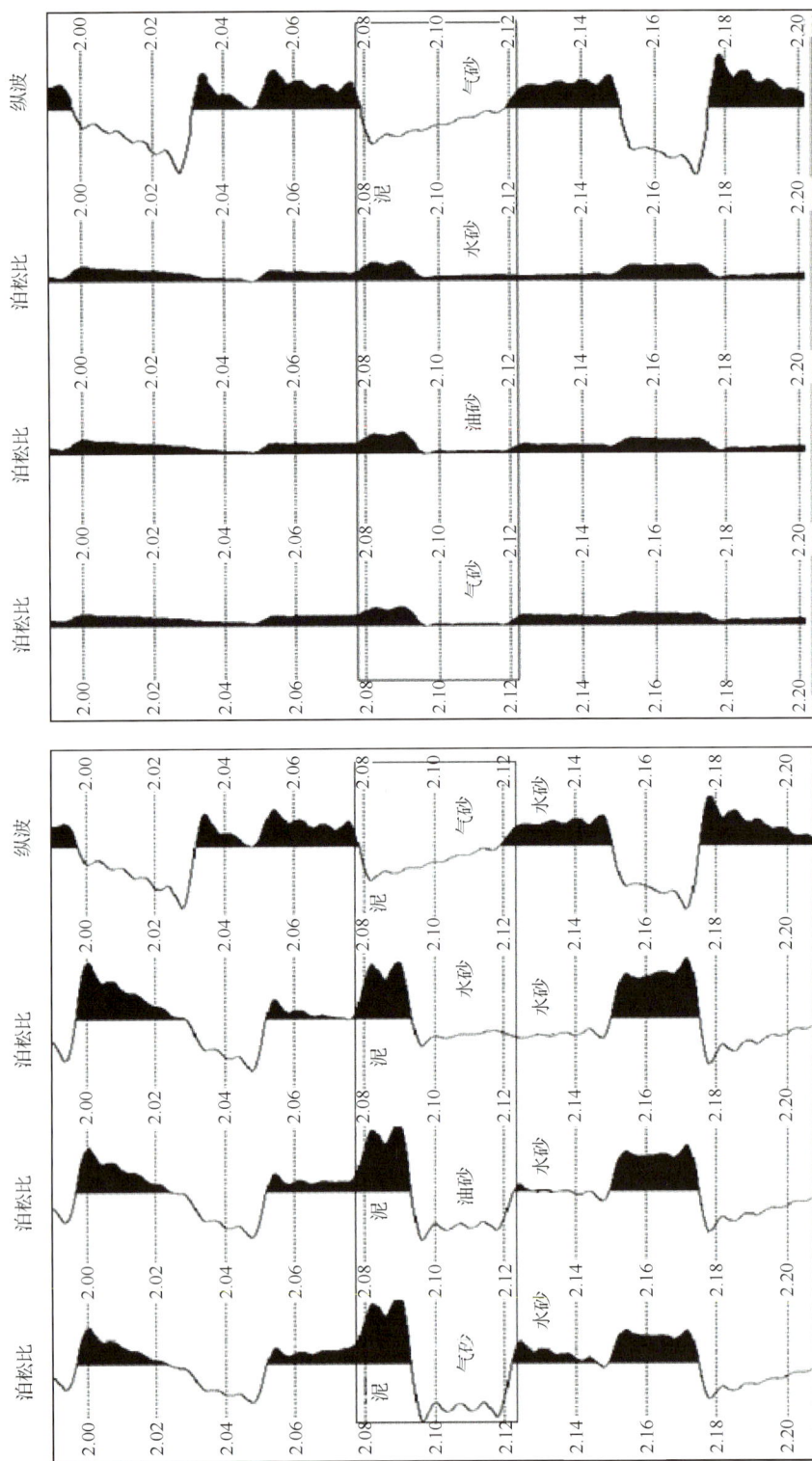

(a) 归一化前

(b) 归一化后

图 6.17 泊松比与纵波道集分正演模型

模型试验结果证明了地震资料中的泊松比信息可用以区分砂、泥岩地层,比常规叠后(或道积分)剖面分辨能力高。尽管砂岩与上覆泥岩阻抗相近,但其泊松比却明显不同,在泊松比剖面上可以较明显对其进行识别。此外,对含气、含油、含水砂岩也有一定显示,因此本地区可将泊松比属性作为岩性识别的重要指标参数。

2) 三维地震叠前反演

石南 31 井区三维地震资料在石南 31 井油层段的视主频为 40Hz,该层段 VSP 层速度为 3800m/s,由此算出的油层段地震纵向分辨率为 24m。石南 31 井油层段厚 16m,因此,地震资料不能完全分辨该油层,地震反射波形仅反映复合岩性体的地震响应。

三维地震叠前反演的目标是泊松比数据体反演。具体实现过程中,首先采用叠前 AVO 分析技术提取三维梯度、截距、泊松比反射率等地震属性,在此基础上对提取的叠前属性进行道积分计算,使得叠前属性与岩性体对应关系更加明确。

图 6.18 是过石南 31 井和石 303 井泊松比积分属性剖面,图中叠置的黑色曲线为实测自然伽马曲线,剖面中红色色标代表低泊松比值,蓝色代表高泊松比值。可以看出,石南 31 井油层段在泊松比剖面上为红色,而其上的含钙泥岩蓝色最深,其下的泥岩蓝色较浅。对比泊松比积分属性与伽马曲线变化特征一致,伽马曲线反演的油层顶、底界面与泊松比剖面界面吻合程度较高。泊松比积分数据体的标定结果表明前述研究区泊松比分析量板具有很高的可信度,本区泊松比积分属性能很好地区分砂泥岩岩性。但由于地震记录分辨率的原因,泊松比积分属性体只能反映大套的岩性组合,对砂岩之中所夹的薄层泥岩基本无法识别。

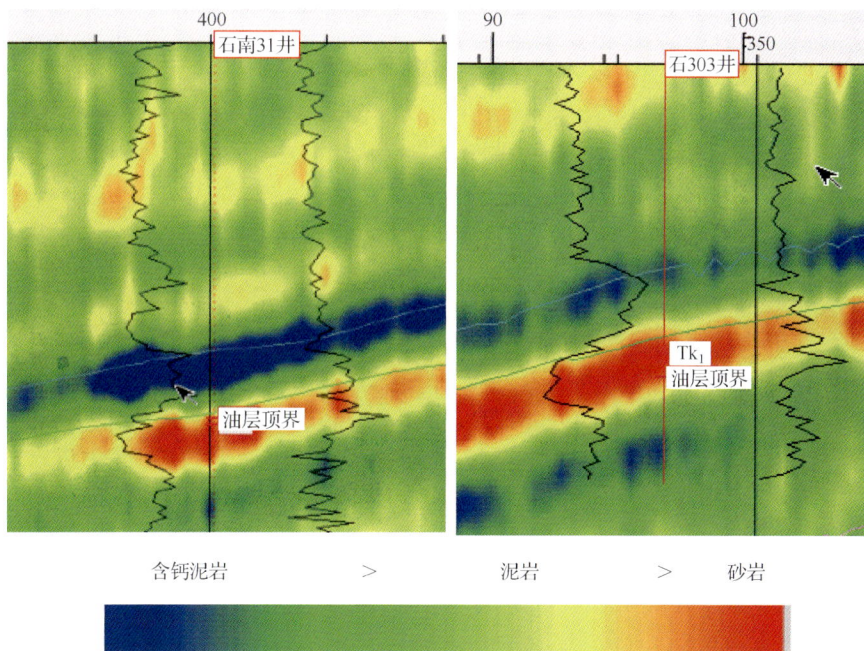

图 6.18　过石南 31 井和石 303 井泊松比道积分剖面

泊松比积分属性变化反映地层相对泊松比累积变化特征。根据研究区不同岩性泊松比变化特征,可综合泊松比分析量板与泊松比积分属性数据体进行储层横向连续性分析。例如,图 6.19 所示过石 305 井—石 307 井—石 303 井的泊松比积分剖面,在常规叠加剖面中,清一段油层段波谷反射为一连续同相轴,但在泊松比积分剖面中,可以明显看出石 305 井—石 207 井及石 307 井—石 303 井油层段泊松比积分属性存在显著变化现象(图 6.19 中箭头所示位置)。

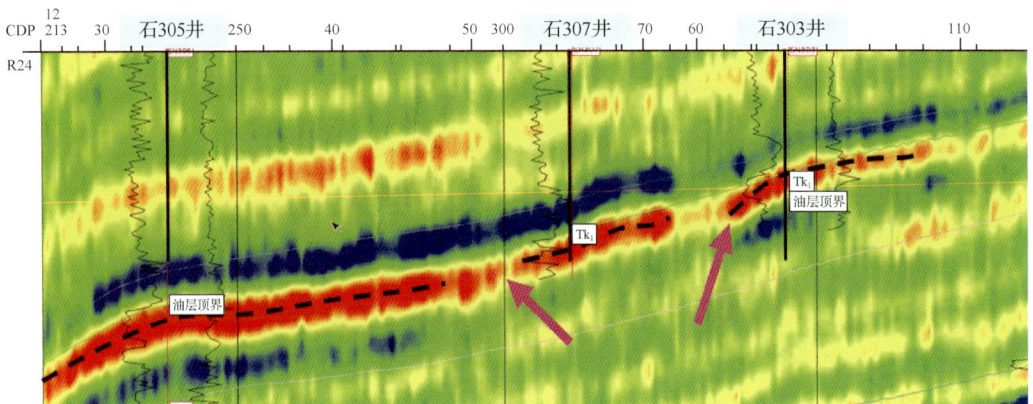

图 6.19　石 305 井—石 307 井—石 303 井泊松比道积分剖面

通过实际钻井的录井及测井解释岩性分析及井间地层对比,上述泊松比积分属性突变位置是岩性变化引起的,表明泊松比属性在这一地区预测岩性具有较高的敏感性。因此,可利用该属性进行储层平面分布特征预测。

图 6.20 所示为由泊松比积分属性提取得沿油层属性平面图。由该图可见,石南 1 井区岩性异常体并非是一个大型岩性体(图 6.7),而是由多条河道构成的岩性复合体。根据钻探结果,石南 31 井油层与石 301 井、石 303 井、石 304 井、石 305 井属同一河道砂体;石 302 与石 307 井相应砂体分属不同沉积体。

为了应用研究区岩性分析量板(图 6.16)对石南 31 井区油层进行定量解释,采用稀疏脉冲法,分别对带限波阻抗率数据体与截距数据体进行泊松比和波阻抗反演。

根据目的层岩性组合特征,可将目的层简化为四种岩性,自上而下依次为高伽马泥岩、砂砾岩、砂岩和泥岩。由研究区岩石物理分析量板可知(图 6.16),四种岩性在泊松比与波阻抗分析量板中能被较好的分开。高伽马泥岩具有高阻抗、高泊松比特征;砂砾岩具有高阻抗、低泊松比特征;砂岩具有低阻抗、低泊松比特征;泥岩具有低阻抗、高泊松比特征。

根据研究区岩石物理分析量板,使用地震反演的泊松比和波阻抗数据体进行交汇处理,建立目的层段岩性数据体。统计每一层段每种岩性出现的个数,即可得到砂体时间厚度图,利用钻井资料得到工区层速度信息,可计算得到研究区砂体厚度图。

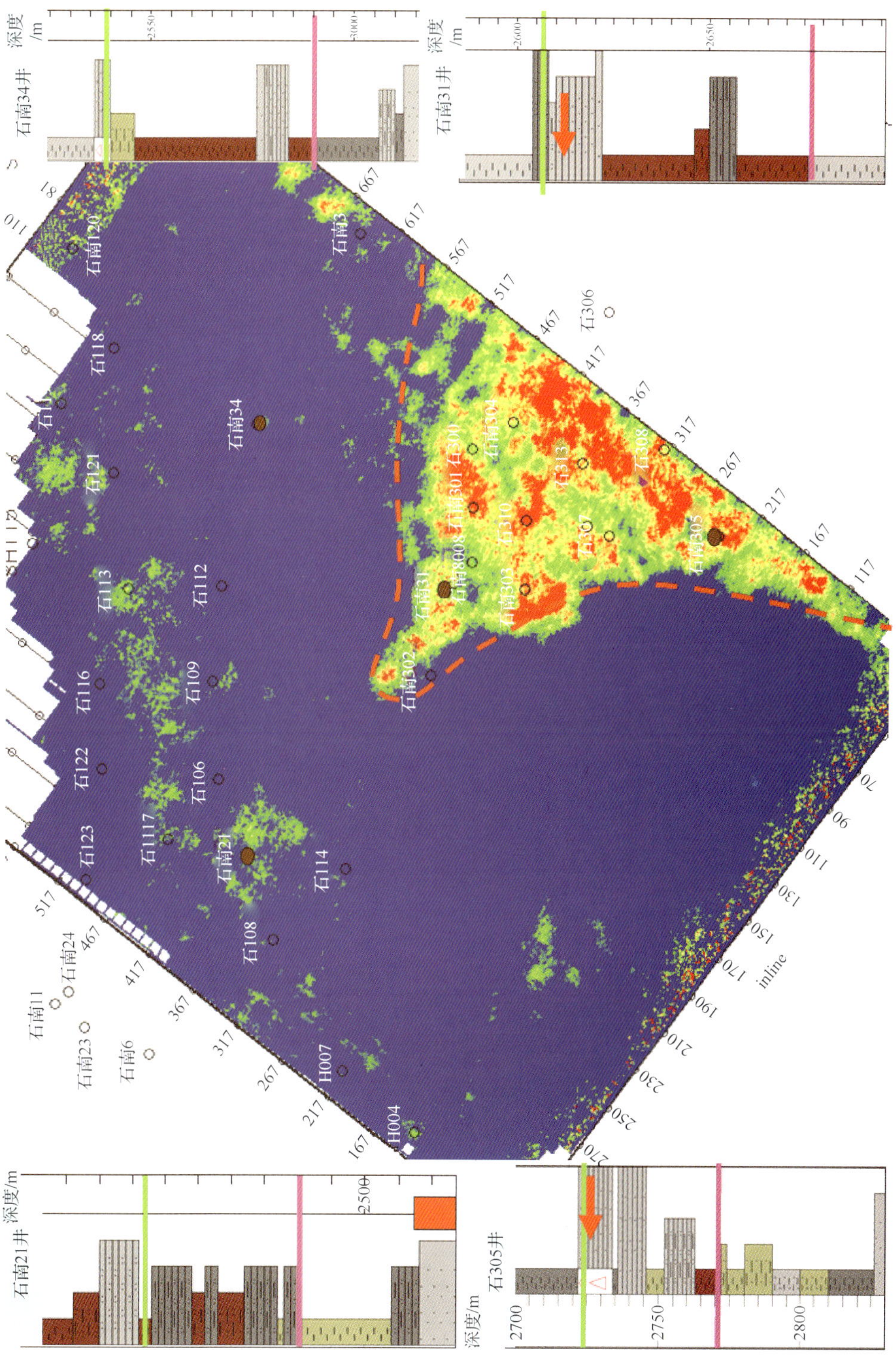

图 6.20　石南 31 井区泊松比积比属性油层段平面分布图

图 6.21 为石 302 井—石南 31 井—石南 8007—石南 8125—石南 8186—石 310 井—石南 8209—石南 8249—石南 8291—石南 8332—石南 8352 连井剖面，其中紫色井表示参与反演的井，蓝色井表示作为验证井。图 6.21(a)为纵波阻抗反演结果，可以看出含钙泥岩和砾岩纵波阻抗较为接近，在 9400~10300，不易区分；砂岩和泥岩纵波阻抗也较为接近，在 8300~9400m/s·g/cm³，不易区分。图 6.21(b)为泊松比反演结果，可以看出含钙泥岩在 0.29~0.41，砾岩在 0.18~0.29，砂岩在 0.15~0.26，泥岩在 0.27~0.38，作为储层的砂岩和砾岩与非储层的泥岩和含钙泥岩较易区分。图 6.21(c)为泊松比与波阻抗交汇得到的岩性剖面。此岩性剖面和实钻结果相比，参与反演井 100%吻合，验证井的吻合率也在 90%以上。

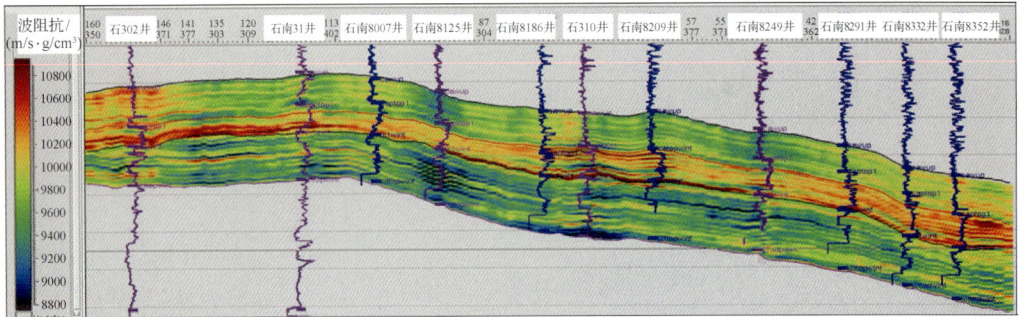

(a) 波阻抗反演

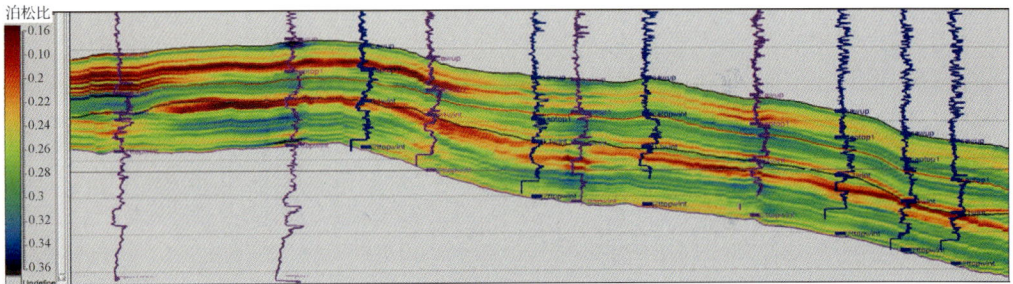

(b) 泊松比反演

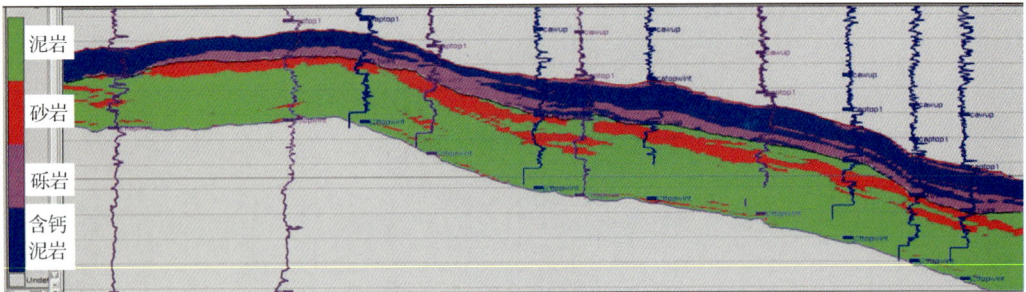

(c) 叠前叠后联合反演岩性

图 6.21 波阻抗、泊松比、叠前叠后联合反演剖面对比

6.1.3　岩性圈闭识别效果

为了进一步验证这一方法的准确性,将 34 口反演井得到的砂砾岩厚度图与开发上用 130 余口开发井完成的砾岩厚度图进行了对比分析,可以看出反演结果具有较高的可信度,砂体展布趋势一致,均为北北西走向,石南 8148 井—石南 8234 井线厚度较大,厚度在 7m 以上,向两边砂体厚度逐渐减薄直至尖灭(图 6.22)。但也可看出反演得到的砂砾岩厚度普遍较钻井结果厚 1m 左右,造成这一现象的原因是岩性量板各种岩性泊松比和波阻抗界限划分标准很难精确确定,这一误差应在正常范围内。

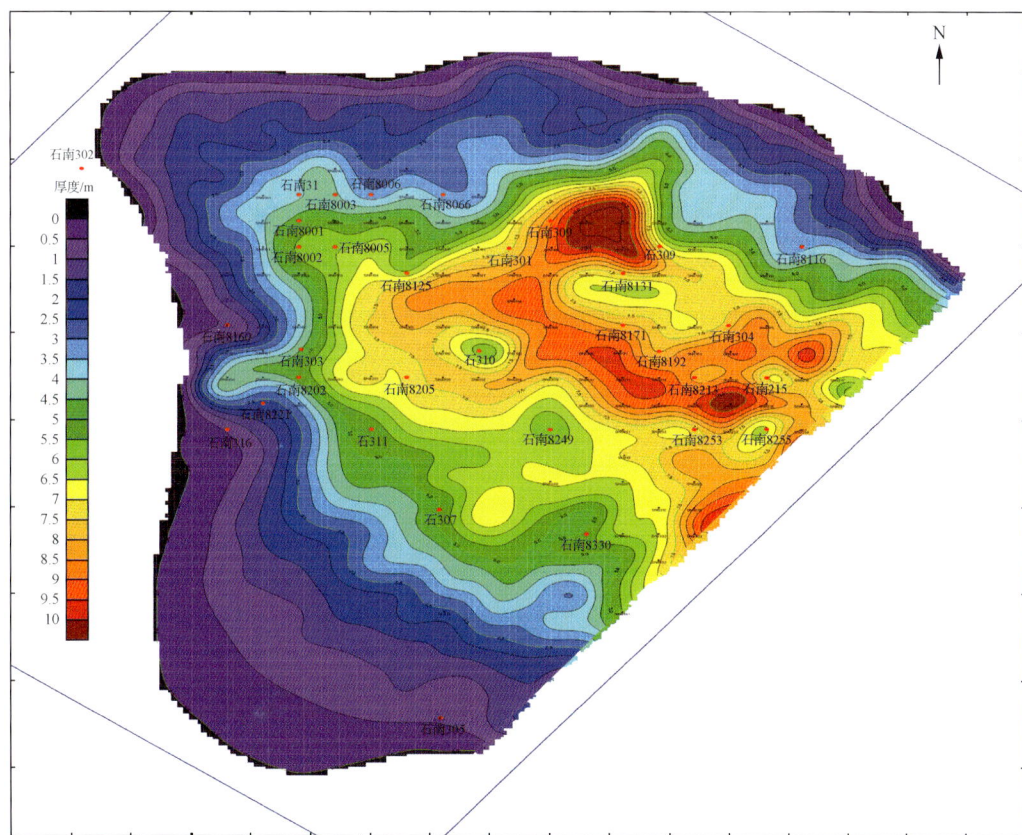

(a) 石南31井区清水河组油藏$k_1q_1^{1-2}$叠前叠后联合反演完成砾岩厚度图(34口井)

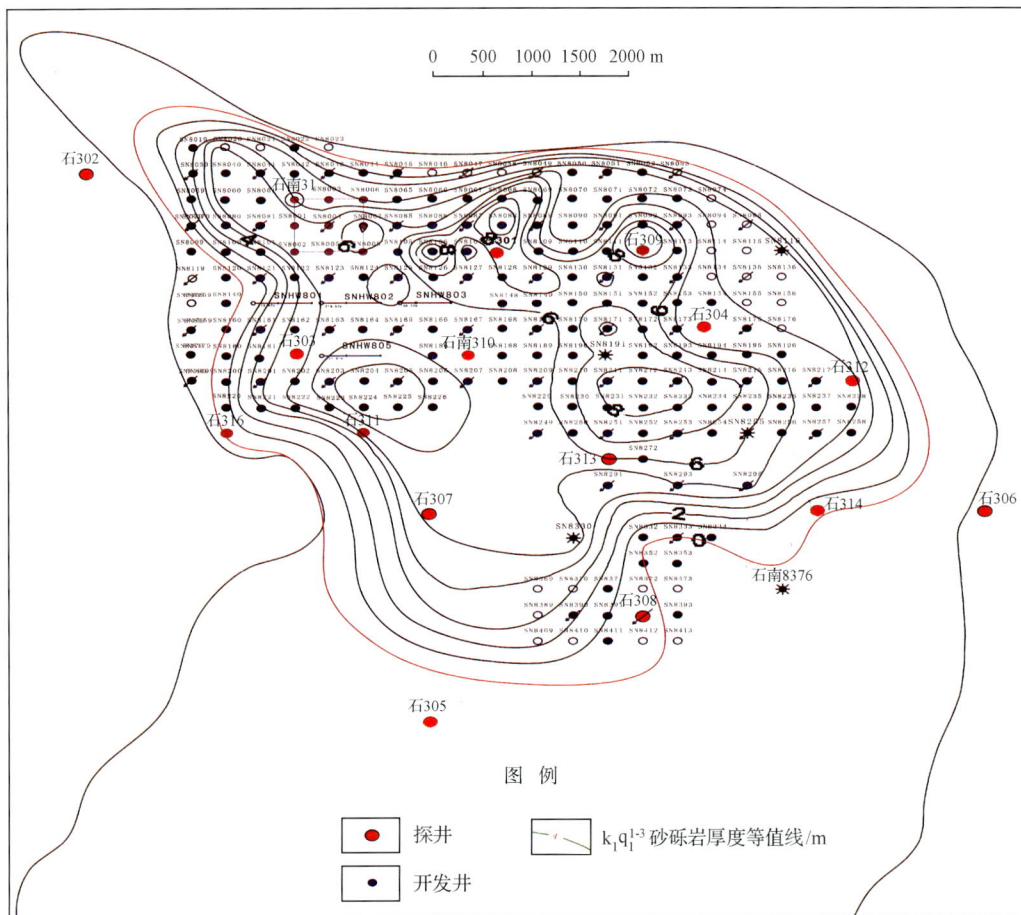

(b) 石南31井区清水河组油藏$k_1q_1^{1-2}$130余口井完成砂砾岩厚度图

图 6.22　叠前叠后联合反演预测与实钻砾岩厚度图对比

6.2　准噶尔盆地西北缘车排子地区沙湾组岩性油气藏勘探

准噶尔盆地车排子地区沙湾组岩性油气藏地理位置位于准噶尔盆地西部隆起车排子凸起,行政隶属克拉玛依市五五新镇,距克拉玛依市南偏西约100km处(图6.23)。该区紧邻车排子、小拐和红山嘴油田,属典型的内陆性气候,干燥少雨,区内多为戈壁与荒漠地带,少部分为农田,无地表水;探区内油田公路主干线基本形成,奎北铁路穿过本区,交通较为便利。

6.2.1　油气勘探概况

准噶尔盆地西北缘车排子地区的油气勘探始于20世纪50年代,2000年以前勘探以白垩系以下地层为主要目的层,相继发现了石炭系、二叠系、侏罗系油气藏。但该区浅层

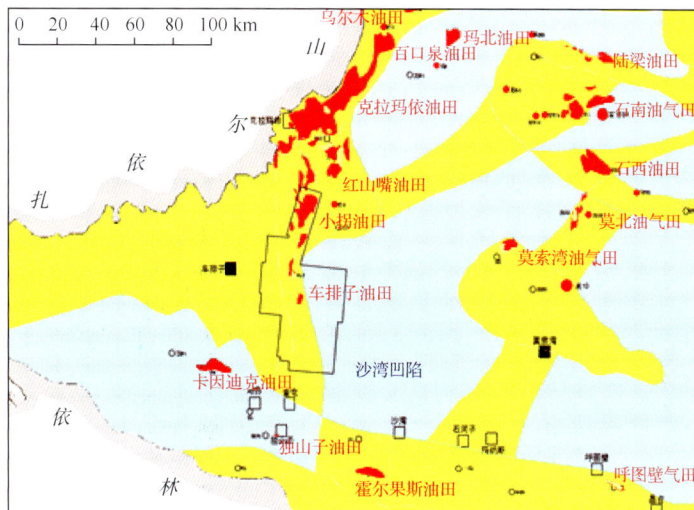

图 6.23 研究区位置图

油气勘探一直未获突破。2001 年针对白垩系、侏罗系部署车 28 井西三维，但当时勘探目的层仍针对白垩系及以下地层，新近系油气勘探没有引起高度重视。

该区共完成二维地震约 280km，测网密度达 1.0km × 2.0km；完成三维地震 387.6km²。该区共完钻探井、评价井、开发井 14 口，钻井总进尺 18249m。该区块所用测井系列有 AKC-51、HH-2530、CSU、MAXIS-500、EXCELL-2000。目的层沙湾组取岩心井 6 口（车 89 井、车 95 井、车 901 井、车 902 井、车 903 井、CHD8903），取岩心进尺 66.6m，取岩心实长 45.5m，收获率 68.3%，含油心长 31.82m。常规试油 4 井 4 层（车 89 井、车 95 井、车 901 井、车 903 井），获工业油流 4 井 4 层；试采井 12 口；油、气、水分析样共 19 个，PVT 样 1 个，完成各种分析化验样品 283 块。

2006 年通过地震精细解释在新近系沙湾组沙三组底部砂层发现车 84 井断层-岩性圈闭和车 87 井东断层-岩性圈闭。2006 年 8 月针对车 84 井断层—岩性圈闭钻探了车 89 井，9 月完钻，9 月试油，在 1025～1019m 井段 6mm 油嘴自喷，日产油 46.0t，日产气 2130m³，截至 2008 年 8 月，该井已累积产油 14973t。2006 年 9 月在车 87 井东断层-岩性圈闭上钻车 95 井，10 月完钻，10 月试油，在 879.5～885.0m 井段射孔，6mm 油嘴自喷，日产油 65.1t，取得车排子地区浅层新近系油气勘探的重大突破。2007 年 9 月之后，车 89 井区沙湾组油藏进行滚动开发，相继钻探开发井 8 口，投产后均获高产工业油流。为进一步落实车 95 井区块沙湾组油藏规模，扩大该区沙湾组勘探成果，通过三维地震解释及岩性圈闭识别研究，提出并相继钻探评价井 4 口，其中车 901 井、车 903 井获高产工业油流。

车 89 井区沙湾组油藏于 2007 年 1 月投入开发，投产 8 口井，4.0～6.0mm 油嘴试采，日产油 23.57～58.68t，平均日产油 32.58t。

6.2.2 区域地质概况

1. 构造特征

根据区域地质分析,中晚二叠世至早三叠世西准噶尔褶皱带向东南方向推覆,受天山构造带阻挡,整个车西南地区强烈隆升,车排子凸起形成,同时形成了红车断裂,并向东挤压冲断,将四棵树凹陷与沙湾凹陷分割;至中晚三叠世—早侏罗世,车排子凸起仍然大面积处于剥蚀状态,但由于湖盆扩大,在其周边也沉积了较厚的中、上三叠统—下侏罗统;至中晚侏罗世,车排子凸起再次隆升,凸起上沉积大面积遭受剥蚀,三叠系—侏罗系仅部分地区残存,且残存厚度普遍较薄;自白垩纪至今,构造运动在该区明显减弱,湖盆迅速扩大,各套地层超覆在凸起之上。

车排子凸起、红车断裂带和沙湾凹陷西斜坡三个构造单元,由于受海西、印支、燕山及喜山多期构造运动的影响,造成构造、特别是深层构造极为复杂。红车断裂带近南北走向分布,是由一系列同生逆掩推覆断裂组成,是车排子地区的主断裂体系,红车断裂以西为车排子凸起,以东为断裂下盘斜坡区。

从研究区各主要目的层系残余厚度图看,区内侏罗系各组地层厚度都存在由南西向北东加厚现象,反映了古地形南西高北东低的沉积格局,西和南西双物源控制沉积;白垩系吐谷鲁群厚度由西向东加厚,反映了以西物源为主的沉积;白垩系红砾山组厚度大体由西向东加厚,但轴向向北西—南东偏转,反映古地形北高南低的转变开始,西偏北物源控制沉积;古近系乌伦古河组和新近系沙湾组地层厚度都存在由北西向南东加厚现象,反映古地形继续向北高南低转变,西北物源控制沉积,沙湾组的物源方向较乌伦古河组更偏北。即侏罗系—白垩系—古近系—新近系沉积时,受构造运动的影响,物源方向由南逐渐向北偏转,造成古水流的流向变化较为频繁,再考虑现今各层系构造轴向的变化,有利于各种岩性圈闭的形成。

研究区新近系沙湾组地层在东南倾单斜构造背景上,发育有数十条近东西向正断层,形成多个低幅度的断块构造圈闭或断块-岩性圈闭。

2. 地层发育特征

据区内钻井揭示及区域地质研究结果,该区从上而下揭示的地层主要有:新近系中新统塔西河组(N_1t)和沙湾组(N_1s),古近系渐新—始新统乌伦古河组($E_{2-3}w$),白垩系上统红砾山组(K_2h)和白垩系下统吐谷鲁群(K_1tg),侏罗系上统齐古组(J_3q),侏罗系中统头屯河组(J_2t)和西山窑组(J_2x),侏罗系下统三工河组(J_1s)和八道湾组(J_1b)。此外,断裂带上盘凸起区钻揭有二叠系及石炭系地层,下盘一般只揭示了三叠系地层,研究区北部钻揭二叠系地层。

目的层沙湾组沉积厚度110~190m。自下而上划分为沙一段(N_1s_1)、沙二段(N_1s_2)和沙三段(N_1s_3)。根据岩性、电性特征,N_1s_3平均沉积厚度73.1m,以泥岩为主,为区域盖层;N_1s_2平均沉积厚度51.5m,是该区产油层,油层发育在沙二段顶部第1、2个砂层,含油砂层平均厚度10.9m,岩性以细砂岩为主;N_1s_3平均沉积厚度55.6m,以褐色、杂色及灰白色砂砾岩、泥质小砾岩为主,夹褐色泥岩薄层。

6.2.3　层序地层格架特征

针对研究区实际情况,在分析各种测井曲线、钻井岩屑资料的基础上,开展了单井层序与沉积微相划分,确定层序界面,同时结合三维地震剖面的反射同相轴特征,在地震剖面上进行体系域的划分,使井、震层序的划分达到统一,并在此基础上开展体系域的划分。通过上述研究,将侏罗系—新近系地层共划分出 6 个三级层序(表 6.2),建立了车排子地区层序地层的等时地层对比格架。

1. 层序地层界面识别与层序划分

研究区内三级层序基本上以不整合及假整合接触的层组为单位,界线在盆地边缘多为不整合接触,盆地内为假整合接触。除新近系沙湾组底界面(连续性及振幅中等到弱),在地震剖面上每个层序顶底界面都为一组或一个连续、强振幅反射,但每个层序内部的反射特征都有所不同;最大湖泛面在地震剖面上为下超面或是上下地震反射有明显区别的界面。层序边界在测井曲线上一般有明显的响应,表现为突变性界面和界面上下不同形态和叠加样式的转化,如进积叠加样式向退积叠加样式的转化;最大湖泛面在测井曲线上则表现为高伽马、低电阻率、平直自然电位及曲线的不同形态和叠加样式的转化,如退积叠加样式向进积叠加样式转化。层序边界在岩性及岩相上表现为岩石岩性和颜色的变化、岩相的突变等特征;最大湖泛面则对应于暗色纯泥岩段。根据上述层序边界识别方法分别在八道湾组底界区域不整合面、西山窑组底界局部不整合面、侏罗系齐古组底界局部不整合面、白垩系底界区域不整合面、红砾山组底界局部不整合面、古近系底界区域不整合面及新近系底界区域不整合面等七个三级层序界面,建立车排子地区层序地层的等时地层对比格架(表 6.2)。

表 6.2　车排子地区层序划分表

地层					地质界面	层序界面	层序	体系域界面	体系域
系	统	群	组	代号					
新近系	中新统		塔西河组	N_1t	区域不整合	SB7	SC7	MFS	高位
			沙湾组	N_1s					水进
古近系	渐新—始新统		乌伦古河组	$E_{2-3}w$			SC6		水进
白垩系	上统		红砾山组	K_2h	区域不整合	SB6	SC5		水进
	下统	吐谷鲁群		K_1tg	局部不整合	SB5	SC4		水进
侏罗系	上统		齐古组	J_3q_2			SC3	MFS	高位
				J_3q_1	区域不整合	SB4			水进
	中统	水西沟群	头屯河组	J_2t	局部不整合	SB3	SC2	MFS	高位
			西山窑组	J_2x					水进
	下统		三工河组	J_1s	局部不整合	SB2	SC1	MFS	高位
			八道湾组	J_1b					水进
三叠系(部分为二叠系)					区域不整合	SB1			

主要目的层-沙湾组与塔西河组构成一完整的湖平面升降旋回。该层序由水进和高位两个体系域组成,对应沙湾组和于塔西河组。其底界相当于沙湾组的底界,最大湖泛面为沙湾组顶部泥岩的顶界面。水进体系域对应于沙湾组,由三期水进形成的准层序组叠置而成。第一期水进较为短暂,对应于 N_1s_1 沉积;第二期水进对应于 N_1s_2 沉积;第三期水进对应于 N_1s_3 沉积;高位体系域塔西河组的主要沉积为湖相泥岩。单井层序及沉积微相如图 6.24 所示。

2. 沉积微相特征

研究区侏罗系-新近系沉积特征如下:八道湾组、三工河组为辫状河三角洲-湖湾-浅湖-滨湖的沉积组合,地层厚度总体为南西薄、北东厚的特征,红车断裂上盘和车排子凸起是地形的高部位,中拐凸起和沙门子鼻隆是次高部位。西山窑组、三工河组沉积组合表现为辫状河三角洲-湖沼-滨浅湖-辫状河三角洲的沉积。西山窑组、头屯河组早期主要为辫状河三角洲前缘分流河道沉积,中晚期沼泽煤发育。齐古组沉积组合为辫状河三角洲-滨浅湖-辫状河三角洲沉积,残余厚度为 0～340m。

白垩系下统吐谷鲁群为曲流河相的河床和河漫交替沉积。残余厚度为 350～1350m,由于沙门子鼻隆在白垩系沉积时基本停止发育,吐谷鲁群地层总体表现为西薄东厚的单斜形态。

6.2.4 储层沉积特征

1. 单井沉积相分析

新近系 N_1s 为三期水进形成的准层序组叠置而成的水进型沉积体系。第一期、第二期水进均为辫状河三角洲沉积,第三期水进为湖泊沉积。图 6.25 显示车 95 井单井沉积相特征。

第一期水进早期辫状河三角洲平原的岩性为灰色砂砾岩与灰褐色砂质泥岩,其中砂砾岩为分流河道沉积;晚期三角洲前缘的岩性为灰色砂砾岩与灰褐色砂质泥岩,其中砂砾岩为水下分流河道沉积,泥岩为分流河道间沉积。

第二期水进辫状河三角洲沉积由下往上可划分为三角洲平原、三角洲前缘和前三角洲沉积。三角洲平原的岩性为灰色砂砾岩与灰褐色砂质泥岩,其中砂砾岩为分流河道沉积;三角洲前缘的岩性为灰色砂砾岩夹灰褐色砂质泥岩,其中砂砾岩主要为水下分流河道沉积,泥岩为分流河间沉积;前三角洲的岩性为褐色泥岩。

第三期水进湖泊的岩性为滨浅湖相褐色泥岩夹灰色中砂岩、褐灰色泥质粉砂岩,其中砂岩、泥质粉砂岩为滩坝沉积。

2. 沉积相展布特征

沙湾组地层沉积时,物源来自北方向。水进期早期(N_1s_1～N_1s_2 沉积期),沉积物砂地比范围为 58%～91%,沉积相主要为辫状河三角洲平原和前缘,仅在东南部较小区域

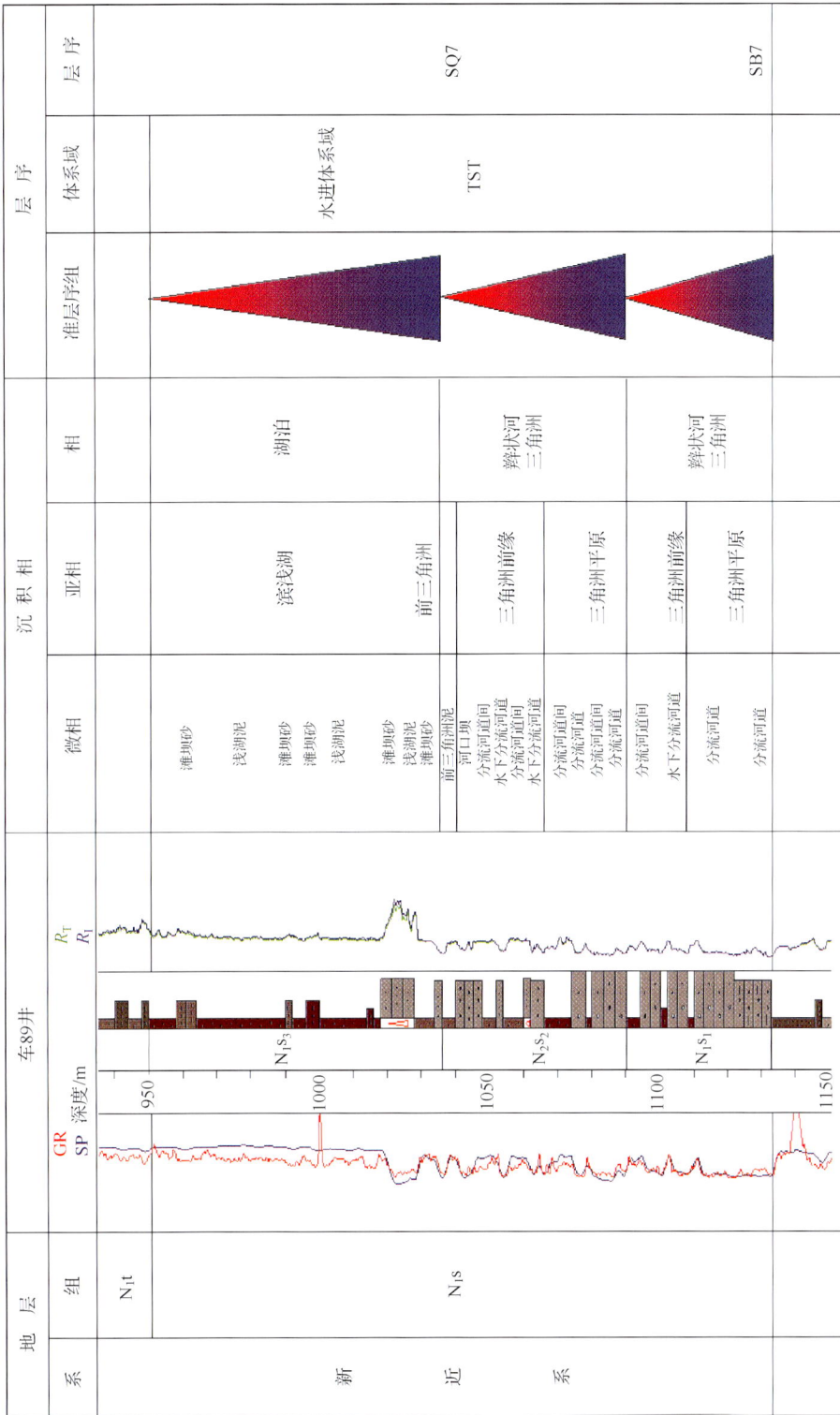

图 6.24　车 89 井新近系沙湾组层序划分

地 层			车95井			沉 积 相			准层序组	层 序		
系	组		GR SP	深度/m	R_T R_I	微相	亚相	相		体系域	层序	
新 近 系	N_1t											
	N_1s	N_1s_3		850		滩坝砂 滩坝砂 浅湖泥 滩坝砂 滩坝砂 浅湖泥 滩坝砂	滨浅湖	湖泊		水进体系域	SQ7	
						前三角洲泥	前三角洲					
		N_1s_2		900		河口坝 水下分流河道 分流河道间 水下分流河道	三角洲前缘	辫状河三角洲		TST		
						分流河道 分流河道间 分流河道	三角洲平原					
		N_1s_1		950		分流河道间 水下分流河道	三角洲前缘	辫状河三角洲			SB7	
						分流河道间 分流河道	三角洲平原					

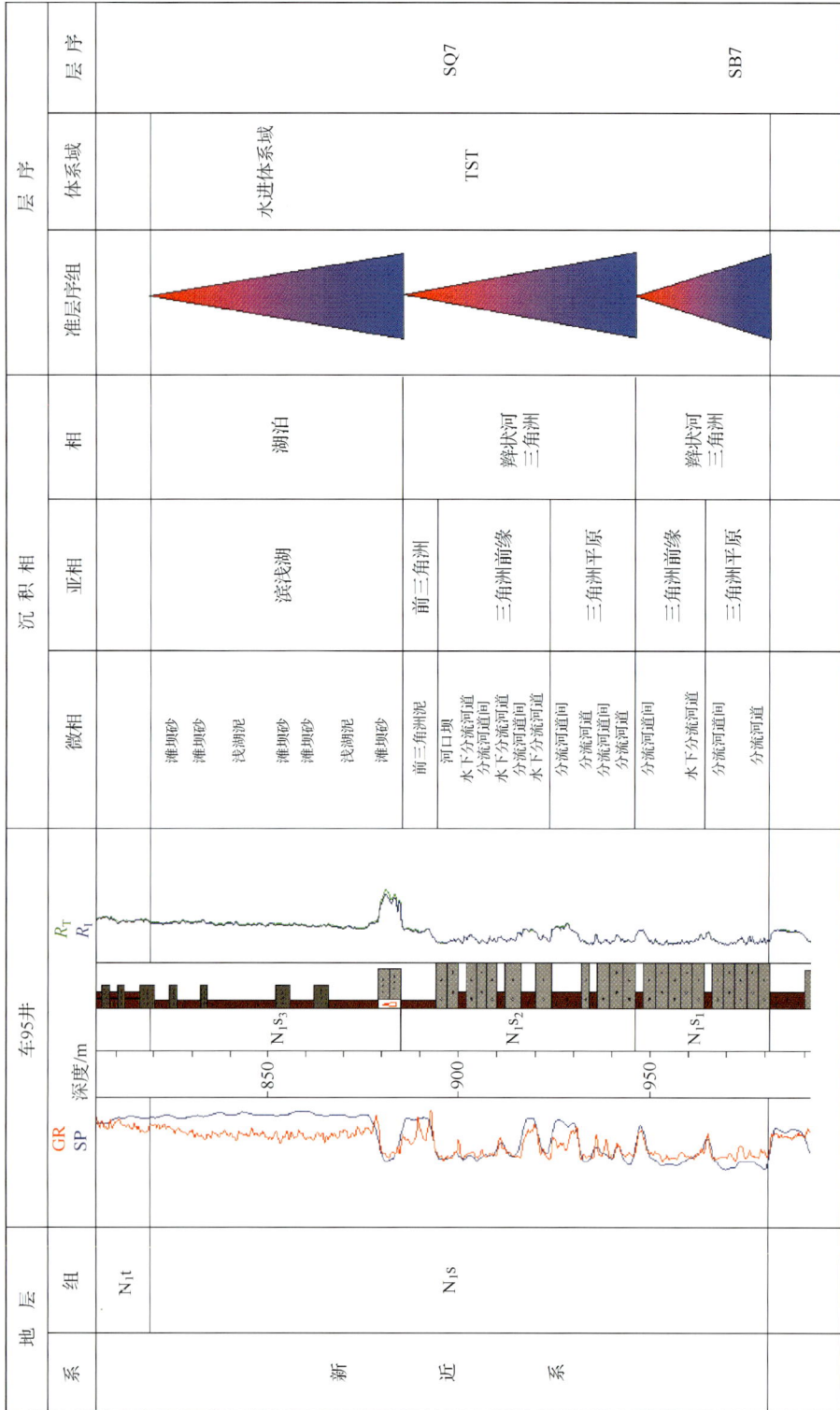

图 6.25　车 95 井新近系沙湾组沉积相相划分

内为前三角洲-滨浅湖沉积(图 6.26);水进期中晚期(N_1s_3 沉积期),沉积物砂地比范围为 8%~48%,车 68 井—车 90 井连线以北地区为湖相沉积,发育向岸湖两方向都尖灭的滩坝沉积,为有利储层;车 68 井—车 90 井连线以南为远物源辫状河三角洲前缘沉积(图 6.27)。高位期(N_1t 沉积期),主要为湖泊沉积,砂岩很不发育,为下伏沙湾组的区域盖层。

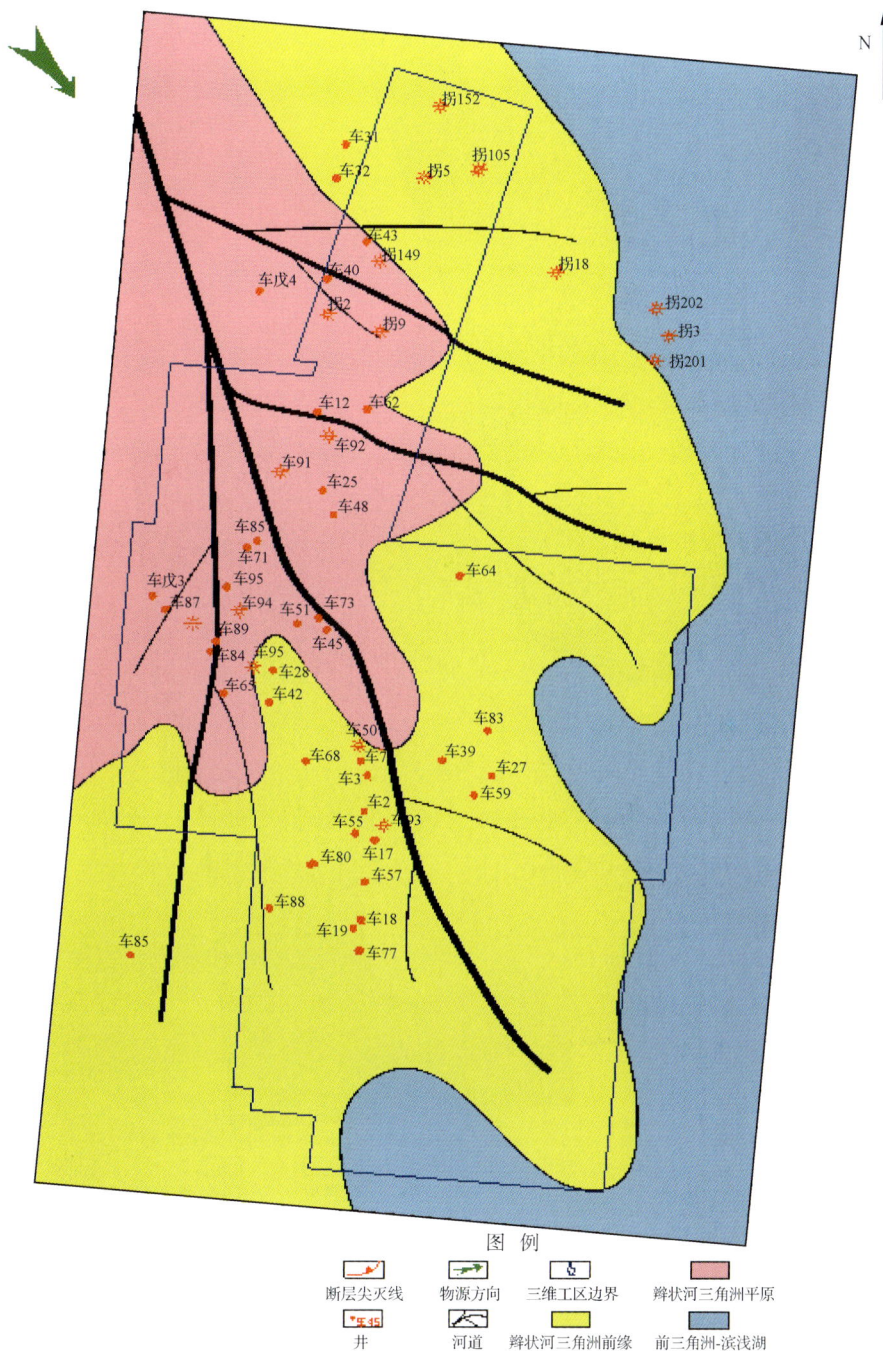

图 6.26　新近系沙湾组 N_1s_{1+2} 沉积相平面图

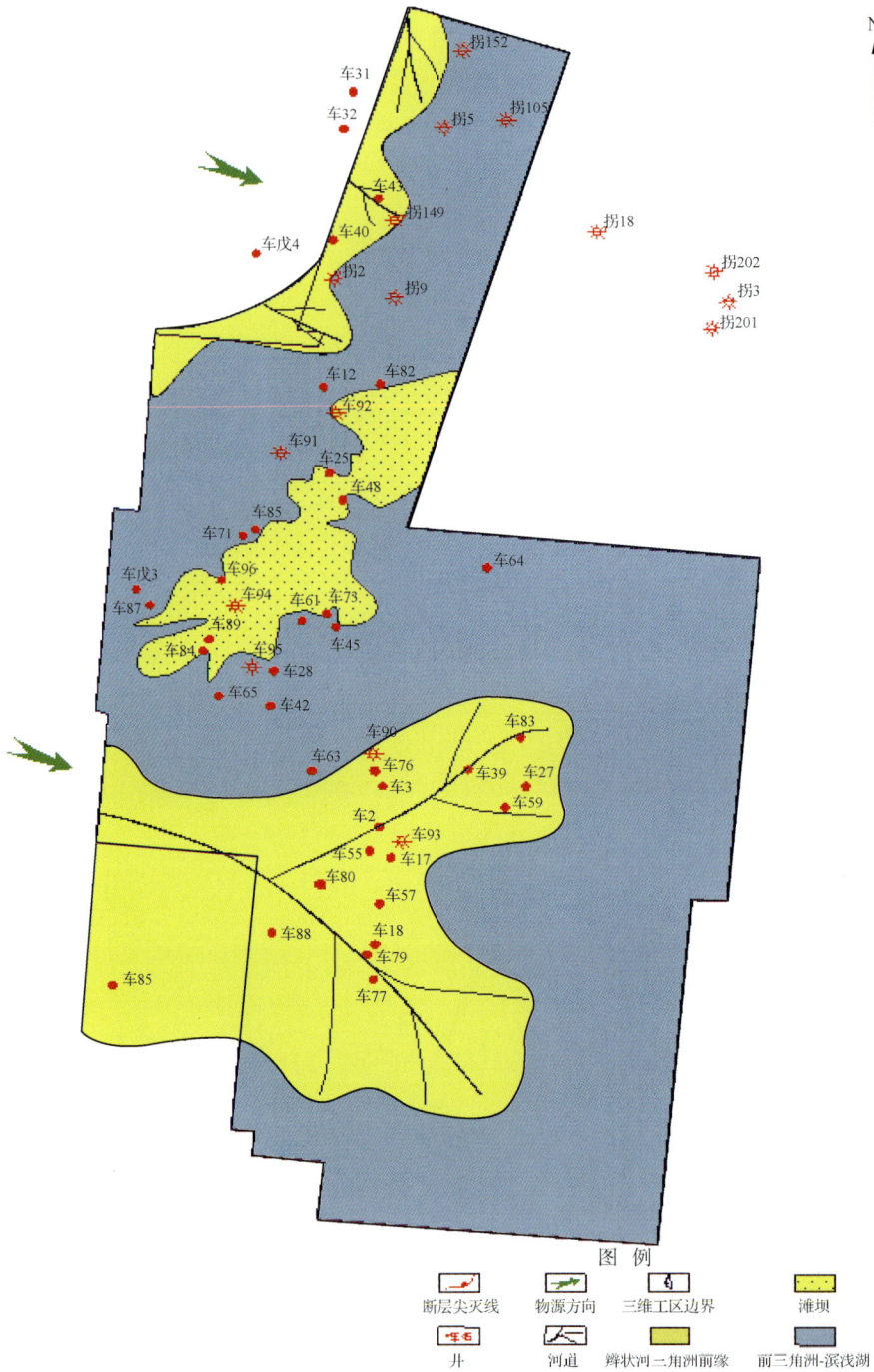

图 6.27　新近系沙湾组 N_1s_3 沉积相平面图

新近系沙湾组早、中期沉积为辫状河三角洲相,岩性为褐色、杂色及灰白色砂砾岩、泥质小砾岩为主,夹褐色泥岩薄层;晚期以浅湖-滨浅湖相沉积为主,岩性为褐色、红褐色泥岩夹薄层灰褐色砂岩。沙湾组岩石粒度具下粗上细的正旋回沉积特征,反映当时水体由浅变深,水动力由强变弱的沉积环境(图6.28)。

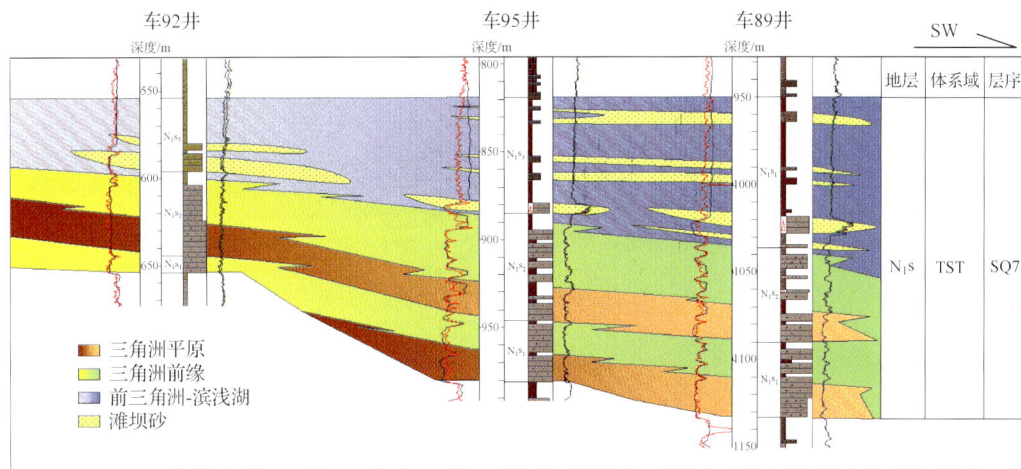

图6.28　车92井—车95井—车89井新近系沙湾组连井层序及沉积相对比图

沙湾组晚期以滨浅湖-浅湖沉积的泥岩为主,是该区沙湾组油藏的有效区域性盖层;沙一段、沙二段砂层比较发育,以三角洲沉积的河道砂、河口坝砂体为主,平面上分布稳定,厚度变化不大。

6.2.5　储层特征

沙二段是研究区的主要产油层,油层发育在沙二段顶部第1个~第2个砂层,含油砂层厚度在4~18m,平均厚度10.9m,其中车89井断块含油砂体相对较厚,车95井区块含油砂体相对较薄。

研究区新近系沙湾组储层岩性主要为灰色含灰质中细粒、细中粒不等粒长石砂岩。岩石颗粒分选中等,磨圆度为次棱角状。砂岩成分石英、长石为主,砂岩中石英含量平均50.9%,长石含量平均22.9%;胶结类型为孔隙—压嵌式胶结,胶结中等,胶结物成分以方解石为主,杂基为泥质。

总体上,沙湾组储层表现为高成分成熟度和较低的结构成熟度的特征,成岩作用具有弱压实作用的特征,局部的胶结作用较强。

1. 储层物性特征

据铸体薄片统计,沙湾组储层孔隙类型主要为原生粒间孔(77.3%)和剩余粒间孔(22.7%)。从孔隙结构参数看,孔隙直径最大值246.3μm,孔隙直径最小值4.12μm,平均喉道宽度15.69μm,平均孔喉比259.86,面孔率平均15.29,平均孔喉配位数为0.48(图6.29)。

(a) 车89井(1020.7m)细中粒砂岩　　　　(b) 车901井(893.88m)细中粒砂岩

图6.29　车89井—车901井新近系沙湾组连岩石铸体薄片照片

据物性资料统计,该区沙湾组储层孔隙度为8.5%～36.80%,平均28.74%,渗透率为0.212～5000mD,平均1249.63mD;油层孔隙度为20.3%～36.6%,平均32.52%,渗透率为1200～5000.0mD,平均2880.33mD(图6.30)。

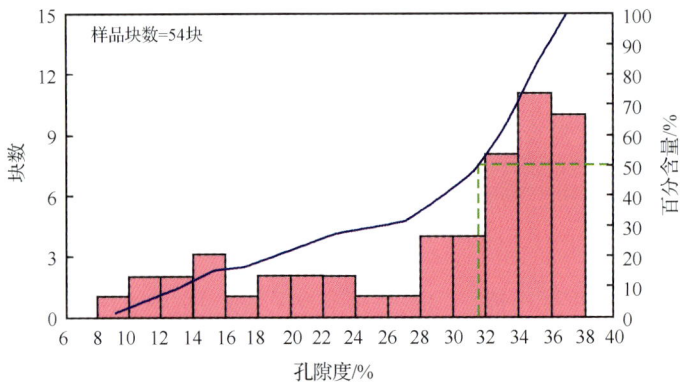

(a) 全部样品孔隙度直方图

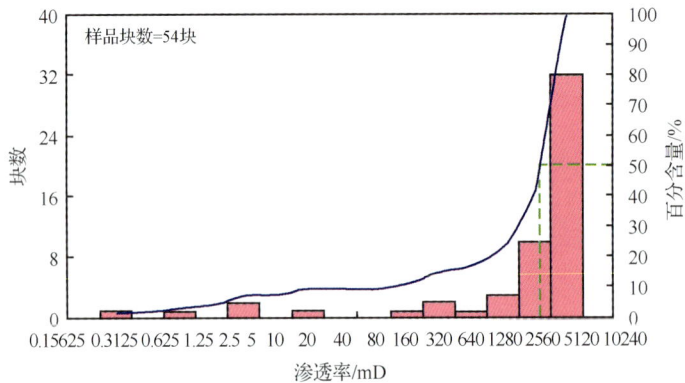

(b) 全部样品渗透率直方图

(c) 油层样品孔隙直方图

(d) 油层样品渗透率直方图

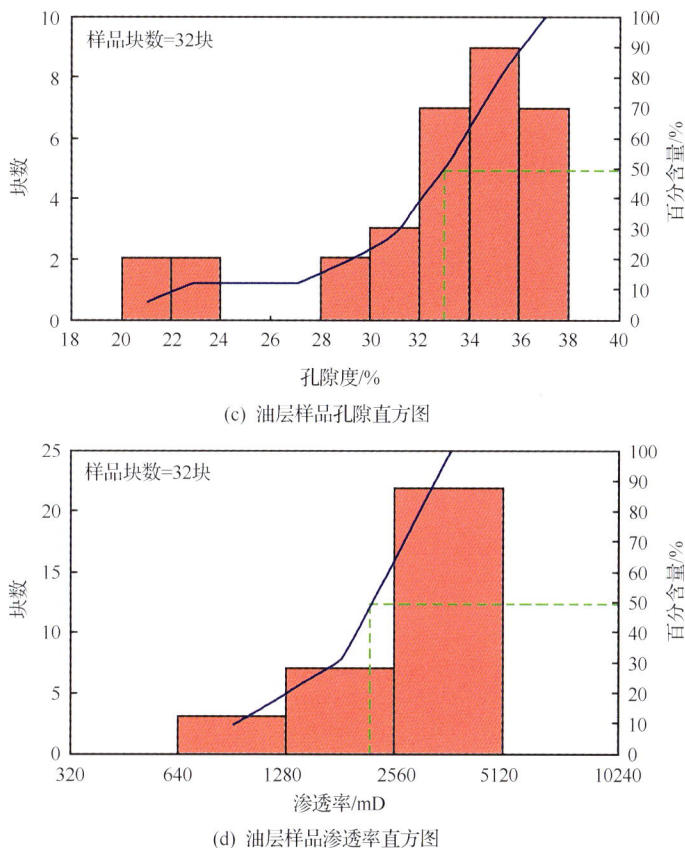

图 6.30 车 89 井区新近系沙湾组岩心孔隙度、渗透率频率直方图

车 89 井—车 95 井区块沙湾组储层为低排驱压力、低中值压力的特高孔、特高渗、孔隙结构好的 I 类好储集层(图 6.31)。

2. 储层岩石物理特征

根据车排子地区车 915 井、车 917 井、车 919 井等 3 口井偶极声波测井资料,进行了目的层段纵横波资料品质分析,图 6.32 显示这 3 口井的全井段纵横波数据,发现其线性关系基本一致,可以作为研究区纵横波速度变化背景趋势。

根据偶极子声波测井,结合车排子地区以往岩心实测纵横波数据,建立了车排子地区横波速度预测模型及预测方法。具体技术流程包括:①对测井曲线进行井眼环境校正;②开展归一化处理;③进行储层油水饱和度、泥质含量和孔隙度解释;④根据不同地层岩性、孔隙度等参数,结合横波速度预测模型,进行横波速度曲线预测。

采用上述方法对研究区测井进行了横波速度预测,计算结果如图 6.33 所示;图中显示纵横波测井曲线与采用岩石物理模型预测的速度曲线。由该图可以看出同时预测模型计算的纵波速度(绿色)和横波速度(绿色)与原始测井速度(红色)基本一致,预测横波速度的计算精度比较高。

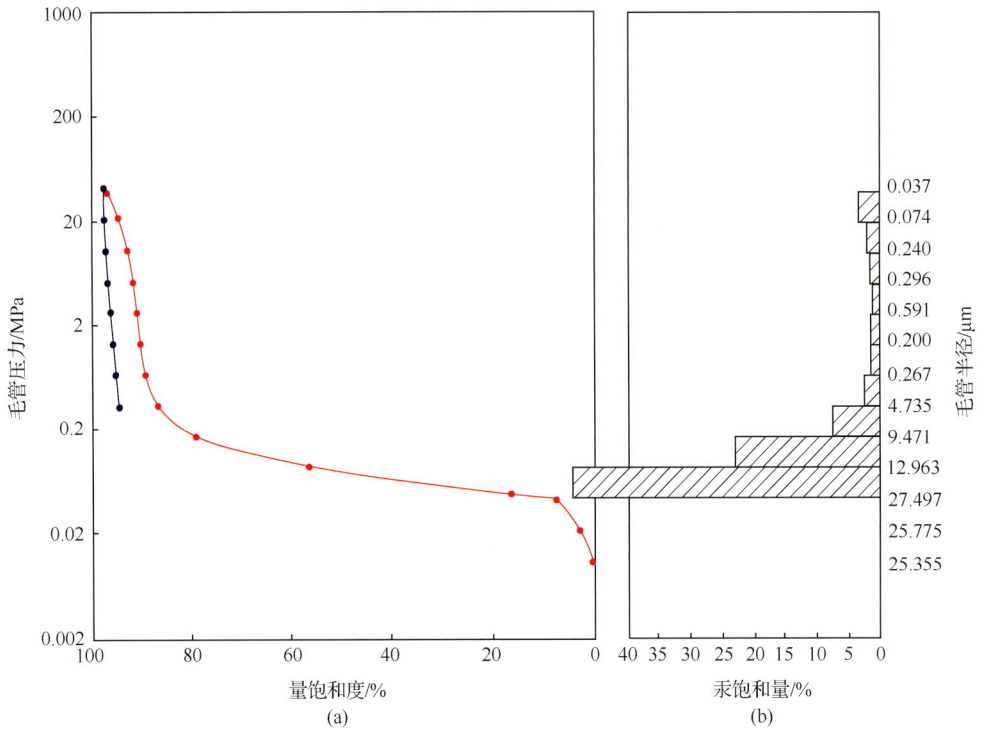

图 6.31　车 89 井区新近系沙湾组毛管压力曲线图

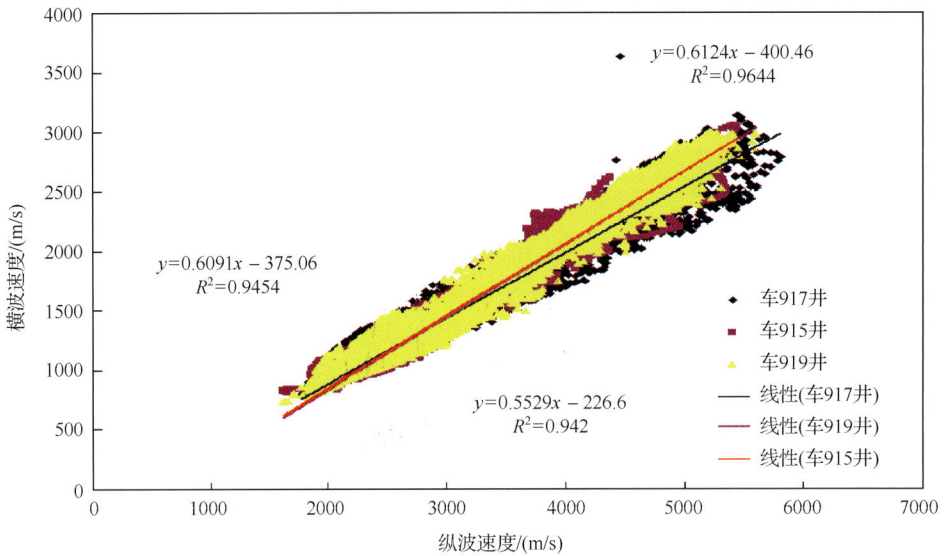

图 6.32　车排子地区纵横波速度关系图

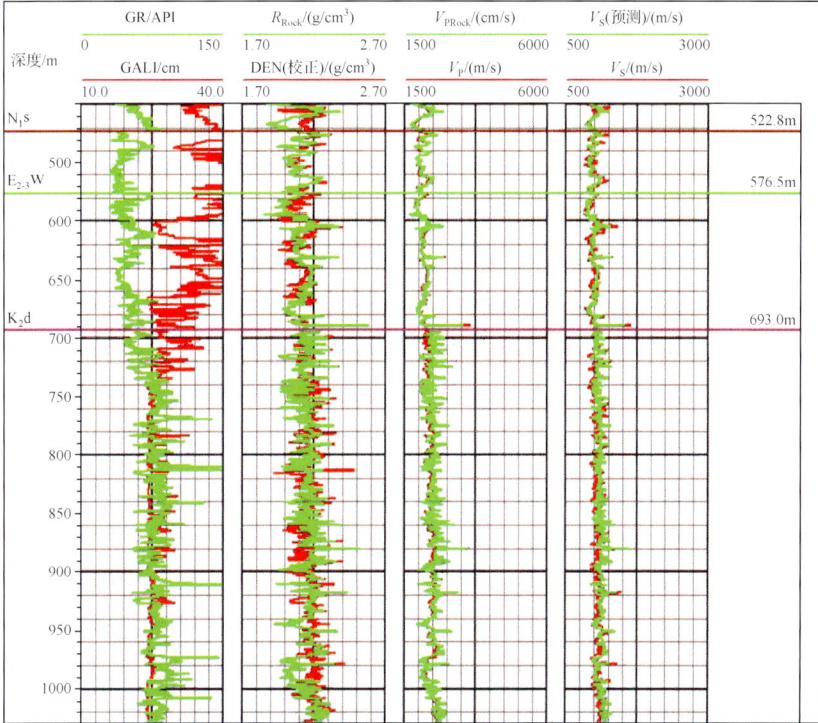

(a) 车915井E_{2-3}w至J_1b地层岩石物理预测弹性参数与实测对比剖面

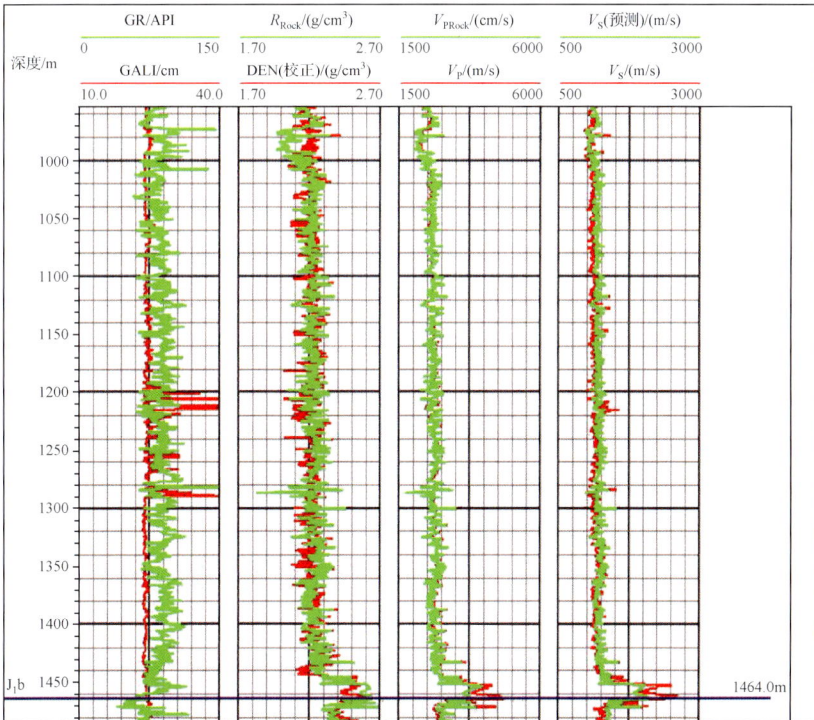

(b) 车915井J_1b地层岩石物理模型预测弹性参数与实测对比剖面

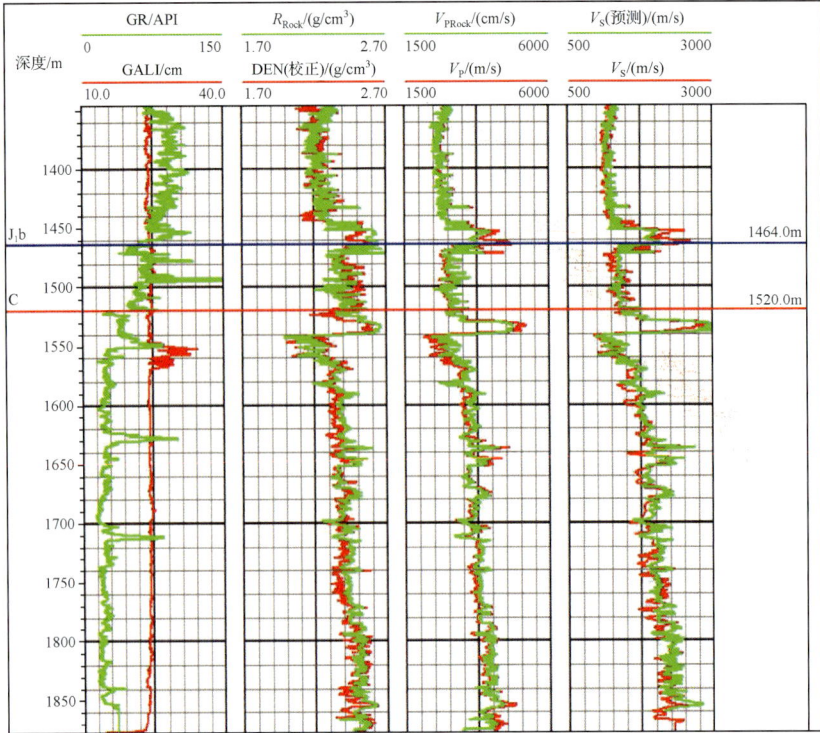

(c) 车915井J₁b至C地层岩石物理模型预测的弹性参数与实测对比剖面

图 6.33　车 915 井横波模拟效果

　　根据实际测井及横波速度预测计算数据,建立了研究区地震储层预测的弹性参数解释量板(图 6.34)。分析结果认为:研究区内阻抗对砂泥岩岩性识别较为敏感,而纵、横波速度比对含油气性的识别较为敏感,两者交会可以进行流体识别。

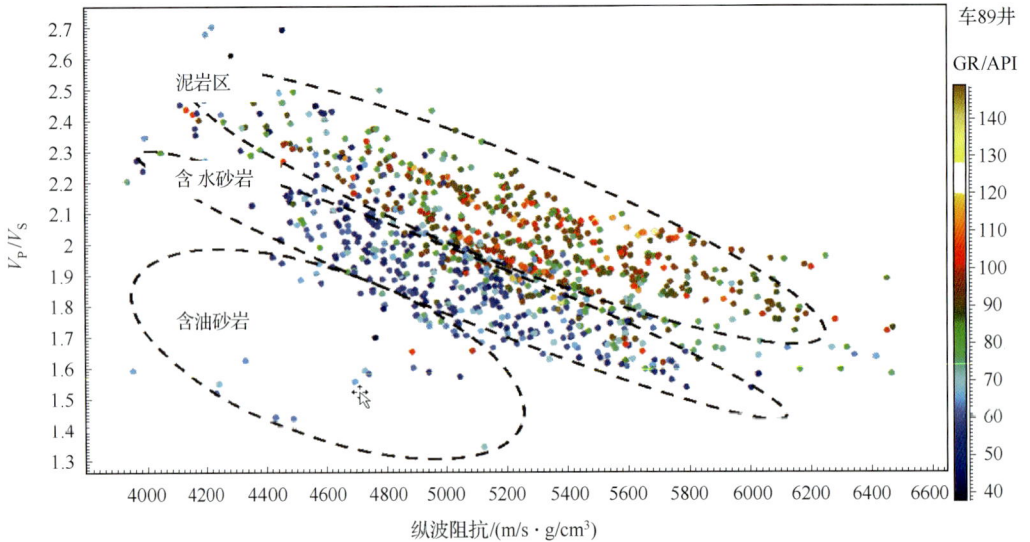

图 6.34　弹性参数优选:V_P/V_S 和阻抗交会量板(9 口井)

横波速度信息在地震储层预测与流体识别研究中具有重要作用,横波速度测井曲线具有纵向分辨率高、反映纵向地层连续变化能力强等特点,是地震叠前反演不可或缺的基础资料之一。本项研究中采用实测质量较高的井进行纵横波线性关系拟合,并在此基础上开展分层系环境校正和岩石物理建模基础上的横波预测,整个横波测井曲线计算的关键点都进行质控。取得了较好效果。

6.2.6　储层地震预测

车 89 井获得突破之后,根据其成藏模式,以新近系沙湾组为目的层,按常规地震属性方法寻找岩性圈闭的思路,总结认为该油藏出油砂体厚度变化较大,含油砂体关系较为复杂。依据车 89 井油气藏模式,先后钻探车 94 井、车 96 井、车 97 井等一批探井,均未获得成功。如何利用储层岩石物理及地震反演技术寻找新的有利目标,提高钻探成功率,是一项迫切需要解决的问题。

1. 含油砂体地震响应分析

对车排子地区新近系沙湾组多口井进行了横波曲线计算和储层评价,并制作了纵波阻抗-自然伽马量板和纵波阻抗-泊松比等岩石物理量板(图 6.35),研究分析研究区岩性识别敏感属性参数及含油砂岩地震响应特征。从纵波阻抗-自然伽马量板看,该区泥岩和

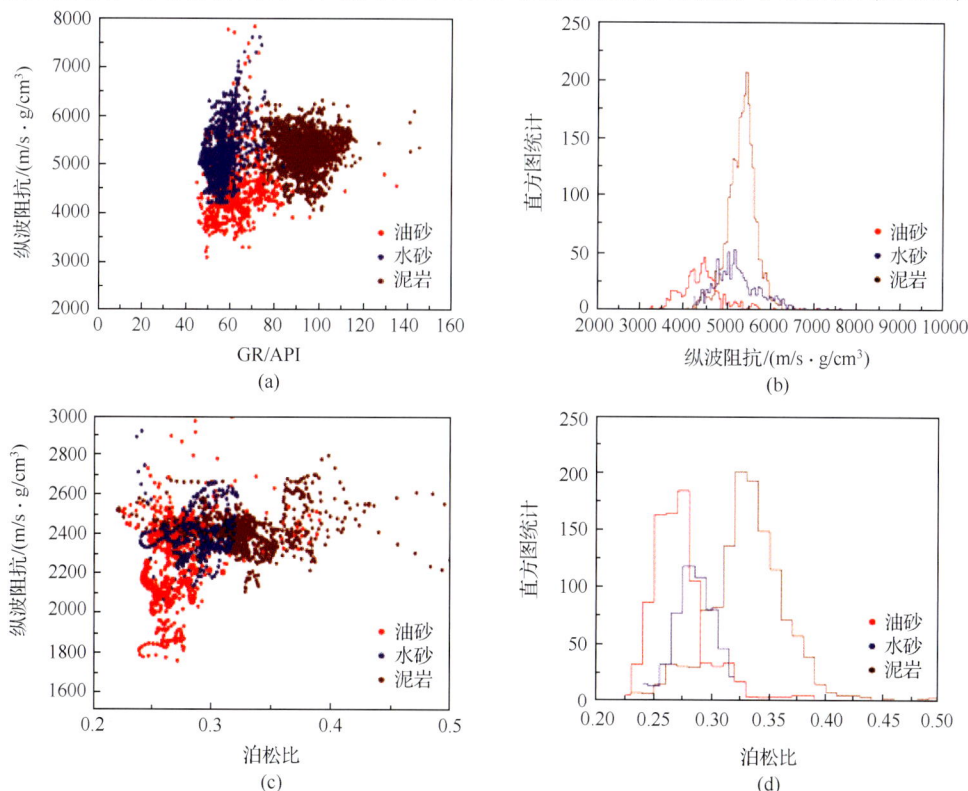

图 6.35　新近系沙湾组岩性、含油气性纵波阻抗-泊松比量板

砂岩的纵波阻抗存在叠置,单纯利用反演波阻抗难以解决岩性预测的问题,而纵波阻抗-泊松比在识别泥岩和砂岩方面具有明显的优势。因此开展叠前纵波阻抗和泊松比反演,可以提高岩性预测的精度。在识别砂岩的含油气性方面,从油砂、水砂和泥岩的纵波阻抗、泊松比的直方图统计结果看低纵波阻抗(<5000)和低泊松比(<0.275)与油砂的相关度最高。

钻探揭示新近系沙湾组砂层含油后普遍具有低纵波阻抗、高电阻率、低泊松比特征。自然伽马曲线略有变小;电阻率突然变大,从围岩段的 $1\sim2\Omega\cdot m$ 跃至异常段的 $6\sim10\Omega\cdot m$;声波时差也有所变大,明显高于围岩的声波时差;密度与声波时差正相关,油层泊松比相对较低。采用波动方程计算的理论道集上,油层顶界反射振幅随入射角增大振幅明显增大;而水层顶界反射振幅随入射角增大振幅仅略有增大或明显降低,个别见油气显示的水层顶界反射振幅具有随入射角增大振幅变化不大的特点。正演计算的动校正道集上,从小角度到广角油层顶界反射还出现了明显的频率降低特征。观察研究区内 10 口已钻井附近的经过保振幅处理的井旁道叠前道集,油层和水层顶界的振幅、频率随偏移距(或入射角)变化特征与其正演模拟的动校正道集特征一致。

车 89 井主力油层埋深 $1019\sim1028m$,6mm 油嘴,产油 $72m^3/d$,物性低密度($2.05g/cm^3$)、低速($2200m/s$)、低伽马、高电阻率,取心显示为绿灰色砂岩中饱含油且很疏松。由于该油层埋深浅、欠压实,其阻抗值偏低,富含油气后层速度进一步降低,与上覆泥岩有较大的纵波阻抗差,从而形成地震剖面上较强反射,频率也有所降低,时间厚度增大。通过对过车 89 井叠加剖面分析可知,油层位置为一组强波谷(顶界面)、强波峰(底界面)组合,与相邻道振幅相比,振幅异常变化在一定程度上反映了储层流体的变化,如图 6.36 所示。

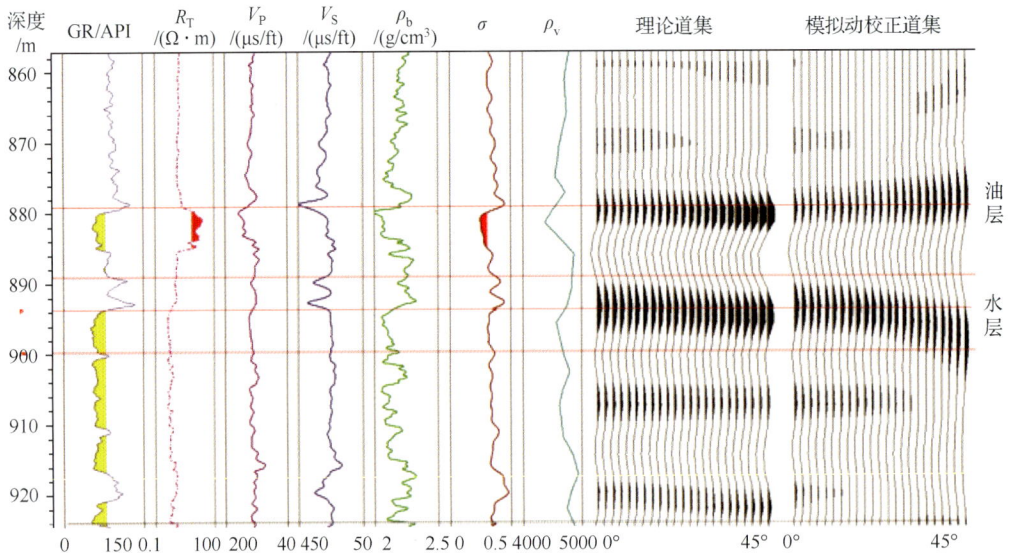

图 6.36　车 95 井新近系沙湾组岩石物理特征与 AVO 正演道集

根据车 89 井测井数据正演模拟了车 89 井油层 AVO 道集(图 6.37)。正演道集中该井位置处沙湾组上油层顶界面为一波谷强反射,振幅随着炮检距的增大呈稍微减弱趋势,属于四类 AVO 异常。油层底界面为一波峰强反射,振幅随着炮检距的增大呈增强趋势,表现为三类 AVO 响应特征。在该图右侧的叠加剖面上,油层顶、底为波谷、波峰强反射,波阻抗与泊松比交会剖面上为两组强振幅异常。进行流体替代为含水后,AVO 道集模型上储层位置反射振幅随炮检距增大呈减弱趋势,叠加后振幅无明显增强,纵波阻抗与泊松比交会剖面上无四类异常显示。

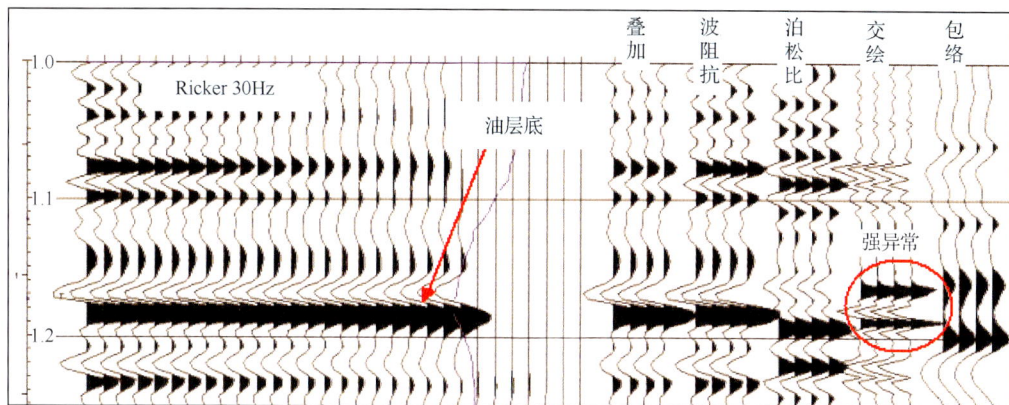

图 6.37　车 89 井 AVO 道集模型(解释标定时深关系)

综合分析认为:车排子地区新近系沙湾组油气层与围岩表现为负反射系数,根据砂岩类流体异常划分方法,研究区已钻油井主要表现为典型的第三类 AVO 流体异常,由于砂岩中泥质含量增加或含油饱和度降低也可能出现第四类 AVO 流体异常。

2. 叠前地震反演

根据研究区储层岩性及流体识别分析,本项研究开展了叠前弹性参数反演具体实现方法及结果如下。

1) 叠前道集预处理

车 89 井区三维野外采用单个数字检波器接收,其信噪比要低于采用模拟检波器组合方式接收的地震资料,农田戈壁区单炮信噪比较高、沙漠区单炮信噪比较低,沙漠区资料低频成分弱,有效波能量集中在中高频,而农田戈壁区资料低频成分丰富。原始单炮主要有面波干扰和浅层折射干扰。

为得到高品质有利于多角度叠前联合反演的地震道集,针对原始资料的各类噪声,开展了面波压制、浅层折射干扰等处理;针对性地开发了时变校正处理技术,较好地解决了各种因素引起的时差校正问题,最大限度地减少叠加对高频信息的损失。该项技术不改变振幅谱和相位谱。经时变校正后的地震资料,同一反射点的同相轴时间的一致性得到明显改善,利于减少同相叠加造成的高频损失、更有利于叠前地震属性分析中自动识别振幅随炮检距变化的关系(AVO)。

2) 三维地震叠前反演

多角度弹性参数联合反演技术涉及 AVO 基本理论、岩石物理模型及地震反演理论等多方面的理论基础,是一项综合处理与分析技术。三维地震叠前反演理论方法已在相关章节陈述,这里不再赘述。车排子三维叠前反演的主要处理步骤包括:①角度道集求取;②不同角度叠加数据的处理;③不同角度子波提取与标定;④初始模型建立;⑤叠前同步弹性参数反演。

研究区以往研究表明利用地震数据区分砂岩和泥岩较容易,钻探结果也证实了这一点,叠后地震属性分析预测的所有岩性圈闭均钻遇了砂层。但从工区内其他未出油井相应层段分析结果表明,含油砂岩和含水砂岩岩性、物性无明显区别。因此,仅从储层阻抗特征区分含油还是含水储层存在一定难度,必须同时分析对流体性质更为敏感的弹性参数。

从过车96井—车84井—车89井—车94井—车95井—车902井纵波阻抗剖面可以看出[图6.38(a)],各井与车89井油层段相当地层均表现为低纵波阻抗特征,其中车89井区纵波阻抗最低,为4100m/s·g/cm³,在剖面上可以区分。车94井和车96井的含水砂岩与车95井含油砂岩纵波阻抗特征基本一致,为4200~4400m/s·g/cm³,无法区分。但从同一位置的V_P/V_S剖面上[图6.38(b)],获得油气的两口井车89井和车95井的V_P/V_S明显低于其他未获得油气的井,与实钻结果完全吻合。

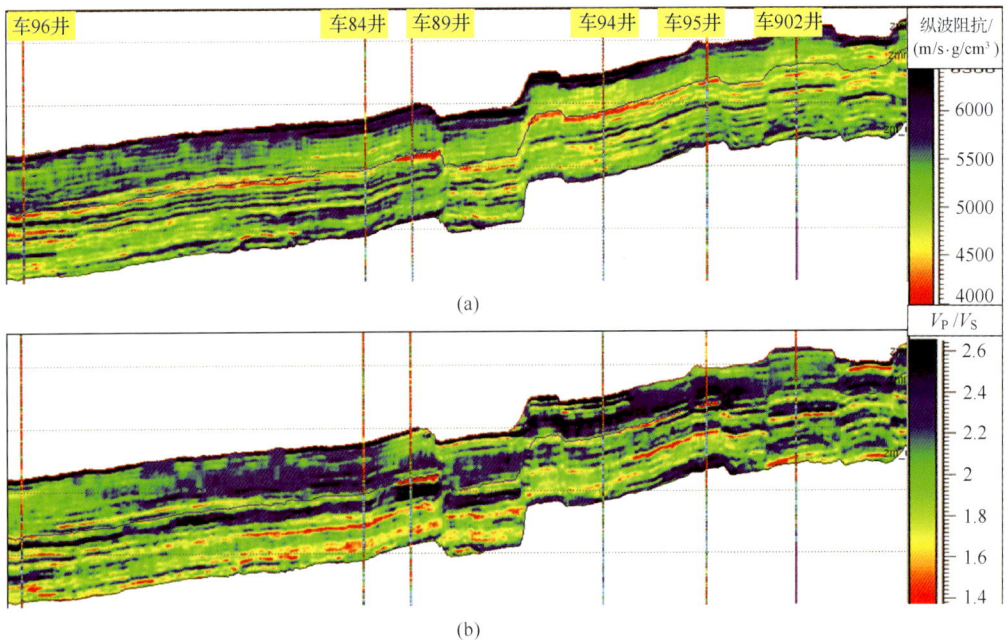

图6.38 过车96井纵波阻抗和V_P/V_S剖面对比

从油层段纵波阻抗平面属性图可以看出,获得油气储层段的位置均表现为低纵波阻抗特征,但在车94井附近及工区西南角均存在于已知油藏特征相近的纵波低阻抗区[图6.39(a)],仅依靠纵波阻抗无法完全划分油水层。但在油层段V_P/V_S平面属性图上,获得油气的井其纵、横波速度比一般为1.4~1.65,车94井、车96井等未获油气井的纵、横波速度比均大于 1.65［图 6.39(b)］。表明研究区内综合应用纵波阻抗与纵横波速度比数据可进行沙湾组油气层识别。

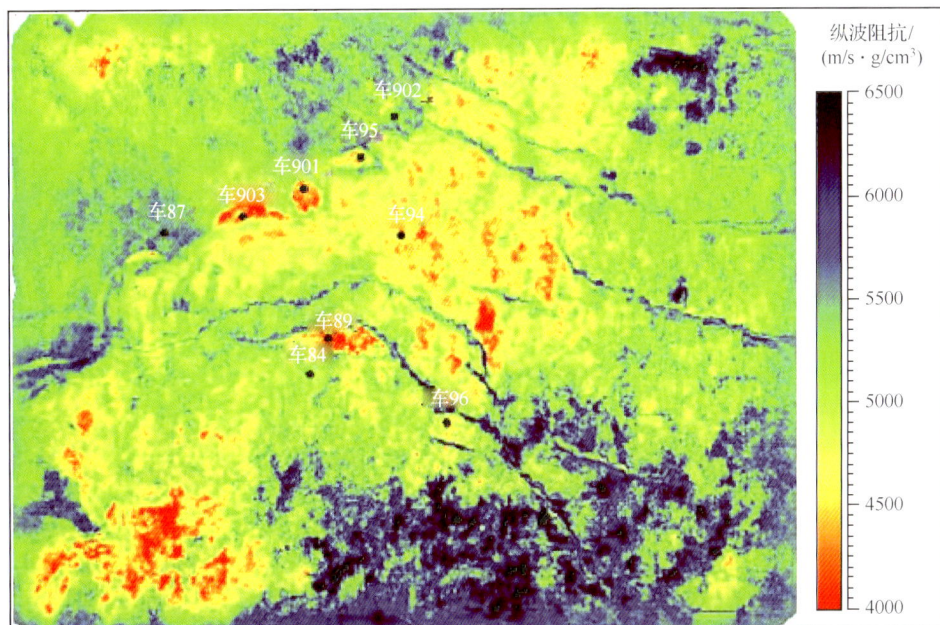

(a)

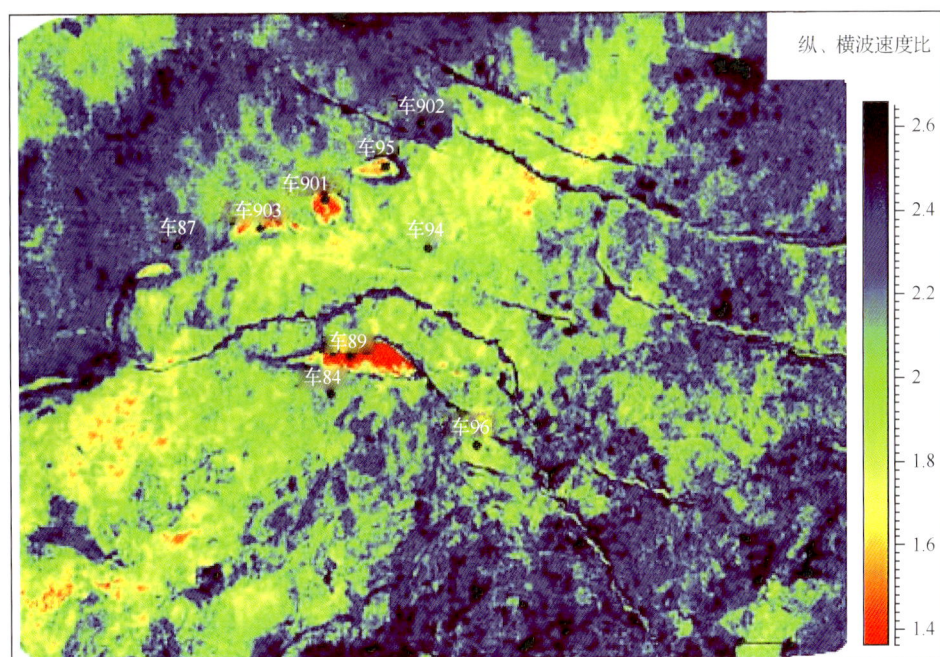

(b)

图 6.39　车 89 井区沙湾组油藏油层段纵波阻抗和纵、横波速度比平面属性图

6.2.7 岩性圈闭识别

根据已钻探车 89 井、车 97 井及车 901 井等油气井的储层特征可知,沙湾组油气储层构造形态表现为北东高、南西低的单斜,局部发育低幅度鼻状构造。沙湾组储层为滨浅湖的滩坝相砂体(图 6.40),砂层厚度在 0~11m。沙湾组储层占层厚的比例为 52%~77%,孔隙度变化范围为 14.6%~32.9%,平均孔隙度值都在 19.63%~26.2%,平均渗透率 $(81.3~99.1)×10^{-3}\mu m^2$。沙湾组储层顶底板条件较好,均为较稳定沉积的浅湖相的泥岩。顶板泥岩厚度在 10~80m,底板为一套厚度为 2~10m 的泥岩,可以起到对油气的封堵作用。

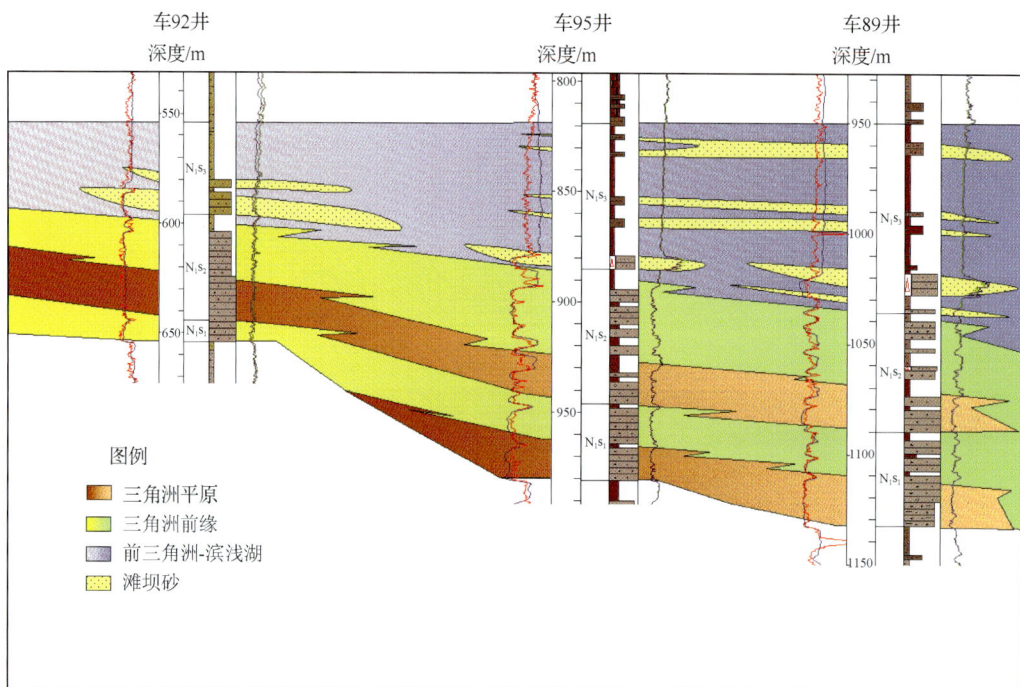

图 6.40   车 92 井—车 95 井—车 89 井连井对比剖面

从该区沙湾组油层顶面海拔等值线图可以看出(图 6.41)在东南倾单斜构造背景上,发育有数十条近东西向正断层,形成了多个低幅度的断块构造圈闭,主要有车 89 井断块、车 95 井断块、车 901 井断块、车 903 井断块和车 907 井断块等。

根据该区沙湾组油层顶界构造图、地震属性图及测井、试油资料及车 89 井断块开发成果资料分析,车 89 井—车 95 井区块新近系沙湾组油藏为断层遮挡的断层-岩性油藏,如图 6.12 所示。

通过对已钻探油气井解剖,分析认为新近系沙湾组具有沉积控砂、断裂通源、沿梁聚集的油气富集规律,油气藏在地震记录中表现为亮点、低纵波阻抗、能量衰减等特征。

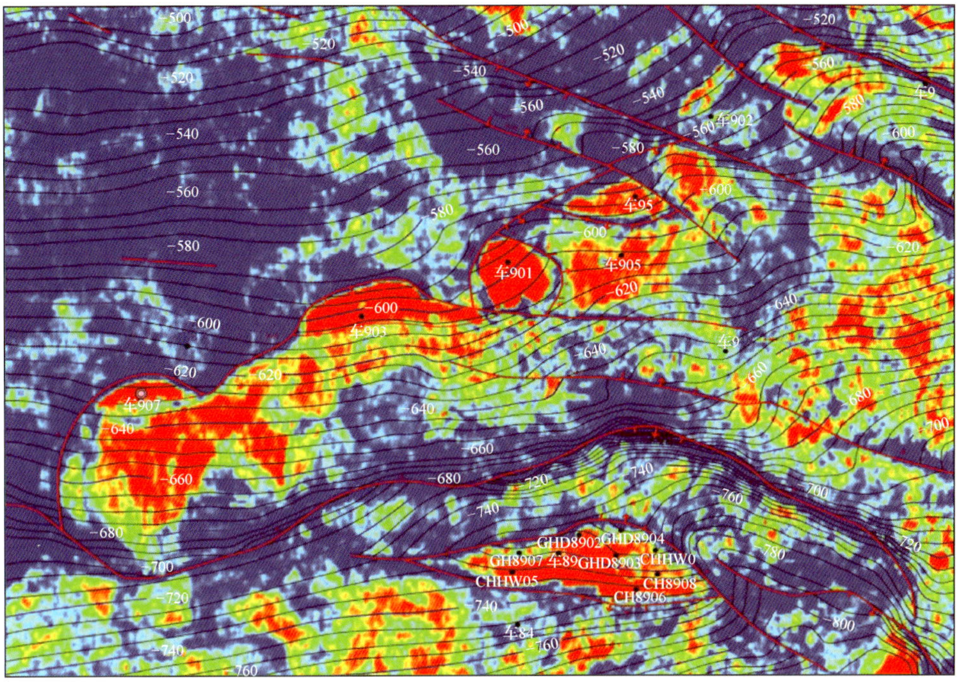

图 6.41　车 89 井—车 95 井沙湾组油层顶界构造图(振幅属性叠合图)

6.2.8　车峰 13 井油藏发现

根据研究区车 89 井和车 95 井已知油气井储层及地震响应特征,结合叠前 AVO 属性及纵波阻抗反演结果,识别岩性圈闭 6 个(表 6.3)。

表 6.3　车排子地区新近系沙湾组岩性圈闭要素表

圈闭名称	地质层位	圈闭类型	面积/km²	闭合度/m	高点埋深/m	类型	备注
车 87 井南岩性圈闭	N_1s_3	地层岩性	0.14	6	925	第四类	部署钻探车 907 井
车 902 井西岩性圈闭	N_1s_3	地层岩性	0.12	10	838	第四类	
车 8906 井南岩性圈闭	N_1s_3	地层岩性	0.12	5	1025	第四类	
车 903 井东岩性圈闭	N_1s_3	地层岩性	0.06	5	897	第四类	
车 901 井北岩性圈闭	N_1s_3	地层岩性	0.27	10	874	第四类	
车 26 井西岩性圈闭	N_1s_3	地层岩性	0.4	10	679.5	第三类	部署钻探车峰 13 井

其中,根据叠前反演识别的新近系岩性圈闭面积最大的是车 26 井西岩性圈闭,在中、远偏移距均表现为孤立亮点,上倾方向为弧形岩性突变边界,下倾方向存在与构造线近乎平行的振幅突变(图 6.43)。在其他叠前地震属性交会图识别中,车 26 井西岩性圈闭均表现为第三类 AVO 异常。

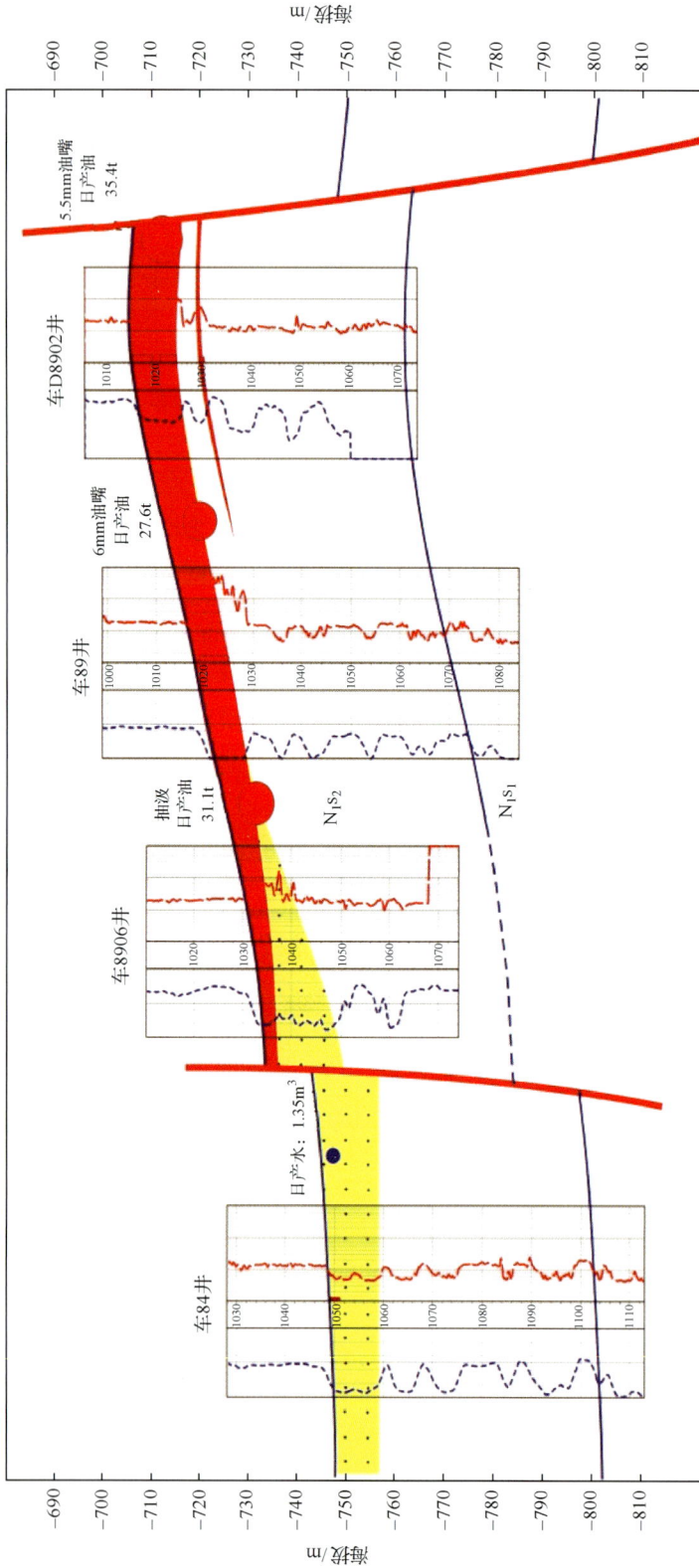

图 6.42 车 89 井区沙湾组油藏剖面图

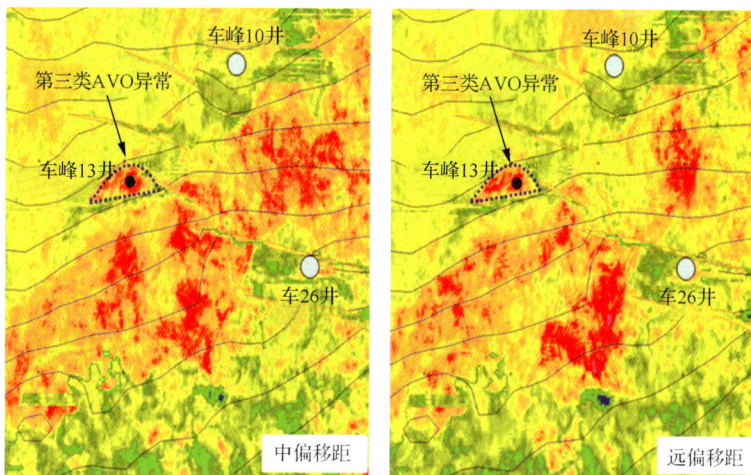

图 6.43 车峰 13 井中、远偏移距沿层振幅平面图

从整个新近系沙湾组的区域层序对比和地震相来看,沙湾组经历了从水进到震荡水退再到快速水进三个沉积旋回,其中在震荡水退沉积过程中沉积的多期沿湖岸线富集的滩坝砂体是目前已知沙湾组主力出油层段,纵向上都位于沙湾组沙二段顶部。沙二段顶部砂体在地震剖面上的响应特征表现为"双强亮点"特征。车 26 井西岩性圈闭有利储层在沙二段顶部较发育,岩性圈闭由新近系沙湾组有利岩相向四周尖灭形成。红车断裂带及车排子凸起—沙湾凹陷斜坡区浅层发育多期呈带状展布的滨浅湖滩坝相沉积砂体,形成多个岩性圈闭。车 26 井西新近系沙湾组岩性圈闭形成于喜山期,是由新近系沙湾组岩性尖灭形成的岩性圈闭。

车 26 井西岩性圈闭地震相表现为典型的强振幅突变、低纵阻抗-低纵、横波速度比等特征,利用叠前反演阻抗及速度比数据体进行流体解释,该圈闭具有典型的油气储层弹性响应特征。圈闭落实程度高,为较可靠圈闭。

沙二段储层为红车断裂带新近系沙湾组"泥包砂"背景下的滨浅湖滩坝相砂体。从该区已发现的新近系油藏储层(车 89 井区、车 95 井区)分析研究来看,沙湾组出油段储层岩性为中、粗砂岩,较疏松,成岩作用较弱,孔渗条件非常好。红车断裂带新近系早期沉积为扇三角洲相,沉积以砂岩、砂砾岩为主,晚期以浅湖—滨浅湖沉积的泥岩为主夹滩坝砂。车 89 井和车 95 井录井资料表明,沙湾组上部为大套泥岩所夹的滩坝砂,储盖组合条件良好。

为落实该圈闭含油气性,2007 部署车峰 13 井。该井在井深 684～689m 井段试油获得原油 299t。从钻井统计情况来看,在研究区单纯依据地震"亮点"特征进行油气勘探的成功率只有 29%。综合应用地震反射振幅、储层岩石物理及地震反演技术,钻井成功率从 29% 提高到 70% 左右,结合层序地层等其他成藏条件分析结果,可使钻井符合率从 70% 提高到 90% 以上。通过对研究区岩性目标开展储层岩石物理、地震反演及储层特征研究,预测有利成藏砂体总面积约为 42km²,预测资源量约 4000 万 t,扩大了新近系沙湾组的勘探成果。

6.3 准噶尔盆地阜东地区岩性油气藏勘探

阜康凹陷油气勘探始于 20 世纪 50 年代,2009 年以来通过对阜康凹陷东斜坡白垩系、侏罗系、三叠系、二叠系及石炭系等目的层整体解剖和研究工作,发现了数个不同层系岩性圈闭,陆续上钻了阜东 2 井、阜东 5 井等预探井,并在侏罗系头屯河组见到了工业油流。阜东 2 井、阜东 5 井侏罗系头屯河组高产油流的发现,进一步证明了阜东斜坡带岩性油气藏的勘探前景是非常广阔的。

6.3.1 阜东地区勘探概况

1. 阜东地区地理位置

阜东地区位于准噶尔盆地东部,行政隶属新疆维吾尔自治区阜康市,距阜康市紫泥泉子镇东北约 2.5~7km。构造上位于准噶尔盆地中央拗陷阜康凹陷东斜坡(图 6.44)。

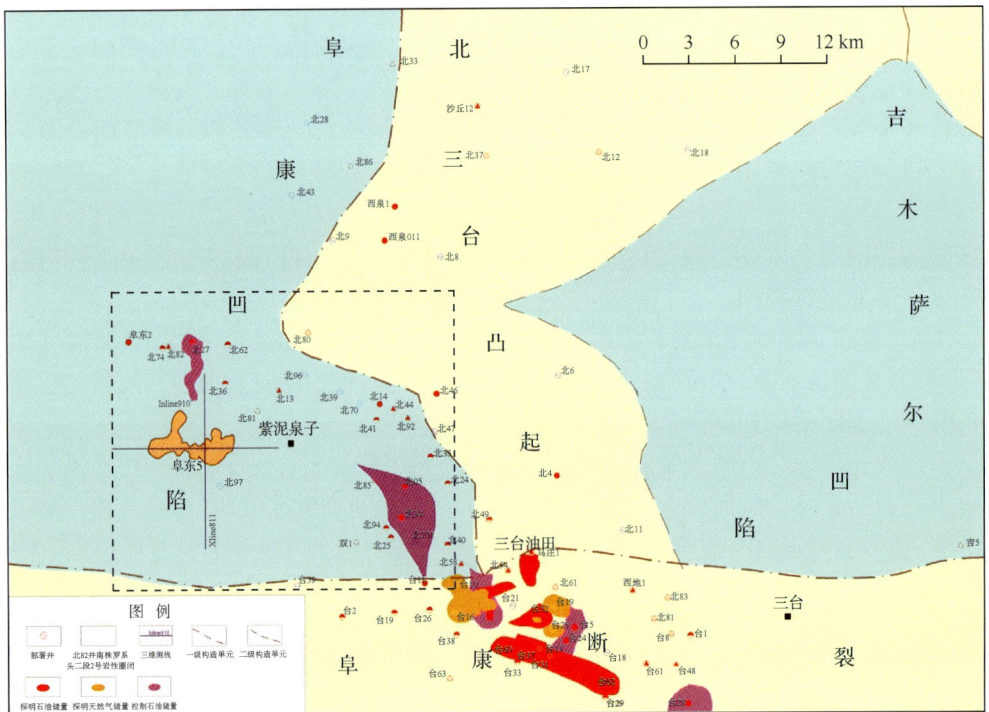

图 6.44 阜东地区位置示意图

工区内地表为农田和草地,地面平坦,海拔一般在 595~605m。四季温差悬殊,夏季干热,最高气温可达 40℃ 以上;冬季寒冷,最低气温可达 −40℃ 以下。区内年平均降水量小于 200mm,蒸发量大,属大陆干旱气候。地面水、电、交通便利,附近有 216 国道和油田公路经过,周边无重要居民点。

2. 油气勘探概况

阜康凹陷油气勘探始于 20 世纪 50 年代,完成了 1∶20 万重磁力普查,80 年代开始大规模勘探,完成了二维地震详查工作,90 年代开始陆续实施三维地震勘探。2009 年以来通过对阜康凹陷东斜坡白垩系、侏罗系、三叠系、二叠系及石炭系等目的层整体解剖和研究工作,利用北三台连片三维资料,对该区进行了地震地质的重新解释,发现了数个不同层系且类型各异的圈闭,陆续上钻了阜东 2 井、阜东 5 井等以侏罗系头屯河组为目的层的预探井,并在侏罗系头屯河组见到了工业油流。其中,阜东 2 井于 2010 年 7 月开钻,2010 年 9 月完钻,完钻井深 3430m,井底为侏罗系三工河组。该井侏罗系齐古组、头屯河组均见到不同程度油气显示,尤以头屯河组二段显示最好,且取到油浸级岩心 2.36m,油斑级岩心 0.76m,荧光级岩心 0.15m。2010 年 10 月对头屯河组 3191～3229m 实施试油作业,在侏罗系头屯河组二段 3191～3229m 段试油获油 6.67t,获气 240m^3。阜东 5 井于 2010 年 11 月开钻,2011 年 3 月完钻。根据钻井地质录井取资料可等发现该井侏罗系齐古组、头屯河组均见到不同程度油气显示,尤以头屯河组二段显示最好,且取到油浸级岩心 1.48m,油斑级岩心 1.87m。2011 年 4 月开始对头屯河组实施试油作业,并在侏罗系头屯河组二段 2990～3000m 段用 4.5mm 油嘴试油,获日产油 12.24m^3,日产气 660m^3;侏罗系头屯河组头二段 3006～3024m 段用 6mm 油嘴试油,获日产油 42.97m^3,日产气 3950m^3。

阜东 2 井、阜东 5 井侏罗系头屯河组高产油流的发现,进一步证明了阜东斜坡带岩性油气藏的勘探前景是非常广阔的。为了进一步拓展阜东地区侏罗系头屯河组勘探成果,2011 年在该区部署以侏罗系头屯河组为主要目的层的预探井及评价井,已完钻井在侏罗系头屯河组都见到不同程度的油气显示,其中阜东 052 井、阜东 7 井、阜东 8 井已见到工业油流。

6.3.2　区域地质特征

1. 构造特征

1) 断裂特征

北三台凸起是一个持续性的古隆起,高部位经历了长期的剥蚀,石炭系顶面凹凸不平,断裂发育。断裂经历了燕山期及喜马拉雅期多期活动,以东西走向为主,兼有其他走向的多组断裂,断裂类型为燕山期拉张型正断裂与海西期挤压型逆断裂并存。阜东 2 井与阜东 5 井区主要发育小型侏罗系内部断裂,部分断裂断穿三叠系、二叠系和石炭系。侏罗系断裂以正断裂为主,走向以近东西向为主(图 6.45)。这些断裂一方面起到油气运移垂向通道作用,使二叠系、石炭系烃源岩生成的油气向上运移至侏罗系,另一方面对储层物性有一定的改善作用,有利于油气运移和成藏。

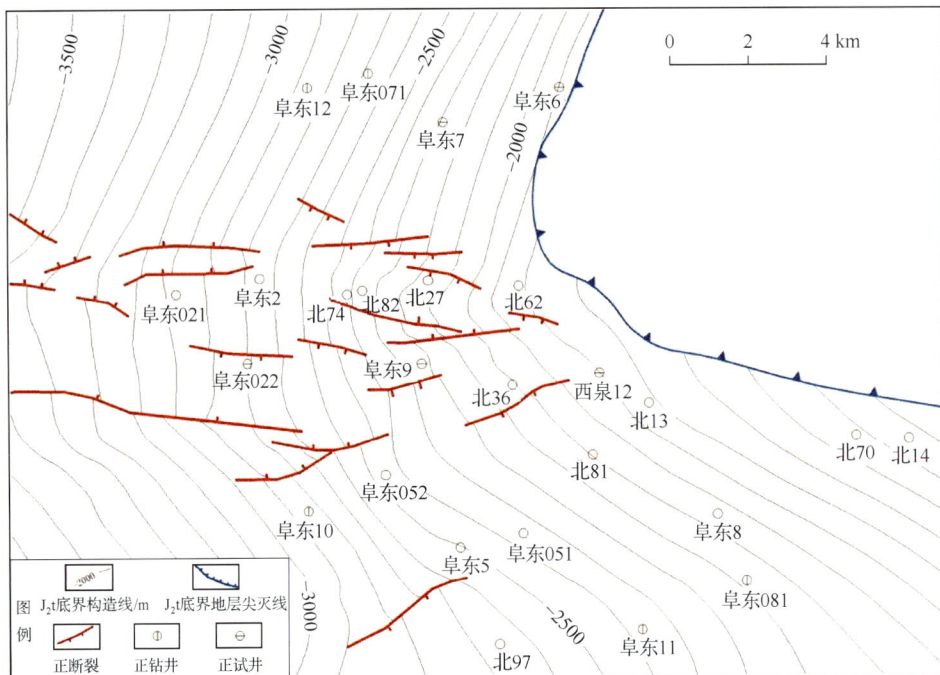

图 6.45　阜东地区侏罗系头屯河组底界构造图

2）构造特征

阜东地区位于阜康凹陷东斜坡,处于北三台凸起与阜康凹陷的结合部,东部为北三台凸起,西部为阜康凹陷,其构造演化特征与北三台凸起的形成与演化密切相关。北三台凸起是一个持续性的古隆起,高部位经历了长期的剥蚀,石炭系顶面凹凸不平,断裂发育。北三台凸起自海西期起开始缓慢隆升,西泉鼻状凸起雏形形成;西山窑期末燕山Ⅰ幕、侏罗纪末的燕山Ⅱ幕构造运动使北三台凸起强烈隆升,白垩纪之后本区构造活动减弱,基本维持了侏罗纪之后的鼻状凸起构造格局。

受构造抬升的影响,北三台凸起石炭系上覆地层二叠系至侏罗系遭到不同程度的剥蚀,局部地区已经缺失。在阜康凹陷东斜坡,侏罗系齐古组三段、二段和一段由西向东逐层削蚀尖灭。在北三台凸起高部位侏罗系削蚀尖灭,古近系直接覆盖在中、上三叠统小泉沟群之上。阜东地区受北三台凸起的影响,在阜东斜坡高部位侏罗系头屯河组遭受剥蚀尖灭,形成了东西向展布、向西部倾的鼻状凸起(图 6.45)。沿鼻状凸起的轴部发育一系列东西向展布、断距小、延伸距离 2～7km 的正断层,并在鼻状凸起构造的轴部及两翼发育了一系列岩性体,成为该区岩性圈闭发育的重要基础条件。

2. 地层特征

依据已钻探井资料,阜东斜坡带发育地层自上而下有第四系,新近系,古近系,白垩系吐谷鲁群,侏罗系齐古组、头屯河组、西山窑组、三工河组、八道湾组,三叠系郝家沟组、黄山街组、克拉玛依组、烧房沟组、韭菜园组,二叠系梧桐沟组、平地泉组和石炭系。缺失的地层自上而下有侏罗系喀拉扎组、二叠系将军庙组。各地层岩性及接触关系特征如下。

第四系（Q）：黄色、土黄色未成岩黏土,灰色、杂色砂砾石层。与下伏地层不整合接触。

新近系（N）：浅灰黄色、褐红色泥岩与泥质粉砂岩互层,底部为杂色细砾岩。与下伏地层假整合接触。

古近系（E）：中上部为绿灰色、红褐色泥岩夹泥质粉砂岩；下部为红褐色、杂色泥质粉砂岩、粉砂岩、细砂岩及细砾岩。与下伏地层不整合接触。

白垩系吐谷鲁群（K_1tg）：上部为巨厚层棕褐色泥岩、褐灰色砂质泥岩；底部为巨厚层灰色小砾岩、砂岩、砾岩。与下伏地层不整合接触。

侏罗系齐古组（J_3q）：巨厚层紫红色、棕红色泥岩夹薄层灰色细砂岩、粉砂岩。与下伏地层整合接触。

侏罗系头屯河组（J_2t）：中厚层灰色、灰绿色、褐色细砂岩、粉砂岩与泥岩略等厚互层。与下伏地层不整合接触。

侏罗系西山窑组（J_2x）：深灰色泥岩为主夹薄层灰色砂岩、薄煤线和煤层。

侏罗系三工河组（J_1s）：中厚层灰色、灰白色砂岩、粉砂岩与灰色、灰绿色泥岩、砂质泥岩互层。与下伏地层整合接触。

侏罗系八道湾组（J_1b）：上部为厚层灰色、深灰色砂质泥岩、泥岩夹薄煤线或煤层,中下部为一巨厚层细砂岩,底部为灰色砂质泥岩与灰色砂岩互层。与下伏地层整合接触。

三叠系郝家沟组（T_3hj）：以灰色、深灰色泥岩、砂质泥岩为主,夹灰色、浅灰色泥质粉砂岩、粉砂岩、细砂岩、灰质细砂岩,偶夹黑色煤。与下伏地层整合接触。

三叠系黄山街组（T_3h）：以灰色、绿色泥岩、泥质粉砂岩为主,夹灰色细砂岩、粉砂岩。与下伏地层整合接触。

三叠系克拉玛依组（T_2k）：中厚层杂色泥岩、粉砂岩和细砂岩不等厚互层。与下伏地层整合接触。

三叠系烧房沟组（T_1s）：上部以厚-巨厚层褐灰色、黄褐色泥岩、砂质泥岩为主,夹薄-中厚层褐灰色、黄褐色泥质粉砂岩、中砂岩；下部为灰色粉砂岩、中砂岩及含砾粉细砂岩与黄褐色泥岩不等厚互层。与下伏地层整合接触。

三叠系韭菜园组（T_1j）：中上部为一套巨厚的深褐色含砾泥岩和深褐色泥岩、砂质泥岩；下部为厚-巨厚层灰色、深灰色泥岩,夹中厚层褐灰色、灰色泥质粉砂岩及粉砂岩。与下伏地层不整合接触。

二叠系梧桐沟组（P_3wt）：为深灰色、灰褐色泥岩与浅灰色细砂岩、粉砂岩及含砾不等粒砂岩互层。与下伏地层不整合接触。

二叠系平地泉组（P_2p）：为深灰色、灰褐色泥岩与浅灰色细砂岩、粉砂岩、含砾不等粒砂岩互层。与下伏地层不整合接触。

石炭系（C）：钻井资料表明,阜康凹陷东南斜坡、北三台凸起主要发育石炭系巴塔玛依内山组,其岩性分布极为复杂,既有火山碎屑岩和火山熔岩,又有正常沉积岩岩性分布特征。

3. 沉积特征

通过岩心观察和单井相研究,研究区头屯河组和齐古组主要由曲流河三角洲相和湖泊相组成(表6.4)。阜康凹陷在经历燕山Ⅰ期运动后,形成西山窑组与头屯河组间的不整合面,同时盆地进入一个下降阶段,接受沉积形成了头屯河组与齐古组地层,这一阶段在头屯河组的早期阜康凹陷处于较深水沉积,沉积的岩性主要为水下形成的灰色砂岩、细砂岩及泥岩,只在北部地区存在三角洲平原相的沉积物;在后期沉积过程中,水体逐渐变浅,然后岩性逐渐由灰色砂岩、泥岩向灰绿色砂岩、泥岩过渡转化,整体上头屯河组一段时期以湖相沉积为主,凹陷周边为三角洲沉积;进入齐古组沉积时期,气候开始变为干旱,水体总体上也较头屯河组时期浅,岩性主要为灰绿色砂岩、泥岩,棕褐色砂岩、泥岩及红褐色砂、泥岩,沉积相类型以三角洲相为主,湖相沉积范围变小。

表 6.4 阜东地区中上侏罗统主要沉积相类型划分表

沉积相类型	亚相类型	主要微相类型
曲流河三角洲	三角洲平原	分支河道、沼泽(河道间)、天然堤、决口扇
	三角洲前缘	水下分流河道、分流间湾、远砂坝、河口坝、席状砂
	前三角洲	前三角洲泥
湖泊	湖湾	湖湾泥、沼泽
	滨浅湖	滩坝、滨湖泥
	半深湖—深湖	湖底泥

单井相分析是确定沉积相的重要依据。在单井相分析过程中,首先进行岩心观察,通过岩心的沉积构造、粒度、序列确定岩心沉积时的沉积特征和所处的沉积环境,进而确定沉积相类型,同时参考薄片鉴定资料、粒度分析资料、测井资料进一步确定沉积相类型。下面以阜东2井为例说明阜东地区主要目的层段沉积相特征。

阜东2井头屯河组分为三段,单井相分析显示,头一段与头二段主要为三角洲前缘沉积,头三段为三角洲平原沉积,总体上为湖平面的下降过程(图6.46)。头一段地层岩性主要为灰色泥岩夹灰色粉砂岩、细砂岩,泥岩厚度大于砂岩厚度,且砂岩层数较少,主要有两套砂岩,测井曲线上看,两套砂岩下部均为反旋回性质的漏斗形态,表明为河口坝特征,中上部为箱形和钟形特征,表明为水下分流河道特征。整体上头一段时期阜东2井处于三角洲前缘前端或是分流间湾处。

头二段地层中主要有两套砂体,岩性与头一段地层类似,但砂岩粒度增大,另外泥岩中夹有薄层砂体在其中,表明河道发生了进积作用,水体下降。头二段岩心观察显示,砂体中有冲刷面与槽状交错层理,反应为水下河道的沉积特征。下套砂体测井曲线较为平直的低幅凸起,可能与砂体的粒度或泥质含量有关,上套表现为钟形特征,为水下分流河道的典型曲线特征。但这种曲线中有时含有锯齿状的尖突起,其密度突然增加,声波时差突然减小等特征,其他井段的薄片鉴定资料表明岩石中含有方解石胶结往往会引起这种现象,因此,这与砂岩中钙质胶结有较大的关系。此井段的铸体薄片多为分选性好、原生孔隙发育的细砂岩,头二段砂体是这一地区油气勘探的主要目标。

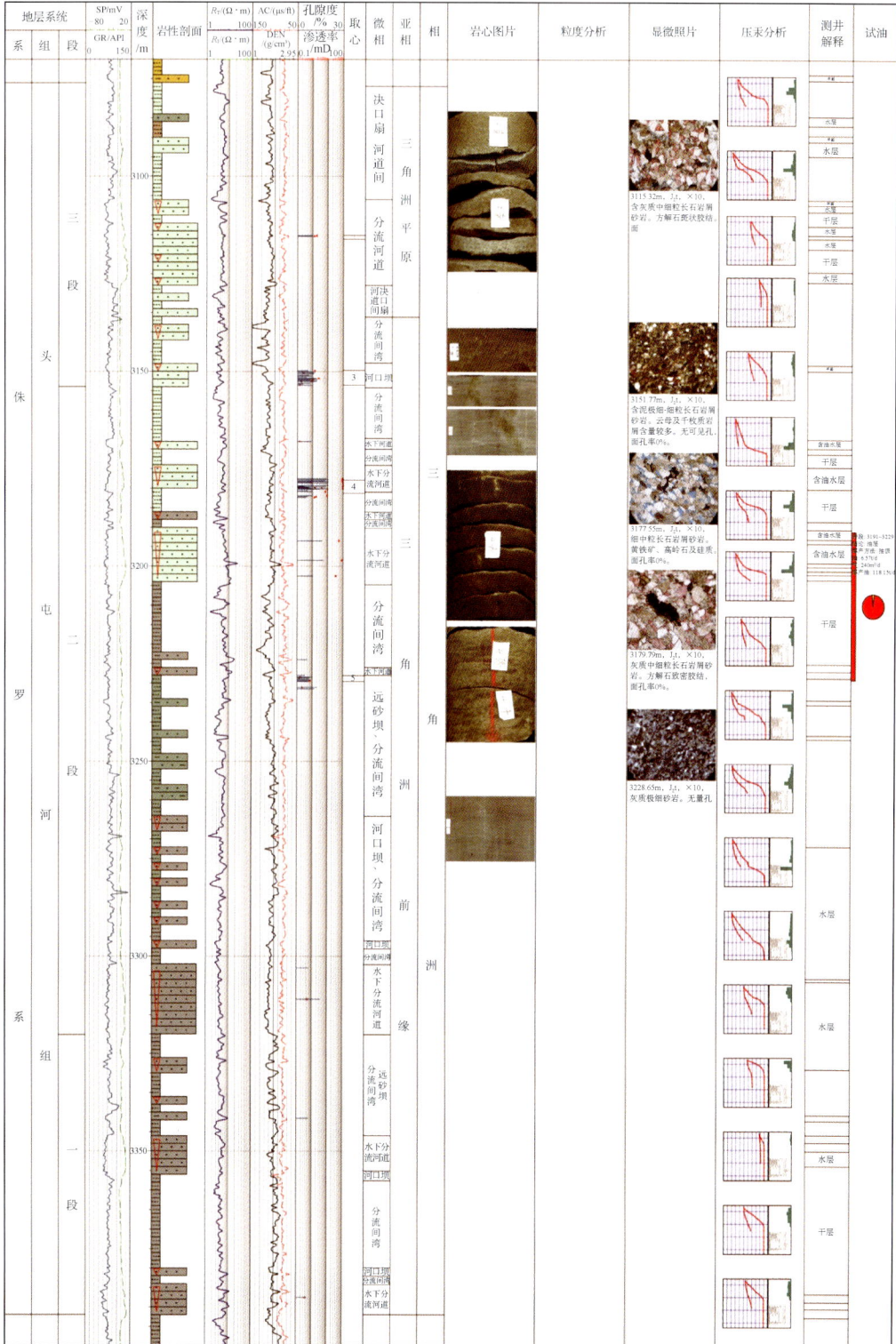

图 6.46　阜东 2 井头屯河组沉积相综合柱状图

头三段地层主要为三角洲平原亚相沉积,主要有一套较厚的砂体,岩心观察显示泥岩与砂岩均为灰白色—灰绿色的氧化——还原型的过渡颜色,表明处于水体较浅或是水上的沉积环境。测井曲线为箱形,结合沉积序列的过渡性,因此,确定头三段岩心主要为三角洲平原沉积。

头屯河组地层沉积在平面上分布主要受控于古地貌等因素。头屯河组沉积时期,阜康凹陷受到燕山构造运动的影响,盆地逐渐抬升,湖盆范围逐渐减小。阜康凹陷东环带的沉积类型主要以曲流河三角洲-湖泊沉积体系为主。物源方向主要来自北部的白家海凸起、东部的克拉美丽山,以及南部物源。头屯河组三段地层之间有继承性也有演化性,每段沉积的特征如下。

1) 头屯河组一段(J_2t_1)

头屯河组一段沉积时期,湖盆水体范围最大,整体上大致以白家 1 井—彩 47 井—阜 7 井—阜 11 井—阜北 1 井一线为湖岸线。以西、以南地区为三角洲前缘与滨浅湖沉积,以东、以北地区为三角洲平原沉积(图 6.47)。物源方向上,有北部白家海凸起上的三支较大的河流进入湖盆,在白家 1 井、彩 47 井附近进入湖盆水体,形成三角洲前缘沉积;东部物源从克拉美丽山而来,通过沙丘、北三台北部地区后进入湖盆水体,沉积物从北至南大致上分 3~4 条大的河流进入湖盆,河流 1 从北部沙 19 井、沙 15 井一带进入研究区后分流,产生较多的阜 2 井、阜 4 井等处小河道,进入进入湖盆水体形成三角洲前缘,河流 2 从沙丘 2 进入研究区,形成阜 101 井、北 43 井处的三角洲前缘沉积,河流 3 由于盆地抬升剥蚀作用,只留有阜东地区的三角洲前缘沉积;南缘物源方面在北三台地区、阜康断裂带的米东 1 井、九运 1 井附近都有沉积物进入湖盆水体形成三角洲前缘沉积。总体而言头屯河组一段水体范围较大,三角洲前缘沉积范围广。

2) 头屯河组二段(J_2t_2)

头二段沉积时由于构造运动的进一步抬升,湖盆范围大为缩小,但总体上的沉积格局继承了头一段的沉积特点,仍为三角洲—湖泊沉积体系(图 6.48)。北部物源往南推进,进入阜康凹陷中部,至中国石油化工股份有限公司(简称中石化)董 1 井、董 2 井一带形成三角洲前缘沉积,根据单井及地震资料分析,湖岸线处于东道 1 井、阜 11 井以南,东部地区三角洲平原沉积范围也增大,在阜 5 井区、阜东地区都出现三角洲平原沉积,研究区南部也出现了平原沉积。阜东地区三角洲前缘沉积发育,形成较多的水下分流河道砂体,目前在这些砂体中钻遇了工业油层,是阜东地区头屯河组油气勘探的重点层位。南部物源与阜东的东北物源在北 25 井、双 1 井、滋泉 1 井附近交汇,南部物源在台字号井的沉积中相对较多,在九运 2 井的岩心观察中也证实南部物源粒度较粗,有砾岩存在,因此,属于近物源的特征。

3) 头屯河组三段(J_2t_3)

头三段沉积时湖盆持续减小,沉积相如图 6.49 所示。阜康凹陷北部地区为三角洲平原沉积,分布较多的平原相河道,主要从白家海凸起与沙丘凸起自北和东部向凹陷中心流动,河道的方向与头二段基本相似,只是在流动的过程中,由于曲流河的特点,发生了摆动

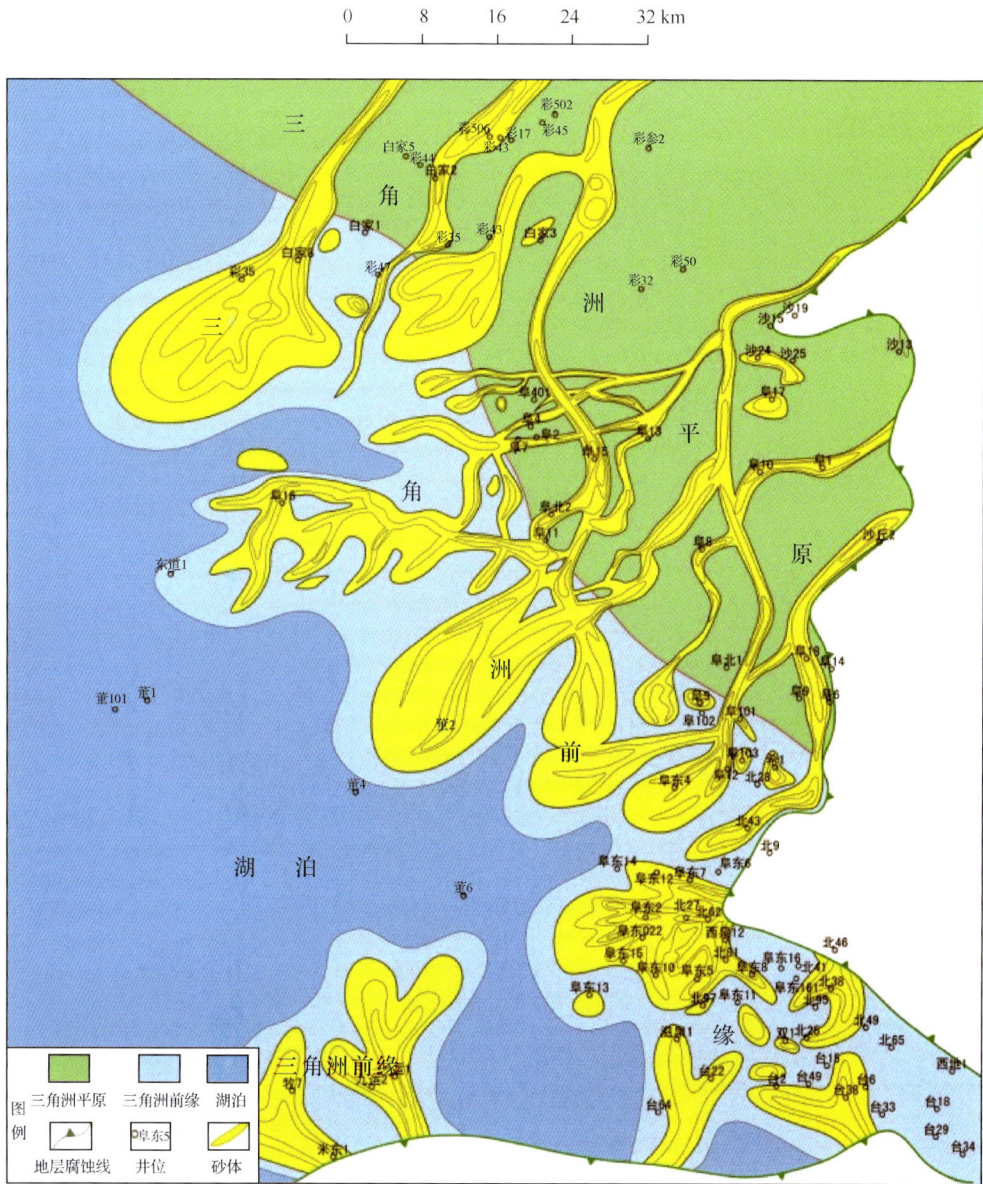

图 6.47　阜康凹陷东环带头屯河组一段沉积体系图

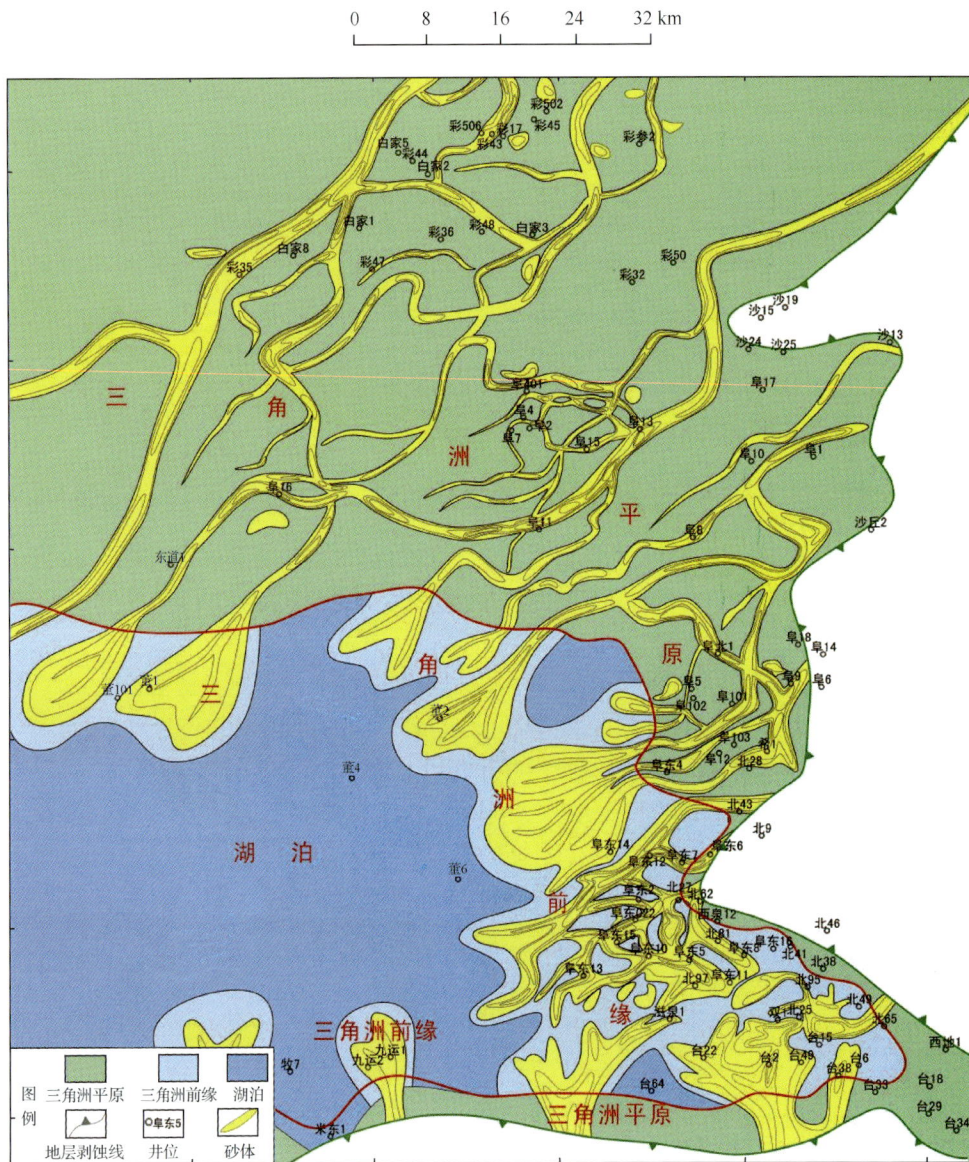

图 6.48　阜康凹陷东环带头屯河组二段沉积体系图

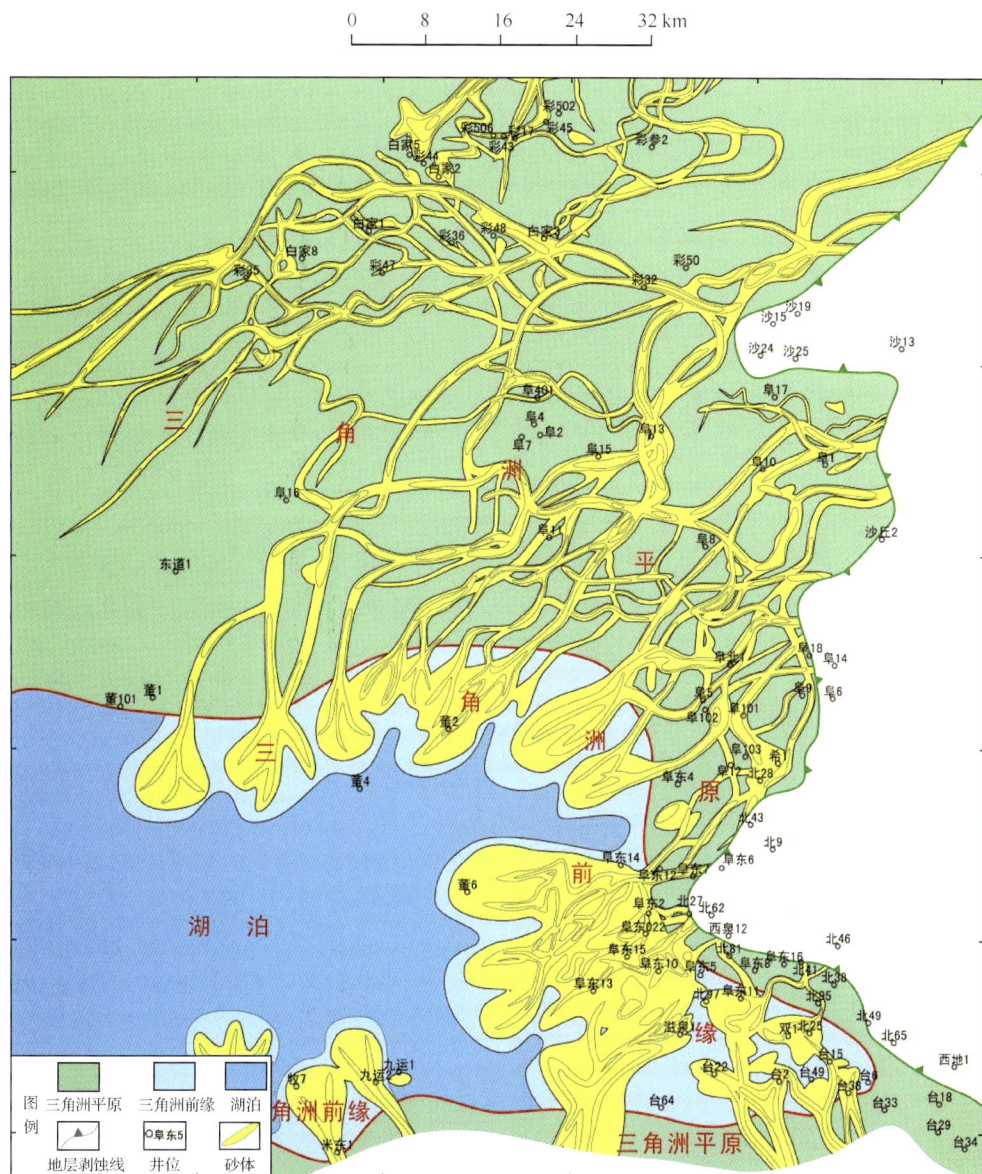

图 6.49　阜康凹陷东环带头屯河组三段沉积体系图

迁移,使得平面上河道分布较多,但规模并不是很大,单个河道砂体厚度基本都小 30m,一般为 8~15m。根据录井资料、地震资料分析,北部湖岸线位置大致在董 1 井以南,董 2 井以北(图 6.49),北部及东部河流在董 2 井一线进入湖盆后形成三角洲前缘沉积。阜东地区沉积时沿阜东 12 井—阜东 2 井—阜东 5 井—阜东 11 井一线可能存在一个较陡的区域,因为北部地区湖盆出现较大的收缩,而阜东地区湖岸线收缩范围不大,因此,推测有较陡区域。在阜东地区三角洲前缘分布较广,但前缘河道砂体的厚度并不是很大,因此,在这一区域内水下河道砂体还未钻遇工业油气。南部物源方向的三角洲平原相范围增加,但与阜东地区相类似,沉积时地形较陡,因此三角洲平原相沉积有限,在九运 1 井、牧 7 井仍为三角洲前缘沉积，北三台地区湖盆萎缩，大部分地区进入三角洲平原沉积阶段，在滋泉 1 井、台 22 井、台 2 井为三角洲前缘沉积。

6.3.3　储层特征

研究区的储层岩石类型主要为碎屑岩，包括砂砾岩、含砾砂岩、中粗砂岩及粉细砂岩。岩心观察表明，扇三角洲前缘水下辫状河道的砂砾岩和含砾砂岩、三角洲前缘水下分流河道的中细砂岩和河口坝的细砂岩储层物性普遍较好，研究区内饱含油或油浸的较好储层主要出现在这三种微相类型之中。其中，侏罗系头屯河组主要发育三角洲前缘水下分流河道的中细砂岩和河口坝的细砂岩。

通过大量的薄片镜下观察，阜东斜坡区侏罗系齐古组和头屯河组储层在岩石学上总体表现为较低成分成熟度、低至中等结构成熟度、较弱溶蚀作用和方解石普遍发育的特征。成岩作用程度总体较弱，齐古组主要处于早成岩阶段的 B 期，而头屯河组主要处在早成岩 B 期及中成岩 A 期。储层的储集空间类型为剩余原生粒间孔、颗粒内溶蚀孔、胶结物溶蚀孔及微孔隙等，主要以剩余原生粒间孔为主。通过分析，认为齐古组主要为中孔中渗型储层，头屯河组主要为中孔低渗型储层，局部发育中孔中渗型储层。砂岩的成岩压实作用是储集层孔隙损失的主要因素。

1. 储层物性特征

根据阜东斜坡区侏罗系齐古组与头屯河组岩心分析化验资料，薄片鉴定头屯河组储层岩性以细粒、中细粒、极细粒岩屑砂岩、长石岩屑砂岩为主。碎屑成分以岩屑为主，平均含量 82%，其次为石英、长石，其平均含量依次为 8%、10%。岩屑组分又以变泥岩、霏细岩和泥岩为主，填隙物主要为泥质，含量 1%～5%，偶见方解石。胶结物主要为黏土矿物。碎屑颗粒主要为次棱角状，分选中等，胶结类型以压嵌型为主，颗粒支撑，接触方式为线至点接触。头屯河组一段储层分析孔隙度为 8%～23.2%，平均 17.13%；渗透率在 0.237～317mD，平均 5.19mD（图 6.50）。总体来看，侏罗系头屯河组储层属于中孔低渗储层。

2. 储层孔隙结构

根据阜东斜坡区侏罗系头屯河组一段岩心、壁心、铸体薄片及成像资料分析，储集空间类型主要为原生粒间孔及剩余粒间孔，溶蚀作用较弱，溶蚀孔不发育，如图 6.51 所示。

据阜东 8 井、阜东 081 井头屯河组压汞资料，曲线具有分选中—好的中粗歪度型，其毛管半径 0.19～8.11μm，平均 2.205μm；最大孔喉半径 0.59～23.56μm，平均 7.04μm；退汞效率 6.98%～38.47%，平均 17.83%；孔喉变异系数 0.12～0.47，平均 0.24；均质系数 0.12～0.31，平均 0.20；排驱压力 0.03～1.26MPa，平均 0.35MPa；饱和度中值压力 0.39～19.9MPa，平均 3.73 MPa；最大进汞饱和度 50.48%～82.10%，平均 68.31%，压汞曲线如图 6.52 所示。

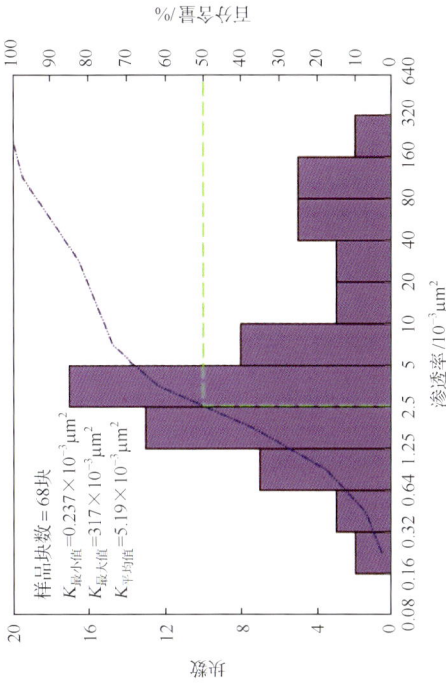

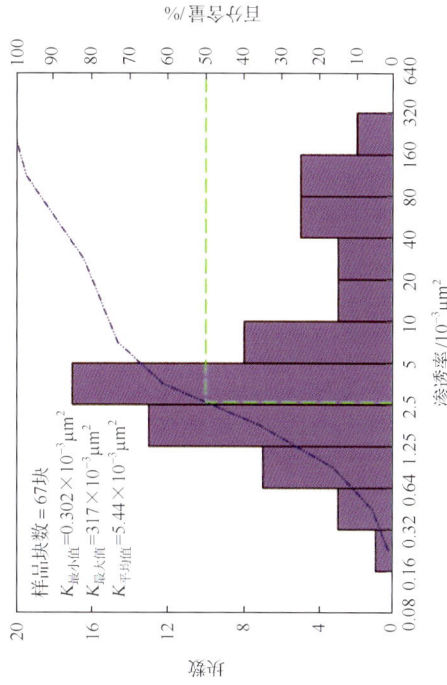

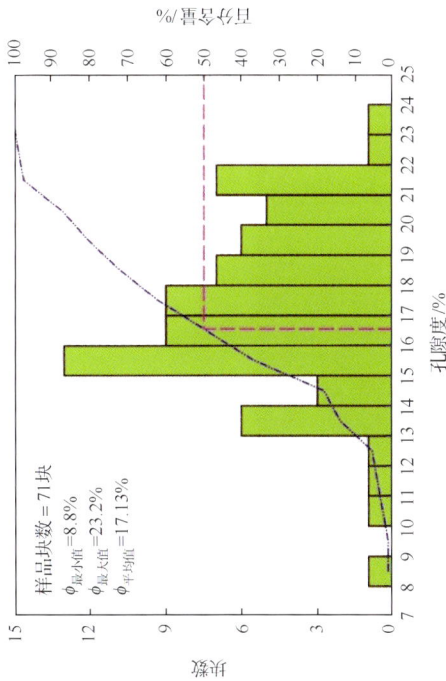

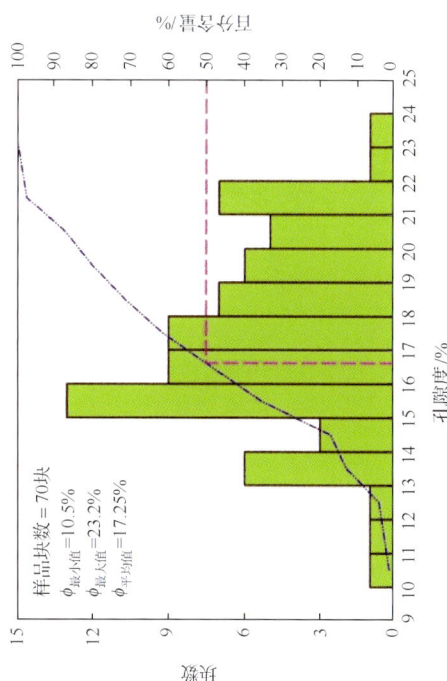

图 6.50　阜东斜坡区头屯河组孔隙度渗透率分布直方图

(a) 阜东8井，2581.03m，J₁t₁，灰色泥质细砂岩，面孔率：0.46%孔隙类型：原生粒间孔及剩余粒间孔

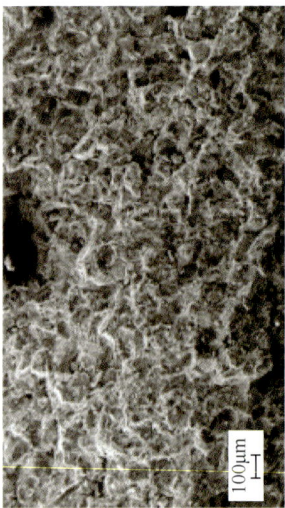

(b) 阜东8井，2681.38m，J₁t₁，灰色细砂岩，面孔率：0.14%孔隙类型：剩余粒间孔及粒内溶孔为生

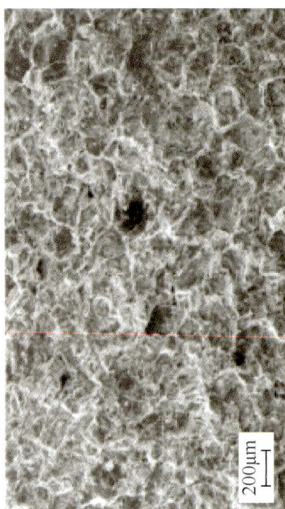

(c) 阜东8井，2581.03m，J₁t₁，灰色泥感细砂岩，黏土矿物主要为伊蒙混层矿物。孔隙主要为原生粒间孔及剩余粒间孔。

(d) 阜东8井，2581.38m，J₁t₁，灰色泥质细砂，黏土矿物主要为伊蒙混层矿物。空隙类型主要为剩余粒间孔及粒内溶孔。

图6.51 阜东8井头屯河组一段储集空间类型薄片

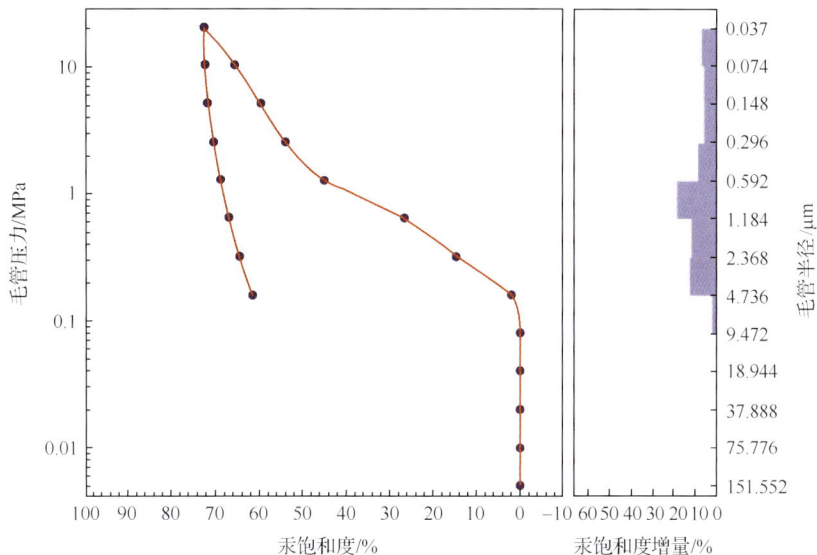

(a) 阜东8井，2581.03m，灰色泥质细砂岩，孔隙度为13.9%，渗透率为2.78mD

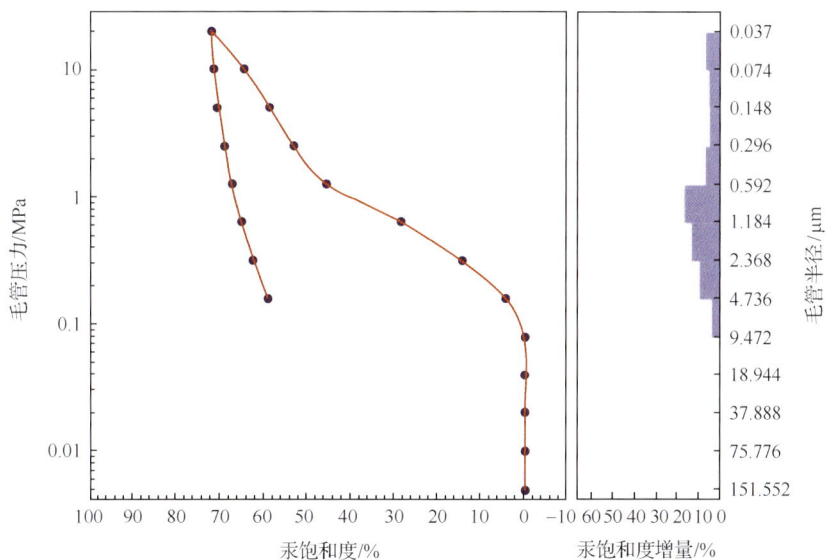

(b) 阜东8井，2581.38m，灰色泥质细砂岩，孔隙度为15.6%，渗透率为3.94mD

图 6.52　阜东 8 井头屯河组一段砂岩压汞曲线

本区有效孔隙结构主要有粗孔喉、中孔喉和细孔喉结构。

3. 储层成岩作用

头屯河组储集层砂岩的成岩作用主要有机械压实作用、胶结作用、交代蚀变作用和溶蚀作用，这些成岩作用对储层孔隙的形成和演化有着密切的关系。

（1）机械压实作用。结合薄片镜下特征,砂岩中的刚性颗粒部分发生碎裂,少量火山岩岩屑及千枚岩、云母等塑性岩屑受挤压发生弯曲形变,碎屑颗粒多以点、点-线或线式接触,表明齐古组和头屯河组的压实作用总体较弱,局部为中等压实强度。

（2）胶结作用。研究区目的层砂岩中的胶结物主要为方解石（或含铁方解石）、高岭石、伊利石、绿泥石、硅质及沸石类等。

方解石为本区最主要的胶结物,分布比较普遍,局部见少量含铁方解石,呈晶粒状或连晶状分布于粒间孔中。高岭石形成于酸性环境中,薄片下可见其以微晶集合体状分布,扫描电镜中的形态为书页状或蠕虫状,主要富集在头屯河组砂岩中。

自生黏土矿物伊利石和绿泥石多形成于成岩早期,其中伊利石多以薄膜状形式存在,由细小鳞片状伊利石环绕骨架颗粒尤其是石英颗粒连续分布形成。以孔隙衬边式产出的绿泥石形成于成岩早期,粒间孔内团粒状分布的绿泥石形成时间相对较晚。伊利石薄膜在齐古组和头屯河组砂岩中均有分布,而绿泥石膜主要见于头屯河组,且在斜坡北部的阜15井和阜16井均发育,其次在阜康断裂带有少量产出。这种环边黏土膜的发育抑制了石英颗粒的次生加大,有利于原生孔隙的保存。

砂岩中的硅质主要以细小晶粒状分布于粒间孔内,齐古组少见,多分布于头屯河组砂岩中。沸石类胶结物以方沸石为主,在齐古组和头屯河组均有分布,局部见极少量的片沸石,其中方沸石呈斑点状充填于颗粒间,偶见溶蚀现象,沸石类矿物主要来源于火山碎屑的蚀变。

（3）溶蚀作用。长石颗粒的溶蚀是研究区最主要的溶蚀作用,沿长石解理缝发生规则或不规则选择性溶蚀形成次生溶孔,个别长石颗粒完全被溶蚀形成铸模孔。其次见有少量方沸石及火山岩碎屑也发生溶蚀现象。

（4）交代蚀变作用。主要有方解石交代长石或岩屑颗粒及长石颗粒高岭石化等。依据成岩自生矿物的成分、形态、产状、生成顺序、组合特征,以及岩石中骨架颗粒接触特征等可以确定研究区的成岩序列与成岩阶段。

通过大量铸体薄片的观察,研究区砂岩储层在成岩演化过程中的顺序及过程大致分为:①早成岩期,成岩的压实作用减少了原生粒间孔隙,绿泥石包膜形成,方解石和方沸石的胶结,少量方解石以交代长石等其他组分的形式产出,经过压溶作用和自生矿物析出,原生粒间孔隙进一步减少;②早成岩阶段晚期,由黏土矿物转化提供的 Ca^{2+}、Fe^{2+}、Mg^{2+} 达到一定浓度时,会沉淀出方解石及少量含铁方解石,主要以斑块状或分散的晶粒状分布于粒间孔中;同时伴有少量的溶蚀作用;③中成岩阶段,主要表现为压实作用和压溶作用及长石颗粒的溶蚀作用,其次是高岭石、含铁方解石的胶结与交代作用,同时有硅质析出,长石颗粒的溶蚀形成少量的次生溶孔。

因此,根据成岩作用划分标准,认为头屯河组（J_2t）主要处于早成岩的 B 期和中成岩 A 期。

4. 有利储集层划分

通过对研究区薄片鉴定资料的分析可知,砂岩孔隙类型复杂,大体可归纳为原生孔隙和次生孔隙两种成因类型,其中原生粒间孔、粒间溶孔、粒内溶孔是主要储集空间。原生粒间孔多出现于粒级较粗的砂岩中,孔隙分布于颗粒与颗粒之间,并且未被次生胶结物充填的孔隙。粒间溶孔为颗粒局部溶蚀扩大的粒间孔和大部分或全部溶蚀形成的超大粒间孔,多出现于粒级较细的粉、细砂岩中。残余粒间孔隙分布于颗粒与颗粒之间,被胶结物充填而残留下来未被充填的部分,是一种有效的孔隙。粒内溶孔是发育于碎屑内部的溶蚀孔隙,一般在长石和岩屑内部发育,这类孔隙与颗粒外的孔隙系统的连通性很好,是一种储渗性较好的孔隙类型,如图 6.53 所示。

(a) 原生粒间孔,阜15井,3413.81m

(b) 原生粒间孔,阜16井,3602.51m

(c) 原生粒间孔+剩余粒间孔,北43井,2086.1m

(d) 原生粒间孔+剩余粒间孔,北86井,1857.7m

(e) 粒内溶孔+剩余粒间孔,北38井,1655.15m

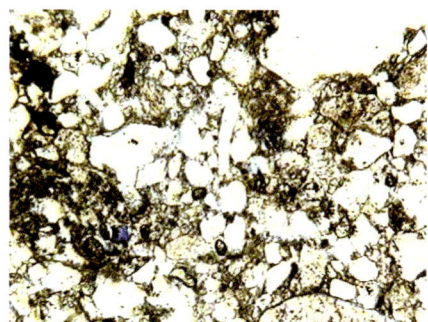

(f) 粒内溶孔+剩余粒间孔,北49井,1754.3m

图 6.53　阜东斜坡区头屯河组储层孔隙类型

根据储层的岩性、铸体薄片资料、物性和孔隙结构特征,准东地区砂岩储层可分为四种类型。各类储层分级界限的确定主要是根据毛管压力曲线参数、孔隙和喉道类型及大小分布、储层产能情况和岩性、物性特征进行的,这些参数在分级界限处都有比较大的变化,如表6.5所示。

表 6.5 准东地区储层评价表

孔隙度/%	渗透率/$10^{-3}\mu m^2$	孔隙类型	级别	储层评价
>20	>100	粒间孔为主,少量粒内溶孔	I	有利储层
12~20	1~100	粒间孔,粒内溶孔	II	较有利储层
7~12	0.01~1	粒内溶孔为主,少量粒间孔和基质孔	III	一般储层
<7	<0.01	基质孔,少量粒内溶孔	IV	较差储层

(1) 有利储层。主要的孔隙类型为原生的粒间孔隙或次生的溶蚀孔隙,为 I 类储层。虽然含有少量的杂基及胶结物,使一部分大孔隙为小孔喉所控制,但是主要的孔隙半径都大于 37.5μm,各种微裂缝及纹层和层理缝的存在可以进一步改善其渗透率,使产能增加。

(2) 较有利储层。主要的孔隙类型为原生粒间孔隙和粒内溶孔,为 II 类储层。由于杂基含量增多部分粒间孔隙或溶蚀孔隙受杂基内微孔隙喉道所控制。最大连通孔喉半径在 1~7.5μm。粒间孔及溶蚀孔含量增多可以改善其储集性,而构造裂缝比较发育可以改善其渗透率,使油井的产量增加。

(3) 一般储层。主要孔隙类型为杂基内微孔隙或者是晶体再生长间隙。在薄片内几乎找不到粒间孔隙或溶蚀孔隙,为 III 类储层。颗粒的粒度为细砂-粉砂,杂基及胶结物含量明显增多。或是粒间几乎全部为杂基及胶结物所充填,或者是石英的次生加大十分发育,使粒间孔隙缩小成次生石英加大之间的晶间隙。孔隙和喉道都很小,在薄片下很难区分。最大连通孔喉半径一般为 0.68~1.07μm。

(4) 较差储层。主要孔隙类型依然是杂基内微孔或是晶体再生长晶间隙,裂缝不发育,为 IV 类储层。颗粒为粉-极细粒,基底式胶结。微孔隙十分细小,晶间孔镶嵌的很紧密,在镜下几乎见不到任何孔隙。

6.3.4 阜东斜坡区岩性目标勘探

1. 阜东地区油气勘探存在问题

根据北三台连片三维资料及地质研究成果部署的阜东2井和阜东5井等以侏罗系头屯河组为目的层的预探井获得工业油流,激发了阜东斜坡带寻找侏罗系岩性油气藏的勘探动力。阜东斜坡区头屯河组二段油藏为鼻状凸起构造背景下的岩性油藏。阜东5井区块侏罗系头屯河组油层位于头屯河组二段中上部,该油藏的北部、东部和南部受岩性尖灭边界控制,西部边界以构造线-2532m为界,为一个典型的岩性层状油藏。根据地震反射振幅分析,阜东5井岩性油藏在平面上呈现不规则展布,储层主要为河道亚相,属辫状河特征(图 6.54)。

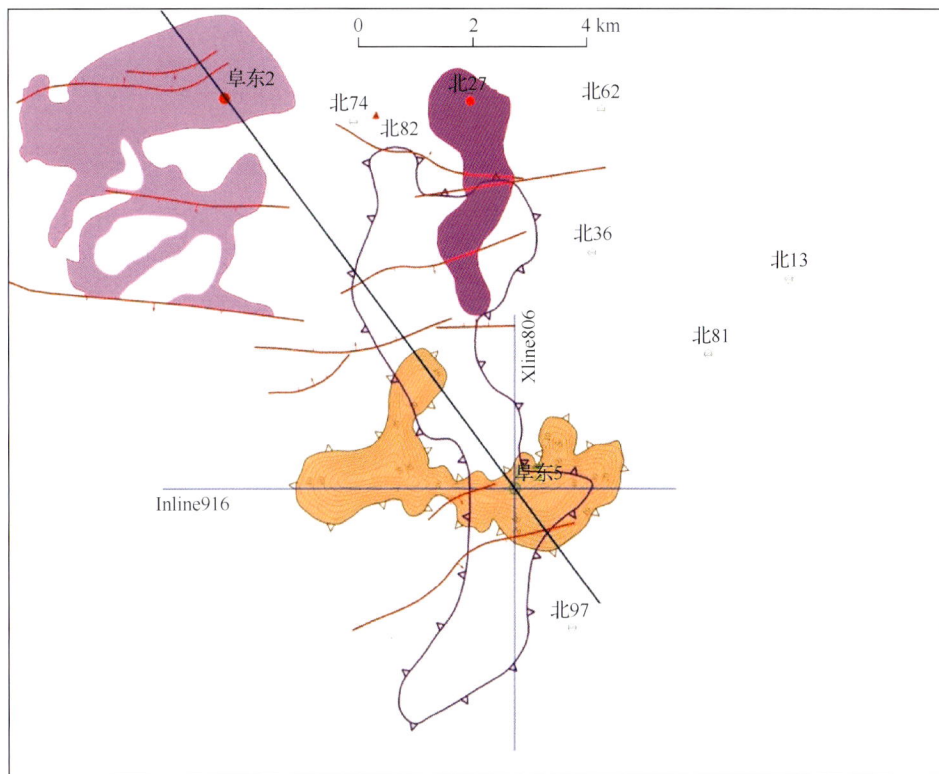

图 6.54　阜东 5 井岩性油气藏平面分布

为了落实阜东 5 井头屯河组二段含油砂体边界和储量规模,对阜东 5 井区三维地震进行精细标定,结合地震反射振幅信息,重新落实了该岩性圈闭展布形态,落实后的圈闭在阜东 5 井高部位面积有所扩大,比阜东 5 井海拔高的圈闭面积为 6.6km²。阜东 5 井单井不能完全控制该岩性圈闭构造高部位的含油面积,因此,在构造高部位部署了一口评价井阜东 051 井。该井点位置选取综合考虑了阜东 5 井岩性圈闭及油层反射特征等信息,如阜东 051 井在圈闭中的位置比阜东 5 井构造高 80m(图 6.55),有利于在平面上控制含油面积;在地震反射特征上阜东 051 井目的层段与阜东 5 井相似,具有较强反射振幅。

阜东 051 井实施钻探后,在头屯河组头二段相应砂层试油出水,说明根据反射振幅平面图预测的岩性圈闭不准确,阜东 051 井钻遇的侏罗系头屯河组头二段砂体与阜东 5 井含油砂体并未连通。根据阜东斜坡区侏罗系头屯河组构造、沉积及储层研究成果,阜东 5 井侏罗系头屯河组头二段油层主要为三角洲前缘水下分流河道沉积,阜东 051 井钻遇侏罗系头屯河组头二段砂体与阜东 5 井油层不在同一河道。

通过对阜东 051 井失利情况分析,认为阜东斜坡区岩性勘探既存在构造-岩性-成藏等有利条件,也存在较高的岩性勘探风险。主要存在的问题包括:①研究区内侏罗系头屯

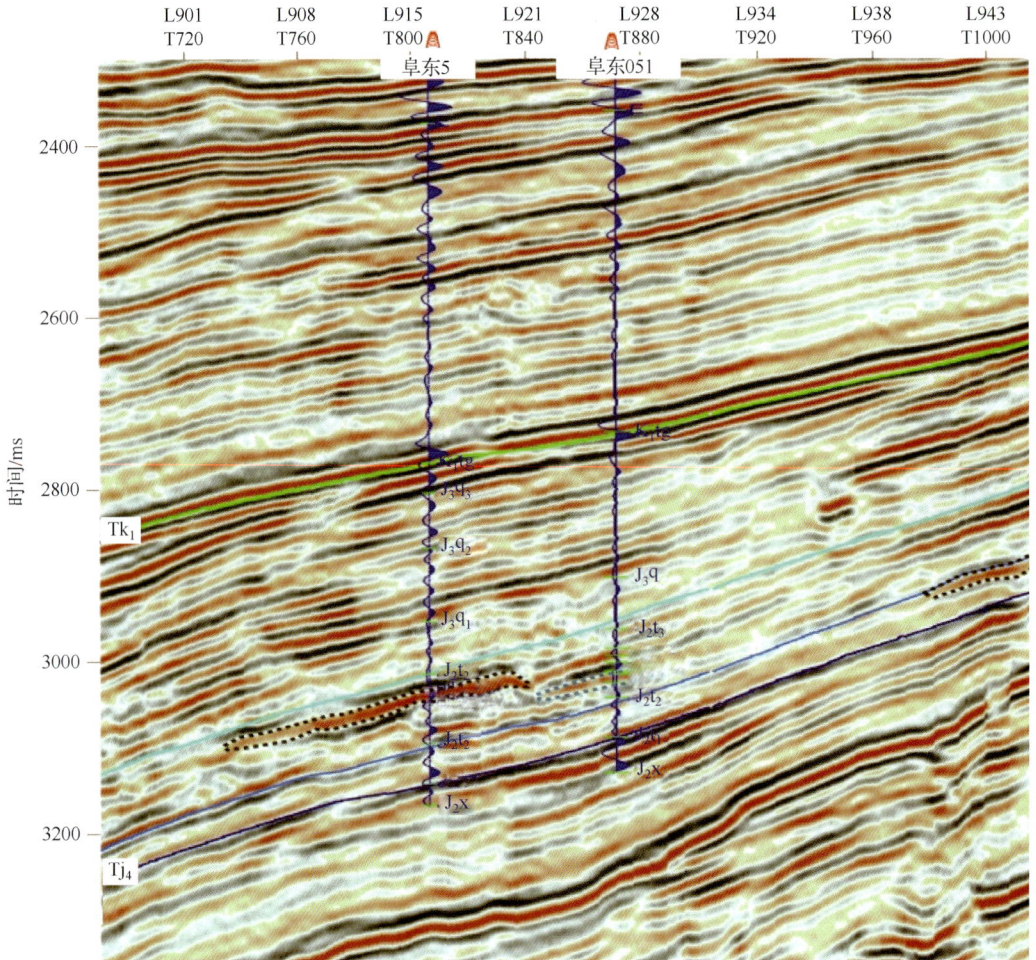

图 6.55 过阜东 051 井地震地质解释剖面

河组储层主要以河道砂为主,单一砂体薄,横向变化大,砂体在三维空间展布特征认识不清;②叠后三维地震及地震属性识别的砂体精度较低,不能满足研究区岩性勘探精度的要求;③岩性圈闭油气成藏条件认识不清。

针对上述问题,加强了阜东斜坡区侏罗系地层的层序地层学研究,在此基础上开展了地震叠前反演识别岩性体、叠前流体检测等研究,取得较好勘探效果。

2. 阜东斜坡区侏罗系头屯河组层序地层架构研究

阜东斜坡区头屯河组与齐古组可识别出 2 个三级层序,每个层序都是进积型层序,如图 6.56 所示,沉积水体由深逐渐变浅。每个三级旋回包括多个四级旋回。

所划分的三级层序相当于头屯河组与齐古组,经历了水退水进的过程,但由于湖盆较小且头屯河组时期至齐古组时期古气候变得干旱,凹陷及周边地区的最大湖泛面显示并不是很清晰。

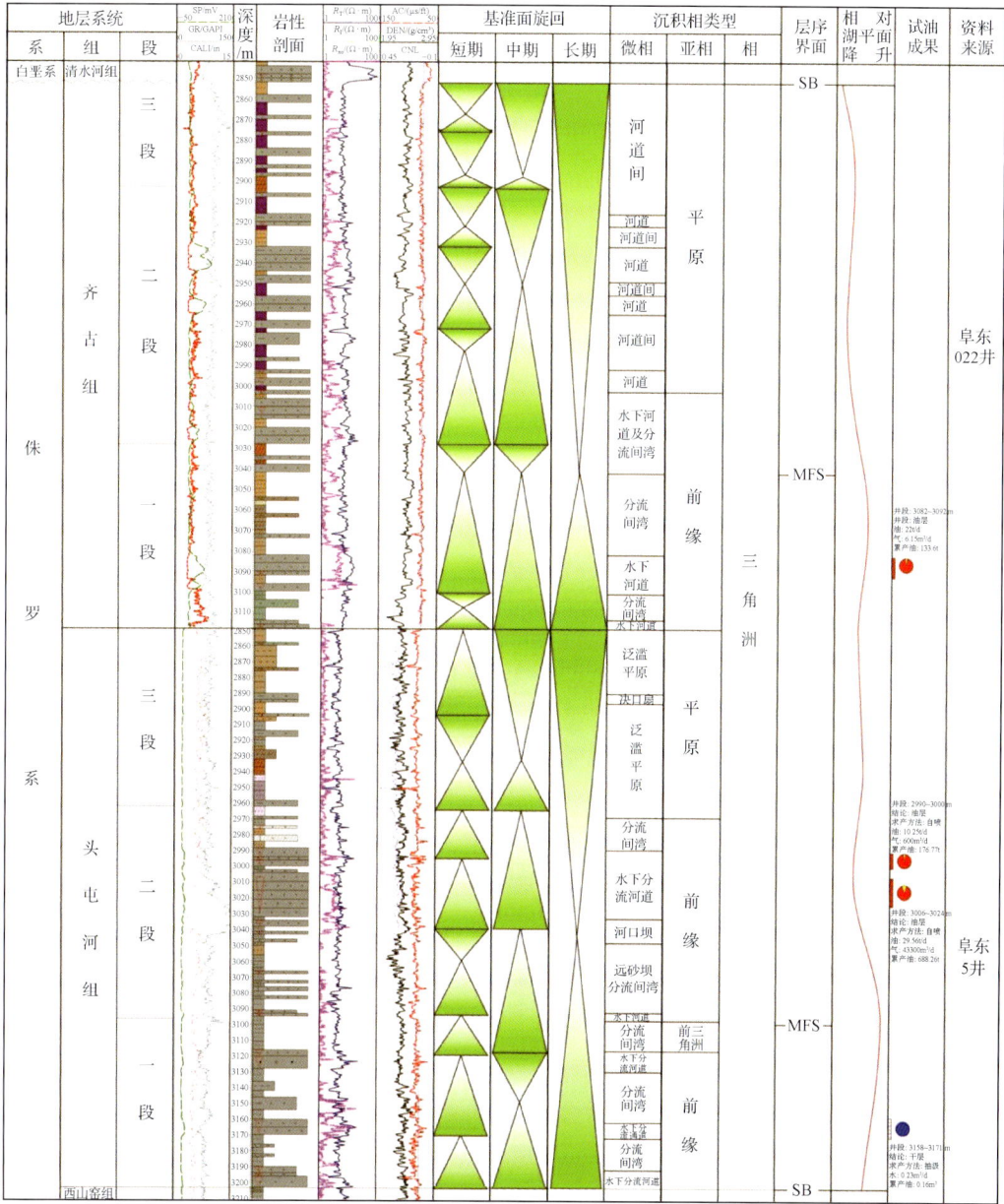

图 6.56　阜东斜坡区层序地层界面划分

　　屯河组可划分为一个三级层序,该组地层一般厚 200～300m,阜康凹陷最厚达 600m,由于燕山运动的影响,地层抬升遭受剥蚀,阜康凹陷内部地层较完整,而北部的白家海凸起,东部的沙帐地区及北三台地区地层都存在不同程度的剥蚀,南部由于断裂带的影响地层出现缺失,整体而言头屯河组三段、二段和一段依次由凹陷向外逐渐变薄直至尖灭。岩性主要为灰色、灰绿色、棕褐色砂岩,棕红色、灰绿色泥岩,属于曲流河三角洲—湖泊沉积。该组与下伏西山窑组为不整合接触,与上覆齐古组为整合接触。

头屯河组自下而上可以分为三个四级层序,分别对应头屯河组三段地层。头屯河组一段岩性主要为灰色砂岩与灰色泥岩,只在北部白家海凸起附近存在灰绿色砂、泥岩。表明头一段时期湖盆范围大,头一段末期湖盆范围达到最大,头一段厚 60～90m,凹陷区厚度可达到 120m;头屯河组二段湖盆范围开始减小,砂体分布更靠近凹陷中心,头二段沉积厚度 100～150m,凹陷中心可达到 200m;头屯河三段湖盆进一步减小,岩性开始变为灰绿色砂、泥岩,由于后期抬升的作用,头三段剥蚀范围较大。总体而言,头屯河组底部为不整合界面也是层序界面,头一段与头二段之间为湖盆范围最广时期,是湖泛面形成时期。头二段以沉积物的进积过程为主,其中三角洲和河流发育,三角洲前缘砂、分流河道砂是主要储集砂体,洪泛面作为其盖层。形成较好的储、盖组合。

根据侏罗系头屯河组头二段四级层序特征,结合头二段沉积相分布,确定了研究区侏罗系头屯河组头二段有利储层相带,如图 6.57 所示。综合分析不同相带储层的物性、埋深等信息,将水下分流河道作为本区岩性油气藏勘探的主要目标。

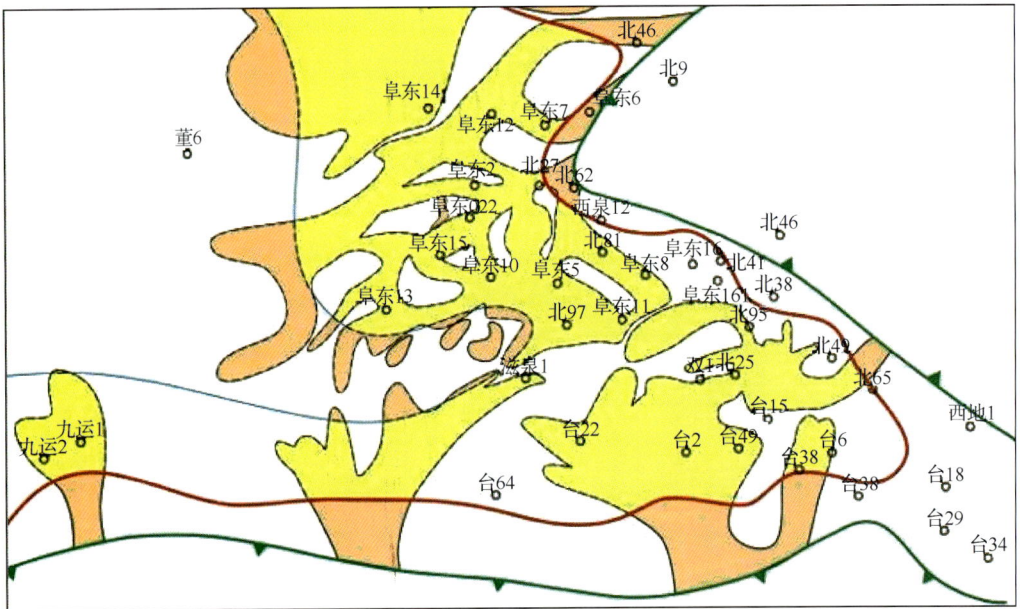

图 6.57 阜东斜坡区有利储层相带分布

3. 岩性油气藏地震勘探

层序地层研究为研究区岩性圈闭勘探提供目标。但在三维空间中精细描述岩性目标需要高精度三维储层预测技术。综合储层岩石物理分析与地震反演是地震储层预测的有效途径之一。

1) 储层岩石物理分析

应用地震反演技术进行储层识别与预测的基础是确定储层岩石物理参数变化规律。通常,获取不同深度地层弹性参数的常用方法之一是利用地球物理测井数据计算得到。

根据测井资料进行储层岩石物理分析需要对测井数据进行必要预处理,包括测井数据的深度校正、环境污染校正及多井曲线标准化处理等。

横波速度信息是储层岩石物理分析不可或缺的参数。实际工作中,只有关键井实施全波测井。因此,进行储层岩石物理分析时,需要进行横波速度曲线重构处理。研究工作中,基于阜东 8 井横波测井曲线,采用 Xu-White 理论方法建立了适合于研究区的横波速度预测模型。并对研究区内容无横波测井的井进行了横波曲线重构处理。

通过对头屯河组地层进行测井岩性解释,结合速度与密度测井信息,进行弹性参数岩性识别量板分析,如图 6.58 和图 6.59 所示。由该分析量板可知,阜东斜坡区单一使用纵波阻抗不能有效区分砂岩或泥岩,纵、横波速度比为识别岩性的指标参数。此外,正确组合拉梅密度属性参数可以识别不同岩性地层。

通过实际试油气资料分析,可以进一步确定头屯河组储层中对油气敏感的弹性参数分布范围(图 6.60)。该图为头屯河组含不同流体砂岩的弹性参数交会图。色标代表岩性的变化,红色为纯砂岩,蓝色为纯泥岩;离散数据点为实际测井数据,黑色数据点是已知油层点,蓝色是水层点。根据该图可以确定阜东斜坡区头屯河组油层解释参数为纵波阻抗 $\leqslant 9400(\mathrm{m/s \cdot g/cm^3})$;$V_{\mathrm{P}}/V_{\mathrm{S}} \leqslant 1.83$。干层:纵波阻抗 $> 10100(\mathrm{m/s \cdot g/cm^3})$。

综合考虑阜东斜坡区侏罗系头屯河组储层岩性、孔隙度及孔隙流体类型等因素时,可采用上述有关章节中岩石物理模型,建立本区弹性参数解释量板,如图 6.61 所示。

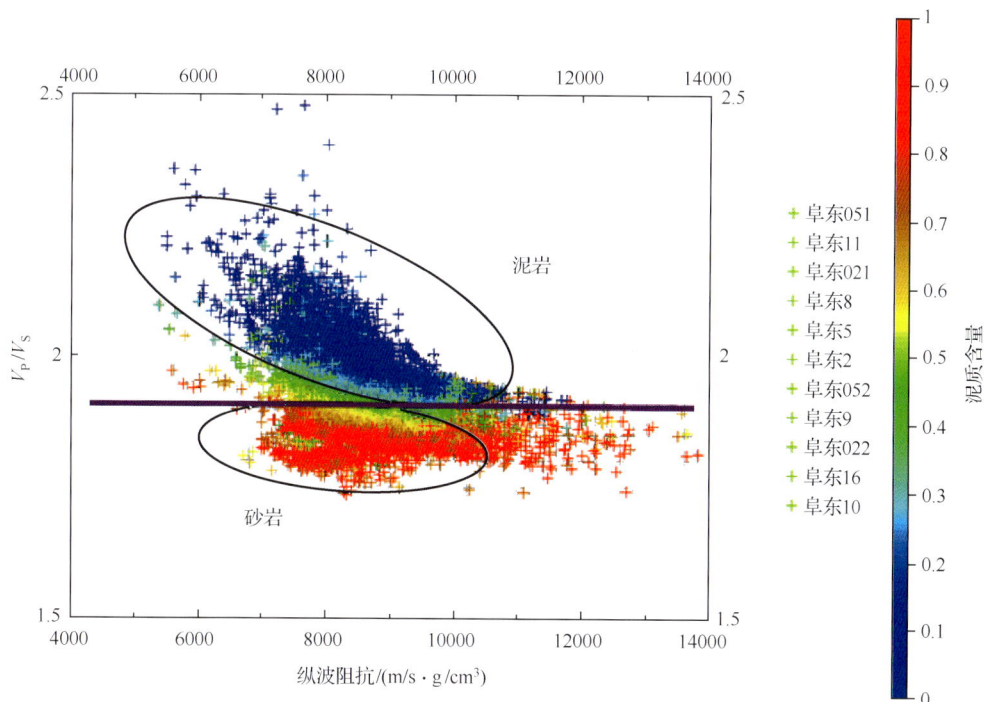

图 6.58 阜东头屯河组 $V_{\mathrm{P}}/V_{\mathrm{S}}$ 与纵波阻抗交会图

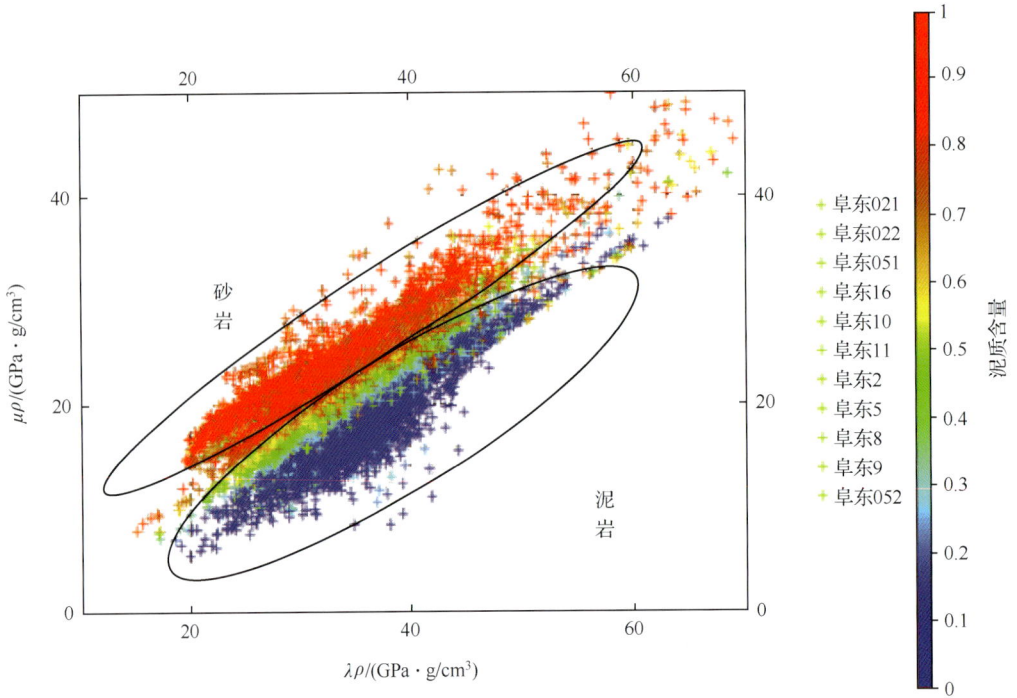

图 6.59　阜东头屯河组 $\mu\rho$ 与 $\lambda\rho$ 交会图

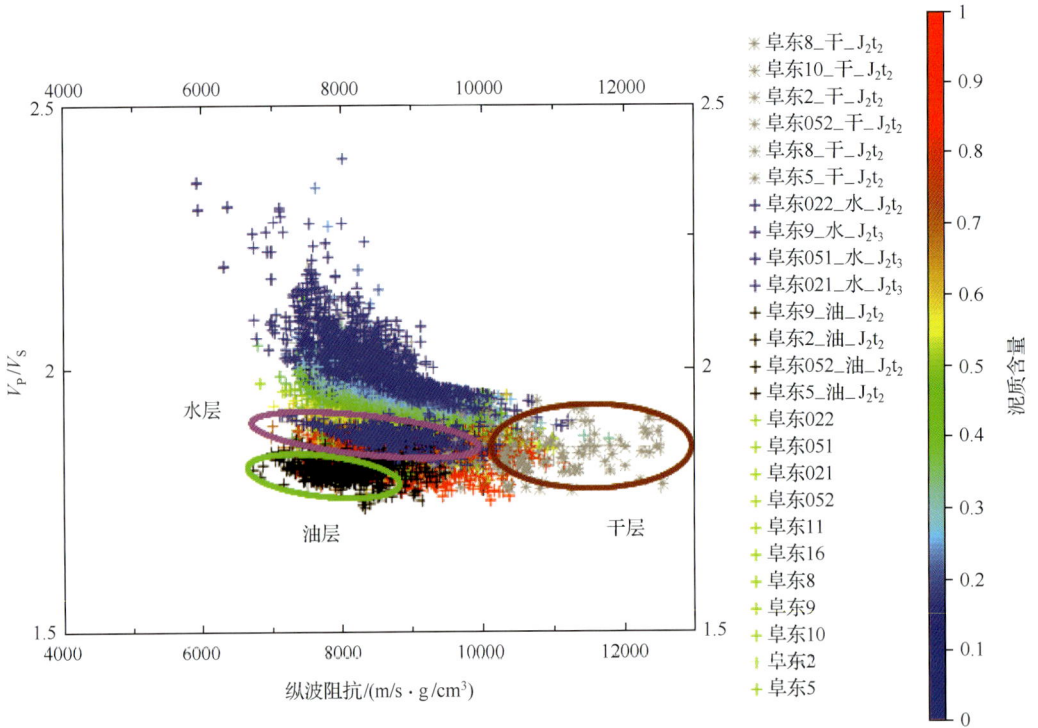

图 6.60　阜东大连片三维区头屯河组流体弹性参数特征

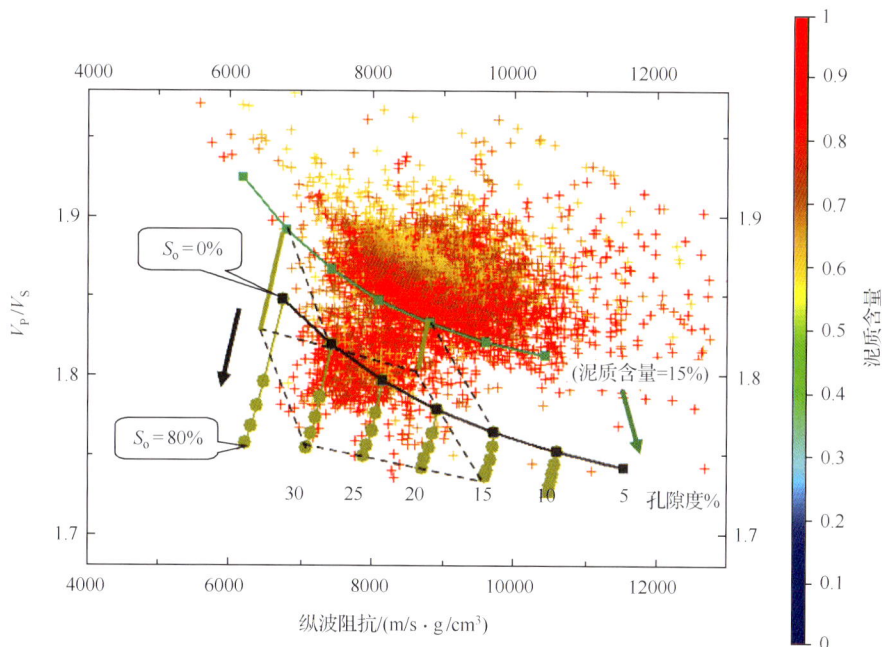

图 6.61　阜东斜坡区弹性参数解释量板

图 6.61 中，黑色曲线为完全饱水砂岩纵、横波速度比-纵波阻抗阻抗曲线，曲线下方数值指示不同孔隙度砂岩位置，黑色曲线向下延伸曲线（图中黑色箭头指示方向）为不同孔隙度砂岩含油饱和度增大变化方向。图中绿色曲线表示含 15% 泥质含量的含泥砂岩变化趋势线，绿色曲线上节点表示孔隙度的变化，即含泥砂岩孔隙度沿绿色曲线向图中左方增大。图中色标为测井岩性解释数据，蓝色表示泥岩，红色表示砂岩，过渡色表示泥岩-砂岩过渡。图中离散点为实际头屯河组测井数据计算的不同深度纵、横波速度比-纵波阻抗点。

根据弹性参数解释量板及测井数据分布可知，头屯河组储层主要以泥质砂岩为主，砂岩孔隙度主要分布在 5%～30%。含油砂岩孔隙度一般大于 15%。使用地震反演弹性参数识别孔隙流体的标准为纵波阻抗小于 10000m/s·g/cm³，纵、横波速度比小于 1.85。

2）地震反演与储层预测

地震反演技术是一项成熟、有效的地震储层预测方法。本项研究采用了三维地震叠前反演方法，具体实现过程如下：①根据道集数据叠加得到远、中、近三个角度的叠前剖面；②根据岩石物理建模得到的纵波、横波、密度三条曲线进行标定，提取远、中、近三个入射角度子波；③根据层位和曲线建立纵波、横波、密度低频趋势模型；④优选反演参数，对反演结果进行质控；⑤进行三维体反演，得到反演纵波、横波、密度体。具体反演工作流程如图 6.62 所示。

图 6.63 为阜东斜坡区连片三维叠前反演头屯河组纵波阻抗平面图。根据纵波阻抗可大致识别头屯河组地层中砂岩富集地区，其中阜东 2 井西部存在类似河道砂沉积体，成片砂体主要分布在阜东 2 井—阜东 9 井以北地区。阜东 5 井砂体分布范围较小。纵波阻抗数据体中砂体分布规律性不强。根据研究区层序地层及沉积微相分析可知，研究区内

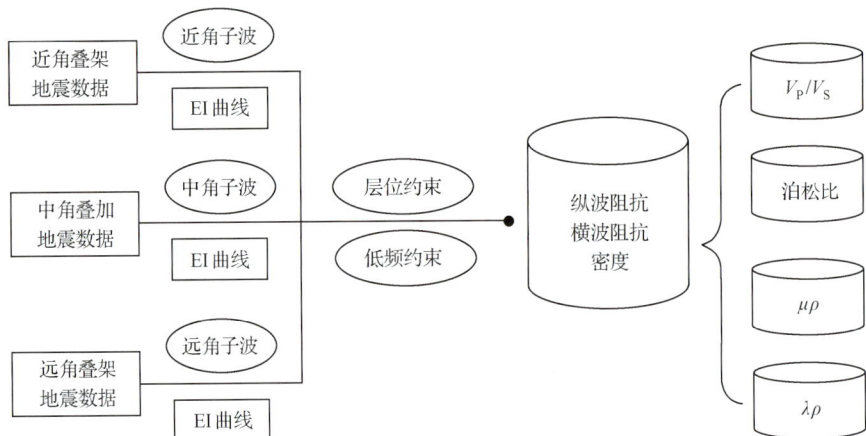

图 6.62　叠前反演具体实现过程
EI. 弹性阻抗

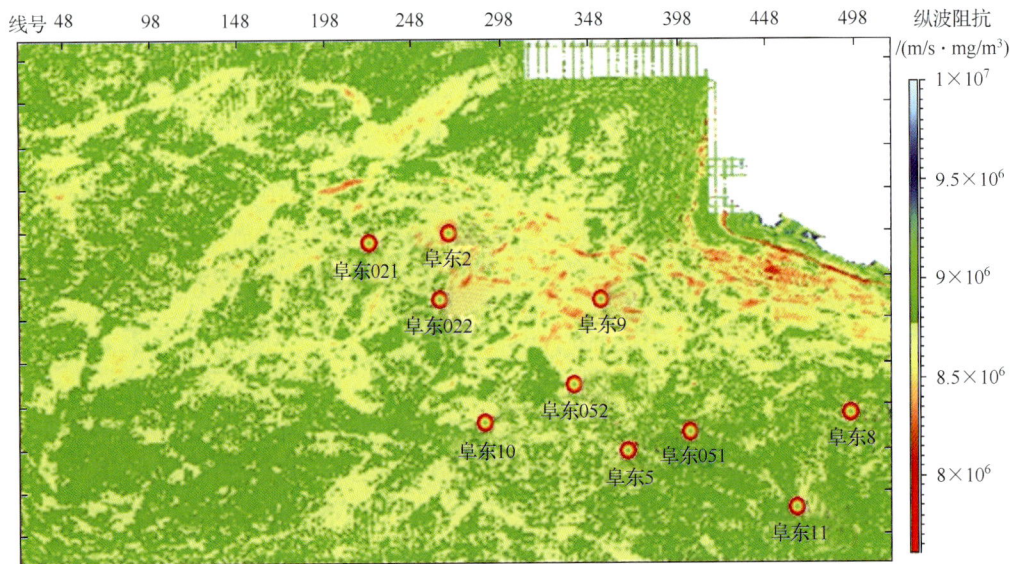

图 6.63　阜东斜坡区头屯河组叠前反演纵波阻抗平面图

主要以三角洲前缘水下分流河道沉积为主,反演的纵波阻抗属性参数未能准确刻画研究区砂体展布特征。

　　根据研究区岩石物理量板分析结果(图 6.61)可知,研究区内纵、横波速度比可有效区分砂、泥岩地层。因此,利用叠前反演纵、横波阻抗数据,计算并绘制阜东斜坡区连片三维头屯河组纵、横波速度比平面图(图 6.64)。

　　由图 6.64 可见,叠前反演速度比属性准确地刻画了研究区头屯河组河道砂展布特征。相对于纵波阻抗,纵、横波速度比属性识别砂体的平面分辨率比较高,阜东 5 井所在河道砂向西南延伸数公里,向东延伸非常短,该河道与阜东 051 井所在河道没有连接,纵、横波速度比预测的砂体展布与实际钻井结果比较吻合。

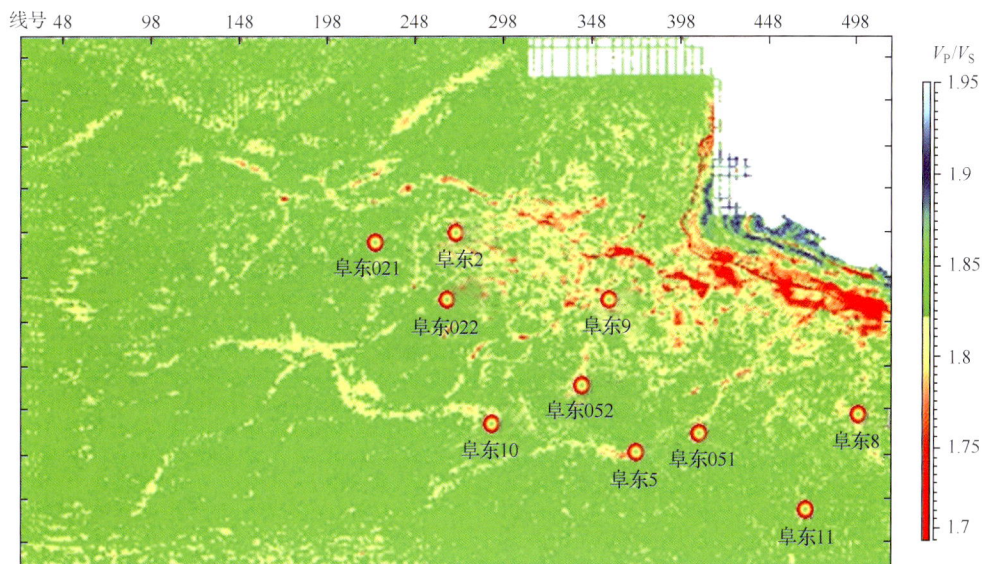

图 6.64　阜东斜坡区头屯河组叠前反演纵横波速度比平面图

4. 岩性圈闭识别

根据地震反演的速度比数据体，进行了阜东 5 井区头屯河组头二段顶界速度比平面成图，如图 6.65 所示。研究区头屯河组储层弹性参数分析结果表明（图 6.61），使用纵横波速度比识别岩性具有较高的可信度。速度比小于 1.9 主要以砂岩为主，速度比越小砂

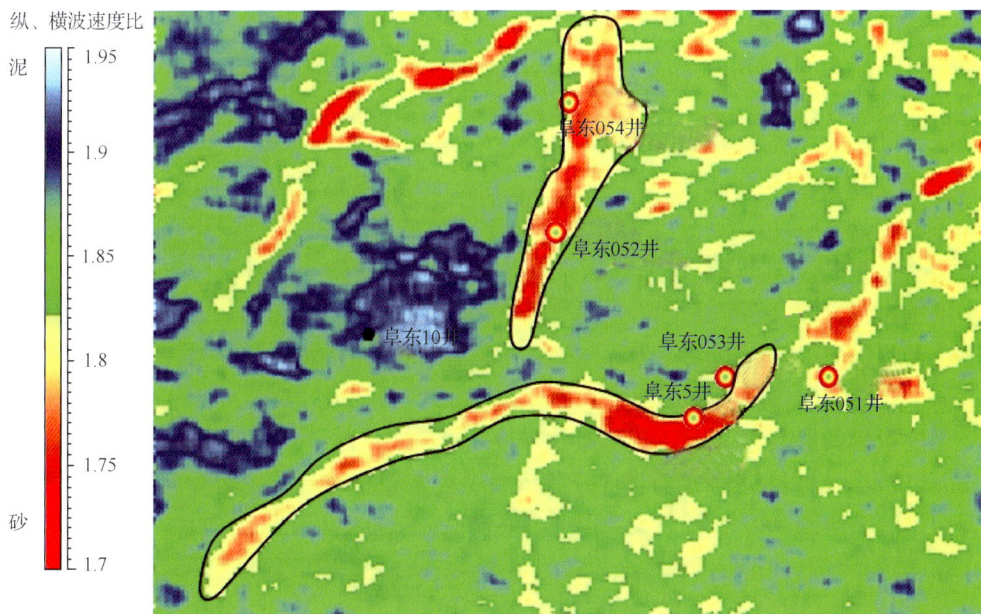

图 6.65　阜东 5 井区侏罗系头屯河组头二段速度比平面图

岩概率越大；反正，速度比越大，泥岩概率越大。图6.65中暖色区域速度比较小，冷色区域速度比较大。基于研究区岩性识别量板（图6.61），阜东5井区识别出河道砂体四个，分别为阜东5井河道砂体、阜东051井河道砂体、阜东5井北河道砂体及阜东10井西北河道砂体。

砂体总体构造上呈现东西向的不规则空间展布形态，与该区沉积相带分布（图6.57）一致，阜东5井河道砂体发育，其东部的阜东051井则不发育。阜东5井北部河道砂体与阜东5井河道砂体具有相近的速度比数值。基于此认识，针对阜东5井北部河道砂体提出了部署阜东052井建议。

阜东5井河道砂体的形态在剖面上表现为东北高、西南低；砂体主要集中在头二段顶部，如图6.66所示。剖面中砂体表现为低速度比异常，头二段地层主要为高位域沉积物，以进积为主，其底部为湖泛面形成时期细粒沉积物，顶部位头三段地层主要以细粒沉积物为主。速度比剖面中头二段纵向上低速度比分布特征与阜东5井电性曲线变化特征一致。

图6.67给出了过阜东052井位置纵、横波速度比剖面。不难看出，阜东052井头二段砂体与阜东5井头二段油层具有相近的速度比异常。在构造形态上，两者均为单斜背景下的岩性异常体。所不同的是阜东5井与阜东052井分别位于两个不同砂体，阜东5井砂体空间位置比阜东052井砂体高。

根据叠前反演属性可准确识别和刻画头屯河组河道砂体的空间分布，但不易确定每个河道砂体的含油性。根据已钻探阜东5井和阜东051井结果分析，阜东5井河道砂体为含油砂体，但近邻的阜东051井所在砂体为水层，且该砂体在构造上位于阜东5井砂体上倾方向。因此，确定阜东5井北部河道砂体含油性成为是否钻探阜东052井的关键。

采用波动方程计算方法，利用测井密度、纵波速度、横波速度曲线进行叠前道集的正演，分析河道砂体的地震响应和AVO变化，并将头二段河道砂中的流体由水替换为油，来进一步分析流体对储层AVO响应的变化和叠前AVO属性的变化，为流体检测理论奠定基础。

图6.68左侧是根据头屯河组二段实际饱水砂岩数值模拟的NMO校正后道集，右侧为相同地层段，饱水砂岩井流体替换为油层后正演模拟的叠前道集。饱水砂岩正演模拟道集中红色线段指示位置为饱水砂岩位置，该饱水砂岩对应为波谷反射，反射振幅随着偏移距增大而增强，在截距-梯度交会图中位于第三象限，属于二类AVO响应。与对应的油层反射特征表现为典型的三类AVO响应特征，在截距-梯度属性交会图中，油层截距-梯度位于第三象限，截距明显增大。

油层引起的第三类AVO异常现象在叠加剖面中往往表现出"亮点"振幅异常，如图6.69所示。在实际叠后地震资料中侏罗系头屯河组存在强振幅中断现象，叠加剖面表现为典型的河道砂反射特征。河道砂中的水替换为油后，反射振幅随炮检距增加的幅度更为明显，说明油气的AVO特征比水层强，表现为地震剖面上油比水"亮"；在叠前AVO属性（泊松比变化率）剖面上，油层比水层呈现更强的AVO异常。通过叠前道集正演与流体替换为检测河道砂流体性质提供了依据。

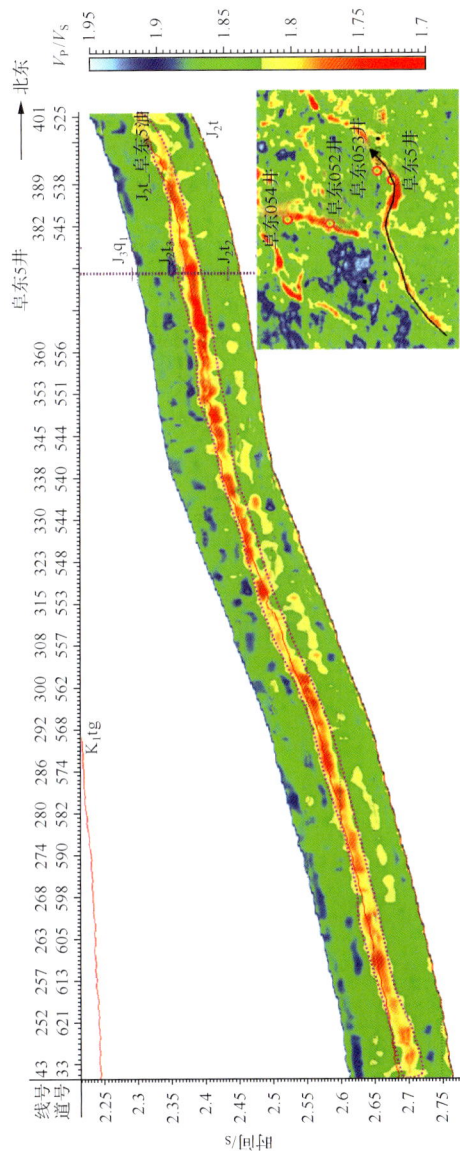

图 6.66　过阜东 5 井纵、横波速度比剖面

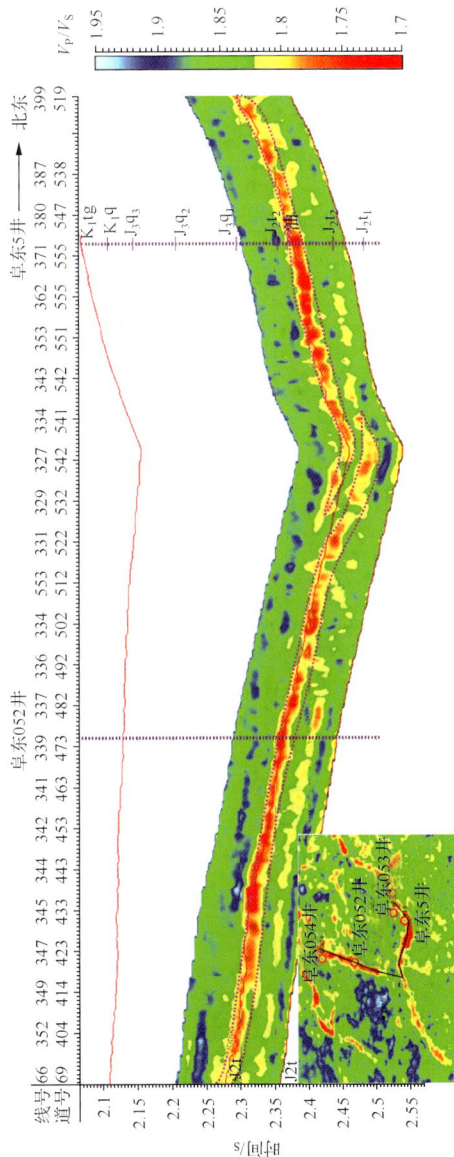

图 6.67　过阜东 5 井—阜东 052 井速度比剖面

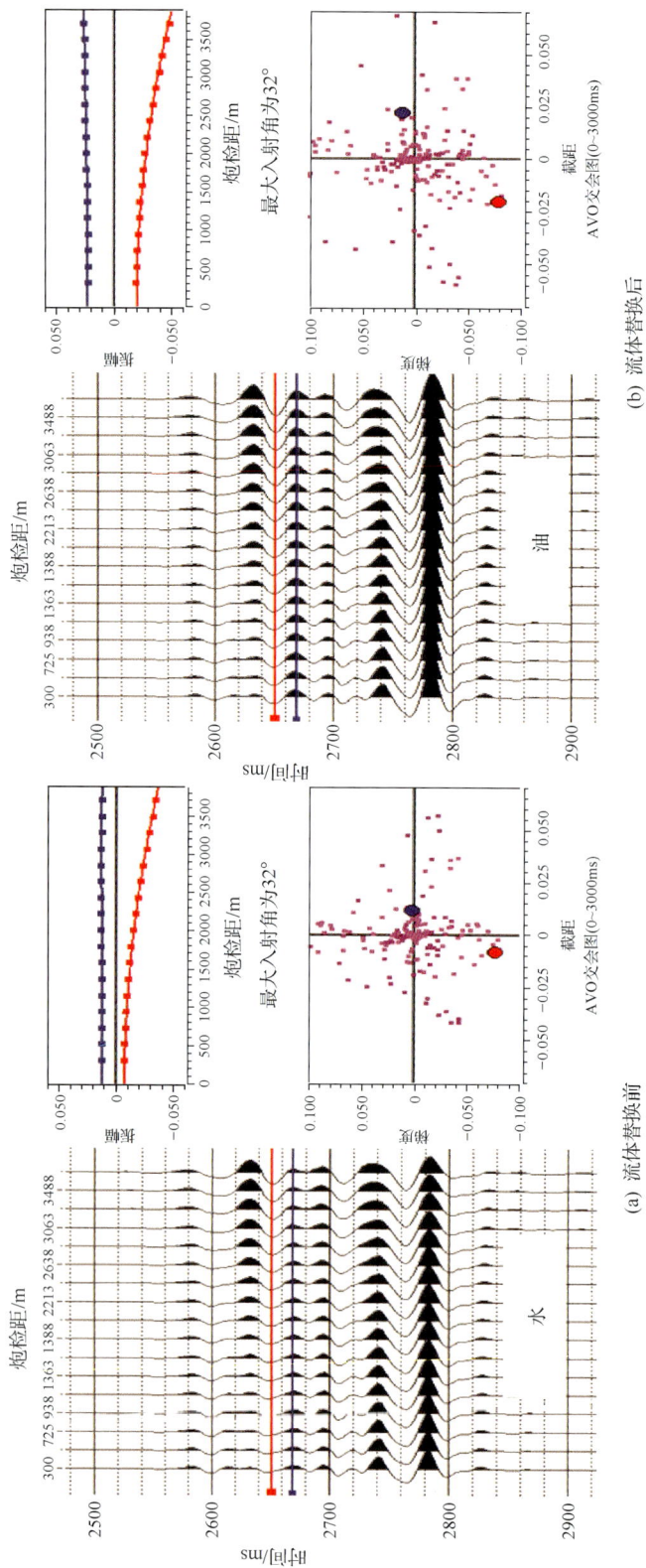

图 6.68 流体替换前后叠前道集和 AVO 分析对比

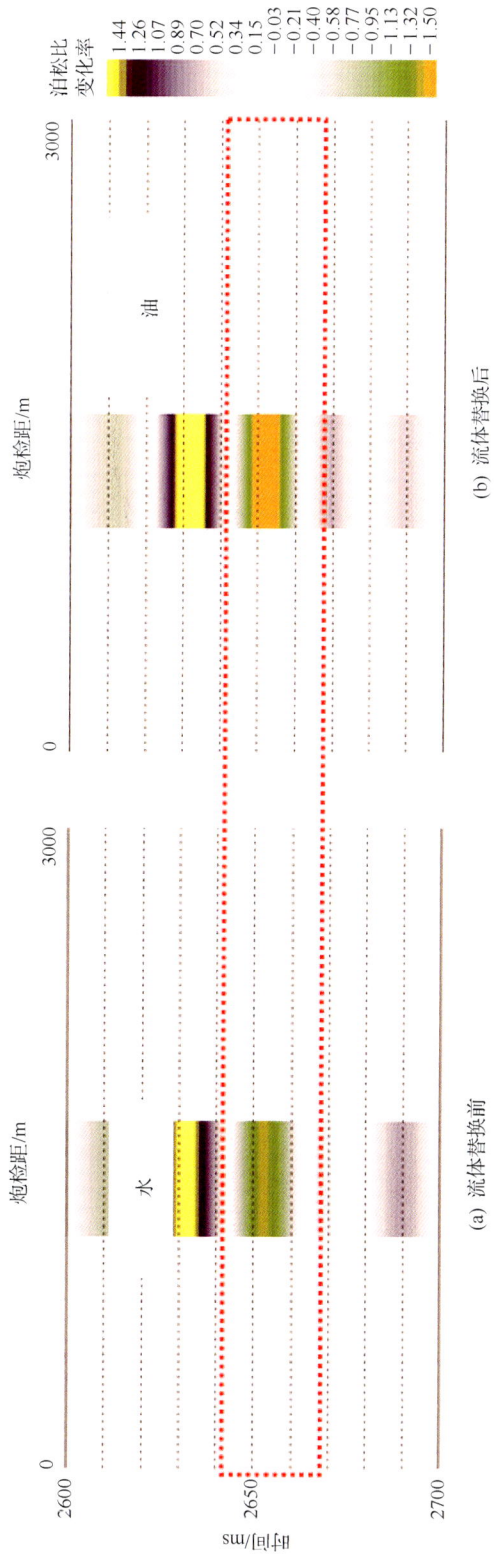

图 6.69　流体替换前后叠前 AVO 属性对比

与阜东 5 井相邻的阜东 2 井和阜东 021 井钻探结果显示：两口井钻遇同一套砂体，阜东 2 井产油，阜东 021 出水，这两口井地层条件成为检验上述叠前流体识别方法的最佳实际应用标准。利用叠前反演的泊松比变化率属性对这两口井开展了叠前流体性质检测。从油气检测剖面和平面图（图 5.37）上分析，阜东 2 井所钻探的砂体表现为明显的 AVO 振幅异常，但阜东 021 井所钻砂体无 AVO 振幅异常，油水界面位于阜东 2 井与阜东 021 井砂体之间（红线）。阜东 2 井地震流体检测结果表明，采用阜东地区三维地震叠前 AVO 属性能够检测储层油气分布。

根据阜东 5 井区岩性检测结果，结合该区三维地震叠前 AVO 属性对阜东 5 井北部河道砂体开展了油气检测。根据叠前道集正演和流体替换，头二段河道砂含油以后，叠前道集的振幅随偏移距增大而增大，因此，利用远道减近道的叠前振幅属性和叠前反演的泊松比变化率属性可识别砂岩流体类型。图 6.70 分别显示了阜东 5 井区头二段岩层振幅、速度比、远近道振幅差及叠前反演的泊松比变化率属性平面图。阜东 5 井油藏表现为明显的 AVO 振幅异常，平面上表现为河道砂体展布特征，岩性圈闭下倾方向与构造等值线平行。阜东 5 井北部河道砂岩体与阜东 5 井油层相比，各种属性表现特征相似。因此，阜东 5 井北部河道砂体岩性圈闭为一个有利钻探目标，为此部署了阜东 052 井。

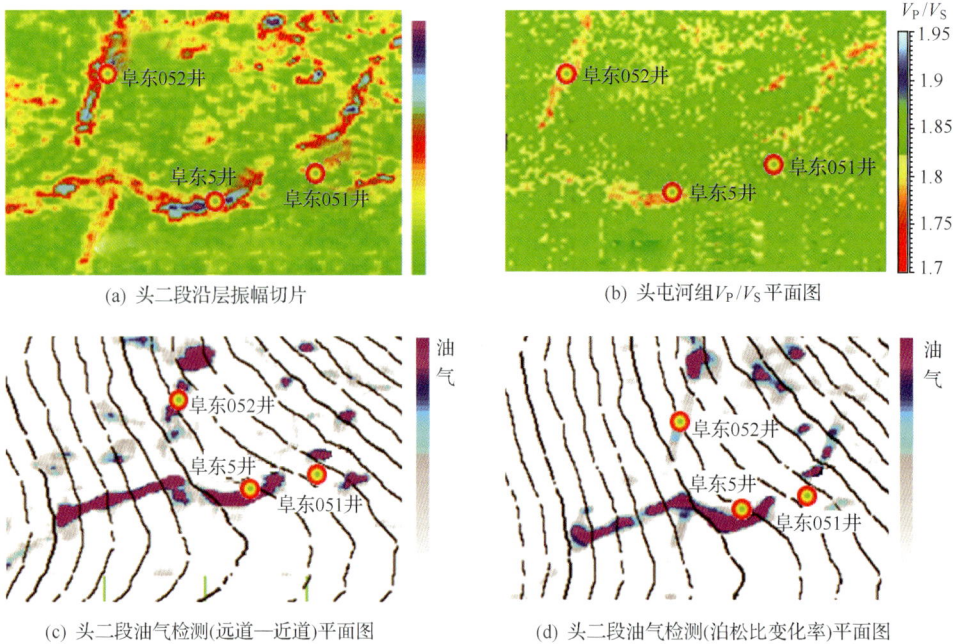

(a) 头二段沿层振幅切片　　(b) 头屯河组 V_P/V_S 平面图

(c) 头二段油气检测(远道—近道)平面图　　(d) 头二段油气检测(泊松比变化率)平面图

图 6.70　阜东 5 井区河道砂体油气检测结果图

6.3.5　岩性油气藏勘探效果

阜东 052 井于 2011 年 9 月完钻。2011 年 10 月在头屯河组 3038～3047m，用 4mm 油嘴试油，日产油 21.72 m^3，日产气 373m^3，2011 年 10 月在头屯河组 2963～2974m 试油，

无油嘴自喷日产油 20.7 m³,日产气 760m³,进一步证实了阜东 5 井区头屯河组二段油藏的可靠性。

阜东 052 井河道砂体岩性油气藏的成功预测进一步证实了阜东斜坡区为一个岩性油气藏富集带。根据该井发现了阜东 9 井区块侏罗系头屯河组二段油藏,提交控制储量 1462 万 t。

准噶尔盆地岩性油气藏勘探技术展望

第 7 章

准噶尔盆地油气勘探经历了半个多世纪的历程,油气勘探目标从早期寻找大型显形构造圈闭为主转向岩性地层与构造油气藏并重,油气勘探理论取得长足发展。特别是在中国石油天然气集团公司组织的科技攻关引领下,准噶尔盆地岩性地层油气勘探理论水平和方法得到全面发展,通过近十多年勘探实践,岩性油气藏勘探取得重要成果,其中,地球物理勘探技术进步,特别是储层岩石物理与叠前地震反演技术的应用发挥了重要作用。

准噶尔盆地岩性油气藏勘探实践表明,岩性油气藏的平面分布主要受构造背景控制,岩性圈闭的发育主要受沉积体系控制,储集体的成因类型等决定了岩性油气藏规模,油源的有效沟通是岩性圈闭能否成藏的关键。通过对准噶尔盆地岩性油气藏十余年的物探技术攻关,形成了以储层岩石物理分析、地震目标处理、叠前弹性反演及储层预测为核心的岩性油气藏识别技术,应用这些技术相继发现在准噶尔盆地多个地区和层位发现岩性油气藏,勘探效果非常显著,展示了这些技术有效性及广泛应用前景。

随着准噶尔盆地岩性油气藏勘探的深入,勘探目标将越来越复杂,物探技术在岩性油气藏勘探中的作用显得尤为重要。准噶尔盆地岩性油气藏大多以陆相湖盆碎屑岩沉积,薄互层储层发育,储层非均质强,多以远源成藏为特点。针对这些特点,迫切需要以下几方面的地球物理技术攻关,为准噶尔盆地岩性油气藏勘探提供技术支撑。

1. 精细地震层序解释技术

层序地层研究已被证实为岩性油气藏勘探的关键技术之一。层序划分主要依据地震时间剖面中反射同相轴、露头资料及测井数据,确定不整合面位置,识别出诸如最大湖泛面、水侵面、凝缩段、体系域等对比特征,建立层序地层格架,为研究区地层对比提供了时间-地层单元关系,根据层序边界可有效评价储层连续性、延伸方向及储层空间类型。在此基础上,开展准层序研究,可提高岩性圈闭识别的精度。准层序是向湖推进形成的,具有向上沉积水体变浅的,碎屑岩准层序中,颗粒向上变细(正序列)或颗粒向上变粗(反序列),反映了水深变化过程,是岩性圈闭中储层及盖层组成部分。

准层序或准层序组反映了成因上相关、时间上连续的岩层组合,可形成特殊的岩层叠加模式,一般粗粒沉积物以砂岩储层为主,细粒沉积物多以泥页岩为主。准层序的地震波速度可由各个砂、泥层的模量平均计算得到,速度变化规律与砂、泥岩层速度、厚度及层数有关;根据准层序地层速度-孔隙度的变化特征,可采用储层岩石物理分析方法及地震反演结果进行准层序解释。

2. 薄互层储层预测技术

准噶尔盆地岩性油气藏普遍具有油气储层厚度薄、非均质性强的特点，单一储层厚度一般小于四分之一波长，地震识别难度大。薄储层多以砂泥岩互层形式分布，其地震响应不仅受到砂层厚度、弹性参数及砂-泥岩阻抗差异大小的影响，而且与地震震源、子波频带、相位特性等密切相关。长期以来，薄互储层地震识别技术是地震勘探攻关的重要方向之一，相继发展了以地震高分辨率处理、地震属性分析、叠前反演、谱分解技术及地震随机反演为核心的薄互储层地震识别技术。地震波在薄互层传播过程中将在薄层顶、底界面发生波动模式转换及其相互干涉作用，反射波形非常复杂。在特定条件下，薄互层的地震响应及地震属性变化与地层性质存在相关性，可采用反射振幅、频率等相关属性进行薄互层横向变化的定性解释，或采用波动方程正演与叠前 AVO 属性分析方法相结合，通过建立薄互层地震 AVO 属性解释量板，应用实际地震数据反演的 AVO 属性参数进行薄互层储层地震解释。近年来，国内外许多学者采用时频分析技术进行薄互储层预测方法研究，根据不同频率分量的地震记录特点，结合地震反演等技术进行高分辨率反演取得一定效果。利用时频信号，结合已知井的地层反射系数等先验信息，进行谱反演能够识别小于调谐厚度的薄砂层，但该方法存在较强的多解性。上述这些方法在薄互层地震识别研究中取得了一定效果，但还存在一些不足，主要表现为薄互层的弹性参数变化规律不清；薄互层岩性组合纵横方向变化大，上述确定性的地震识别方法多解性强，预测精度低等。因此，需要发展更加精细的薄互层储层地震预测技术。

3. 地球物理岩相解释技术

准噶尔盆地岩性油气藏分布广泛，但储层非均质强，地震储层预测多解性强，岩性油气藏勘探的重要内容之一是确定有利储层相带，开展地球物理有利岩相预测方法研究是确定有利储层相带的有效途径。测井岩相划分是储层横向对比分析的基础，也地震统计反演的重要环节之一。根据岩石物理模型，将测井岩性信息转化为弹性参数，如地层速度、弹性模量矩阵、孔隙纵横比等，建立不同岩相弹性参数概率密度分布，以此作为先验信息，结合地震反演数据进行地震岩相识别与成图能够提高地震储层预测的可靠性和精度。

4. 全波形反演技术

常规地震反演技术主要基于褶积模型，反演的理论基础存在一定的局限性，如褶积模型不能直接描述多孔介质中流-固作用、波的散射等物理现象。近年来，全波形反演成为地球物理领域的研究热点之一，全波形反演中的弹性波动方程或黏弹波动方程能够考虑多孔介质弹性参数、密度、衰减及各向异性等因素，充分利用地震记录中地震波运动学、动力学等信息，直接反演出分辨率较高的储层物性及弹性参数，可提高地震储层预测及流体识别的可靠性。全波形反演经过数十年发展和完善，目前已形成二维声波全波形反演技术、三维声波全波形反演技术、弹性波全波形反演技术、多参数全波形反演、黏弹性及储层相关的衰减因子全波形反演等新技术。利用叠前全波形反演直接进行储层流体识别将成为岩性油气藏勘探技术的重要发展方向之一。

　　尽管全波形反演完全实现工业化应用还需要克服许多瓶颈技术,但该项技术已经展现出良好的应用前景。目前全波形反演技术已在海上资料取得一定进展,随着科学技术的发展,该项技术将会成为岩性油气藏勘探的重要技术之一。

　　准噶尔盆地岩性油气藏勘探潜力巨大。多旋回构造运动造就了凹陷与古隆起格局,形成多个富油气凹陷、提供了丰富的岩性油气藏物质基础。随着地球物理解释技术的不断进步,准噶尔盆地岩性油气藏勘探必将取得更大成效。

参 考 文 献

曹孟起，周兴元. 2003. 统计法同态反褶积. 石油地球物理勘探，38(增刊)：1-9

程乾生. 1993. 信号数字处理的数学原理. 北京：石油工业出版社

侯连华，王京红，匡立春，等. 2009. 准噶尔盆地车莫古隆起内物源沉积体系探讨及勘探意义——以白垩系清水河组
　　一段为例. 地学前缘，16(6)：337-348

贾承造，赵文智，邹才能. 2004. 岩性地层油气藏的勘探研究的两项核心技术. 石油勘探 与开发，31(3)：3-9

贾承造，赵文智，邹才能，等. 2008. 岩性地层油气藏地质理论与勘探技术. 北京：石油工业出版社

匡立春，雷德文，唐勇，等. 2013. 准噶尔盆地侏罗-白垩系沉积特征和岩性地层油气藏. 北京：石油工业出版社

匡立春，吕焕通，齐雪峰，等. 2005. 准噶尔盆地岩性油气藏勘探成果和方向. 石油勘探与开发，32(6)：32-37

雷德文，斯春松，徐洋. 2013. 准噶尔盆地侏罗-白垩系储层成因和评价预测. 北京：石油工业出版社

李庆忠. 1993. 走向精确勘探的道路. 北京：石油工业出版社

李英才，王艳仓. 1997. 地表一致性俞式子波反褶积. 石油物探，1997，36(增刊)：56-62

李正文. 1993. 高分辨率地震勘探. 成都：成都科技大学出版社

刘雯林. 1990. 灰岩储层孔缝预测方法. 石油地球物理勘探，25(4)：429-443

凌云. 2001. 大地吸收衰减分析. 石油地球物理勘探，36(1)：1-8

刘企因. 1994. 高信噪比、高分辨和高保真度技术的综合研究. 石油地球物理勘探，29(5)：610-622

陆基孟. 1996. 地震勘探原理. 山东东营：石油大学出版社

吕焕通，吴永强，高奇，等. 2012. 准噶尔盆地南缘下组合复杂构造地震成像 技术效果. 新疆石油地质，33(5)：586-
　　588

马永军，王季. 2010. 一种改进的时间域剩余动校正方法. 石油物探，49(3)：245-247

庞雄奇. 2010. 中国西部叠合盆地深部油气勘探面临的重大挑战及其研究方法与意义. 石油与天然气地质，31(5)：
　　517-541

芮拥军，石林光. 2007. 准噶尔盆地中部地震资料提高分辨率处理研究. 石油物探，46(2)：181-186

撒利明，杨午阳，姚逢昌，等. 2015. 地震反演技术回顾与展望. 石油物探，50(1)：184-203

邵雨，汪仁富，张越迁，等. 2011. 准噶尔盆地西北缘走滑构造与油气勘探. 石油学报，32(6)：976-984

邵雨. 2013. 准噶尔盆地南缘深层下组合侏罗系油气成藏研究. 高校地质学报，19(1)：86-94

孙成禹. 2000. 谱模拟方法及其在提高地震资料分辨率中的应用. 石油地球物理勘探，35(12)：27-35

唐勇，孔玉华，盛建红，等. 2009. 准噶尔盆地腹部缓坡型岩性地层油气藏成藏控制因素分析. 沉积学报，27(3)：
　　567-572

王西文. 2000. 高分辨率滤波算子在小波域中的提取. 石油地球物理勘探，35(3)：298-314

渥·伊尔马滋. 2006. 地震资料分析. 北京：石油工业出版社

吴常玉，杨瑞娟，鲍峥，等. 2009. 基于负熵的地震盲反褶积方法及其应用. 石油物探，48(3)：232-238

夏洪瑞，陈德刚，周开明. 1997. 剩余动校正量的拾取与消除. 石油地球物理勘探，32(6)：872-877

夏洪瑞，周开明，陈德刚，等. 2003. 保持分辨率处理方法分析. 石油地球物理勘探，38(增刊)：23-25

熊翥. 1993. 地震数据数字处理应用技术. 北京：石油工业出版社

姚逢昌. 1988. 多道反褶积. 石油物探，27(2)：41-55

赵文智，胡素云，刘伟，等. 2015. 论叠合含油气盆地多勘探"黄金带"及其意义. 石油勘探与开发，42(1)：1-12

赵文智，胡素云，王红军. 2013. 中国中低丰度油气资源大型化成藏与分布. 石油勘探与开发，40(1)：1-13

郑鸿明，彭勇，蒋琳. 2009. 时变校正方法研究与应用. 新疆地质，1：89-90

周兴元. 1983. 应用同态理论估算地震子波. 石油地球物理勘探，6：510-521

邹才能，池英柳，李明. 2004. 陆相层序地层学分析技术——油气勘探工业化应用指南. 北京：石油工业出版社

邹才能，袁选俊，陶士振，等. 2009. 岩性地层油气藏. 北京：石油工业出版社

Aki K, Richards P G. 1980. Quantitative Seismology: Theory and Methods. Volume I. New York: WH Freeman

Alkhalifah T, Tsvankin I. 1995. Velocity analysis for transversely isotropic media. Geophysics, 60(5): 1550-1566

Avseth P, Mukerji T, Mavko G. 2005. Quantitative Seismic Interpretation. Cambridge: Cambridge University Press

Backus G E. 1962. Long-wave elastic anisotropy produced by horizontal layering. Journal of Geophysical Research, 67(11): 4427-4440

Berryman J G. 1980. Confirmation of Biot's theory. Applied Physics Letters, 37(4): 382-384

Berryman J G. 1995. Mixture theories for rock properties//Ahrens T J. Rock Physics and Phase Relations. Washington: American Geophysical Union, 205-228

Berryman J G. 1999. Origin of Gassmann's equations. Geophysics, 64(5): 1627-1629

Biot M A. 1956. Theory of propagation of elastic waves in a fluid saturated porous solid. I. low frequency range. Journal of Acoustic Society of America, 28(2): 168-178

Bortfeld R. 1961. Approximation to the reflection and transmission coefficients of plane longitudinal and transverse waves. Geophysical Prospecting, 9(4): 485-502

Budiansky B. 1965. On the elastic moduli of some heterogeneous materials. Journal of Physics Solids, 13(4): 223-227

Buland A, Omre H. 2003. Bayesian linearized AVO inversion. Geophysics, 68(1): 185-198

Castagna J P, Batzle M L, Eastwood R L. 1985. Relationships between compressional wave and shear wave velocities in clastic silicate rocks. Geophysics, 50(5): 571-581

Castagna J P, Swan H W, Foster D J. 1998. Framework for AVO gradient and intercept interpretation. Geophysics, 63(3): 948-956

Connolly P. 1999. Elastic impedance. The Leading Edge, 18 (4): 438-452

Dubrule O. 2003. Geostatistics for Seismic Data Integration in Earth Models: 2003 Distinguished Instructor Short Course. SEG books, 6

Dvorkin J, Mavko G, Nur A. 1995. Squirt flow in fully saturated rocks. Geophysics, 60(1): 97-107.

Dvorkin J, Nolen H R, Nur A. 1994. The squirt flow mechanism: Macroscopic description. Geophysics, 59(3): 428-438

Dvorkin J, Nur A. 1996. Elasticity of high-porosity sandstones: Theory for two North Sea data sets. Geophysics, 61(5): 1363-1370

Eshelby J D. 1957. The determination of the elastic field of an ellipsoidal inclusion and related problems. Proceedings of the Royal Society. A: Mathematical, Physical and Engineering Sciences, 241(1226): 376-396

Fatti J L, Smith G C, Vail P J, et al. 1994. Detection of gas in sandstone reservoirs using AVO analysis: A 3-D seismic case history using the Geostack technique. Geophysics, 59(9): 1362-1376

FLorez L N. 1994. A pulse in a binary sediment. Geophysical Journal International, 118(1): 75-93

Gardner G F, Gardner L W, Gregory A R. 1974. Formation velocity and density: The diagnostic basic for stratigraphic traps. Geophysics, 39(6): 770-780

Gassmann, F. 1951. Uber die elastizitat poroser medien. Vier Der Natur. Gesellschaft in Zurich, 96: 1-23

Geertsman J, Smit D C. 1961. Some aspects of elastic wave propagation in fluid saturated porous solids. Geophysics, 26(2): 169-181

Gidlow M, Smith C. 2003. The fluid factor angle. 65th European Association of Geoscientists & Engineers Conference and Exhibition, Stavanger

Goodway B, Chen T, Downton I. 1997. Improved AVO fluid detection and lithology discrimination using Lamé petrophysical parameters: "$\lambda\rho$", "$\mu\rho$", "$\lambda\mu$ fluid stack", from P and S inversions. SEG Technical Programe Expanded Abstracts, 183-186

Goodway W N, Chen T, Downton J, 1997. Improved AVO fluid detection and lithology discrimination using Lame' petrophysical parameters. Annual Meeting of Society of Exploration Geophysicists, Denver

Greenberg M L，Castagna J P. 1992. Shear-wave velocity estimation in porous rocks：Theoretical formulation，preliminary verification and applications. Geophysical Prospecting，40(2)：195-209

Gurevich B，Galvin R J. 2007. Fluid substitution，dispersion，and attenuation in fractured and porous reservoirs-insights from new rock physics models. The Leading Edge，26(9)：1162-1198

Hampson D P，Russell B R，Bankhead B. 2005. Simultaneous inversion of prestack seismic data. SEG Technical Program Expanded Abstracts，1633-1637

Han D，Nur A，Morgan D. 1986. Effects of porosity and clay content on wave velocities in sandstones. Geophysics，51(11)：2093-2107

Hashin Z，Shtrikman S. 1963. A variational approach to the theory of the elastic behaviour of multiphase materials. Journal of the Mechanics and Physics of Solids，11(2)：127-140

Hashin Z，Shtrikman S. 1962. A variational approach to the theory of the elastic behaviour of polycrystals. Journal of the Mechanics and Physics of Solids，10(4)：343-352

Hass A，Dubrule O. 1994. Geostatistical inversion-a sequential method of stochastic method of stochastic reservoir modeling constrained by seismic data. First Break，12：561-568

Hill R. 1965. A self-consistent mechanics of composite materials. Journal of the Mechanics and Physics of Solids，13(4)：213-222

Hilterman F J. 2001. Seismic amplitude interpretation：2001 Distinguished instructor short course. SEG books

Huang N E，Shen Z，Long S R，et al. 1998. The empirical mode decomposition and the Hilbert spectrum for nonlinear and non-stationary time series analysis//Proceedings of the Royal Society of London：Mathematical，Physical and Engineering Sciences. London：The Royal Society，454(1971)：903-995

Huang N E，Wu M L C，Long S R，et al. 2003. A confidence limit for the empirical mode decomposition and Hilbert spectral analysis//Proceedings of the Royal Society of London A：Mathematical，Physical and Engineering Sciences. Lodon：The Royal Society，459(2037)：2317-2345

Ingber L. 1989. Very fast simulated re-annealing. Mathematical Compute Modeling，12(8)：967-973

Johnson D L，Plona T J，Scala C，et al. 1982. Tortuosity and acoustic slow waves. Physical Review Letters，49(25)：1840-1844

Keys R G，Xu S. 2002. An approximation for the Xu-White velocity model. Geophysics，67(5)：1406-1414

King M S，Marsden J R，Dennis J W. 2000. Biot dispersion for P- and S-wave velocity in partially and fully saturated sandstone. Geophysical Prospecting，48(6)：1075-1089

Koefoed O. 1955. On the effect of Poisson's ratios of rock strata on the reflection coefficients of plane waves. Geophysical Prospecting，3：381-387

Koefoed O. 1962. Reflection and transmission coefficients for plane longitudinal incident waves. Geophysical Prospecting，10(3)：304-351

Kuster G T，Toksöz M N. 1974. Velocity and attenuation of seismic waves in two phase media：Part 1，Theoretical formulation. Geophysics，39(5)：587-606

Mallick S. 1995. Model-based inversion of amplitude-variations-with-offset data using a genetic algorithm. Geophysics，60(4)：939-954

Mavko G，Mukerji T，Dvorkin J. 2009. The Rock Physics Handbook：Tools for Seismic Analysis of Porous Media. Cambridge：Cambridge University Press

Mindlin R D. 1949. Compliance of elastic bodies in contact. Journal of Applied Mechanics，16：259-268

Murphy W F. 1985. Sonic and ultrasonic velocities：Theory versus experiment. Geophysical Research Letters，12(2)：85-88

Murphy W，Reischer A，Hsu K. 1993. Modulus Decomposition of Compressional and Shear Velocities in Sand Bodies.

Geophysics，58(2)：227-239

Nagy P B，Adler L，Bonner B P. 1990. Slow wave propagation in air-filled porous materials and natural rocks. Applied Physics. Letters，56(25)：2504-2506

Neinast G S，Knox C C. 1973. Normalization of well log data. The SPWLA 14th Annual Logging Symposium，Louisiana

Nolet G. Quantitative seismology：Theory and methods. Earth-Science Reviews，1981，17(3)：296-297

Norris A N. 1985. Differential scheme for the effective moduli of composites. Mechanics of Materials，4(1)：1-16

Nur A. 1991. Critial porosity，elastic bounds，and seismic velocities in rocks. 53rd EAGA meeting，248-249

Oppenheim A V. 1965. Superposition in a class of nonlinear systems. Technical Report No 432，Research Laboratory of Electronics，Massachuasetts institute of Technology

Oppenheimer A V，Shafer R W. 1975. Digital Signal Processing. Englewood Cliffs N J：Prentice Hall

Ostrander W J. 1984. Plane-wave reflection coefficients for gas sands at non-normal angles of incidence. Geophysics，49(10)：1637-1648

O'Connell R J，Budiansky B. 1974. Seismic velocities in dry and saturated cracked solids. Journal of Geophysical Research，79(6)：5412-5426

Plona. 1980. Observation of a second bulk compressional wave in a porous medium at ultrasonic frequency. Applied Physics Letters，36：259-261

Pride S R，Berryman J G，Harris J M. 2004. Seismic attenuation due to wave-induced flow. Journal of Geophysical Research，109(B1)：B01201

Quakenbush M，Shang B，Tuttle C. 2006. Poisson impedance. The Leading Edge，25(2)：128-138

Raymer L L，Hunt E R，Gardner J S. 1980. An improved sonic transit time-to-porosity transform. SPWLA 21st Annual Logging Symposium. Lafayette

Russell B，Hedlin K，Hilterman F，et al. 2003. Fluid-property discrimination with AVO：A Biot-Gassmann perspective. Geophysics，68(1)：29-39

Rutherford S R，Williams R H. 1989. Amplitude-versus-offset variations in gas sands. Geophysics，54(6)：680-688

Shuey R T. 1985. A simplication of the Zoeppritz equations. Geophysics，50(4)：609-614

Smith G C，Gidlow M，2003. The fluid factor angle and the crossplot angle. SEG Technical Programe Expanded Abstracts，185-188

Smith G C，Gidlow P M. 1987. Weighted stacking for rock property estimation and detection of gas. Geophys Prospect，35(9)：993-1014

Tarantola A. 1986. A strategy for nonlinear elastic inversion of seismic reflection data. SEG Technical Program Expanded Abstracts，527-530

Tosaya C，Nur A. 1982. Effect of diagenesis and clays on compressional velocities in rocks. Geophysical Research Letters，9(1)：5-8

Tribolet J M，Quatieri T F. 1979. Computation of the Complex Cepstrum. Programs for Digital Signal Processing

Verm R，Hilterman F. 1995. Lithology color-coded seismic sections：The calibration of AVO crossplotting to rock properties. The Leading Edge，14(8)：847-853

Walton K. 1987. The effective elastic moduli of a random packing of spheres. Journal of the Mechanics and Physics of Solids，35(2)：213-226

Wang Z，Nur A，Batzle M. 1990. Acoustic velocity in petroleum oils. Journal of Petroleum Technology，42(2)：192-200

Wang Z. 2001. Fundamental of seismic rock physics. Geophysics，66(2)：398-412

White J E. 1975. Computed seismic speeds and attenuation in rocks with partial gas saturation. Geophysics，40(2)：

224-232

Widess M B. 1973. How thin is a thin bed. Geophysics，38(6)：1176-1180

Wood A B. 1941. A textbook of sound：Being an account of the physics of vibrations with special reference to recent theoretical and technical developments. New York：The Macmillan Company

Wu T T. 1966. The effective of inclusion shape on the elastic moduli of a two-phase material. International Journal of Solids Structures，2(1)：1-8

Wyllie M R，Gregory A R，Gardner L W. 1956. Elastic wave velocities in heterogeneous and porous media. Geophysics，21(1)：41-70

Xu S，White R E. 1995. A new velocity model for clay-sand mixtures. Geophysical prospecting，43(1)：91-118

Zimmerman R W. 1991. Compressibility of Sandstones. New York：Elsevier